应用型本科院校“十二五”规划教材/石油工程类

主编　赵万春　李岳祥

钻井与完井工程

第2版

Drilling and Completion Engineering

哈爾濱工業大學出版社

内容简介

本书共分为10章，内容包括绪论、钻井工程的地质特性、钻井设备与工具、钻井液、钻井参数优选与设计、井眼轨道设计与轨迹控制、井控技术与压井作业、固井工艺、完井工艺、射孔与井口装置。本书在内容的编排上基本符合循序渐进的原则，有利于课堂讲解和学生自学使用。

本书可作为石油工程专业学生的专业课教材，也可供相关科研工作人员和技术人员作为参考资料。

图书在版编目(CIP)数据

钻井与完井工程/赵万春，李岳祥主编. —2版. —哈尔滨：哈尔滨工业大学出版社，2015.1(2017.1重印)
应用型本科院校“十二五”规划教材
ISBN 978-7-5603-4790-5

Ⅰ.①钻…　Ⅱ.①赵…②李…　Ⅲ.①油气钻井-高等学校-教材②完井-高等学校-教材　Ⅳ.①TE2

中国版本图书馆CIP数据核字(2014)第126372号

策划编辑　赵文斌　杜　燕
责任编辑　李长波
出版发行　哈尔滨工业大学出版社
社　　址　哈尔滨市南岗区复华四道街10号　邮编150006
传　　真　0451-86414749
网　　址　http://hitpress.hit.edu.cn
印　　刷　哈尔滨久利印刷有限公司
开　　本　787mm×1092mm　1/16　印张22　字数505千字
版　　次　2012年8月第1版　2015年1月第2版
　　　　　2017年1月第2次印刷
书　　号　ISBN 978-7-5603-4790-5
定　　价　39.80元

序

哈尔滨工业大学出版社策划的《应用型本科院校“十二五”规划教材》即将付梓,诚可贺也。

该系列教材卷帙浩繁,凡百余种,涉及众多学科门类,定位准确,内容新颖,体系完整,实用性强,突出实践能力培养。不仅便于教师教学和学生学习,而且满足就业市场对应用型人才的迫切需求。

应用型本科院校的人才培养目标是面对现代社会生产、建设、管理、服务等一线岗位,培养能直接从事实际工作、解决具体问题、维持工作有效运行的高等应用型人才。应用型本科与研究型本科和高职高专院校在人才培养上有着明显的区别,其培养的人才特征是:①就业导向与社会需求高度吻合;②扎实的理论基础和过硬的实践能力紧密结合;③具备良好的人文素质和科学技术素质;④富于面对职业应用的创新精神。因此,应用型本科院校只有着力培养“进入角色快、业务水平高、动手能力强、综合素质好”的人才,才能在激烈的就业市场竞争中站稳脚跟。

目前国内应用型本科院校所采用的教材往往只是对理论性较强的本科院校教材的简单删减,针对性、应用性不够突出,因材施教的目的难以达到。因此亟须既有一定的理论深度又注重实践能力培养的系列教材,以满足应用型本科院校教学目标、培养方向和办学特色的需要。

哈尔滨工业大学出版社出版的《应用型本科院校“十二五”规划教材》,在选题设计思路上认真贯彻教育部关于培养适应地方、区域经济和社会发展需要的“本科应用型高级专门人才”精神,根据黑龙江省委书记吉炳轩同志提出的关于加强应用型本科院校建设的意见,在应用型本科试点院校成功经验总结的基础上,特邀请黑龙江省9所知名的应用型本科院校的专家、学者联合编写。

本系列教材突出与办学定位、教学目标的一致性和适应性,既严格遵照学科体系的知识构成和教材编写的一般规律,又针对应用型本科人才培养目标及与之相适应的教学特点，精心设计写作体例，科学安排知识内容，围绕应用讲授理论，做到“基础知识够用、实践技能实用、专业理论管用”。同时注意适当融入新理论、新技术、新工艺、新成果，并且制作了与本书配套的PPT多媒体教学课件，形成立体化教材，供教师参考使用。

《应用型本科院校“十二五”规划教材》的编辑出版，是适应“科教兴国”战略对复合型、应用型人才的需求，是推动相对滞后的应用型本科院校教材建设的一种有益尝试，在应用型创新人才培养方面是一件具有开创意义的工作，为应用型人才的培养提供了及时、可靠、坚实的保证。

希望本系列教材在使用过程中，通过编者、作者和读者的共同努力，厚积薄发、推陈出新、细上加细、精益求精，不断丰富、不断完善、不断创新，力争成为同类教材中的精品。

第2版前言

“钻井与完井工程”一书是根据石油工程专业教学计划和人才培养要求编写的石油工程专业学生用专业课教材。本教材本着理论与实际相结合原则，从解决钻井与完井实际作业当中所涉及的问题出发，讲述钻、完井的基本理论和基本方法，以提高学生分析问题和解决问题的能力。全书是在编者多年教学讲稿的基础上，参考国内外相关教材、专著和文献编写完成的，内容少而精、覆盖面广，结合钻井与完井的最新技术和最新成果，系统地讲述了钻井工程所涉及的基本理论、基本计算、基本设计和基本工艺过程。

本教材共分为10章，内容包括绪论、钻井工程的地质特性、钻井设备与工具、钻井液、钻井参数优选与设计、井眼轨道设计与轨迹控制、井控技术与压井作业、固井工艺、完井工艺、射孔与井口装置。本书在内容的编排上基本符合循序渐进的原则，有利于课堂讲解和学生自学使用。

本书主编为赵万春和刘莹，具体编写分工为：赵万春编写绪论和第2，3，7，8章；李岳祥编写第1，4，5，6，9，10章。

在本书的编写过程中，参考了陈涛平主编的《石油工程》、陈平主编的《钻井与完井工程》、万仁溥主编的《现代完井工程》、陈庭根主编的《钻井工程理论与技术》、王建学主编的《钻井工程》等教材，在此对以上图书作者表示感谢。

由于编者水平所限，加之时间仓促，其中不免有疏漏和不妥之处，诚请各位读者批评指正。

编　者

2014年7月

目　　录

绪　论

一、钻井与完井工程的技术发展

早期是靠人们在实际钻井中积累下来的经验指导钻井。由于科学技术的发展，钻井技术也步入了科学化发展阶段。1948 年出现了喷射钻井技术，1958 年前后出现了平衡钻井与井控技术，1962 年又出现了优化钻井技术。20 世纪 80 年代后期水平井钻井技术、保护油气层钻井完井技术有了大的发展和提高，特别是最近又出现了地质导向钻井技术。由于这些钻井技术的出现，钻井技术不仅只有定性概念，而且有了定量概念，这就意味着钻井技术从经验钻井阶段进入到科学钻井的新的发展阶段。下面介绍近年来逐渐发展起来的钻井技术。

1. 定向钻井技术

定向钻井指靠使用定向仪器、工具、钻具和技术，使井眼沿着预定的斜度和方位钻达目的层的钻井技术。定向钻井与钻简单直井的主要差别在于要进行井眼轨迹的设计和控制。它包括选择适当的测量技术、确定最好的控制工具、运用适当的管理体系和收集相关的地质资料。另外，定向井的设计程序可增加或影响下套管和注水泥过程、水力参数、扶正作用和完井技术。

很多情况下须采用定向井钻井技术（见图 1）。正对目的层的地表位置常常不能作为实际的井场位置，通常包括房屋建筑、河流、高山、港口和道路，在这些情况下，往往需要钻

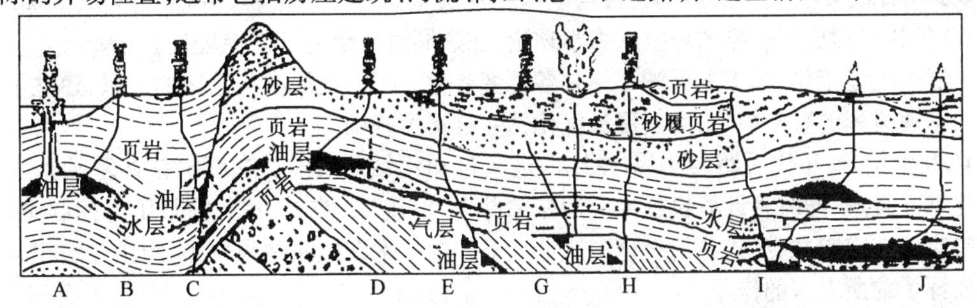

图 1　定向井钻井应用范围

A—在人工岛上钻丛式井；B—从岸上向水域钻定向井；C—控制断层；D—地面条件限制（高山、建筑物等）不能靠近的钻探；E—地层圈闭；G—定向救援井；H—纠斜或侧钻；I—多目标；J—水平井

定向井达到目的层。定向井最常见的应用是海上平台钻井(见图2)。在大多数情况下,从一个独立的平台上打很多定向井比对每一口直井都建立一个平台经济得多。如在北海油田,一些平台可以钻多达60口定向井。在陆上作业中,从单一井场钻丛式井不太常见。钻丛式井的最基本原则是从经济上考虑,如管线、采油设备等。前苏联西部西伯利亚所钻的井大部分是丛式井。钻定向井另一最常遇到的情况是侧钻,主要目的是使井眼偏移,绕过或离开障碍物,如卡住的钻柱等。然而,通常侧钻不能被称为是有控制的定向钻井,因为它没有预定的靶心。定向井最引人注目的应用是钻救援井,使其与邻近的井喷井在井底相交,以便把压井液注入井喷井内。这类钻井问题中的定向控制是十分严格的,因为与井喷井相交需要极其精确,因此,井喷井定位需要特殊的测井工具。地质学家为了勘探可能确定丛式靶层,来勘探那些不能用直井钻的井,必须钻穿一个靶层后,改变井眼方向达到下一目的层靶心(称为多目标井),目的层可能在二维平面内,这种情况只需改变井斜角;另一种情况,需三维设计,这种情况必须改变井斜角和方位角。

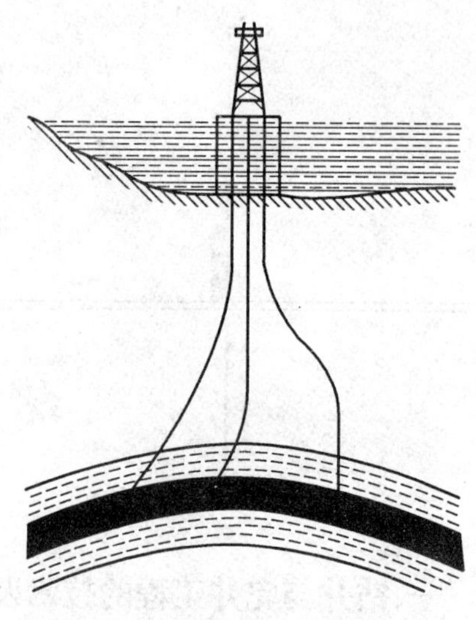

图2　从海上平台钻定向井

2. 喷射钻井与优化钻井技术

喷射钻井技术于1948年出现在美国,20世纪60年代被大量推广应用。因钻井速度大幅度提高,被誉为钻井技术的重大革命。喷射钻井与普通钻井不同,普通钻井要求重压、快转、大排量,而喷射钻井要求高泵压、小喷嘴、喷射速度高、适当排量、使用喷射式钻头。钻井液从钻头喷嘴喷出的速度高、水功率大,冲刷井底好、清岩快、携屑好,喷嘴射流与机械因素起联合破岩作用,从而提高了钻井速度。

喷射钻井要求有大功率的钻井泵,以产生高压高功率射流;喷射钻井要有寿命高的喷射式钻头;喷射钻井还要求有好的钻井液,具有抑制泥岩膨胀、有利于井壁稳定,剪切稀释性能好、黏度低、摩阻小、携屑好等特点。随着喷射钻井技术的发展,喷射钻井理论也在发展。钻井水力学研究了射流的特性与喷嘴结构及水力参数对破岩、清岩的作用,到20世纪60年代已形成了完整的环空水力学理论,在这同时也研究了固控理论。

通过上述工作,基本上弄清了钻井各可变参数在不同地层中与钻速的关系,建立了称之为钻速方程的数学模型,为发展最优化钻井打下了基础。

20世纪60年代后期,美国钻井技术进入自动化钻井阶段。在喷射钻井基础上发展优化钻井技术,同时将计算机技术应用在钻井设计、施工、井斜控制、井眼压力控制中,特别是应用在定向井、丛式井的设计中。计算机扫描技术在监探井眼轨迹、防止井眼相碰等都发挥了前所未有的作用。

我国使用喷射钻井技术始于20世纪60年代,从研究喷嘴结构与钻井水力学入手,1973年通过消化应用喷射钻井理论,研制了喷射式聚晶金刚石钻头,1975年首先在胜利油田组织喷射钻井试验。1978年开始在全国推广喷射钻井、低固相钻井和喷射钻头三大技术,该项技术的推广使用,给国家节省了大量资金。

优选参数钻井技术即优化钻井技术是我国研究喷射钻井技术的继续和发展。喷射钻井能优选泵压、排量、喷嘴、喷速、钻压等。优化钻井技术不但能优选上述参数,还扩大到钻头选型、钻井液选择、环空流变参数等。因此,优化钻井技术推广后,对钻井规律有了更全面、更深刻的认识,钻井速度提高,成本下降,取得了很好的效果。

3. 平衡压力钻井与井控技术

平衡压力钻井技术是钻井技术的一大进步,它是美国1948年间科学化钻井时期发展起来的。平衡压力钻井也称近平衡压力钻井,是指钻井时井筒内液柱压力与地层压力接近平衡,这样钻井速度快,对油气层损害少。钻进时井筒内液柱压力与油气层压力差值的大小代表了钻井水平的高低,这是因为差值越小,对油气层损害越小,但差值越小,钻井越易发生事故。因此要实行平衡压力钻井,又要不发生事故,就要有高水平的钻井技术。现在我国每年找到的油气储量中,大部分为低渗通油层,因此实行平衡压力钻井,减少对油气层损害,特别是对探井有利于发现油气层,不丢掉油气层;对生产井也有利于提高单井产量。在"六五"以前,由于我国尚未开展这项技术,对地层压力掌握不够,加上缺少套管,一般裸眼井段长,为了防止井塌,钻进时使用的钻井液密度高,对发现油气层造成不良影响。1980年我国开始采用平衡压力钻井技术,已取得很大成果。推广平衡压力钻井与井控技术,不但大大减少了井喷失控事故,而且也有利于发现油气层,减少对油气层造成的损害。

4. 水平井钻井

水平井由于能穿过更多的油层,从而提高油井单井产量和提高注入量(注水、注气等)获得很高的采收率(见图3)。水平井还适合开发一些用直井方法无法开发或开发效益很低的特殊油气藏,如裂缝性油藏、稠油油藏、低渗油藏和底水油藏等。因此,20世纪80年代水平井技术在国际石油工程领域内得到迅速发展。不少人称水平井技术是石油工业技术的一大革命。

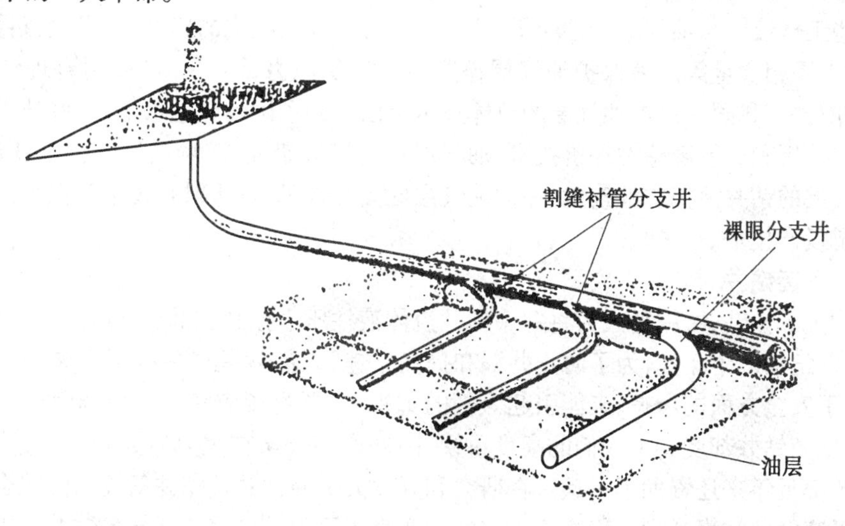

图3 水平分支井示意图

水平井具有很高的经济效益，其产量一般为直井的4～6倍。一般说来，水平井水平段越长，产量越高。不仅新钻水平井产量高，就是在老油田、枯竭的或废弃的井中钻水平井也可取得明显的增产效果。20世纪80年代后期，水平井每米成本约为邻近直井的1.5倍，但水平井产量却是直井的4～6倍。虽然钻井成本高一些，但水平井总的经济效益还是非常好的。钻水平井开发许多类型的油气藏比直井可大幅度提高产量。适合用水平井开发的油气藏类型有：裂缝性油气藏、低渗透油气藏、薄的或层状油气藏、稠油油藏等。水平井还有利于减缓水、气锥进。

水平井的钻井完井技术主要包括：水平井的优化设计、连续的随钻井测量技术，先进的导向钻井系统，满足水平井钻井需要的优质的钻井液和完井液以及水平井完井技术。20世纪80年代前钻水平井技术还不够成热、配套，进入80年代后，新的工具工艺技术不断出现，配套的钻具组合、适合水平井使用的（包括弯外壳、铰链、单弯、双弯）螺杆钻具，随钻测量仪器、高效钻头、优质钻井液、固井工具和固井技术、电测射孔技术等。有了上述条件，水平井技术今后一定会有更大发展。

5. 保护油气层的钻井完井技术

油气层保护技术最早是20世纪50年代提出的，至80年代末形成了系列配套的储层评价、工程评价试验技术，发展和应用了一些对地层损害小的钻井液、完井液并在现场使用，90年代更加完善配套。保护油气层技术发展快主要是认识上的提高。开始时，人们认为钻井液密度越高油气层损害越严重，也有的人认为损害油气层主要是钻井施工造成的。这些不全面的认识随着科学技术的进步在逐步改变。目前的研究成果认为对油气层造成损害主要是由于井内液柱压力大于地层压力造成的，这个压力差越大，对油气藏造成的损害越大，而不单纯是钻井液密度大对油气层造成损害大。

对油气层造成的损害还贯穿在整个施工过程中，包括油气层的钻进、测井、固井、射孔、酸化、压裂、洗井、注水、修井等作业施工过程均能对油气层造成损害。认识上另一个提高就是应该针对不同类型油气藏的岩层特点使用不同的钻井液、完井液、射孔液、酸化液。这些工作液要与油气层岩性配伍，才能减少对油气层造成的损害，而不是盲目地降低失水、减少固相含量等。为保护油气层还要使用平衡压力钻井技术，使用合理钻井液密度，这是前提。我国在保护油气层的总体技术上已达到了国际先进水平，这些技术包括岩性测定与分析和储层敏感性评价技术、油气层损害机理研究、矿场油气层损害评价技术、保护油气层的钻井液完井液技术、保护油气层的固井技术、负压射孔技术和保护油气层的酸化压裂投产技术。

6. 欠平衡钻井

所谓欠平衡钻井，就是人为将井中钻井流体液柱压力控制在低于产层压力下的钻井。早在20世纪五六十年代，为了防止井漏和提高钻速，人们就提出并应用了欠平衡钻井技术，但出于安全方面的考虑，未能引起人们的重视，发展也相应滞后。但20世纪90年代以来，欠平衡钻井却受到了人们的高度重视，国外许多公司在大力研究和应用这项技术。美国能源部近年来还资助了一项旨在研究和开发欠平衡钻井及完井新技术的综合研究计划。欠平衡钻井技术受到人们高度重视的主要直接原因是应用这项技术钻井可以有效地减轻地层损害而提高油气产量，其间接原因则是水平井应用的增加。因为在钻水平井过程中,生产井段暴露在钻井液中的时间很长,只有在欠平衡压力条件下进行钻井作业,才有利于保护产层。据报道,在加拿大,一些公司应用欠平衡钻井技术钻的水平井,其产量比用常规钻井方法钻井的产量高10倍。在巴西,一些公司应用欠平衡钻井技术钻的直井的产量也比用常规方法钻直井的产量高3倍。

欠平衡钻井在20世纪90年代受到人们高度重视的其他原因是:它有利于提高钻速而节省钻井时间,有利于增加钻头寿命,有利于避免压差卡钻,有利于成功地钻穿漏失地层和低压地层。据报道,美国近年来在衰竭油气藏中使用充气钻井液进行欠平衡钻井的结果表明,仅因少损失钻井液和节省时间,就可平均每口井节约钻井费用达 1.25×10^6 美元。英国BP公司在哥伦比亚进行欠平衡钻井,仅因节省时间就使每口井节约钻井费用10% ~20%。

由于这些原因,迄今为止,欠平衡钻井技术已遍及世界各地的20多个国家,如美国、英国、加拿大、墨西哥、阿曼、阿根廷、巴西、哥伦比亚等。欠平衡钻井井数也正在以前所未有的速度增加。据统计,到2010年,全球欠平衡技术钻井数量已超过20 000口。在许多发达国家,欠平衡钻井已经成为常规的钻井技术,美国、加拿大两国的欠平衡钻井已经占到本国钻井总量的1/5左右。由于欠平衡钻井具有极大优越性,以及水平井应用的迅速增加,为提高油气田开发的总体经济效益,欠平衡钻井已经并且必将继续成为油气开发的一种重要手段。

欠平衡钻井作业的关键技术是产生和维持井下的欠平衡条件。1992年以来在世界范围内所采用的欠平衡钻井技术主要包括空气和天然气钻井、边喷边钻钻井、雾化钻井、泡沫钻井、氮气钻井、钻井液帽钻井、强行下人钻井和海上欠平衡钻井。

7. 自动化钻井

自动化钻井是20世纪90年代和21世纪世界钻井的重大发展方向。而自动化钻井的发展方向又是闭环钻井。所谓闭环钻井,就是依靠传感器测量钻井过程中的各种参数,依靠计算机及人工智能技术获取数据,并进行解释和发出指令,最终由自动设备去执行,变成一种无人操作的闭环自动控制系统进行钻井。它的主要优点是:可以大大提高钻井安全和效率,节省时间,优化钻井过程,从而获得更好的经济效益。

自动化钻井包括井下自动化和地面钻机自动化两大方面。井下自动化将依靠井下闭环自动控制系统来实现,而钻机自动化将依靠地面闭环自动控制系统来实现。近年来,国外一些公司一直在围绕这两大方面进行大力研究,并取得了重大突破和实质性成果。在井下定向控制自动化钻井系统方面,为了优化钻井和克服目前使用可转向钻井液马达钻定向井存在的问题(例如钻速低、定向费时、井眼净化效果差等),一些公司研究出了井下定向控制自动化钻井系统。

(1)自动导向钻井系统(AGS)

英国Cambridge Drilling Automativn(CDA)公司在1995年研制出了它的第一代自动导向钻井系统(Automation Guidance System,AGS)。这是一种由计算机控制井斜和方位的智能式自动导向的旋转钻井系统。它可以在钻柱旋转的同时自动按设计井眼轨迹控制井斜和方位。由于是由计算机连续进行定向控制,使用这种工具可以钻出高质量的井眼。目前,CDA公司正在研制可做井下程序调整的第二代AGS钻井系统,以实现不起下钻就能改变井眼轨迹。

(2)旋转闭环钻井系统(RCLS)

Baker Hughes INTEQ 公司与意大利的 AGIP 公司合作,从 1993 年中期开始,用三年时间研制出了被称为旋转闭环钻井系统(Rotary Closed Loop System,RCLS)的自动导向钻井系统。这是一种兼收旋转钻具和可转向钻井液马达最佳优点的智能式全新钻井系统(见图 4)。由于它是一种能对井斜和方位控制作闭环决策的旋转钻井系统,故称之为旋转闭环钻井系统。它与前面介绍的英国 CDA 公司研制的第一代 AGS 自动导向钻井系统相比的不同之处在于,它既能在钻柱旋转的同时自动按设计井眼轨迹控制井斜和方位,又能按地面的指令改变井眼轨迹。

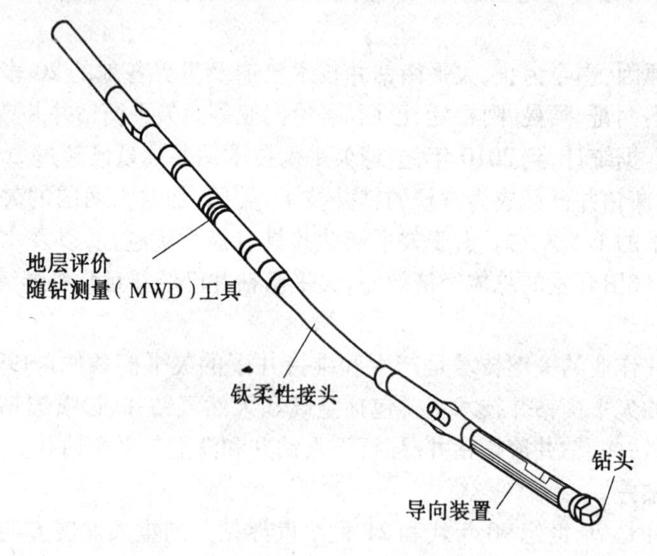

图 4　旋转闭环钻井系统(RCLS)

RCLS 系统的重要组成部分有:地面到井下工具和井下工具到地面的通信系统、自动导向工具,以及地层评价随钻测量工具。自动导向工具是 RCLS 系统自动控制井斜和方位的核心组件,它依靠一个脱离旋转驱动轴的非旋转套上的三个翼片的不同伸出量来控制钻头转向。该转向套内装有测斜仪、转向控制电子仪以及用于调节翼片伸出量的控制阀。

该自动导向钻井系统的最大特点是:地面与井下的通信以及井下自动导向,都采用的是闭环控制。

RCLS 系统于 1996 年通过现场试验,目前已纳入工业应用。

除 CDA 公司和 Baker Hughes INTEQ 公司外,Camco 公司也在研制自动旋转导向钻井系统。

8. 地质导向钻井

地质导向钻井是以井下实时实际地质和油藏特征来确定和控制井眼轨迹的钻井技术。使用这一技术,可以精确控制井下钻具,命中最佳地质油藏目标,使井眼避开地层界面和地层流体界面并始终位于产层内。目前国际上先进的地质导向钻井技术使用具有随钻定向测量、随钻地层评价测井和导向钻井能力的地质导向工具(见图 5)来实时评价和控制井眼轨迹，即以井下实时实际地质油藏特征来确定和控制井眼轨迹，而不是按预先设计的井眼轨迹进行钻井。

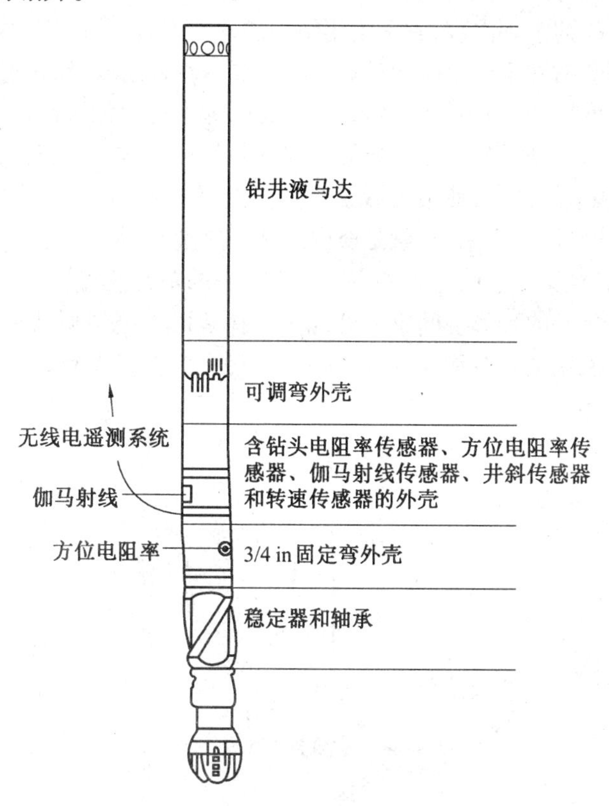

图 5　Anadrill 公司的地质导向工具

地质导向钻井技术特别适合在薄产层和高倾斜产层中钻水平井。对于这样的产层使用常规方法控制井眼轨迹很难命中最佳地质目标，而使用随钻定向测量和随钻地层评价测井数据进行地质导向钻井，可以随时知道钻头周围几米范围内的地质油藏特征和钻头与地层界面或地层流体的相对位置，因此可以控制钻具始终在产层中间钻进。

地质导向的基本方法是在井的设计阶段使用试验井或邻井的测井数据进行计算机模拟，得出新设计井的模拟测井数据以及对将钻各个地层的各种响应。在钻井过程中将井下随钻测量工具发送到地面的实时测井数据与各个模拟数据相对比，看它们是否一致。如果模拟数据与随钻实测数据一致，就说明井眼命中了最佳地质目标，否则就说明应该按井下实际地质油藏特征修正或改变井眼轨迹。

二、钻井与完井工程主要内容

当今的钻井技术已相当成熟，钻井的旋转钻井方式也已被普遍采用。在旋转钻井方式中，钻井与完井工程的主要内容如下：

1. 钻进

钻进就是用足够的压力把钻头压到井底岩石上，使钻头牙齿吃入岩石中，用钻杆带动钻头旋转破碎井底岩石，从而达到增加井深的目的。加到钻头上的压力称钻压，钻压是靠

钻柱的压力产生的。钻进的快慢用钻速(一般称为机械钻速)表示。它是单位时间里的进尺数,单位为m/h。另一种表示法是钻时,单位是min/m。

钻进是钻进工程的主要内容,它是指用钻头破碎岩石,使井眼不断加深的过程。由于钻进,井眼不断加深,钻柱也要及时加长。钻柱主要由钻杆组成,钻进过程中,每当井眼加深了一根钻杆的长度后,就向钻柱中接入一根钻杆,这个过程称为接单根。

钻进时,钻头破碎井底岩石,形成岩屑。随着井的加深,岩屑逐渐增加,它们积存于井底,阻碍了钻头接触新的井底,使钻头形成重复切削,降低钻进效率,为此必须在形成岩屑后,及时把岩屑从井底清洗出来,这就是所说的洗井。洗井(见图6)是用钻井泵把钻井液打入中空的钻柱内,经钻头水眼流入井底。流入井底的钻井液将岩屑冲离井底,然后携带岩屑从钻柱与井眼之间的环形空间中返到地面。在地面上把岩屑从钻井液中分离出来,再把净化了的钻井液用钻井泵注入井内,这样重复使用,往复循环,从而达到随钻洗井的目的。

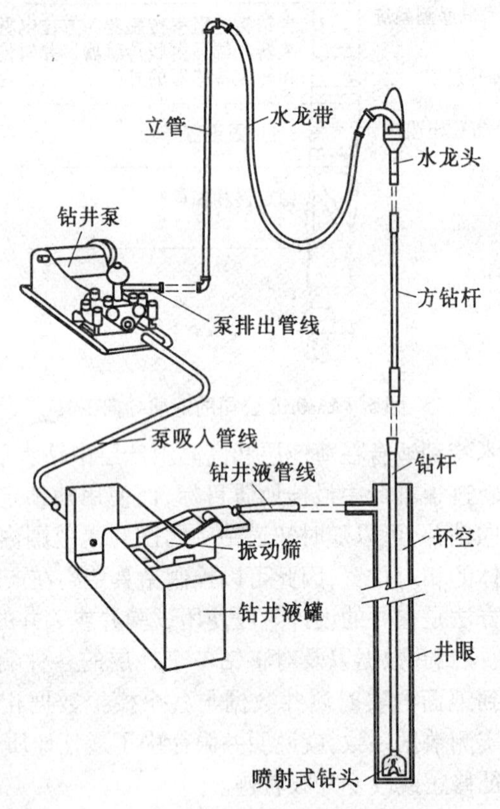

图6　洗井

钻井液还具有保护井壁、控制井内压力等功用。钻井液的性能好坏,直接关系到一口井钻井的成败,如何配制出符合钻井工程要求的钻井液是保证快速、优质、安全钻井的关键,所以钻井液又有“钻井工程的血液”之称。钻井液属于复杂的多相多级胶体-悬浮体分散体系。它既可以是固体分散在液体中或者是液体分散在另一种液体中,也可以是气体分散在液体中或者是液体分散在气体中所形成的分散体系。钻井液的性能与各种胶体性质都有密切的关系。如钻井液胶体的稳定性与破坏,处理剂的吸附、润湿、流变性,电解质的污染及其处理等，都遵循着胶体化学的基本规律。因此，凡是从事钻井工程特别是从事钻井液研究与应用的工作者，都需要掌握胶体化学的理论基础，从满足钻井完井工程的目标出发，设计和在施工中调配和维护钻井液体系，使之达到并保持所需的性能、指标，最终实现快速、优质、安全钻井。

地层岩石的孔隙、裂缝中存有石油、天然气和水等流体，它们具有一定的压力。这压力因所处地层的深度、地区等条件的不同而有很大差异，这就要求在钻井过程中采用恰当的措施以适应之，如果处置不当，或将引起对产层的损害，或将发生溢流、井喷，给钻井施工带来困难。因此，必须加强在钻井过程中对高压井的压力控制及发展压力预测技术。

影响钻速的因素主要有岩石的可钻性、钻头的类型、钻井液性质、钻压、转速、钻井液排量、钻头水功率的大小等。因此，研究地层的基本物理机械性质和基本的破碎规律以及影响这些规律的因素，研究钻头破岩的机理、结构特点及其对地层的适应性，研究钻井液的性质与井眼安全和钻井速度的关系，研究钻井参数（钻压、转速、钻井液排量、钻头水功率）对钻井速度和井身质量影响的规律对安全、优质、快速钻井方案的制定和组织实施都有极其重要的意义。在研究各种因素对钻井速度、安全和质量影响规律的基础上，结合经济评价，建立效益目标，应用最优化理论，分析处理各种实验数据和钻井资料，制定出最佳钻井方案并应用于指导钻井实践。

2. 固井

一口井在形成的过程中，须穿过各种各样的地层。各地层都有它自己的特点，如有的地层岩石很坚硬，井眼形成以后井壁很长不坍塌；有的地层很松软，井壁不易维持住，岩石从井壁上塌落到井内，易形成井塌、卡钻等复杂情况；有的地层则含有高压油、气、水等流体，钻遇该地层时，这些流体就要外涌；有的地层含有某些易溶盐，使钻井液性能变坏。上述复杂情况有的可能钻过该地层后就消失了，但有的没有消失，继续给钻井工作造成麻烦。为了保护井眼以便使钻井工作顺利进行，就必须对井眼进行加固，即固井。固井的方法是将套管下入井中，并在井眼与套管之间充填水泥，以固定套管，封固某些地层。根据不同的地层情况和钻井目的，一口井可能要进行多次套管固井。钻完一口井总共要下多少层套管，每层套管的尺寸和下入深度，每次固井水泥浆返深和水泥环厚度以及每次固井对应的井眼尺寸统称为井身结构。井身结构设计是钻井工程的基础设计，它关系到油气井能否安全、优质、快速和经济钻达目的层以及能否保护储层防止损害。

3. 完井

完井是钻井工程最后一个重要环节，其主要内容包括钻开生产层，确定井底完成方法，安装井底及井口装置等。

含有油气流体的孔隙性砂岩或裂缝性碳酸盐岩储集层称为油气层，一般均有一定的压力，而且有较好的渗透性，因此钻开油气层时，总会产生钻井液对油气层的损害或是油气层中的油气侵入钻井液。当井内钻井液柱压力大于地层压力时，钻井液中的滤液或固相颗粒就会进入油气层中，使油气层渗透率降低，造成油气层的损害。压力越大，时间越长，对油气层的损害就会越大，就会降低油气层的产量。反之，如果钻井液液柱压力小于地层压力时，油气水就会侵入钻井液中，如果处理不当，就会造成井喷失控事故。因此，钻开油气层既要防止和减少对油气层的损害，又要防止井喷失控事故的发生。

井底装置是在井底建立油气层与油气井井筒之间的连通渠道，建立的连通渠道不同，也就构成了不同的完井方法。只有根据油气藏类型和油气层的特性并考虑开发开采的技术要求去选择最合适的完井方法，才能有效地开发油气田、延长油气井寿命、提高采收率、提高油气田开发的总体经济效益。

完井井口装置包括套管头、油管头和采油树。井口装置的作用是控制悬挂井下油管柱、套管柱，密封油管、套管和多层套管之间的环形空间，控制油气井生产，回注（注蒸汽、注气、注水、酸化、压裂和注化学剂等）和安全生产。

第1章 钻井的工程地质条件

钻井的工程地质条件是指与钻井工程有关的地质因素的综合。地质因素包括岩石、土壤类型及其工程力学性质、地质结构、地层中流体情况及地层情况等。钻井是以不断破碎井底岩石而逐渐钻进的。了解岩石的工程力学性质，是为选用合适的钻头和确定最优的钻进参数提供依据。井眼的形成使地层裸露于井壁上，这又涉及井眼与地层之间的压力平衡问题，对此问题处理不当则会发生井涌、井喷或压裂地层等复杂情况或事故，使钻进难以进行，甚至使井眼报废。所以，在一个地区钻井之前，充分认识和了解该地区的工程地质资料（包括岩石的工程力学性质、地层压力特性等）是进行一口井设计的重要基础。

1.1 地下压力特性

地下各种压力的理论及其评价技术对油气勘探和开发具有重要意义。在钻井工程中，地层压力和地层破裂压力是科学地进行钻井设计和施工的基本依据，因而必须对它们进行准确的评价。本章主要介绍地下各种压力的概念和压力评价技术。

1.1.1 地下各种压力的概念

1. 静液压力

静液压力是由液柱自身的重力所引起的压力，它的大小与液体的密度、液柱的垂直高度或深度有关，即

$$p_h = 0.009\ 81\rho h_1 \tag{1.1}$$

式中 p_h—— 静液压力，MPa；

ρ—— 液体的密度，g/cm^3；

h_1—— 液柱的垂直高度，m。

由上式可知，液柱的静液压力随液柱垂直高度的增加而增大。人们常用单位高度或单位深度的液柱压力，即压力梯度，来表示静液压力随高度或深度的变化。若用 G_h 表示静液压力梯度，则

$$G_h = p_h / h_1 = 0.009\ 81\rho \tag{1.2}$$

式中 G_h—— 静液压力梯度,MPa/m;

p_h—— 静液压力,MPa;

ρ—— 液体的密度,g/cm^3;

h_1—— 液柱的垂直高度,m。

静液压力梯度的大小与液体中所溶解的矿物及气体的浓度有关。在油气钻井中所遇到的地层水一般有两类,一类是淡水或淡盐水,其静液压力梯度平均为 0.009 81 MPa/m;另一类为盐水,其静液压力梯度平均为 0.010 5 MPa/m。

2. 上覆岩层压力

地层某处的上覆岩层压力是指该处以上地层岩石基质和孔隙中流体的总重力所产生的压力,即

$$p_o = \frac{\text{基岩重力} + \text{流体重力}}{\text{面积}}$$

$$p_o = 0.009\,81 D[(1-\Phi)\rho_{ma} + \Phi\rho] \tag{1.3}$$

式中 p_o—— 上覆岩层压力, MPa;

D—— 地层垂直深度,m;

Φ—— 岩石孔隙度,%;

ρ_{ma}—— 岩石骨架密度,g/cm^3;

ρ—— 孔隙中的流体密度,g/cm^3。

由于沉积压实作用,上覆岩层压力随深度增加而增大。一般沉积岩的平均密度大约为 2.5 g/cm^3,沉积岩的上覆岩层压力梯度一般为 0.022 7 MPa/m。在实际钻井过程中,以钻台作为上覆岩层压力的基准面。因此在海上钻井时,从钻台面到海平面,海水深度和海底未固结沉积物对上覆岩层压力梯度都有影响,实际上覆岩层压力梯度值远小于0.022 7 MPa/m。

上覆岩层压力梯度一般分层段计算,密度和岩性接近的层段作为一个沉积层,即

$$G_o = \frac{\sum p_{oi}}{\sum D_i} = \frac{\sum (0.009\,81\,\rho_{oi}\,D_i)}{\sum D_i} \tag{1.4}$$

式中 G_o—— 上覆岩层压力梯度,MPa/m;

p_{oi}—— 第 i 层段的上覆岩层压力,MPa;

D_i—— 第 i 层段的厚度,m;

ρ_{oi}—— 第 i 层段的平均密度,g/cm^3。

上式计算的是上覆岩层压力梯度的平均值。

3. 地层压力

地层压力是指岩石孔隙中的流体所具有的压力,也称地层孔隙压力,用 p_p 表示。在各种地质沉积中,正常地层压力等于从地表到地下某处的连续地层水的静液压力。其值的大小与沉积环境有关,主要取决于孔隙内流体的密度和环境温度。若地层水为淡水,则正常地层压力梯度(用G_p 表示) 为0.009 81 MPa/m;若地层水为盐水,则正常地层压力梯度随地层水的含盐量的大小而变化,一般为0.010 5 MPa/m。石油钻井中遇到的地层水

多数为盐水。

在钻井实践中，常常会遇到实际的地层压力大于或小于正常地层压力的现象，即压力异常现象。超过正常地层静液压力的地层压力($p_p > p_h$)称为异常高压，而低于正常地层静液压力的地层压力($p_p < p_h$)，称为异常低压。

4. 基岩应力

基岩应力是指由岩石颗粒之间相互接触来支承的那部分上覆岩层压力，也称有效上覆岩层压力或颗粒间压力，这部分压力是不被孔隙水所承担的。基岩应力用σ来表示。

以上所述地下各种压力之间的关系可用图1.1和下式来说明。

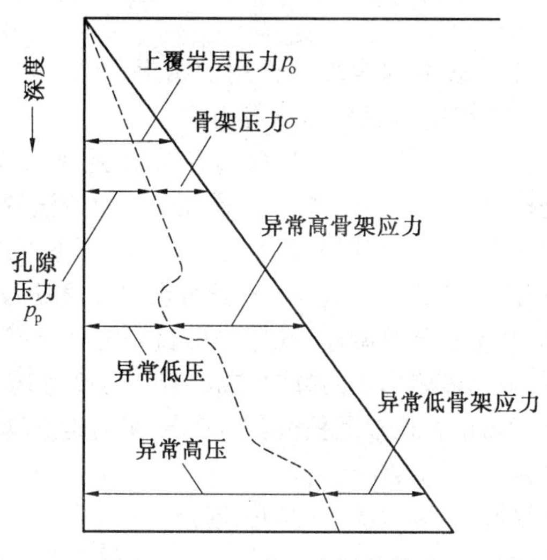

图1.1　p_o,p_p和σ之间的关系

$$p_o = p_p + \sigma \tag{1.5}$$

式中　p_o—— 上覆岩层压力，MPa；

p_p—— 地层压力，MPa；

σ—— 基岩应力，MPa。

上覆岩层的重力是由岩石基质（基岩）和岩石孔隙中的流体共同承担的，所以不管什么原因使基岩应力降低时，都会导致孔隙压力增大。

5. 异常压力的成因

异常低压和异常高压统称为异常压力。异常低压的压力梯度小于0.009 81 MPa/m（或0.010 5 MPa/m），有的甚至只有静液压力梯度的一半。世界各地的钻井情况表明，异常低压地层比异常高压地层要少。一般认为，多年开采的油气藏而又没有足够的压力补充，便产生异常低压；在地下水位很低的地区也产生异常低压现象。在这样的地区，正常的流体静液压力梯度要从地下潜水面开始。异常高压地层在世界各地广泛存在，从新生代更新统到古生代寒武系、震旦系都曾遇到。

正常的流体压力体系可以看成是一个水力学的“开启”系统，即可渗透的、流体可以流通的地层，它允许建立或重新建立静液压力条件。与此相反，异常高压地层的压力系统基本上是“封闭”的。异常高压和正常压力之间有一个封闭层，它阻止了或至少大大地限制了流体的流通。在这里,上部基岩的重力有一部分是由岩石孔隙内的流体所支承的。通常认为异常高压的上限为上覆岩层压力,根据稳定性理论,它是不能超过上覆岩层压力的。但是,在一些地区,如巴基斯坦、伊朗、巴比亚等地的钻井实践中,曾遇到比上覆岩层压力高的超高压地层,有的孔隙压力梯度超过上覆岩层压力梯度的40%,这种超高压地层可以看做存在一个“压力桥”(图1.2)的局部化条件。覆盖在超高压地层上面的岩石内部的抗压强度,帮助上覆岩层部分地平衡超高压地层流体向上的巨大作用力。

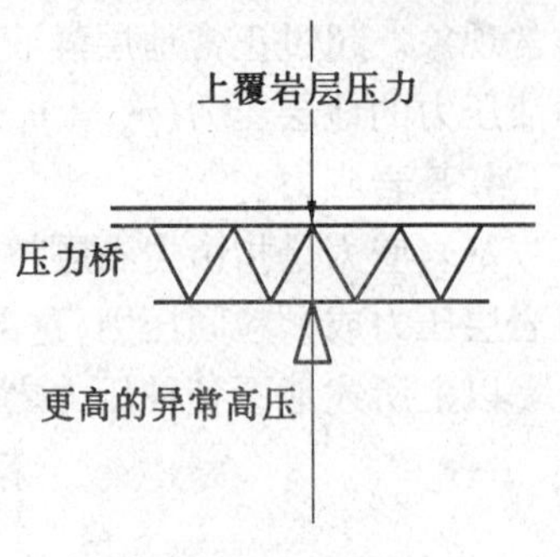

图1.2　压力桥

异常高压的形成常常是多种因素综合作用的结果,这些因素与地质作用、构造作用和沉积速度等有关。目前,被普遍公认的成因主要有沉积压实不均、水热增压、渗透作用和构造作用等。本章主要就沉积压实的机理进行讨论,因为它是各种地层压力评价方法的理论依据。

沉积物的压缩过程是由上覆沉积层的重力所引起的。随着地层的沉降,上覆沉积物重复地增加,下覆岩层就逐渐被压实。如果沉积速度较慢,沉积层内的岩石颗粒就有足够的时间重新紧密地排列,并使孔隙度减小,孔隙中的过剩流体被挤出。如果是“开放”的地质环境,被挤出的流体就沿着阻力小的方向,或向着低压高渗透的方向流动,于是便建立了正常的静液压力环境。这种正常沉积压实的地层,随着地层埋藏深度的增加,岩石越致密,密度越大,孔隙度越小。

地层压实能否保持平衡,主要取决于四种因素:

①上覆沉积速度的大小。

②地层渗透率的大小。

③孔隙减小的速度。

④排出孔隙流体的能力。

如果沉积物的沉积速度与其他过程相比很慢,沉积层就能正常压实,保持正常的静液压力。

在稳定沉积过程中,若保持平衡的任意条件受到影响,正常的沉积平衡就被破坏。如沉积速度很快,岩石颗粒没有足够的时间去排列,孔隙内流体的排出受到限制,基岩无法增加它的颗粒与颗粒之间的压力,即无法增加它对上覆岩层的支承能力。由于上覆岩层继续沉积,负荷增加,而下面基岩的支承能力没有增加,孔隙中的流体必然开始部分地支承本来应由岩石颗粒所支承的那部分上覆岩层压力,从而导致了异常高压。

在某一环境里,要把一个异常压力圈闭起来,就必须有一个密封结构。在连续沉积盆地里,最常见的密封结构是一个低渗透率的岩层,如一个纯净的页岩层段。页岩降低了正常流体的散佚,从而导致欠压实和异常的流体压力。与正常压实的地层相比,欠压实地层的岩石密度低,孔隙度大。

在大陆边缘,特别是三角洲地区,容易产生沉积物的快速沉降。在这些地区,沉积速度很容易超过平衡条件所要求的值,因此常常遇到异常高压地层。

1.1.2　地层压力评价

在长期的实践中，石油工作者总结出了多种评价地层压力的方法。但是，每种方法都有其一定的局限性，所以目前单纯应用一种方法很难准确地评价一个地区的地层压力，要用多种方法进行综合分析和解释。地层压力评价的方法可分为两类，一类是用邻近井资料进行压力预测，建立地层压力剖面，此方法常用于新油井设计；另一类是根据所钻井的实时数据进行压力监测，以掌握地层压力的实际变化规律，并据此决定现行钻井措施。这两类方法要求在测井和钻井过程中详细和真实地记录有关资料，然后进行分析处理，并作出科学推断。

由于异常高压地层的成因多种多样，在泥、砂岩剖面中，异常高压层可能有几个盖层（即由几个致密阻挡层组成的层系），它们的厚度范围变化不一，而且可能存在多个压力转变区。当存在断层时，有时会使情况进一步复杂。另外，岩性化，例如泥岩中存在钙质、粉砂等成分，这些因素都会影响地层压力评价的准确性。因而在进行地层压力评价时要针对具体情况，综合分析所收集的有关资料，力求作出合理的评价。

1. 地层压力预测

钻井前要进行地层压力预测，建立地层压力剖面，为钻井工程设计和施工提供依据。常用的地层压力预测方法有地震法、声波时差法和页岩电阻率法等。这里主要介绍声波时差法。

利用地球物理测井资料评价地层压力是常用而有效的方法。声波速度是测井资料中的一种常规资料。通过测量声波在不同的地层中传播的速度可识别地层岩性，判断储集层，确定地层孔隙度和计算地层孔隙压力。

声波在岩石中传播时产生纵波和横波。在同一种岩石中，纵波的速度大约是横波速度的两倍，能够较先到达接收装置。为研究方便，目前声波测井主要是研究纵波在地层中的传播规律。声波在地层中传播的快慢常以通过单位距离所用的时间来衡量，即

$$t = \sqrt{\frac{\rho(1+\mu)}{3E(1-\mu)}} \tag{1.6}$$

式中　t—— 声波在单位距离内的传播时间；

ρ—— 岩石的密度；

μ—— 岩石的泊松比；

E—— 岩石的弹性模量。

由上式可知，声波在地层中传播的快慢与岩石的密度和弹性系数等有关，而岩石的密度和弹性系数又取决于岩石的性质、结构、孔隙度和埋藏深度。不同的地层、不同的岩性有不同的传播速度。因此，通过测定声波在地层中的传播速度就可研究和识别地层特性。

声波在地层中传播的快慢常用声波到达井壁上不同深度的两点所用的时间之差，即声波时差 Δt（μs/m）来表示。当岩性一定时，声波的速度随岩石孔隙度的增大而减小。对于由沉积压实作用形成的泥、页岩，声波时差与孔隙度之间有如下关系：

$$\Phi = \frac{\Delta t - \Delta t_m}{\Delta t_f - \Delta t_m} \times 100\% \tag{1.7}$$

式中 Φ—— 岩石孔隙度,%;

Δt—— 地层的声波时差,μs/m;

Δt_m—— 基岩的声波时差,μs/m;

Δt_f—— 地层孔隙内流体的声波时差,μs/m。

基岩和地层流体的声波时差可在实验室测得。若岩性和地层流体性质一定,则 Δt_m 和 Δt_f 为常量。

在正常沉积条件下,泥、页岩的孔隙度随深度的变化规律符合下面的函数关系

$$\Phi = \Phi_0 e^{-CD} \tag{1.8}$$

式中 Φ—— 泥、页岩的孔隙度,%;

Φ_0—— 泥、页岩在地面的孔隙度,%;

C—— 常数;

D—— 井深,m。

由孔隙度和声波时差之间的关系可得

$$\Phi_0 = \frac{\Delta t_0 - \Delta t_m}{\Delta t_f - \Delta t_m} \times 100\% \tag{1.9}$$

Δt_0 为起始时差,即深度为零时的声波时差。在一定区域内,Δt_0 可近似看做常数。由式(1.7)、(1.8) 和(1.9) 可得

$$\Delta t - \Delta t_m = (\Delta t_0 - \Delta t_m) e^{-CD} \tag{1.10}$$

在泥、页岩的岩性一定的情况下,Δt_m 也为一常数。若 $\Delta t_m = 0$,则

$$\Delta t = \Delta t_0 e^{-CD} \tag{1.11}$$

因此在半对数坐标系中(井深 D 为线性坐标,即纵坐标,声波时差为对数坐标,即横坐标),声波时差的对数与井深呈线性关系。

在正常地层压力井段,随着井深增加,岩石的孔隙度减小,声波速度增大,声波时差减小。根据声波时差的数据,可在半对数坐标纸上绘出曲线,如图 1.3 所示。在正常压力地层,曲线为一直线,称为声波时差的正常趋势线。进入异常高压地层之后,岩石的孔隙度增大,声波速度减小,声波时差增大,便偏离正常趋势线,开始偏离的那一点就是异常高压的顶部。

在异常高压地层,实测声波时差 Δt 与相应深度的正常声波时差 Δt_n 之间的差值和地层压力梯度 G_p(用当量密度 g/cm³ 表示)有一定的关系,如图 1.4 所示。利用这种曲线可定量计算地层压力。

利用泥、页岩声波时差测井资料计算地层压力的步骤如下:

(1) 在标准声波时差测井资料中选择纯泥、页岩层,以 5 m 左右为间隔点在测井曲线上读出井深和相应的声波时差值,并在半对数坐标纸上描点。

(2) 在已知的正常地层压力井段,通过尽可能多的可以信赖的点引出声波时差随井深变化的正常趋势线,并将其延伸至异常高压井段。

(3) 读出某深度的实测声波时差 Δt 和该深度所对应的正常趋势线上的声波时差 Δt_n

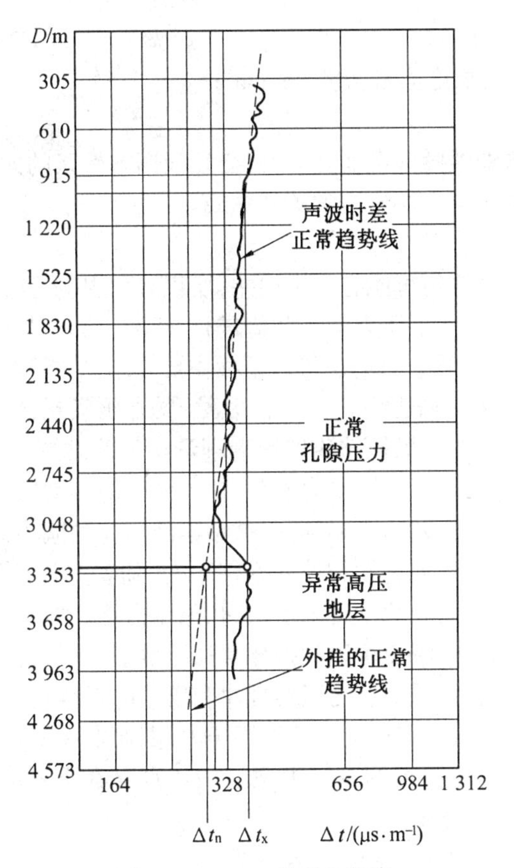

图 1.3　$\Delta t-D$ 关系曲线图

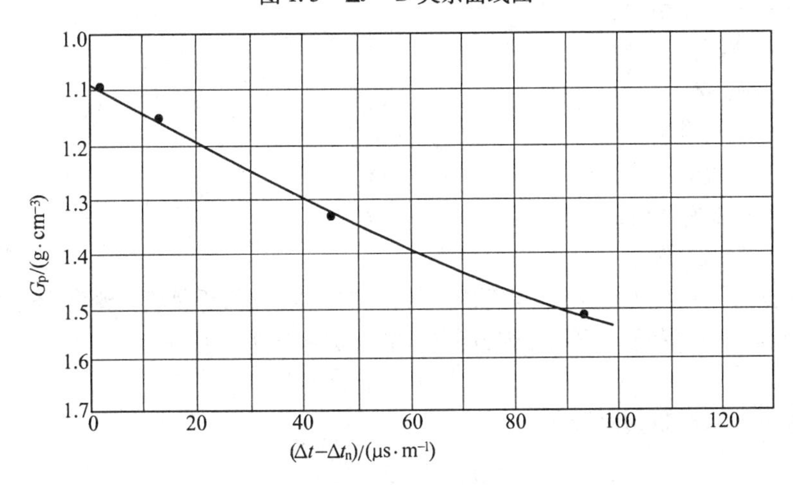

图 1.4　$\Delta t-\Delta t_n$ 与 G_p 之间的关系曲线

并计算 $\Delta t-\Delta t_n$。

（4）在 $\Delta t-\Delta t_n$ 和 G_p 关系曲线上读出 $\Delta t-\Delta t_n$ 所对应的 G_p，用 G_p 乘以井深 D，得其深度的地层压力，即

$$p_p=0.009\ 81G_pD \tag{1.12}$$

式中　p_p—— 地层压力；

G_p—— 地层压力梯度当量密度，g/cm³；

D—— 井深，m。

$\Delta t-\Delta t_n$ 和 G_p 关系曲线随地区而异，所以必须根据本地区的大量统计资料，绘制适合本地区的声波时差偏离值与地层压力的关系曲线。

2. 地层压力监测

钻井前地层压力的预测值可能有一定误差，所以在钻井过程中利用钻井资料对地层压力进行实时监测，以便对地层压力的预测值进行校正。常用的地层压力监测的方法有 d_c 指数法、标准化钻速法和页岩密度法等。下面主要介绍 d_c 指数法。

d_c 指数法实质上是机械钻速法。它是利用泥、页岩压实规律和压差（即井底的钻井液柱压力与地层压力之差）对机械钻速的影响理论来检测地层压力的。我们知道，机械钻速是钻压、转速、钻头类型及尺寸、水力参数、钻井液性能和地层岩性等因素的函数。若其他因素保持恒定，只考虑压差的影响，则机械钻速随压差的减小而增加。

在正常地层压力情况下，如岩性和钻井条件不变，随着井深的增加，机械钻速下降。当钻入压力过渡带之后，岩石孔隙度逐渐增大，孔隙压力逐渐增加，压差逐渐减小，机械钻速逐渐加快。因此，利用这个特点可以预报异常高压地层。但是，欲使钻压、转速、水力条件等保持不变，让机械钻速只受地层的压实规律和压差的影响是不可能的，所以仅用机械钻速的变化难以准确地预报和定量地计算地层压力，因而发展了 d_c 指数法。

d_c 指数法是在宾汉钻速方程的基础上建立的。宾汉在不考虑水力因素的影响下提出的钻速方程为

$$v_{pc}=Kn^e(W/d_b)^d \tag{1.13}$$

式中　v_{pc}—— 机械钻速；

K—— 岩石可钻性系数；

n—— 转速；

e—— 转速指数；

W—— 钻压；

d_b—— 钻头直径；

d—— 钻压指数。

宾汉根据海湾地区的经验，发现软岩石的 e 都非常接近，于是将 e 视为不变的整数，取 $e=1$。假设钻井条件和岩性不变，则方程(1.13)被简化为

$$v_{pc}=n(W/d_b)^d \tag{1.14}$$

对上式两边取对数，并整理后得

$$d=\frac{\lg(v_{pc}/n)}{\lg(W/d_b)} \tag{1.15}$$

若采用常用公制单位，上式变为

$$d=\frac{\lg\dfrac{0.0547\,v_{pc}}{n}}{\lg\dfrac{0.0684W}{d_b}} \tag{1.16}$$

式中　v_{pc}—— 机械钻速,m/h;

n—— 转速,r/min;

W—— 钻压,kN;

d_b—— 钻头直径,mm;

d—— 钻压指数,无因次。

根据目前油田所使用的参数范围,分析式(1.16),$0.054\,7v_{pc}/n$ 和 $0.068\,4W/d_b$ 的值都小于1.0,故式(1.16)的分子、分母均为负数。同时也可以看出,$\log(0.054\,7v_{pc}/n)$ 的绝对值与机械钻速 v_{pc} 成反比,因此 d 指数与机械钻速也成反比。进而 d 指数与压差的大小有关,所以 d 指数可用来检测异常高压。在正常地层压力情况下,机械钻速随井深增加而减小,d 指数随井深增加而增大。进入压力过渡带和异常高压地层后,实际的 d 指数较正常基线偏小。

推导 d 指数法的前提之一是保持钻井液密度不变,实际上这难以做到。特别是当钻入压力过渡带时,往往要提高钻井液密度,这样一来便影响 d 指数的正常变化规律。为消除钻井液密度的变化对 d 指数的影响,Rehm 和 Mclenlon 于1971年提出了修正的 d 指数法,即 d_c 指数法。d_c 指数按下式计算:

$$d_c = d\frac{\rho_n}{\rho_d} \tag{1.17}$$

式中　d_c—— 修正的 d 指数;

ρ_n—— 正常地层压力当量密度(即地层水的密度),g/cm^3;

ρ_d—— 实际钻井液密度,g/cm^3。

利用 d_c 指数估算地层压力的步骤如下:

(1) 在高压层顶部以上至少300 m的纯泥、页岩井段,按一定深度间隔取点(如果砂、泥岩交错的地层,取泥、页岩的数据点)、比较理想的是每1.5 m或3 m取一点,如果钻速高,可以每5 m、10 m甚至更大的间隔取点。重点井段可加密到每1 m取一点,记录每点所对应的钻速、钻压、转速、钻头直径、地层水密度和实际钻井液密度等六项参数。

(2) 根据记录的数据计算 d 指数和 d_c 指数。

(3) 在半对数坐标纸上一一作出 d_c 指数和相应的井深所确定的点(纵坐标为井深,横坐标为 d_c 指数)。

(4) 根据正常地层压力井段的数据引 d_c 指数的正常趋势线,如图1.5所示。

(5) 计算地层压力,作出 $d_c - D$ 和正常趋势线之后,可直接观察到异常高压出现的层位和该层位内 d_c 指数的偏离值。d_c 指数偏离正常趋势越远说明地层压力越高。根据 d_c 指数的偏离值应用下式可计算相应的地层压力

$$\rho_p = \rho_n\frac{d_{cn}}{d_{ca}} \tag{1.18}$$

式中　ρ_p—— 所求井深处的地层压力当量密度,g/cm^3;

ρ_n—— 所求井深处的正常地层压力当量密度,g/cm^3;

d_{cn}—— 所求井深处的正常 d_c 指数值;

d_{ca}—— 所求井深处的实测 d_c 指数值。

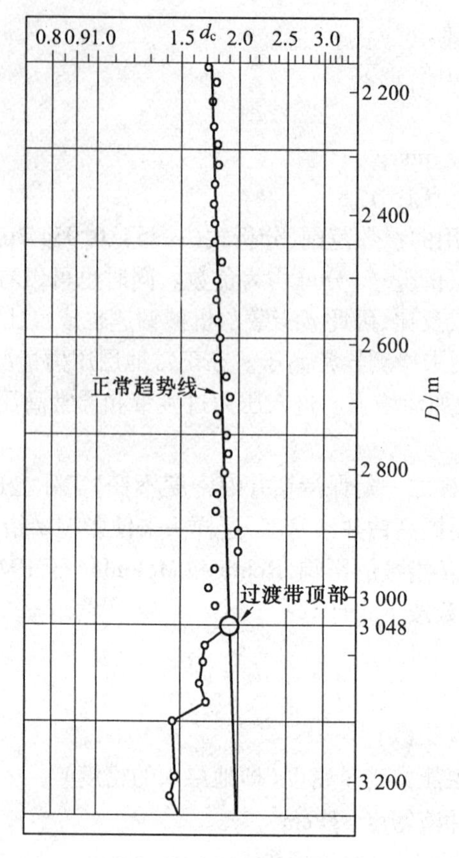

图 1.5 $d_c - D$ 曲线

上式中的 ρ_n(即正常地层压力的地层水密度) 是随地区而异的,要根据不同地区的统计资料加以确定。地层水的密度取决于水中的含盐量(即矿化度) 计算时应在不同层位取样分析,测定含盐量 ppm 并换算成密度。

另外,还可用等效深度法求地层压力。d_c 指数反映了泥、页岩的压实程度,若地层具有相等的 d_c 指数,则可视其骨架应力相等。而上覆岩层压力总是等于骨架应力与地层压力之和。正常地层压力下的地层,其骨架应力是已知的,于是我们就可以用 d_c 指数值相同、骨架应力相等的原理,在正常压力井段找出与异常地层压力下井深 D 的 d_c 指数值相等的井深(见图 1.6),并求出异常高压地层的地层压力为

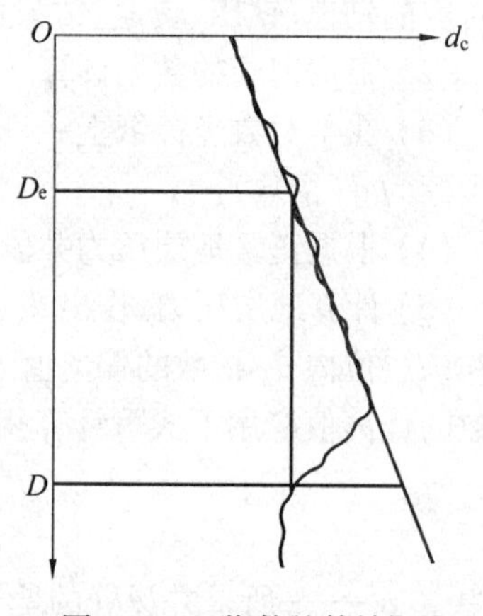

图 1.6 d_c 指数的等效深度

$$p_p = G_o D - (G_o - G_{pm}) D_e \tag{1.19}$$

式中 p_p—— 所求深度处的地层压力,MPa;

G_o—— 上覆岩层压力梯度, MPa/m;

D—— 所求地层压力点的深度,m;

G_{pm}—— 等效深度处的正常地层压力梯度, MPa/m;

D_e—— 等效深度，m。

在计算 d_c 指数值，绘制 d_c 指数正常趋势线时，会产生 d_c 指数值的发散现象，这些发散点是不可取的。产生发散的原因主要有以下几个方面：

① 岩性变化。d_c 指数取决于基岩强度，岩性不同，骨架强度也不同。岩性发生变化的地层，d_c 指数的规律也将发生变化，例如砂、页岩交错的地层。

② 水力参数。水力参数发生大的变化时，射流对地层的破碎作用不同，d_c 指数的规律也将发生变化。

③ 钻头类型。钻头类型不同，其破岩机理不同，所以钻头类型的变化会引起正常趋势线的移动。

另外，在纠斜吊打、用刮刀钻头和取心钻头钻进、钻头的跑合期和磨损的后期、井底不干净、钻遇断层裂缝等情况下都不宜取点计算 d_c 指数值。

1.1.3　地层破裂压力

在井下一定深度裸露的地层，承受流体压力的能力是有限的，当液体压力达到一定数值时会使地层破裂，这个液体压力称为地层破裂压力。利用水力压裂地层，从 20 世纪 40 年代就开始用做油井的增产措施。但对钻井工程而言并不希望地层破裂，因为这样容易引起井漏，造成一系列的井下复杂问题。所以了解地层的破裂压力，对合理的油井设计和钻井施工十分重要。

为准确地掌握地层破裂压力，不少学者提出了不同的检测计算地层破裂压力的方法，但这些方法都有其局限性，有待进一步发展完善。以下介绍几种常用的方法。

1. 休伯特和威利斯(Hubert&Willis)法

1957 年休伯特和威利斯根据岩石水力压裂机理和实验作出推论，在发生正断层作用的地质区域，地下应力状态以三维不均匀主应力状态为特征，且三个主应力互相垂直。最大主应力 σ_1 为垂直方向，大小等于有效上覆岩层压力(即骨架应力)，最小主应力 σ_3 和介于 σ_1 与 σ_3 之间的主应力 σ_2 在水平方向上互相垂直。最小主应力 σ_3 的大小等于 $(1/3 \sim 1/2)\sigma_1$。

地层所受的注入压力或破裂传播压力必须能够克服地层压力和水平骨架应力，地层才能破裂，即

$$p_f = p_p + \sigma_3 = p_p + (1/3 \sim 1/2)\sigma_1 \tag{1.20}$$

而

$$\sigma_1 = p_o - p_p$$

故

$$p_f = p_p + (1/3 \sim 1/2)(p_o - p_p) \tag{1.21}$$

根据式(1.21)求地层破裂压力梯度

$$G_f = \frac{p_f}{D} = \frac{p_p}{D} + \frac{(1/3 \sim 1/2)(p_o - p_p)}{D} \tag{1.22}$$

式中　G_f—— 井深 D 处的地层破裂压力梯度，MPa/m；

p_f—— 井深 D 处的地层破裂压力，MPa/m；

p_p—— 井深 D 处的地层压力，MPa/m；

p_o—— 井深 D 处的上覆岩层压力，MPa/m；

D—— 井深,m。

休伯特和威利斯从理论和技术上为检测地层破裂压力奠定了基础。但是,由于很少在正断层区域钻井,所以休伯特和威利斯的理论在工业应用中受到限制。

2. 马修斯和凯利(Mathews&Kelly)法

1967 年马修斯和凯利根据海湾地区的一些经验数据,提出了检测海湾地区砂岩储集层破裂压力的方法。他们选择最小破裂压力等于地层压力,最大破裂压力等于上覆岩层压力。如果实际破裂压力大于地层压力,则认为是由于克服骨架应力所致。骨架应力的大小与地层压实程度有关,并非固定为$(1/3-1/2)\sigma_1$。地层压得越实,水平骨架应力越大。根据地层破裂压力与地层压力和骨架应力之间的关系,则有

$$G_f = \frac{p_p}{D} + K_i \frac{\sigma}{D} \tag{1.23}$$

式中 K_i—— 骨架应力系数,无因次;

σ—— 骨架应力,MPa。

骨架应力系数 K_i 是根据不同地区的地层破裂压力的经验数据代入式(1.23)得出的。K_i 是井深的函数,与岩性有关,通常泥质含量高的砂岩比一般砂岩的应力系数要高。在正常地层压力情况下,K_i 随井深增加而增加。如遇异常高压,地层的压实程度降低,地层压力增大,则 K_i 减小。

3. 伊顿(Eaton)法

伊顿 1969 年发表了更合适的计算地层破裂压力的方法。这种方法把上覆岩层压力梯度作为一个变量来考虑,并且把泊松比也作为一个变量引入地层破裂压力梯度的计算之中。一般来说,在一个弹性体的极限之内,它在纵向压力的作用下将产生横向和纵向应变。横向应变和纵向应变之间的比值被定义为泊松比。把岩石作为弹性体考虑,那么泊松比就反映了岩石本身的特性。然而伊顿的泊松比不是作为岩石本身特性的函数,而是作为区域应力场的函数来考虑。于是,伊顿的泊松比即为水平应力与垂直应力的比值。

如果上覆地层仅作为压力源,并且由于岩石周围受水平方向的约束而不发生水平应变,所以可导出水平应力和垂直应力之间的关系,即

$$\sigma_h = \frac{\mu}{1-\mu}\sigma \tag{1.24}$$

式中 σ_h—— 水平应力, MPa;

σ—— 垂直应力, MPa;

μ—— 岩石的泊松比。

将式(1.24)引入地层破裂压力梯度计算公式(1.23)从而扩充了马修斯和凯利的理论,即

$$G_f = \frac{p_p}{D} + \frac{\mu}{1-\mu}\frac{\sigma}{D} \tag{1.25}$$

伊顿提出了上覆岩层压力梯度可变的概念。通过研究发现,由于上覆岩层压力梯度的变化,岩石的泊松比随深度呈非线性变化。伊顿计算了海湾地区的泊松比后,绘制了泊松比和深度的经验曲线,如图 1.7 所示。在破裂压力的计算中,上覆岩层压力起着重要作

用,若能求得上覆岩层压力梯度的准确增量,可提高破裂压力的计算精度。

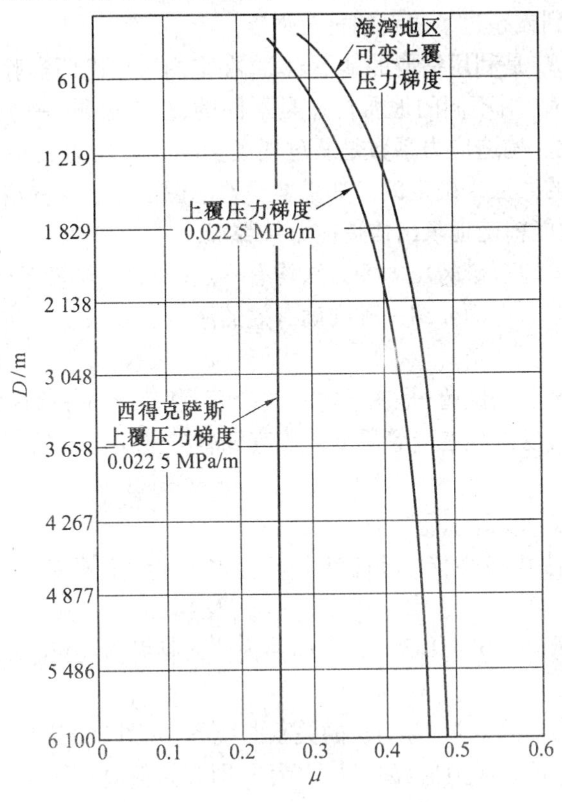

图1.7　墨西哥湾 $\mu-D$ 的关系曲线

如果一个地区的泊松比曲线已知,那么伊顿法就可在该地区应用。泊松比由式(1.25)反算求得。

4. 计算地层破裂压力的新方法

以上介绍的计算地层破裂压力梯度的方法中,均没考虑地层的抗拉强度和地质构造应力对破裂压力的影响,因而计算结果与实际情况有一定差距。

中国石油大学黄荣樽教授在总结分析国外各种计算地层破裂压力方法的基础上,综合考虑各种影响因素,进行了严格的理论推导和一系列的室内实验,提出了预测地层破裂压力的新模式:

$$p_f = p_p + \left(\frac{2\mu}{1-\mu} - K_{ss}\right)(v_v - p_p) + S_{rt} \tag{1.26}$$

式中　K_{ss}——构造应力系数,无因次;

S_{rt}——岩石的抗拉强度,MPa。

新模式与前述三个模式相比有两个显著特点:

① 地应力一般是不均匀的,模式中包括了三个主应力的影响。垂直应力可以认为是由上覆岩层重力引起的。水平地应力由两部分组成,一部分是由上覆岩层的重力作用引起的,它是岩石泊松比的函数;另一部分是地质构造应力,它与岩石的泊松比无关,且在两个方向上一般是不相等的。

② 地层的破裂是由井壁上的应力状态决定的。深部地层的水压致裂是由于井壁上的有效切向应力达到或超过了岩石的抗拉强度。

岩石抗拉强度 S_{rt} 是利用钻取的地下岩心,在室内采用巴西实验求得的。

构造应力系数 K_{ss} 对不同的地质构造是不同的,但它在同一构造断块内部是一个常数,且不随深度变化。构造应力系数是通过现场实际破裂压力实验和在室内对岩心进行泊松比实验相结合的办法来确定的。如果准确地掌握了破裂层的泊松比 μ 和破裂压力 p_f 以及抗拉强度 S_{rt} 便能精确地求出构造应力系数 K_{ss}。

以上介绍的计算地层破裂压力的方法均有一定局限性,即使条件合适,计算值与实际值之间也有一定误差。下面介绍一种准确有效的液压实验法。

5. 液压实验法

液压实验法也称漏失试验,是在下完一层套管、注完水泥和钻过水泥塞后进行的,液压实验时地层的破裂易发生在套管鞋处。因套管鞋处地层压实的程度比其下部地层的压实程度差。

液压实验法的步骤如下:

(1) 循环调节钻井液性能,保证钻井液性能稳定,上提钻头至套管鞋内,关闭防喷器。

(2) 用较小排量(0.66 ~ 1.32 L/s) 向井内注入钻井液,并记录各个时期的注入量及立管压力。

(3) 作立管压力与泵入量(累计) 的关系曲线图,如图 1.8 所示。

(4) 从图上确定各个压力值,漏失压力为 p_L 即开始偏离直线点的压力,其后压力继续上升;压力升到最大值,即为开裂压力 p_f;最大值过后压力下降并趋于平缓,平缓的压力称为传播压力,即图中的 p_r。

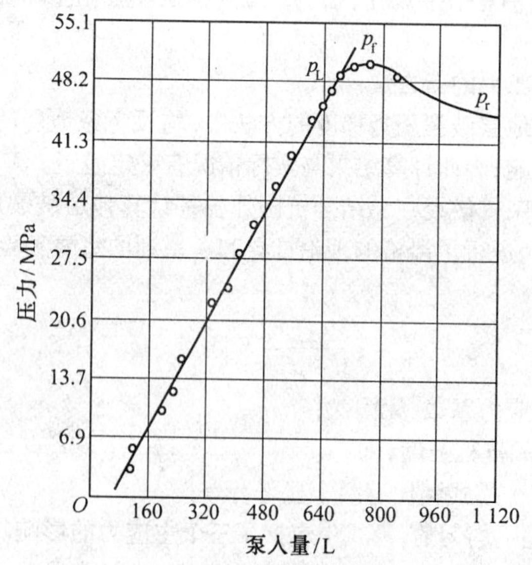

图 1.8　液压实验曲线

(5) 求地层破裂压力当量密度 ρ_f

$$\rho_f = \rho_m + p_L/(0.009\ 81D) \tag{1.27}$$

式中　ρ_m—— 试验用钻井液密度，g/cm^3；

p_L—— 漏失压力，MPa；

D—— 试验井深，M。

有时钻进几天后在进行液压试验时，可能出现试压值升高的现象，这可能是由于岩屑堵塞岩石孔隙道所致。

试验压力不应超过地面设备和套管的承载能力，否则可提高试验用钻井液密度。液压实验法适用于砂、泥岩为主的地层，对石灰岩、白云岩等硬地层的液压试验有待研究。

1.2　岩石的工程力学性质

岩石是钻井的主要工作对象。在钻成井眼的过程中，一方面要提高破碎岩石的效率，另一方面要保证井壁岩层稳定，这些都取决于对岩石的工程力学性质的认识和了解。本节结合钻井工程阐明岩石的工程力学性质以及影响这些性质的有关因素，为正确掌握钻井工程的主要理论与技术打下必要的基础。

1.2.1　岩石的机械性质

1. 沉积岩

石油及天然气钻井中，遇到的主要是沉积岩。

岩石是造岩矿物颗粒的结合体，最主要的造岩矿物分为8类，有20余种，见表1.1。岩石的性质在很大程度上取决于造岩矿物的性质，岩石的结构和构造对岩石的力学性质也有重要影响。

表1.1　主要造岩矿物

序号	矿物名称	密度	摩氏硬度	晶型
1. 铝硅酸盐（长石族）				
1	正长石	2.57	6	单斜晶系
2	钾微斜长石	2.54	6~6.5	三斜晶系
3	钠长石	2.62~2.65	6~6.5	三斜晶系
4	钙钠长石	2.65~2.67	5.5~6	三斜晶系
5	中长石	2.68~2.69	5~6	三斜晶系
6	钙钠斜长石	2.70~2.73	5~6	三斜晶系
7	钙长石	2.74~2.76	6~6.5	三斜晶系
2. 似长石类				
8	霞石	2.55~2.65	5.5~6	六方晶系
9	白榴石	2.45~2.50	5.5~6	等轴晶系

续表 1.1

序号	矿物名称	密度	摩氏硬度	晶型
		Ⅰ. 云母(层状硅酸盐)		
10	白云母	2.76~3	2~2.5	单斜晶系
11	黑云母	2.70~3.1	2.5~3	单斜晶系
		Ⅱ. 铁镁硅酸盐		
12	辉石	3.3	5~6	单斜晶系
13	普通辉石	3.26~3.43	5~6	单斜晶系
14	普通角闪石	3.05~3.47	5~6	单斜晶系
15	橄榄石	3.27~3.37	6.5~7	斜方晶系
		Ⅲ. 氧化物类		
16	石英	2.60~2.66	7	六方晶系
17	石髓(玉髓)	—	7	隐晶质
18	蛋白石	1.9~2.3	5.5~6.5	非晶体
19	磁铁矿、赤铁矿和其他	—	—	—
		Ⅳ. 碳酸盐矿物		
20	方解石	2.71~2.72	3	三方晶系
21	文石(霰石)	2.93~2.95	3.5~4	斜方晶系
22	白云石	2.8~2.9	3.5~4	三方晶系
		Ⅴ. 硫酸盐矿物		
23	无水石膏	2.9~2.99	3~3.5	斜方晶系
24	石膏	2.37~2.33	1.5~2	单斜晶系
		Ⅵ. 卤化物		
25	岩盐	2.13	2~2.5	等轴晶系
		Ⅶ. 黏土矿物(层状硅酸盐)		
26	高岭石	2.6~2.63	1~2.5	单斜晶系
27	维京高岭石	—	—	—

岩石的结构是说明小块岩石的组织特征的,主要指岩石晶体的结构和胶结物的结构。从这方面看,沉积岩可分为结晶沉积岩和碎屑沉积岩两大类。结晶沉积岩是盐类物质从水溶液中沉淀或在地壳中发生化学反应而形成的,包括石灰岩、白云岩、石膏等。碎屑沉积岩则是由岩石碎屑经沉积、压缩及流经沉积物的溶液中沉淀出的胶结物的胶结作用而形成的,包括砂岩、泥岩、砾岩等,胶结物通常有硅质、石灰质、铁质和黏土质几种。

岩石的构造是指岩石在大范围内的结构特征,对沉积岩主要包括层理和页理。层理是指沉积岩在垂直方向上岩石成分和结构的变化,它主要表现为不同成分的岩石颗粒在垂直方向上交替变化沉积,岩石颗粒大小在垂直方向上有规律的变化,某些岩石颗粒按一定方向的定向排列等。页理是指岩石沿平行平面分裂为薄片的能力,它与岩石的显微结构有关。页理面常不与层理面一致。

与钻井工程有关的岩石物理性质还有岩石的孔隙度和密度。岩石的孔隙度 Φ 为岩石中孔隙的体积与岩石体积的比值。

2. 岩石的弹性

物体在外力作用下产生变形，外力撤除以后，变形随之消失，物体恢复到原来的形状和体积的变形称为弹性变形；当外力撤除后，变形不能消失的称为塑性变形。产生弹性变形的物体在变形阶段，应力与应变的关系服从胡克定律：

$$\sigma = E\varepsilon \tag{1.28}$$

式中　σ——应力；

ε——应变；

E——弹性模量。

物体在弹性变形阶段，在一个方向上的应力除产生物体在此方向的应变外，还会引起物体在与此方向垂直的其他方向的应变。如，当材料在z轴方向上作用有应力σ_z时，除了在z轴方向发生应变ε_z外，还会引起横向（x方向和y方向）上的应变ε_x和ε_y。如果材料是各向同性的，则有

$$\mu = -\frac{\varepsilon_x}{\varepsilon_z} = -\frac{\varepsilon_y}{\varepsilon_z} \tag{1.29}$$

$$\varepsilon_x = \varepsilon_y = -\mu\frac{\sigma_z}{E} \tag{1.30}$$

式中　μ——泊松比。

物体在弹性变形阶段，剪切变形同样也服从胡克定律，即

$$\tau = G\gamma \tag{1.31}$$

式中　τ——剪应力；

γ——剪应变；

G——切变模量（或剪切弹性模量）。

对于同一材料，三个弹性常数E，G和μ之间有如下的关系：

$$G = \frac{E}{2(1+\mu)} \tag{1.32}$$

对于岩石，特别是对于沉积岩而言，由于矿物组成、结构等方面的特点，岩石与理想的弹性材料相比有很大的差别，但仍可以测出岩石的有关弹性常数以满足工程和施工的需要。组成岩石的矿物，在单独存在时的受力－变形特性一般都服从胡克定律。表1.2及表1.3分别列出了岩石的弹性模量和泊松比及部分矿物的弹性模量。

表1.2　岩石的弹性模量和泊松比

岩石	E/(10 GPa)	μ	岩石	E/(10 GPa)	μ
黏土	0.03	0.38 ~ 0.45	花岗岩	2.6 ~ 6.0	0.26 ~ 0.29
致密泥岩	—	0.25 ~ 0.35	玄武岩	6.0 ~ 10	0.25
页岩	1.5 ~ 2.5	0.10 ~ 0.20	石英岩	7.5 ~ 10	—
砂岩	3.3 ~ 7.8	0.30 ~ 0.35	正长岩	6.8	0.25
石灰岩	1.3 ~ 8.5	0.28 ~ 0.33	闪绿岩	7 ~ 10	0.25
大理石	3.9 ~ 9.2	—	辉绿岩	7 ~ 11	0.25
白云岩	2.1 ~ 16.5	—	岩盐	0.5 ~ 1.0	0.44

表 1.3　矿物的弹性模量

矿物	弹性模量 $E/(10\ \text{GPa})$
刚玉	52
黄玉	30
石英	7.85 ~ 10
长石	≤8.0
方解石	5.8 ~ 9.0
石膏	1.2 ~ 1.5
岩盐	≤4.0

3. 岩石的强度

(1) 岩石强度的概念

岩石在一定条件下受外力的作用而达到破坏时的应力,被称为岩石在这种条件下的强度。岩石的强度是岩石的机械性质,是岩石在一定条件下抵抗外力破坏的能力。强度的单位是 MPa。

岩石强度的大小取决于岩石的内聚力和岩石颗粒间的内摩擦力,岩石的内聚力表现为矿物晶体或碎屑间的相互作用力,或是矿物颗粒与胶结物之间的连接力,岩石的内摩擦力是颗粒之间的原始接触状态即将被破坏而要产生位移时的摩擦阻力,岩石内摩擦力产生岩石破碎时的附加阻力,且随应力状态而变化。坚固岩石和塑性岩石的强度主要取决于岩石的内聚力和内摩擦力;松散岩石的强度主要取决于内摩擦力。

影响岩石强度的因素可以分为自然因素和工艺技术因素两类。

自然因素方面包括岩石的矿物成分(对沉积岩而言还包括胶结物的成分和比例)、矿物颗粒的大小、岩石的密度和孔隙度。同种岩石的孔隙度增加,密度降低,岩石的强度也随之降低,反之亦然。一般情况下,岩石的孔隙度随着岩石的埋藏深度的增加而减小;因此,岩石的强度一般情况下随着埋藏深度的增加而增加。由于沉积岩存在层理,岩石的强度有明显的异向性。岩石的结构及缺陷也对岩石的强度有影响。

工艺技术因素方面包括:岩石的受载方式不同,相同岩石的强度不同;岩石的应力状态不同,相同岩石的强度差别也很大;此外还有外载作用的速度、液体介质性质等。

(2) 简单应力条件下岩石的强度

简单应力条件下岩石的强度指岩石在单一的外载作用下的强度,包括单轴抗压强度、单轴抗拉强度、抗剪强度及抗弯强度。表 1.4 列出了部分岩石简单应力条件下的强度。

大量的实验结果表明,简单应力条件下岩石的强度有如下规律:

① 在简单应力条件下,对同一岩石,加载方式不同,岩石的强度也不同。一般说来,岩石的强度有以下顺序关系:

$$\text{抗拉} < \text{抗弯} \leqslant \text{抗剪} < \text{抗压}$$

如果以抗压强度为 1,则其余加载方式下的强度与抗压强度的比例关系见表 1.5。

表1.4　岩石的抗压、抗拉、抗剪、抗弯强度

岩石	抗压强度(σ_c)/MPa	抗拉强度(σ_t)/MPa	抗剪强度(τ_s)/MPa	抗弯强度(σ_r)/MPa
粗粒砂岩	142	5.14	—	10.3
中粒砂岩	151	5.2	—	13.1
细粒砂岩	185	7.95	—	24.9
页岩	14 ~ 61	1.7 ~ 8	—	36
泥岩	18	3.2	—	3.5
石膏	17	1.9	—	6
含膏石灰岩	42	2.4	—	6.5
安山岩	98.6	5.8	98	—
白云岩	162	6.9	118	—
石灰岩	138	9.1	145	—
花岗岩	166	12	198	—
正长岩	215.2	14.3	221	—
辉长岩	230	13	244	—
石英岩	305	5	316	—
辉绿石	343	14.4	347	—

表1.5　岩石各种强度间的比例关系

岩石	抗压强度	抗拉强度	抗弯强度	抗剪强度
花岗岩	1	0.02 ~ 0.04	0.03	0.09
砂岩	1	0.02 ~ 0.05	0.06 ~ 0.20	0.10 ~ 0.12
石灰岩	1	0.04 ~ 0.10	0.08 ~ 0.10	0.15

②沉积岩由于层理的影响，在不同的方向上强度不同。表1.6是几种沉积岩在平行于层理方向(用“//”表示)及垂直于层理方向(用“⊥”表示)上四种强度测出的结果。

表1.6　某些沉积岩强度的各项异性

岩石名称	抗拉强度(σ_t)/MPa		抗弯强度(σ_r)/MPa		抗剪强度(τ_s)/MPa		抗压强度(σ_c)/MPa	
	//	⊥	//	⊥	//	⊥	//	⊥
粗砂岩	4.43	5.1 ~ 5.3	11.1 ~ 17.2	10.3	48.3	47	118.5 ~ 157.5	142.3 ~ 176.0
中粒砂岩	7.7	5.2	16.2 ~ 22.6	13.1 ~ 19.4	33.6 ~ 59.4	48.2 ~ 61.8	117 ~ 21	147.0 ~ 200.0
细砂岩	8.1 ~ 1.2	6 ~ 8	20.9 ~ 26.5	17.75	45.2 ~ 59.5	52.4 ~ 64.9	137.8 ~ 241.0	133.5 ~ 220.5
粉砂岩	—	—	2.3·16.6	4.3	4.8 ~ 11.3	12.9 ~ 19.8	34.4 ~ 104.3	55.4 ~ 114.7

岩石的抗压强度虽不能直接用于石油钻井的井下条件，但目前仍在许多情况下将它作为钻头选型的参考。

(3) 复杂应力条件下岩石的强度

在实际条件下，岩石埋藏在地下，受到各向压缩作用，岩石处于复杂的而不是单一和简单应力状态，研究在这种复杂的多向应力作用下的岩石的强度更有着重要的实际意义。

① 三轴岩石试验方法。三轴应力试验是在复杂应力状态下定量测试岩石机械性质的可靠方法。图1.9(Ⅰ)表示了几种三轴试验的方案，其中方案(a)是最常见的一种称为常规三轴试验。它是将圆柱状的岩样置于一个高压容器中，首先用液压 p 使其四周处于均匀压缩的应力状态，然后保持此压力不变，对岩样进行纵向加载，直到破坏，试验过程中记录下纵向的应力和应变关系曲线。三轴试验可以进行三轴压缩试验，也可以进行三轴拉伸试验，前者的施力方案是 $\sigma_1 > \sigma_2 = \sigma_3 = p$，后者的施力方案是 $\sigma_1 < \sigma_2 = \sigma_3 = p$，其中 p 即 σ_1 或 σ_2 通常称为围压，如图1.9(Ⅱ)所示。

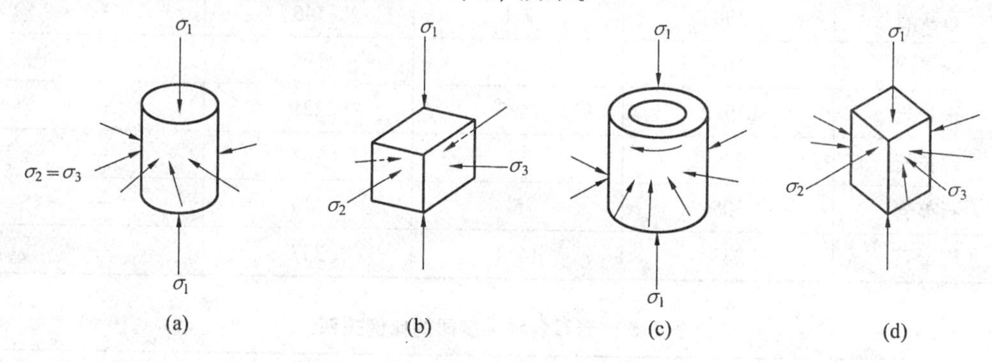

图1.9(Ⅰ)　三轴岩石实验方法

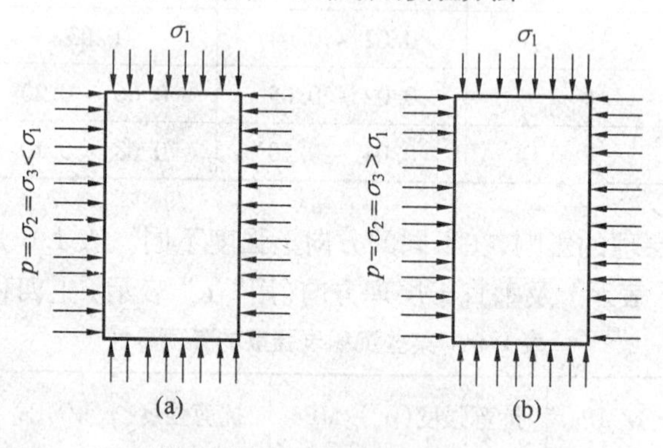

图1.9(Ⅱ)　常规三轴实验

② 三轴应力条件下岩石的强度变化特点。岩石在三轴应力条件下强度明显增加。图1.10列出了卡尔曼在室温条件下的岩石的三轴抗压试验结果；图1.11是根据汉丁和哈格尔的试验数据整理的一些岩石的三轴抗压强度随围压的变化情况。

对于所有岩石，当围压增加时强度均增大，但所增加的幅度对于不同类型的岩石是不一样的。一般说来，压力对砂岩、花岗岩强度的影响要比对石灰岩、大理岩大。此外，压力

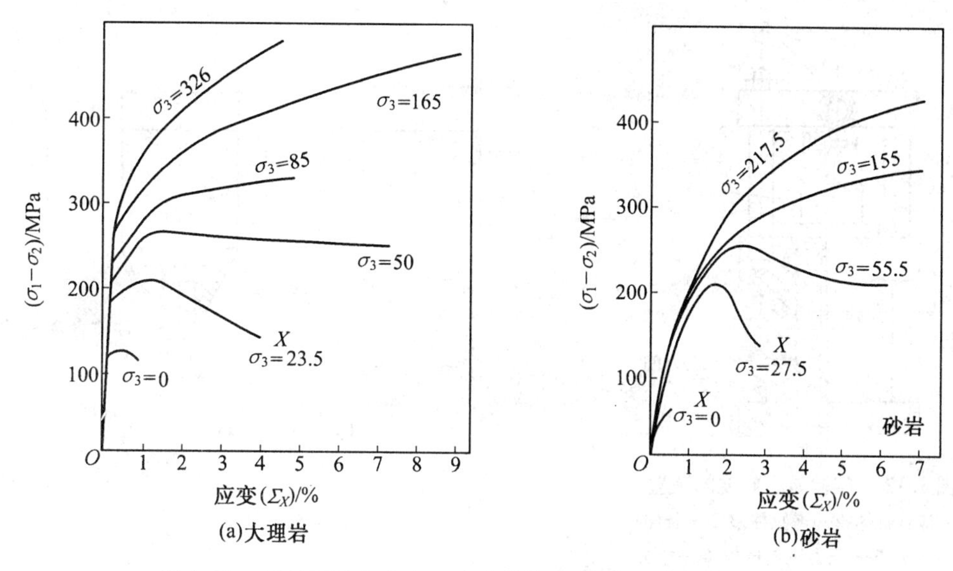

(a)大理岩　　(b)砂岩

图1.10　三轴试验的应力－应变曲线(图中有X者为脆性破坏)

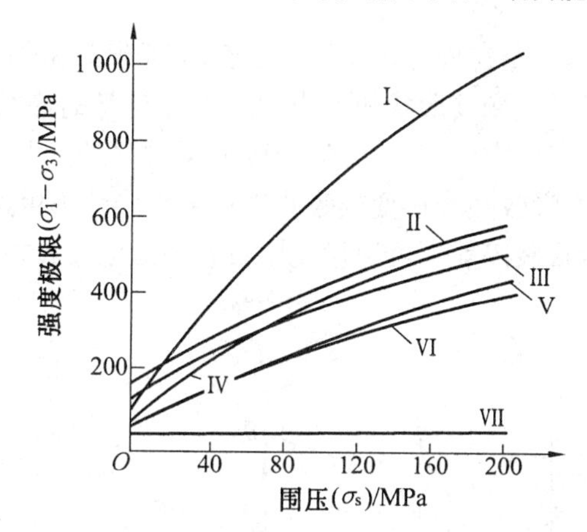

图1.11　围压对岩石强度的影响(室温24 ℃)

Ⅰ—Oil Creek 石英砂岩;Ⅱ—Hasmark 白云岩石;Ⅲ—Blain 硬石膏;Ⅳ—Yule 大理岩;Ⅴ—Barns 砂岩及 Marianna 石灰岩(曲线重合);Ⅵ—Muddy 页岩;Ⅶ— 盐岩

对强度的影响程度并不是在所有压力范围内都是一样的,在开始增大围压时,岩石的强度增加比较明显,再继续增加围压时,相应的强度增量就变得越来越小,最后当压力很高时,有些岩石(例如石灰岩)的强度便趋于常量。

4. 岩石的脆性和塑性

在如图1.12的装置上对岩石进行压入破碎实验。试验是用平底圆柱压头(见图1.13)加载并压入岩石,压入过程中记录下载荷与吃入深度的相关曲线(见图1.14)。所有岩石的压入试验曲线都可以分为图1.14所示的三种典型形态。根据这三种典型形态可以把岩石分为脆性岩石、塑性岩石和塑脆性岩石三大类。

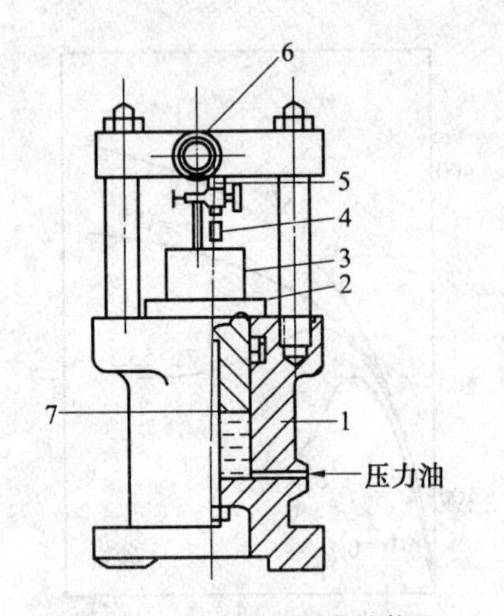

图 1.12　实验岩石硬度的装置

1— 液缸缸体;2— 液缸柱塞;3— 岩样;4— 压头;5— 压力机上压板;6— 千分表;7— 柱塞导向杆

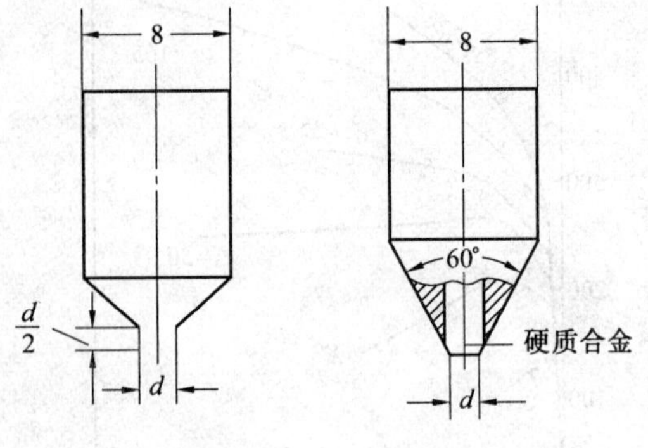

图 1.13　平底圆柱压头

从图 1.14 可以看出,岩石在外力作用下产生变形直至破坏的过程是不同的。一种情况是在外力作用下,岩石只改变其形状和大小而不破坏自身的连续性。这种情况称为塑性的;另一种情况是岩石在外力作用下,直至破碎而无明显的形状改变,这种情况称为脆性的。岩石的塑性是岩石吸收残余形变或吸收岩石未破碎前不可逆形变的机械能量的特性;岩石的脆性是反映岩石破碎前不可逆形变中没有明显地吸收机械能量,即没有明显的塑性变形的特性。

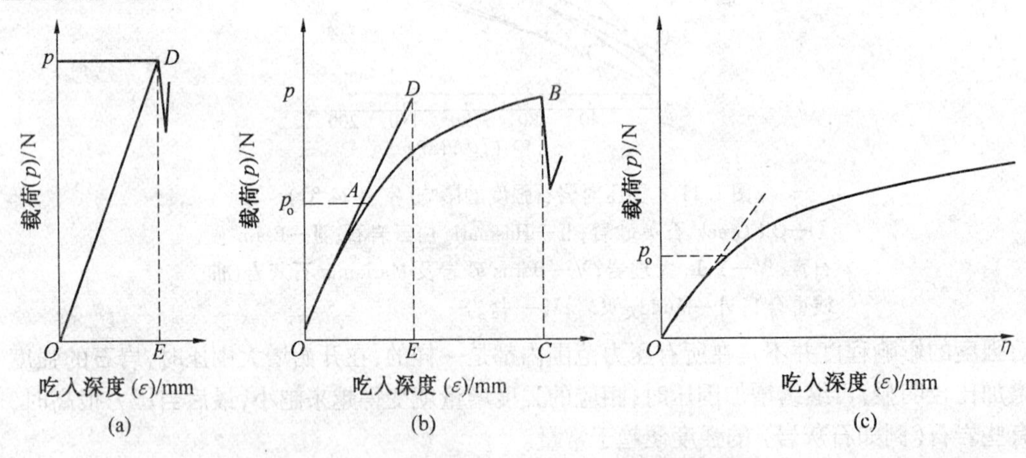

图 1.14　平底圆柱压头压入岩石时的变形曲线

在图 1.14 中,(a) 为脆性岩石,其特点是 OD 段为弹性变形阶段,达到 D 点后即发生脆性破碎;(b) 为塑脆性岩石,其 OA 段为弹性变形阶段,AB 为塑性变形区,到达 B 点时产生脆性破碎;(c) 为塑性岩石,施加不大的载荷即产生塑性变形,其后变形随变形时间的延长而增加,无明显的脆性破坏现象。

用岩石的塑性系数作为定量表征岩石塑性及脆性大小的参数。塑性系数为岩石破碎前耗费的总功A_F与岩石破碎前弹性变形功A_E的比值。计算依据图1.14所示的岩石压入破碎过程中的载荷-吃深曲线。因而,对于脆性岩石,破碎前的总功A_F与弹性变形功A_E相等。塑性系数$K_p=1$;对于塑脆性岩石有

$$K_p=\frac{A_F}{A_E}=\frac{OABC\text{ 的面积}}{ODE\text{ 的面积}} \tag{1.33}$$

对于塑性岩石$K_p=\infty$。

根据岩石的塑性系数的大小,将岩石分为三类六级,见表1.7。

表1.7　岩石按塑性系数的分类

类别	脆性	塑脆性				塑性
		低塑性→高塑性				
级别	1	2	3	4	5	6
塑性系数K_p	1	1~2	2~3	3~4	4~6	6~∞

在三轴应力条件下,岩石机械性质的一个显著变化的特点就是随着围压的增大,岩石表现出从脆性向塑性的转变,并且围压越大,岩石破坏前所呈现的塑性也越大。

岩石在高围压下的塑性性质可以从应力-应变曲线看出来。一般认为,当岩石的总应变量达到3%~5%时就可以说该岩石已开始具有塑性性质或已实现了脆性向塑性的转变。例如在图1.10中,大理岩和砂岩的围压分别超过23.5 MPa和27.5 MPa后,这两种岩石已开始呈现塑性状态。表1.8中列出了图1.11中的几种岩石在室温下破坏前所达到的应变量。可以看出,除了Oil Creek石英砂岩在200 MPa围压范围内始终保持着脆性破坏以外,其余几种岩石在100 MPa以上均具有明显的塑性性质,只不过塑性的程度有所差别而已。

表1.8　岩石在围压下的塑性变形

岩石		在下列围压下破坏前的应变量/%	
		$p=100$ MPa	$p=200$ MPa
Oil Creek	石英砂岩	2.9	3.8
Hasmark	白云岩	7.3	13.0
Blain	硬石膏	7.0	22.3
Yule	大理岩	22.0	28.8
Barns	砂岩	25.8	25.9
Marianna	石灰岩	29.1	27.2
Muddy	页岩	15.0	25.0
Rocksalt	盐岩	28.8	27.5

勃拉克(Black A. D.)和格林(Green S. J.)在1978年发表了美国盐湖城全尺寸深井模拟钻井装置的钻进试验结果,确定了Bonne Terre白云岩、Colton砂岩和Mancos页岩由脆性向塑性转化时的压力分别为100~150 MPa、40~70 MPa和20~40 MPa。

对于深井钻井而言，认识并了解岩石从脆性向塑性的转变压力（或称临界压力—Threshold Pressure）具有重要的实际意义。因为脆性破坏和塑性破坏是两种本质上完全不同的破坏方式，破坏这两类岩石要应用不同的破碎工具（不同结构类型的钻头），采用不同的破碎方式（冲击、压碎、挤压、剪切或切削、磨削等）以及不同的破碎参数的合理组合，才能取得较好的破岩效果。

由此可见，了解各类岩石的塑性及脆性性质以及临界压力，是设计、选择和使用钻头的重要依据。

5. 岩石的硬度

岩石的硬度是岩石抵抗其他物体表面压入或侵入的能力。

硬度与抗压强度有联系，但又有很大区别。硬度只是固体表面的局部对另一物体压入或侵入时的阻力，而抗压强度则是固体抵抗固体整体破坏时的阻力。因而不能把岩石的抗压强度作为硬度的指标，应区分组成岩石的矿物颗粒的硬度和岩石的组合硬度，前者对钻进过程中工具的磨损起重大影响，而后者对钻进时岩石破碎速度起重大影响。

岩石及矿物硬度的测量与表示方法有很多种，这里仅介绍石油钻井中常用的两种。

（1）摩氏硬度

这是一种流行的、简单的方法，它表示了岩石或其他材料的相对硬度。测量方法是用两种材料互相刻划，在表面留下擦痕者则硬度较低。用10种矿物为代表，作为摩氏硬度的标准，依次是滑石（1度）、石膏（2度）、方解石（3度）、萤石（4度）、磷灰石（5度）、长石（6度）、石英（7度）、黄玉（8度）、刚玉（9度）、金刚石（10度）。

在现场，常采用更简便的方法，用指甲（2.5度）、铁刀（3.5度）、普通钢刀（5.5度）、玻璃（5.5度）、锯条（6度）、锉刀（7度）、硬合金（9度）等刻划矿物或岩石鉴别其硬度。

岩石中矿物的摩氏硬度是选择破岩工具的重要参考依据，若在岩石中占一定比例的矿物的摩氏硬度达到或接近破岩工具工作部位材料的硬度，则工具磨损很快。

（2）岩石的压入硬度

岩石的压入硬度是前苏联的史立涅尔提出的，也称史氏硬度。史氏硬度的测试装置如图1.12所示。图1.14所示三类岩石压入硬度的计算方法如下。

对于脆性岩石和塑脆性岩石，它们最终都产生了脆性破碎，岩石的硬度为

$$p_Y = \frac{p}{S} \tag{1.34}$$

式中 p_Y—— 岩石的硬度，MPa；

p—— 产生脆性破碎时压头上的载荷，N；

S—— 压头的底面积，mm^2。

对塑性岩石，取产生屈服（即从弹性变形开始向塑性变形转化）时的载荷 p_{OY} 代替 p，即

$$p_Y = \frac{p_{OY}}{S} \tag{1.35}$$

钻井过程中，破岩工具在井底岩层表面施加载荷，使岩层表面发生局部破碎，岩石的压入硬度在石油钻井的岩石破碎过程中有一定的代表性，它在一定程度上能相对反映钻

井时岩石抗破碎的能力。我国按岩石硬度的大小将岩石分为6类12级,作为选择钻头的主要依据之一(表1.9)。

表1.9　岩石按硬度的分类

类别	软		中软		中硬		硬		坚硬		极硬	
级别	1	2	3	4	5	6	7	8	9	10	11	12
100 MPa	≤1	1~2.5	2.5~5	5~10	10~15	15~20	20~30	30~40	40~50	50~60	60~70	>70

1.2.2　井底压力条件下岩石的机械性质及其影响因素

石油钻井过程中,特别是在油气井较深时,岩石处于高压和多向压缩条件下,岩石的机械性质发生了很大变化,研究这种条件下岩石的机械性质及其影响因素对指导钻井工程实践具有重要的意义。

1. 井眼周围地层岩石的受力状况

井眼周围地层岩石受力可用图1.15表示,它包括以下几方面:

① 上覆岩层压力 σ_3。σ_3 为覆盖在井眼周围地层岩石以上的压力,它来源于上部岩石的重力。它和岩石内孔隙流体压力的差 $(\sigma_3 - p_p)$ 称为有效上覆岩层压力。

② 岩石内孔隙流体的压力 p_p。

③ 水平地应力。水平地应力 σ_1 及 σ_2 来自垂直方向上的上覆岩层压力 σ_3 和地质构造力。

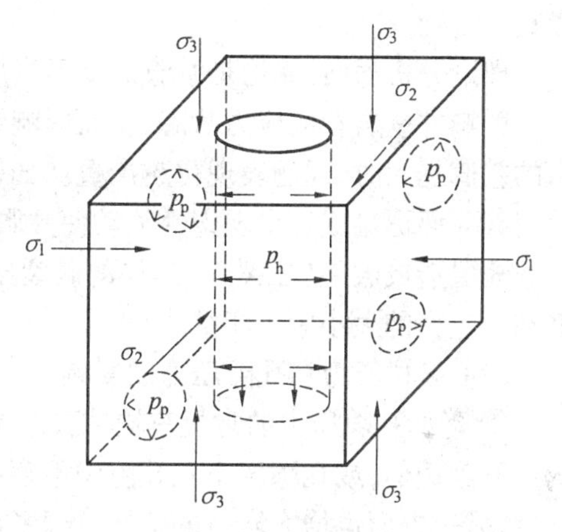

图1.15　井眼周围地层岩石受力示意图

垂直方向上的上覆岩层压力 σ_3 是产生一部分水平地应力的来源,如果地层是水平方向同性的,则这部分的水平地应力是水平方向上均匀分布的,可以认为只和该岩层的泊松比 μ 值有关,这部分的有效水平地应力值为 $\mu(\sigma_3 - p_p)(1-\mu)^{-1}$。

另一部分水平地应力来源于地质构造力,它在水平的两个主方向上一般是不相等的,但都随埋藏深度的增加而线性增大,也就是说,都和有效上覆岩层压力成正比。因此,某深处两个水平主地应力方向上的有效水平主地应力可以表示为

$$\sigma_1 = \left(\frac{\mu}{1-\mu} + \alpha\right)(\sigma_3 - p_p)$$
$$\sigma_2 = \left(\frac{\mu}{1-\mu} + \beta\right)(\sigma_3 - p_p) \tag{1.36}$$

式中　α,β——分别为1和2两个水平主方向的构造力系数,且 $\alpha > \beta$;

$\sigma_1,\sigma_2,\sigma_3$——由于地下岩石之间的作用而产生的应力,统称地应力。

2. 井底各种压力对岩石性能的影响

(1) 地应力的影响

美国盐湖城的全尺寸钻头模拟钻井试验采取了如图1.16所示的施载方式,模拟井底地应力及其他压力条件对钻进破岩的影响,其中p_c是模拟了均匀的水平地应力。

试验时,各压力的梯度取为

$$G_o = 0.023\ \text{MPa/m}$$

$$G_c = 0.016\ \text{MPa/m}$$

$$G_p = 0.0104\ \text{MPa/m}$$

所发表的试验结果表明:由于所试验的压力较小(p_o和p_c都是从0到35 MPa),无论上覆岩层压力p_o还是水平地应力p_c都对钻进的速度没有明显影响。

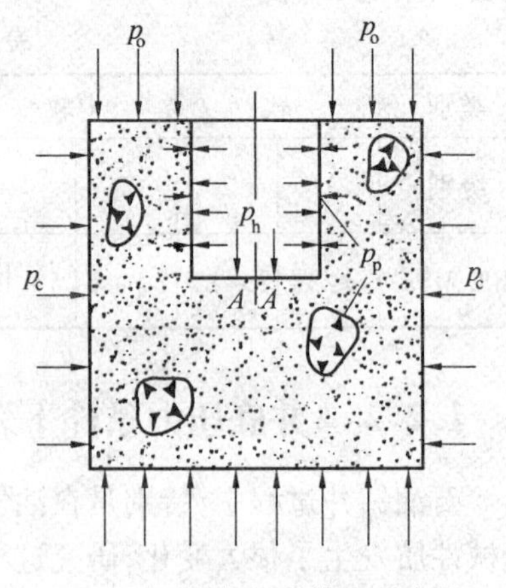

图1.16 井底压力模拟示意图

理论分析表明,无论是垂直的上覆岩层压力或是水平的地应力(均匀的或非均匀的)都会影响井壁岩石的应力状态,从而影响到井壁的稳定。当井壁岩石的最大和最小主应力的差值越大时,问题表现得越严重。如果井内钻井液密度太小,一些软弱岩层就会产生剪切破坏而坍塌或者出现塑性流动使井眼产生缩径。如果井内钻井液密度过大,又会使一些地层造成破裂(压裂)。地层的破裂压力取决于井壁上的应力状态,而这个应力状态又和地应力的大小紧密相关。

(2) 液柱压力和孔隙压力的影响

① 附加孔隙压力的常规三轴试验结果。在图1.9的常规三轴实验中,如果岩石是干的或不渗透的,或孔隙度小且孔隙中不存在液体或气体时,增大围压则一方面增大岩石的强度,另一方面也增大岩石的塑性,这两方面的作用统称为各向压缩效应。

如果岩石孔隙中含有流体且具有一定的孔隙压力,这种情况下,汉丁(Handin J.)等认为,孔隙岩石的强度和塑性取决于各向压缩效应,不过当孔隙液体是化学惰性的,岩石的渗透率足以保证液体在孔隙中流通形成一致的压力,且孔隙空间的形状能使孔隙压力全部传给岩石的固体骨架时,各向压缩效应等于外压与内压之差。在三轴试验时,外压指围压σ_3,内压指孔隙压力p_p。也就是说,孔隙压力的作用降低了岩石的各向压缩效应。

外压与内压之差,称为有效应力(σ'_3),即

$$\sigma'_3 = \sigma_3 - p_p \tag{1.37}$$

有效应力的作用可以很明显地从阿德里(Aldrih 1967)的试验结果中看出(表1.10)。该试验是用Berea砂岩岩样,在室温及0 ~ 69 MPa的围压下进行的三轴应力试验。

表1.10 有效应力的作用

围压 ($\sigma_1 = p_2$)/MPa	孔隙压力 (p_p)/MPa	有效应力 ($\sigma_3 = p_p$)/MPa	岩石的破碎硬度(强度极限) ($\sigma_1 - \sigma_3$)/MPa
0	0	0	59.8
34.5	34.5	0	58.4
13.8	6.9	6.9	106.0
20.7	0	20.7	171.0
34.5	13.8	20.7	169.1
44.8	24.1	20.7	166.7
69.0	48.3	20.7	167.1
34.5	0	34.5	211.0
48.3	13.8	34.5	211.8
69.0	34.5	34.5	212.7
55.2	0	55.2	253.8
69.0	13.8	55.2	250.4

从表中可以看出，在上述试验条件下，岩石的强度只决定于有效应力的大小，即在不同的围压与孔隙压力的搭配方案下，只要σ'_3相同，岩石的强度值都是一样的。

罗宾逊(Robinson L. H. 1959)通过三轴应力试验，研究了孔隙压力对石灰岩、砂岩及页岩试样的作用。图1.17中列出了试验结果。

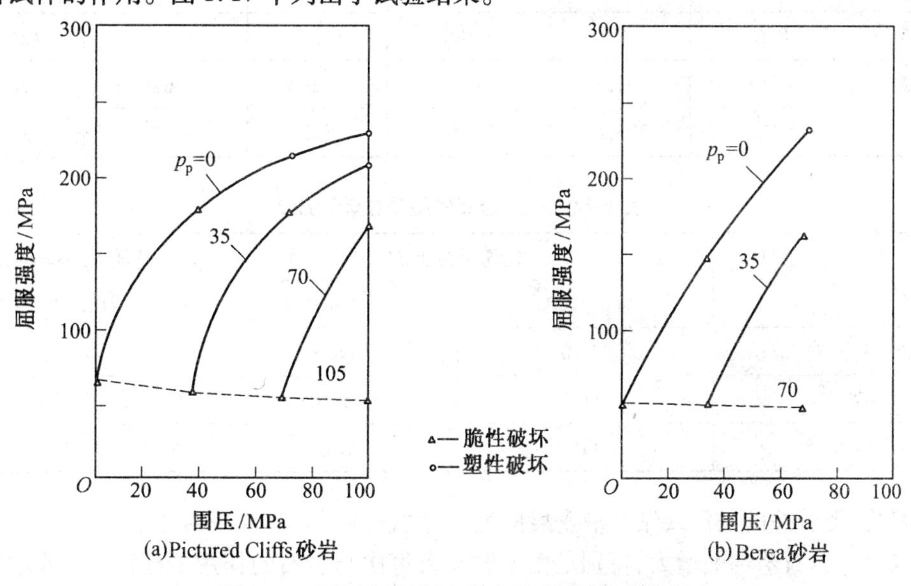

图1.17 围压和孔隙压力对岩石屈服强度的影响

从图中可以看出，岩石的屈服强度随着孔隙压力的减小而增大。当围压一定时，只有当孔隙压力相对较小时，岩石才呈现塑性破坏；增大孔隙压力将使岩石由塑性破坏转变为脆性破坏。因此,在考虑页岩井壁的稳定时应对孔隙压力给予足够的重视。相反,在钻井中孔隙压力有助于岩石的破碎,从而提高钻井速度。

②液柱压力的影响。井底的岩石,如属不渗透、无孔隙液体时,则增大钻井液的液柱压力 p_h 将增大对岩石的各向压缩效应。其结果必然导致岩石的抗压入强度(或硬度)的增加和塑性的增加,并且在一定的液柱压力下,岩石从脆性破坏转为塑性破坏。这个转变压力,称为脆-塑性转变的临界压力。

布拉托夫(Вулатов В. В.)曾用压头压入法研究了钻井液液柱压力对岩石机械性质的影响,也观察到了随着液柱压力 p_h 的提高,岩石的抗压入强度,即硬度有明显的增大(表1.11)。同时还发现,岩石的硬度越小,液柱压力 p_h 对其硬度的影响越显著(在相同的值 p_h 下,硬度增大的倍数越高)。

液柱压力 p_h 除了对岩石起增强作用外,同时相应地增大了岩石的塑性系数,并在某个压力值时(对于不同的岩石是不一样的),其破碎特征从脆性转变为塑性(其特点是塑性系数 $K_p \to \infty$),破碎坑的面积接近于压模的底面积,具体数据见表1.12。

表1.11　液压 p_h 对岩石硬度的影响

岩石	泥灰岩		大理岩		白云岩	
液压/MPa	硬度/MPa	相对值	硬度/MPa	相对值	硬度/MPa	相对值
0	498	100.0	803	100.0	—	—
20	602	121.0	—	—	3670	100.0
35	633	127.2	980	122.0	4 136	112.7
65	773	155.4	1 083	135.0	4 220	115.0
85	856	172.0	1 180	147.0	4 504	124.0
95	1 301	261.3	—	—	4 626	126.2
100	1 626	306.0	1 490	185.5	4 940	134.7

表1.12　一些岩石的脆塑性转变压力

岩石	大气压力下的		呈现 $K_p \to \infty$ 时的压力(p_h)/MPa
	硬度/MPa	塑性系数 K_p	
白云岩	3 610	1.3	50～60
砂　岩	514	1.65	20～30
粉砂岩	895	2.68	15

因此,随着井的加深或钻井液密度的增大,钻速的下降不仅是由于岩石硬度的增大,而且也由于岩石塑性的增大,特别是由于钻头齿每次与岩石的作用所破碎岩石的体积减小的原因。

许多研究者研究了高压下单齿及微型钻头破岩的问题,认为钻井液液柱压力对钻井速度有明显的影响,表现在随着钻井液液柱压力的增高,单位破岩能量所破碎的岩石体积

(V/W)下降,且钻井液液柱压力对于软而易钻的地层的影响更大;实验结果见表1.13及图1.18。

表1.13　一些岩石的脆-塑性转变压力

液柱压力从0→35 MPa					
岩石		V/W减小/%	岩石		微型钻头钻速降低/%
软↓硬	Indiana 灰岩	93	软↓硬	Rifle 页岩	78
	Berea 砂岩	91		Spraberry 页岩	76
	Virginia Gieenston	90		Wyoming 红岩	63
	Danby 大理岩	83		Pennsylvanian 灰岩	50
	Carthage 大理岩	71		Rusb Spring 砂岩	33
	Hasmark 白云岩	49		Ellerberger 白云岩	22

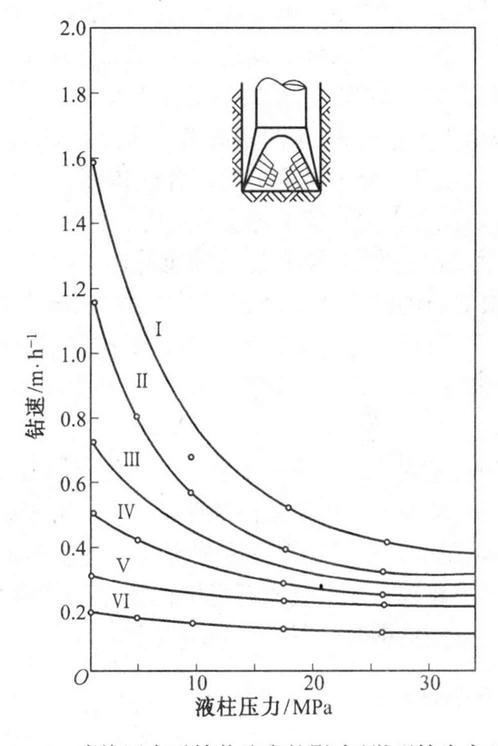

图1.18　液柱压力对钻井速度的影响(微型钻头实验)

Ⅰ—Rifle 页岩;Ⅱ—Spraberry 页岩;Ⅲ—Wyoming 红岩;Ⅳ—Pennsylvanian 灰岩;Ⅴ—Rush Spring 砂岩;Ⅵ—Ellenberger 白云岩

1.2.3　岩石的研磨性

在用机械方法破碎岩石的过程中,钻头和岩石产生连续的或间断的接触和摩擦,在破碎岩石的同时,工具本身也受到岩石的磨损而逐渐变钝,直至损坏。钻头接触岩石部分的

材料一般为钢、硬质合金或金刚石,岩石磨损这些材料的能力称为岩石的研磨性。研究岩石的研磨性对于正确地设计和选择使用钻头,延长钻头寿命,提高钻头进尺,提高钻井速度有重要的意义。

对钻井而言,岩石的研磨性表现在对钻头刃部表面的磨损,即研磨性磨损。它是由钻头工作刃与岩石接触过程中产生的微切削、刻划、擦痕等造成的。这种研磨性磨损除了与摩擦处材料的性质有关外,还取决于摩擦的类型和特点、摩擦表面的形状和尺寸(例如表面的粗糙度)、摩擦面的温度、摩擦体的相对运动速度、摩擦体间的接触应力、磨损产物的性质及其清除情况、参与摩擦的介质等因素。因此,研磨性磨损是十分复杂的问题,是一研究得十分不够的领域。

关于岩石的研磨性,有各种各样的测量方法,至今尚未有一个统一的测定岩石研磨性的方法,许多结果很难进行比较。

1.2.4 岩石的可钻性

岩石可钻性是岩石抗破碎的能力。可以理解为在一定钻头规格、类型及钻井工艺条件下岩石抵抗钻头破碎的能力。可钻性的概念,已经把岩石性质由强度、硬度等比较一般性的概念,引向了与钻孔有联系的概念,在实际应用方面占有重要的地位。通常钻头选型、制定生产定额、确定钻头工作参数、预测钻头工作指标等都以岩石可钻性为基础。

岩石可钻性是岩石在钻进过程中显示出的综合性指标。它取决于许多因素,包括岩石自身的物理力学性质以及破碎岩石的工艺技术措施。岩石的物理力学性质主要包括岩石的硬度(或强度)、弹性、脆性、塑性、颗粒度及颗粒的连接性质;工艺技术措施包括破岩工具的结构特点、工具对岩石的作用方式、载荷或力的性质、破岩能量的大小、孔底岩屑的排除情况等。因此,岩石的可钻性与许多因素有关。要找出岩石可钻性与影响因素间的灵敏量关系是比较复杂和困难的,岩石可钻性只能在这种或那种具体破碎方法和工艺规程下,通过试验来确定。

目前,岩石可钻性的测定和分级方法并不统一。不同部门所用钻井方法不同,测定可钻性的实验方法不尽相同;不同的国家及地区的测定方法、测定条件及分类方法也不尽相同。我国石油系统在中国石油大学尹宏锦教授等研究人员多年研究结果的基础上,原石油工业部于1987年确定了我国石油系统岩石可钻性测定及分类方法。此分类方法是用微钻头在岩样上钻孔,通过实钻钻时(即钻速)确定岩样的可钻性。具体方法是在岩石可钻性测定仪(即微钻头钻进实验架)上使用31.75 mm($1\frac{1}{4}$in)直径钻头,钻压为889.66 N,转速为55 r/min的钻进参数,在岩样上钻三个孔,孔深2.4 mm,取三个孔钻进时间的平均值为岩样的钻时(t_d),对t_d取以2为底的对数作为该岩样的可钻性级值K_d,一般K_d取整数值。

$$K_d = \log_2 t_d \tag{1.38}$$

我国将地层可钻性按K_d的整数值分为10级。各主要油田地层可钻性等级所占比例见表1.14。

表1.14　我国各油田地层可钻性等级所占比例表　%

油田或地区＼可钻性级别	Ⅰ	Ⅱ	Ⅲ	Ⅳ	Ⅴ	Ⅵ	Ⅶ	Ⅷ	Ⅸ	Ⅹ
大港	6.4	16.8	29.2	27.9	14.8	4.24	0.1	—	—	—
胜利	8.0	11.9	18.9	22.1	18.9	12.0	5	2	0.8	0.2
苏北	6.5	7.7	11.9	15.5	17.1	15.5	11.7	7.6	3.9	2.6
西北	0.01	0.3	4.5	15.3	47.5	26.0	5.8	0.4	0.1	—
江汉	2.1	5.1	11.4	18.4	21.7	19.5	12.7	6.2	2.2	—
华北	4.2	6.3	11.2	16.1	18.5	17.2	12.9	7.7	3.8	2.1
大庆	0.6	2.2	6.7	14.0	21.3	22.9	17.6	9.5	3.9	1.3
四川	0.07	0.43	3.9	14.2	28.2	29.9	17.1	6.0	0.9	0.01

思考题与习题

1. 简述地下各种压力的基本概念及上覆岩层压力、地层孔隙压力和基岩应力三者之间的关系。

2. 简述地层沉积欠压实产生异常高压的机理。

3. 简述在正常压实的地层中岩石的密度、强度、孔隙度、声波时差和 d_c 指数随井深变化的规律。

4. 解释地层破裂压力的概念，怎样根据液压实验曲线确定地层破裂压力？

5. 某井井深2 000 m，地层压力25 MPa，求地层压力当量密度。

6. 某井垂深2 500 m，井内钻井液密度为1.18g/cm^3，若地层压力为27.5 MPa，求井底压差。

7. 某井井深3 200 m，产层压力为23.1 MPa，求产层的地层压力梯度。

8. 某井钻至2 500 m，钻进时所用的钻头直径为215 mm，钻压160 kN，转速110 r/min，机械钻速7.3 m/h，钻井液密度1.28 g/cm^3，正常条件下钻井液密度为1.07 g/cm^3，求 d 和 d_c 指数。

9. 岩石的硬度与抗压强度有何区别？

10. 岩石的塑性系数是怎样定义的？简述脆性、塑脆性和塑性岩石在压入破碎时的特性。

11. 岩石在平行层理和垂直层理方向上的强度有何不同？岩石的这种性质是什么？

12. 岩石受围压作用时，其强度和塑脆性是怎样变化的？

13. 影响岩石强度的因素有哪些？

14. 什么是岩石的可钻性？我国石油部门采用什么方法评价岩石的可钻性？将地层按可钻性分为几级？

15. 井底和井眼周围地层岩石受哪些力？

16. 水平地应力是怎样产生的？它与上覆岩层压力的关系是怎样的？

17. 什么是有效应力、有效上覆岩层压力、各向压缩效应？

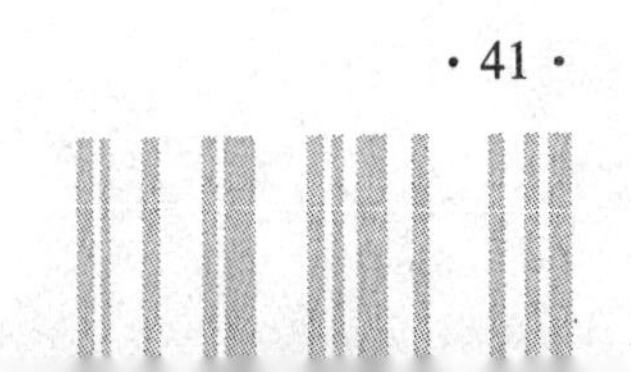

第2章

钻井设备与工具

2.1 钻井工作系统

石油钻井业自19世纪末初步形成至今,从最初顿钻钻井逐步发展到旋转钻井。而后随着科学技术的发展,钻井设备也得到了不断的改进,钻井工人的劳动强度已经大为改善。本节就我国现场的一些常用的钻井设备简单论述一下。

钻机是用于钻油气井的一套重型联合机组。当前,在我国广泛使用的钻机是转盘式的旋转钻机(见图2.1)。

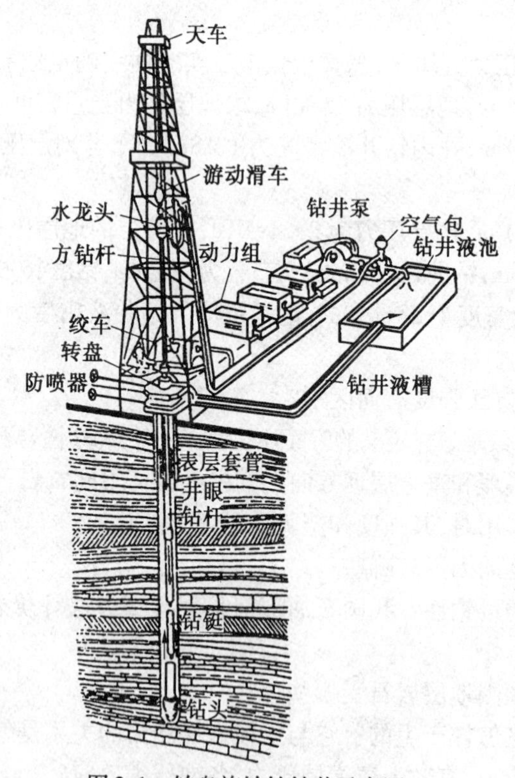

图2.1　转盘旋转钻钻井示意图

钻井设备按功能可分为旋转系统、吊升系统、循环系统、动力及传动装置几部分。

2.1.1　旋转系统

一部钻机，可分为几个主要系统，旋转系统是其一。

旋转系统主要由转盘、方钻杆、水龙头、钻柱等部件组成(见图2.2)。其主要的功能是带动井下钻具、钻头等旋转、破碎岩石及连接起升系统和循环系统。转盘是带动钻具转动的设备，水龙头保证在泥浆循环时钻柱能自由旋转，而方钻杆则是将转盘的动力传给钻柱的中介。旋转系统是钻机的三大工作机组之一，主要作用是旋转钻具，提供破碎岩石的能量和工具。同时水龙头应能保证高压钻井液的通过和密封。旋转系统设备的转速及结构尺寸直接决定了钻机的机械钻速。

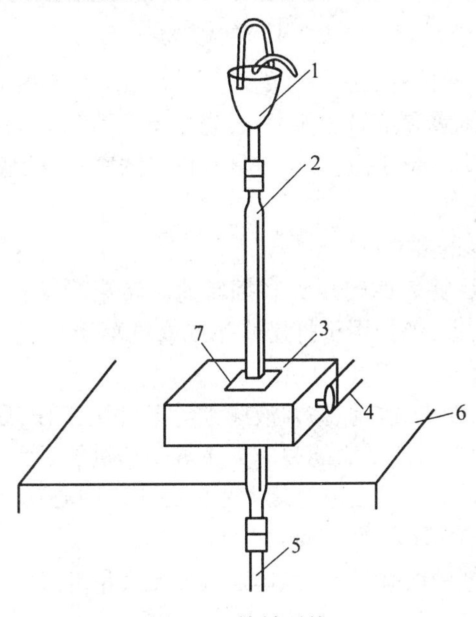

图2.2　旋转系统

1—水龙头;2—方钻杆;3—转盘;4—驱动链条;
5—钻柱;6—钻台;7—方瓦及方补心

1. 转盘

(1)转盘主要结构

转盘一般由壳体、转台、传动轴(水平轴)及大小齿轮等构件组成(见图2.3、图2.4)。各种类型转盘的主要结构基本相同，区别在于主轴承、防跳轴承布置方案，以及水平轴结构和转台的锁紧方案等有所不同。

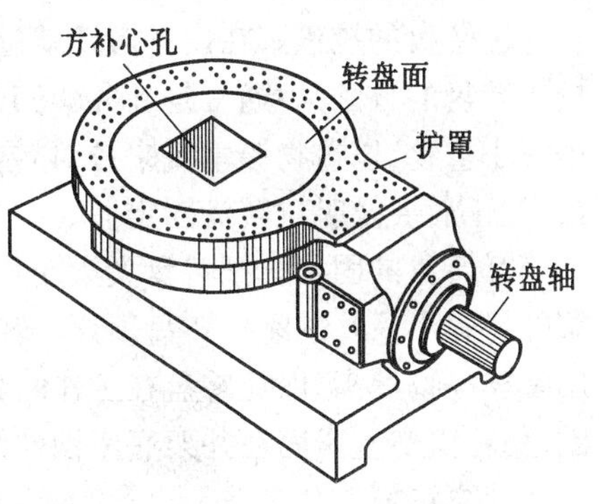

图2.3　转盘结构

(2)转盘在钻井中的功用

当转盘钻进时，通过钻柱传递扭矩给钻头；涡轮钻具钻进时，承受钻柱中的反作用力矩，起下钻

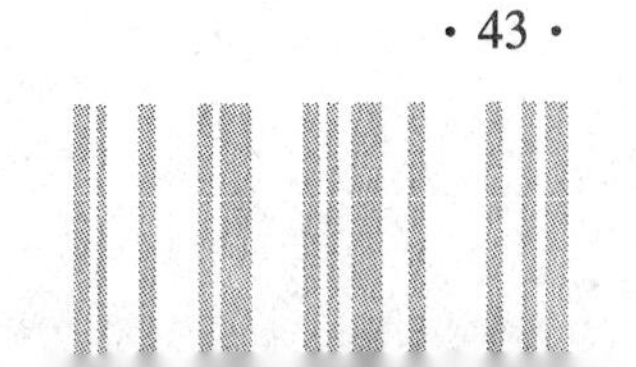

图 2.4　转盘实物图

或下套管时悬挂钻柱、接卸钻柱、套管丝扣及进行特殊作业。根据钻井工作的特点，转盘应有足够的承扭、负载、抗震和抗腐蚀能力；转盘中心最大开口直径要能通过最大尺寸的钻头（一般开孔直径在 520 mm 以上），还应具有良好的密封、润滑、散热等条件和正、倒转及制动装置。

（3）钻井工艺对转盘的要求

①要求转盘能输出足够大的转矩和多挡转速。转矩用于转动钻柱带动钻头破碎岩石，转速高挡可供快速钻进，低挡用于打捞造扣或磨铣落于井底的刮刀片、牙轮或其他物件等。

②由于转盘在扭转、冲击、震动、钻井液腐蚀等条件下工作，因此，转盘必须具有足够的承载、抗击和抗腐蚀的能力。承载能力应大于等于钻机的最大钩载。

③转盘中心孔的直径应能满足通过最大号的钻头。中心孔过大将造成井口操作不便并使转盘体积过大，一般在 525 ~ 600 mm 之间。

④转台面直径应根据中心孔直接、操作是否方便及吊卡尺寸等因素确定，一般以直径 1 000 mm 左右为宜。

⑤在结构上必须具备良好的密封、润滑、散热和正、倒转制动机构。

（4）转盘的安装

①转盘的校正。在设备搬迁就位时，应首先把转盘校正好，然后安装校正其他设备。校正转盘的方法是：通常是在井架四条大腿等高处用 22′铁丝拉对角线，在对角线的交点吊一小重物，以重物铅垂线来校对转盘补心。校正前应首先用 609.6 mm 水平尺找平转盘，校正后要及时对转盘固定。

②转盘的固定。把转盘大梁四角的丝杆顶紧，若没有丝杆的大梁，应在转盘四角的大梁处各焊半只凡尔座把转盘顶死。转盘的前后与大梁槽钢边沿不能有间隙，若有间隙应用螺丝等物填满，以免转盘在工作时晃动。前后左右固定好后，还应在转盘四角挽钢丝绳圈，用花篮螺丝紧固在井架底座钢丝绳圈上，以加强固定。

2. 方钻杆

方钻杆是指四方形或六方形截面的钻杆（见图 2.5）。

钻进时，钻柱在旋转的同时还应该继续下行以跟上井的逐渐加深。如用圆形钻杆来同时完成这两种动作,机构上将很复杂,操作上也很麻烦。而当采用四方形或六方形截面的钻杆时,这一切就变得简单了,方形孔允许在转动的同时进行轴向移动,这种钻杆就称为方钻杆。四方形截面的方钻杆是用得较多的一种。由于方钻杆的价格很贵,钻井时只用一根。它直处在钻柱的最上端,在转盘的方孔里上下活动,由转盘驱动旋转。

方钻杆方形部分的长度应大于钻杆单根长度。对于单根长度大于方形部分长度的钻杆,则只能先用一根短的钻杆接入,打完后再换成长的才行。这根短钻杆称为替根,这样做是很麻烦的。

方钻杆上端的丝扣是反扣,即左旋扣,用来防止该处旋转时被倒开。必须注意保护方钻杆不会弯曲,弯的方钻杆无法使用。

(a)

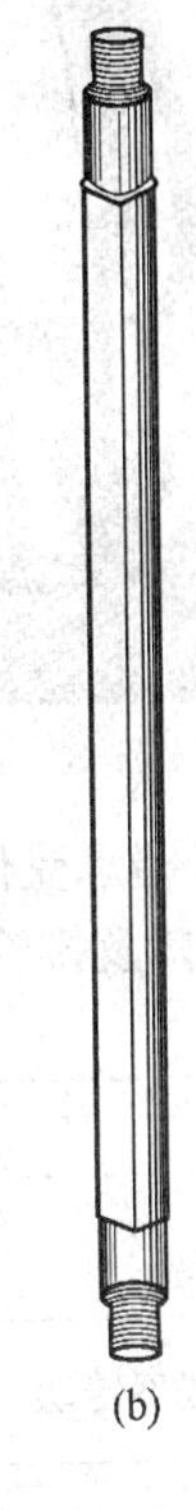
(b)

图2.5　方钻杆示意图

3. 水龙头

水龙头是钻井设备中旋转钻柱的旋转系统与循环系统衔接的转换机构,它一方面要承受井内钻具的全部重量,并保持钻具自由旋转;同时还与水龙带相连,将泥浆注入井底,实现清洗井底循环钻进(见图2.6)。因此,为实现钻井安全操作的目的,要求水龙头的中心管上、下丝扣有足够的抗拉强度;外形应圆滑无尖角,宜采用流线型结构,防止挂拉指梁;易于检查和修理(换冲管及冲管盘根等);注油、排油方便,密封良好;提环摆动灵活,便于提挂大钩。

(1)水龙头的主要结构

目前,各种类型的水龙头都是由固定、旋转、密封三大部分组成。固定部分是指外壳、冲管、上下盖、提环及鹅颈管。旋转部分是指中心管和起承载、防跳、扶正等作用的一系列

图 2.6 水龙头示意图

轴承。密封部分是指承受低压的上下机油盘根和承受高压的冲管盘根盒(见图 2.7)。

(2)水龙头故障及排除(见表 2.1)

表 2.1 水龙头故障及排除

故障现象	可能原因	排除方法
壳体发热	(1)油池缺油 (2)油脏	加油 清洗,换油
中心管转动不灵或不转动	(1)轴承损坏 (2)冲管盘根及机油盘根过紧	进厂检修 调整盘根
鹅颈管法兰刺漏泥浆	(1)法兰垫子坏了 (2)丝扣裂纹	换垫子 上紧或换螺栓
中心管下部丝扣漏泥浆	(1)扣未上紧或松扣 (2)丝扣裂纹	紧扣 换接头或进行检修
油池进泥浆 油池漏油	(1)上机油盘根损坏 (2)下机油盘根损坏	更换新盘根 更换新盘根
中心管径向摆动大	(1)扶正轴承磨损 (2)方钻杆弯曲	进厂检修 换方钻杆
提环转动不灵	(1)缺油 (2)槽孔堵塞	注油 清洗槽孔

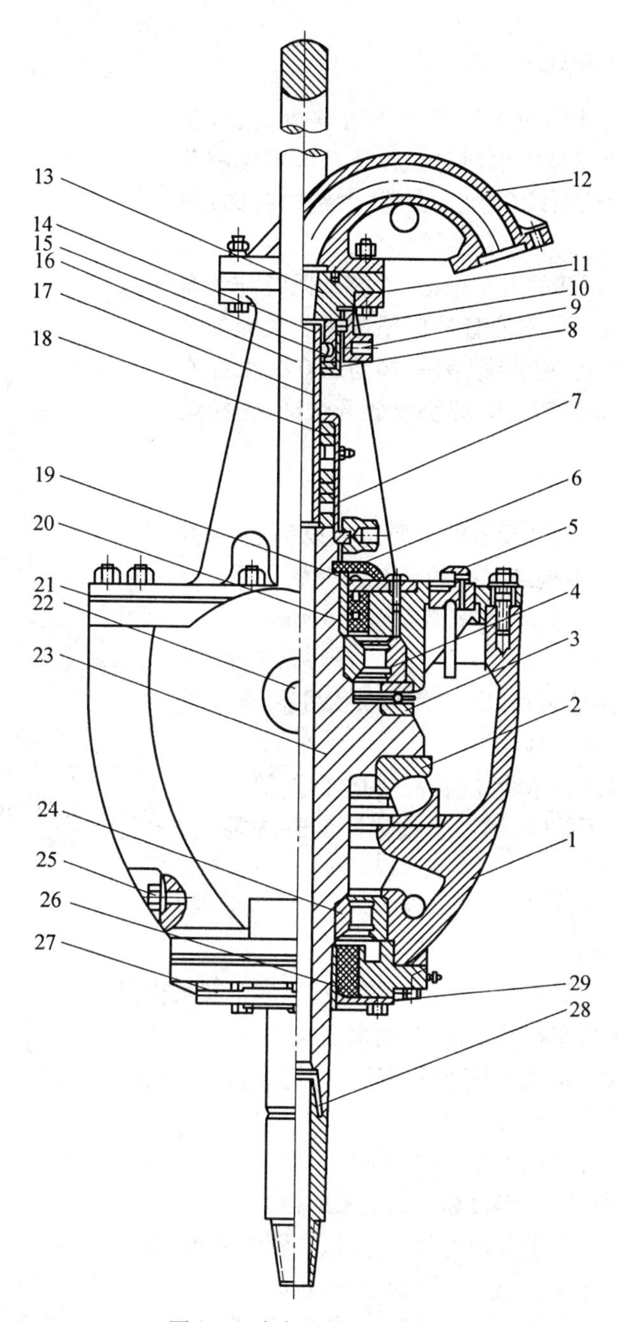

图2.7　水龙头结构示意图

1—壳体;2—主轴承;3—防跳轴承;4—上扶正轴承;5—螺栓;6—橡胶伞;7—下冲管密封盒;8—上冲管密封盒;9—上冲管密封盒压帽;10—密封压套;11—上盖;12—鹅颈管;13—短节;14—挡圈;15—上冲管密封圈;16—提环;17—冲管;18—下冲管密封圈;19—上油封盖;20—上机油密封圈;21—垫圈;22—轴销;23—中心管;24—下扶正轴承;25—螺塞;26—下机油密封圈;27—石棉板;28—配合接头;29—压盖

2.1.2 起升系统

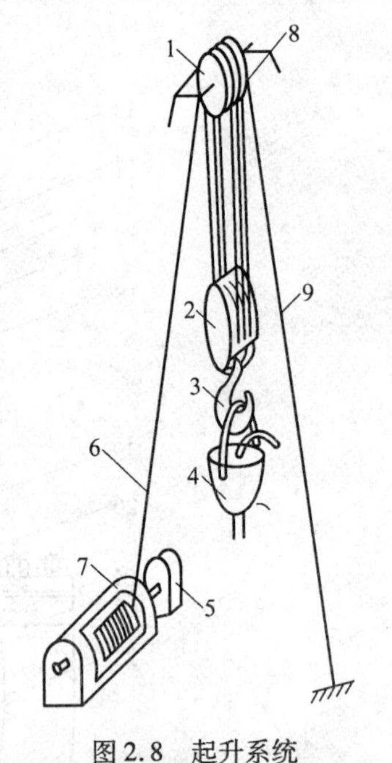

图2.8 起升系统

1—天车;2—游动滑车;3—大钩;4—水龙头;5—水刹车;6—快绳;7—绞车;8—井架;9—死绳

起升系统在钻井的每个环节都不可缺少,正常钻进、起下钻、下套管等都要用到它。起升系统主要由井架、绞车、天车和游动系统(游车、大绳、大钩的统称)组成(见图2.8)。

天车装在井架顶部的天车中心,而游动系统与天车一起使绞车与大钩下吊着的管柱联系起来。大绳的一端缠在绞车的滚筒上,称快绳,另一端固定在井架底座上,称死绳。绞车滚筒转动时缠绕或放开快绳,使游动系统上下起落。

1. 井架

钻井井架是钻机起升设备的重要组成设备之一,井架用于安装天车,提供接卸立根的高度及存放立根。立根的长度一般为24~27 m,井架高度约为41 m。

(1)井架的功用

①安放天车,悬挂游动滑车、大钩以及吊钳,各种绳索等提升设备和专用工具。

②支承游动系统并承受井内管柱的全部重量。

③在钻进和起下钻时,用以存放钻杆单根、立根、方钻杆或其他钻具。

④方便高空维修设备。

(2)井架的基本结构

①井架本体。井架本体多为型材组成的空间桁架结构,是主要的承载部分。

②天台车。天台车在井架顶部,用来安放天车。

③人字架。人字架位于井架的最顶部,其上可以悬挂滑轮,用以在安装、维修天车时起吊天车。

④二层台。二层台位于井架中间部位,为井架工进行起下钻操作的工作场所,它包括井架工进行起下操作的工作台和存靠立根的指梁。

⑤立管平台。立管平台是拆装水龙带、立管的操作台。

⑥工作梯。工作梯是上下二层台、天车台的通道。

⑦底座。底座在井架的底部,其上为钻台,高度取决于安装防喷器与否。

(3)井架的分类(见图2.9)

①塔形井架。塔形井架是一种横截面为正方形或矩形的四棱锥体的空间结构。典型的塔形井架的本体是由四扇平面桁架组成,每扇平面桁架又分为若干桁格。塔形井架按其前扇结构是否封闭又可分为闭式和开式两种类型。

闭式塔形井架除井架前扇有大门外,整个井架主体是一个封闭的整体结构。所以它的总体稳定性好,承载能力大。从连接方式看,整个井架是由许多单个构件用螺栓连接而成的非整体结构,通常采用单件拆卸和移动的方法。所以,闭式井架外部尺寸可以不受运输条件的限制,井架内部空间大,起下钻方便;但外部尺寸大,会引起杆件尺寸的增大以至井架重量增加,其拆装的工作量随之增大。

开式塔形井架的整个井架一般由三段构架组成,各段均为焊接结构,段与段之间采用螺栓连接。这种井架一般都可采用水平分段拆装、整体起放和分段运输的方法,所以拆装方便、迅速、安全。但是为了适应分段拆装和运输的需要,整个井架的界面尺寸不能太大,所以井架内部空间比较狭窄。为了便于有车和大钩等起升设备的上下运行和放置立根,往往不得不将井架做成前面敞开的非整体结构,从而降低了它的承受能力和整体稳定性。

②A 型井架。A 型井架从结构形式上看,整个井架是两个等截面的空间杆结构或柱壳结构的大腿靠天台与井架上部的附加杆件和二层台连接成“A”字形的空间结构。由于这种井架主要是靠两个大腿承载,工作载荷在大腿中的分布更均匀,材料的利用更加合理,加上大腿是封闭的整体结构,所以其承载能力和稳定性都比较好,但其总体的稳定性尚不够理想。从构件连接方式讲,两个大腿都是由 3 ~5 段焊接结构用螺栓连接的整体结构,整个井架可以采用水平分段拆装、整体起放和分段运输的方法。另外井架可以拆开成两个大腿分段运输,井架的外形尺寸就可以不受运输条件的限制,而且钻台宽敞,视野良好。

(a)塔式井架

(b)A 型井架

图2.9　井架类型

2. 绞车

绞车是钻机起升系统中的主要设备,也是钻机的核心部件,是钻井过程中动力传递的心脏,主要用于起重及变速。

(1)绞车的结构

绞车一般由滚筒、制动结构、猫头和猫头总成、传动系统、控制系统等结构组成(见图2.10)。

(2)绞车的刹车机构

为了在起下钻时控制液筒的转速和钻井时控制钻压,在绞车上装有刹车机构(见图2.11)。

图 2.10　绞车

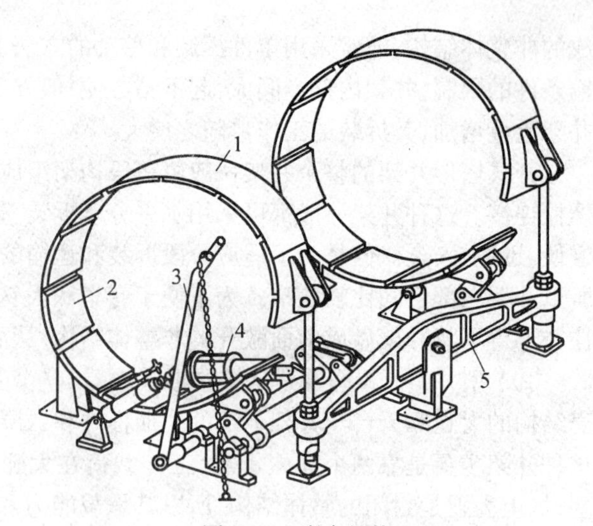

图 2.11　刹车机构

1—刹车;2—刹车块;3—刹把;4—刹车气缸;5—平衡梁

3. 天车

天车一般是由天车底座、滑轮组、护罩以及高悬猫头绳轮组成(见图 2.12)。天车是复滑轮系统中的定滑轮组,固定于井架顶端的天车台上,主要规格是轮数和最大负荷。

4. 游动滑车

游动滑车是复滑轮系统中的动滑轮组,工作时上下移动。它的主要规格是轮数和最大负荷。有时为了节省高度,将大钩与游动滑车做成一体(见图 2.13)。

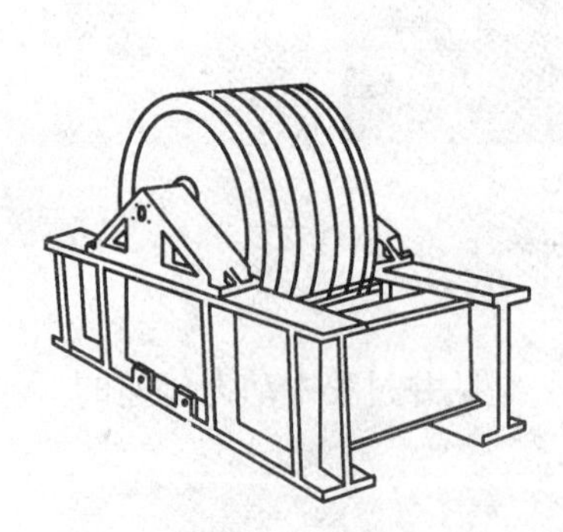

图 2.12　天车

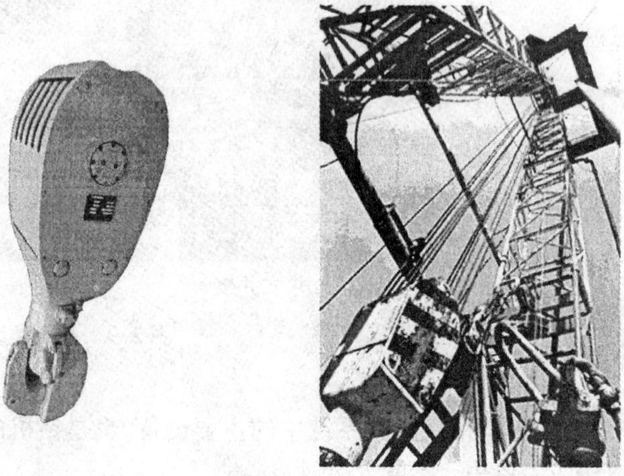

(a)　(b)

图 2.13　游动滑车及大钩

5. 大钩

大钩既是钻机游动系统的主要设备,又是连接水龙头和游动系统的纽带(见图 2.14)。大钩有单钩、双钩和三钩,石油钻机用大钩一般都是三钩(主钩及两吊环钩)。

由于大钩是悬挂在游车下面与游车一起在井架内进行上下往复运动工作的,它具有

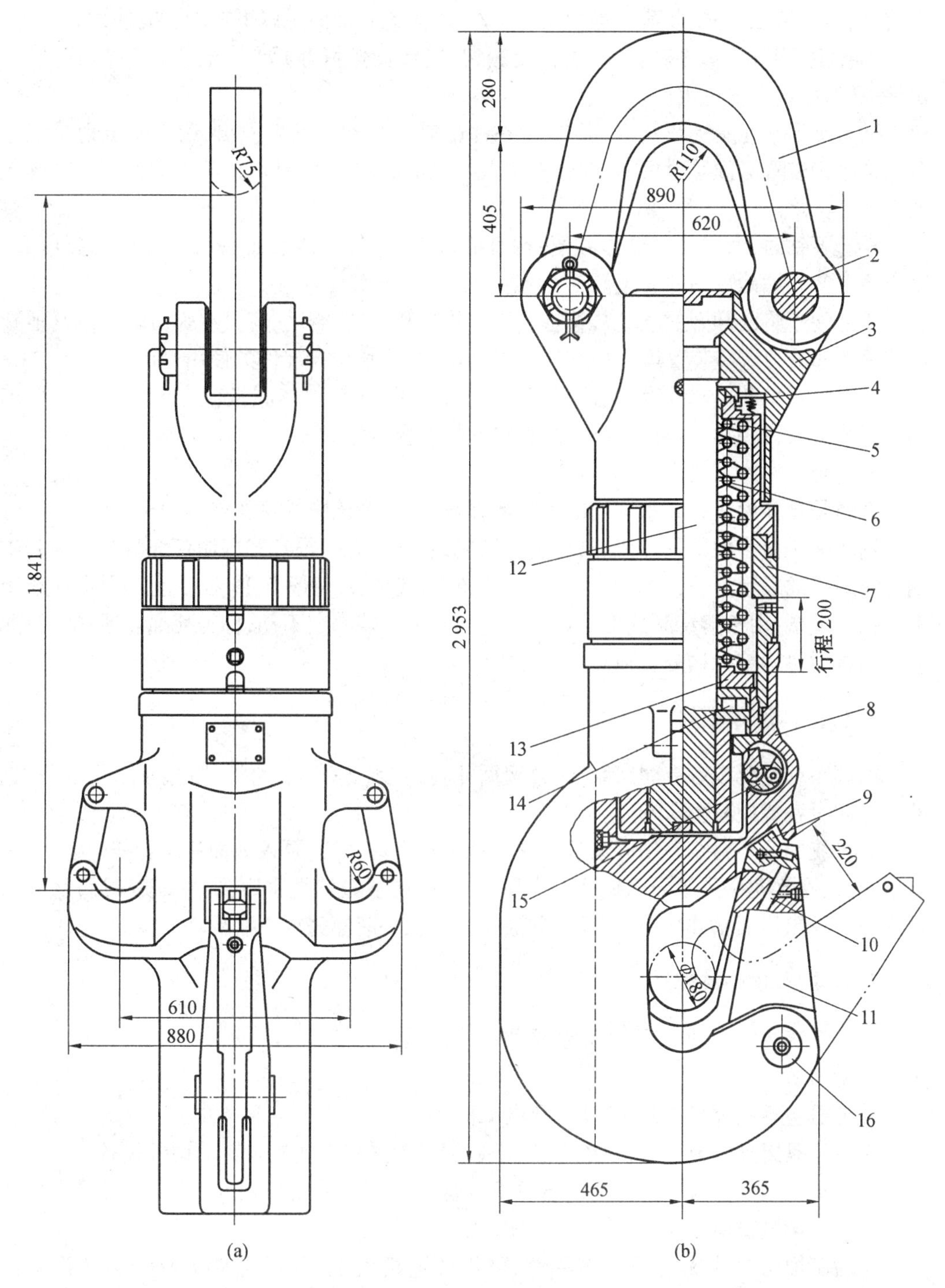

图 2.14　大钩结构示意图

1—吊环;2—销轴;3—吊环座;4—定位盘;5—外负荷弹簧;6—内负荷弹簧;7—筒体;8—钩身;9—安全锁块;10—安全锁插销;11—安全锁体;12—钩杆;13—座圈;14—止推轴承;15—转动锁紧装置;16—安全锁转轴

负荷重、震动性强、冲击载荷大等特点。所以,对大钩必须满足以下要求才能使用:

①各主要部件(如主轴丝扣、主钩及侧钩、提环及弹簧等)要有与工作条件相适应的足够强度,以确保安全生产。

②为确保水龙头提环及两侧的吊环在冲击震动时不会发生脱出,钩口安全锁紧装置及侧钩闭锁装置必须绝对可靠,并开关方便灵活。必要时可用 ϕ12.7 mm(1/2")钢丝绳加以缠绕保险。

③起下钻时,为了井口操作方便,钩身应转动自如,悬挂水龙头后钩身制动要可靠。以方便上卸扣和确保钻井安全。

④为便于将已卸开的立柱从管柱上移出并缓和冲击、震动,应具有弹簧缓冲或其他减震装置(如液力减震装置等),以加快起下钻速度,并延长各部件的使用寿命。

⑤在满足负荷要求并有足够超载系数的条件下,大钩整体质量应力求轻便。外形结构应圆滑无尖锐棱角,以防止挂碰井架及指梁,方便操作。

6. 大绳

大绳是钻井绞车提升系统用的钢丝绳,即复滑轮系统中的钢丝绳。

钢丝绳是由多根钢丝拧成股,再由股绞成绳,股间有一根麻芯以储存润滑油。钻井中钢丝绳规格的表示方法为6×19,意思是该钢丝绳有6股,每股有19根钢丝。固定在滚筒上的钢丝绳端,由于缠绕时速度最快,称为快绳,另一端固定不动,称为死绳。通过测量死绳中的拉力可确定大钩的负荷。

2.1.3 循环系统

循环系统主要设备有泥浆泵、钻井液循环管线、水龙带、水龙头、钻井液净化设备、钻井液配制设备等(见图2.15)。

该系统的循环路线是钻井泵从钻井液池中吸入钻井液,泵入地面高压管线,从立管进入水龙带,在水龙头处被导入钻柱上部的方钻杆,向下经钻柱水眼到钻头喷嘴后,从井底进入环空返出地面钻井液出口,经钻井液槽返回钻井液池完成一次循环。

2.1.4 动力系统

动力系统主要由动力机、传动装置两部分组成。

1. 动力机

动力机包括柴油机(见图2.16)和电动机两种。

①由于是野外作业,电网供电不便,多数情况下是用柴油机来驱动钻井设备。

②井场照明及少量用电由井队自行发电解决。

③可由电网供电时,直接用电动机驱动。

④为了取得某些优良的传输特性,可用柴油机发电,再用电动机驱动钻井设备的方案。

2. 传动装置

传动装置是用于多台动力机的并车及驱动。

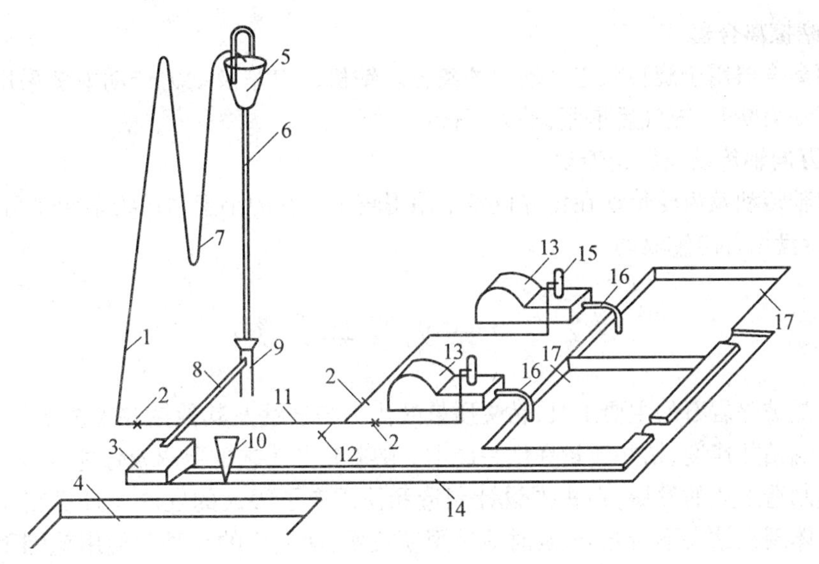

图2.15　循环系统

1—立管;2—高压阀门;3—振动筛;4—大泥浆池;5—水龙头;6—方钻杆;7—水龙带;8—泥浆出口管;9—导管;10—除砂器除泥器;11—地面管汇;12—通低压管汇的高压阀门;13—泥浆泵;14—泥浆槽;15—空气包;16—吸入管;17—泥浆池

图2.16　柴油机作为动力系统

(1)链条传动

链条传动的动力是三部柴油机,通过链条并车后带动泥浆泵、绞车和转盘。并车链条箱的外形是绞车内部变速传动时使用链轮、链条的情况。

(2)三角胶带传动

三角胶带传动多用于驱动泥浆泵。由于需要传递大的功率,采用多根胶带并排使用。也用于动力机的并车及传动。

(3)摩擦离合器

摩擦离合器用于旋转状态下动力的离合。钻机的绞车及动力传动中多采用气动式。未充气前动力断开,充气后抱紧,动力可传过。

(4)万向轴传动及齿轮传动

万向轴传动及齿轮传动在钻井设备中用得较少。有的小型钻机绞车变速用齿轮变速箱,有的转盘用万向轴驱动。

2.2 钻头及其分类

钻头是破碎岩石的主要工具,钻头质量的优劣与岩性及其他钻井工艺条件是否适应将直接影响钻井速度、钻井质量和钻井成本。随着钻井工艺的要求及钻井技术的发展,材料和机械制造工业的发展,钻头的设计制造和使用有了很大的发展而且仍在发展之中。这种发展体现在钻头不断充分、及时地采用新技术,使钻头的品种和使用范围不断扩大,钻头的技术及经济指标不断提高等方面。

本节介绍牙轮钻头、金刚石钻头及刮刀钻头的结构工作原理以及选择和使用方面的基础知识,为正确选择及使用钻头改进钻头结构设计打下基础。

2.2.1 钻　头

目前石油钻井中使用的钻头分为牙轮钻头、金刚石材料钻头及刮刀钻头三大类,其中牙轮钻头使用得较多。按完成的钻进进尺,牙轮钻头占总进尺的80% ~90%,而刮刀钻头用量最小。

金刚石材料钻头按破岩元件材料分为天然金刚石钻头(常称金刚石钻头)、聚晶金刚石复合片钻头(简称PDC钻头)以及热稳定性聚晶金刚石钻头(简称TSP钻头)。钻头尺寸以其钻出的井眼内径为公称尺寸,国际上已形成基本统一的系列,常见钻头尺寸为26 in,20 in,$17\frac{1}{2}$ in,$14\frac{3}{4}$ in,$12\frac{1}{4}$ in,$10\frac{5}{8}$ in,$9\frac{1}{2}$ in,$8\frac{1}{2}$ in,$7\frac{7}{8}$ in,$6\frac{1}{2}$ in,$5\frac{7}{8}$ in,$4\frac{3}{4}$in(1 in=25.4 mm)。钻头的技术、经济指标包括以下方面:

①钻头进尺。指一个钻头钻进的井眼总长度。

②钻头工作寿命。指一个钻头的累计总使用时间。

③钻头平均机械钻速。指一个钻头的进尺与工作寿命之比。

④钻头单位进尺成本,表示为

$$C_{pm} = \frac{C_b + C_r(t + t_1)}{H} \tag{2.1}$$

式中　C_{pm}—— 单位进尺成本,元每米;

C_b—— 钻头成本,元;

C_r—— 钻机作业费,元每小时;

t—— 钻头钻进时间,h;

t_1——起下钻及接单根时间,h;

H——钻头进尺。

2.2.2　刮刀钻头的结构及工作原理

1. 刮刀钻头的结构

刮刀钻头(见图 2.17) 结构可分为上钻头体、下钻头体、刀翼、水眼四部分(见图2.18)。

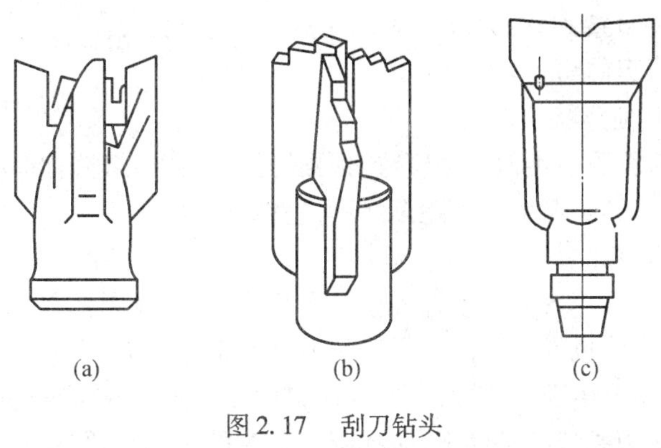

图 2.17　刮刀钻头

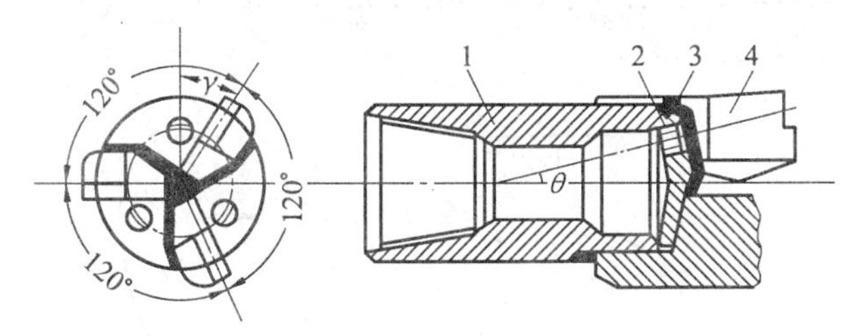

图 2.18　三翼刮刀钻头

1—上钻头体;2—水眼;3—下钻头体;4—刀翼

上钻头体位于钻头上部,上部有丝扣用以连接钻柱,侧面包有装焊刀片的槽。一般用合金钢制成。

下钻头体焊在上钻头体的下部,内开三个水眼孔,以安装喷嘴,用合金钢制造。

刀翼,也称刮刀片,是刮刀钻头直接与岩石接触、破碎岩石的工作刃。刮刀钻头以其刀翼数量命名,如三刀翼的称为三刮刀钻头,两刀翼的称为两刮刀钻头或鱼尾刮刀钻头。目前常用三刮刀钻头。刀翼焊在钻头体上,其结构特点包括以下方面:

(1) 刀翼结构角

刀翼结构角包括刃尖角、切削角、刃前角和刃后角,如图 2.19 所示。

刃尖角 β 是刀翼尖端前后刃之间的夹角,它表示刀翼的尖锐程度。从吃入岩石和提高钻速出发,β 应越小越好,但 β 角太小刀翼强度不能保证。实际情况下,根据上述因素及岩石性能确定 β 角的大小。一般岩石软时,β 角可以稍小,可定为10° 或 8° ~ 9°;岩石较硬,β 角应适当增大,平均为12° ~ 15°;夹层多,井较深时,β 角应适当增大。

切削角 α 是刀翼前刃和水平面之间的夹角,在其他条件一定时,α 越大,吃入深度越深，但α过大时，刃前岩石剪切破碎困难，钻进时憋劲大。α角主要根据岩石性质确定，对软地层α角小一些，对硬地层α角大一些。一般情况下，松软地层，$\alpha = 70°$；软地层，$\alpha = 70° \sim 80°$；中硬地层，$\alpha = 80° \sim 85°$。

刃后角$\psi = \alpha - \beta$。刃后角必须大于井底角θ。刀翼上任一点在空间的运动轨迹为螺旋线，井底岩石表面和水平面成一夹角，此夹角称为井底角(θ)。如果刃后角小于井底角，刀翼背部将直接和井底接触，影响钻速。刃前角与切削角互为补角，刃前角$\varphi = 90° - \alpha$。

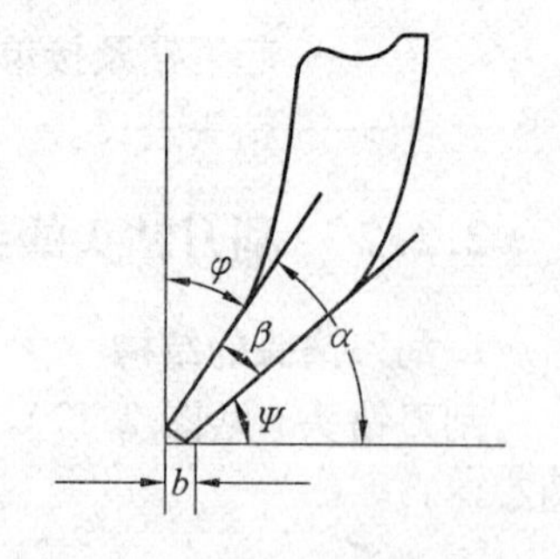

图 2.19　刮刀钻头刀翼结构角

(2)刀翼背部几何形状

钻头工作时，刀翼受力类似一悬臂梁，根据等强度要求，刀翼背部应成抛物线形状，即刀翼的厚度随距刀刃的距离增加而逐渐增厚，呈抛物线形。

(3)刀翼底部几何形状

刀翼底部有平底、正阶梯、反阶梯和反锥形几种形状(见图 2.20)。底部形状不同，破碎岩石形成的井底形状也是不同的。平底刮刀钻头形成的井底只有一个裸露自由面，而阶梯钻头可形成较多自由面。实验表明，裸露自由面越多，破碎岩石所需要的单位体积破碎功越小；在轴向压力一定的条件下，阶梯刮刀钻头的钻速比平底钻头快，而需要的扭矩和消耗的功率比平底钻头小。

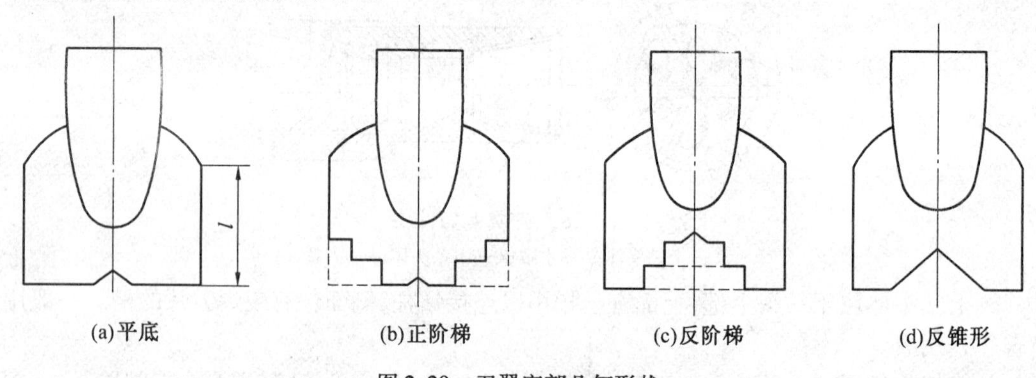

图 2.20　刀翼底部几何形状

阶梯刮刀钻头有利于破碎地层，但是正阶梯易磨成锥形，易引起钻头缩径；反阶梯刮刀钻头虽然在一定程度上解决了缩径问题，但憋钻严重。大庆油田根据反阶梯钻头的特点，设计了反锥形刮刀钻头，刀翼底部设计成一个或两个斜面，在井底形成一两个截锥体。

(4)提高刀翼的耐磨性

刀翼一般采用 35CrMo 或 35MnSiMoV 高强度合金钢锻制而成，以保证有足够的强度。一般在刀翼表面平铺一层 YG8 硬质合金块以增强刀翼的耐磨性和防止钻井液对刀翼的冲刷；在刀翼侧部镶装 YG8 硬质合金块以增加刀翼侧翼的耐磨性，保证井眼直径不致缩小。

2. 刮刀钻头的工作原理

刮刀钻头刀翼在钻压W和扭转力T的作用下，一方面向下运动，一方面围绕钻头轴线旋转，刀翼以正螺旋面吃入并切削地层，井底平面与水平面成 θ 角。刮刀钻头主要以切削、剪切和挤压方式破碎地层，具体方式取决于钻头的切削结构及所钻地层的岩性。由于这几种破岩方式主要克服岩石的抗剪强度，所以它比克服岩石的抗压强度的破岩方式要容易得多。刮刀钻头破碎塑性岩石的方式如图 2.21 所示。塑性岩石硬度小，在钻压 W 的作用下，刀翼或齿容易吃入地层，与此同时刃前岩石在扭转力 T 的作用下不断产生塑性流动，这和刀具在切削软金属时没有多大差别。由于刀翼或齿是在 W 和 T 的同时作用下吃入岩石的，因而吃入深度比 W 单独作用时深得多。

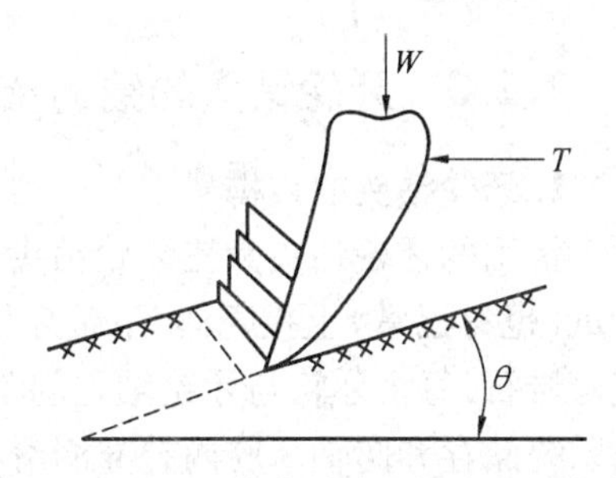

图 2.21　刮刀钻头破碎塑性岩石的方式

在塑脆性岩石中，在 W 和 T 的同时作用下，垂直压强比在岩石硬度小得多的条件下，就可以沿 θ 角切入岩石，使其产生体积破碎（见图 2.22）。

岩石破碎大体分为三个步骤：

(1)刃前岩石沿剪切面破碎后，力 T 减小，切削刃向前推进，碰撞刃前岩石（见图 2.22(a)）。

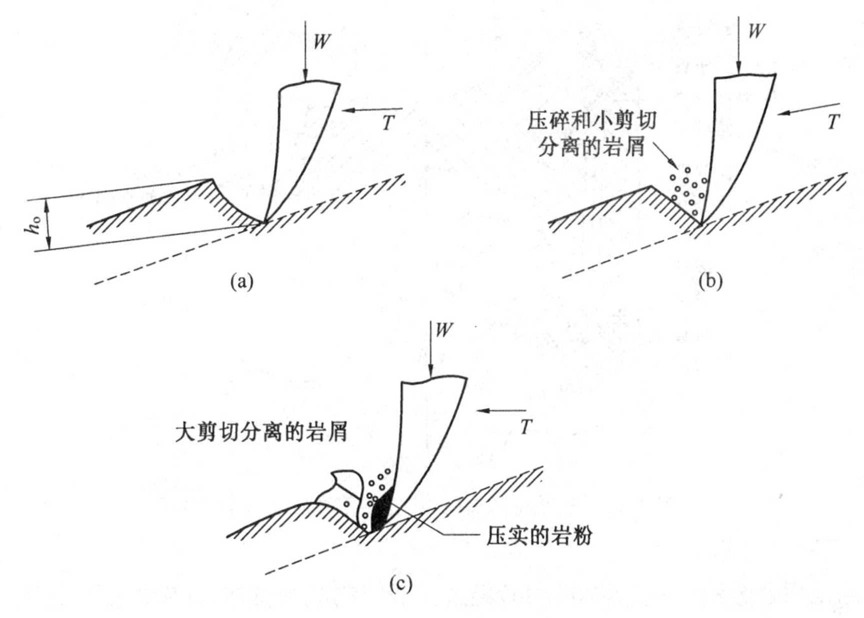

图 2.22　刮刀钻头破碎塑性岩石过程

(2)在扭力 T 作用下压碎前方的岩石，使其产生小剪切破碎，旋转力 T 增大（见图2.22(b)）。

(3)刀翼或切削齿继续压挤前方的岩石（部分被压成粉状），当扭力 T 增大到极限值时，岩石沿剪切面破碎，然后扭力突然变小（见图 2.22(c)）。

碰撞、压碎及小剪切、大剪切这几个过程反复进行，形成破碎塑脆性岩石的全过程。

2.2.3 牙轮钻头的结构及工作原理

1. 牙轮钻头的结构

常用的牙轮钻头为三牙轮钻头（见图 2.23）。钻头上部车有丝扣，供与钻柱连接用；牙爪（也称巴掌）上接壳体，下带牙轮轴（轴颈）；牙轮装在牙轮轴上，牙轮带有牙齿，用以破碎岩石；每个牙轮与牙轮轴之间都有轴承。水眼（喷嘴）是钻井液的通道；储油密封补偿系统储存和向轴承腔内补充润滑油脂，同时可以防止钻井液进入轴承腔和防止漏失润滑脂。

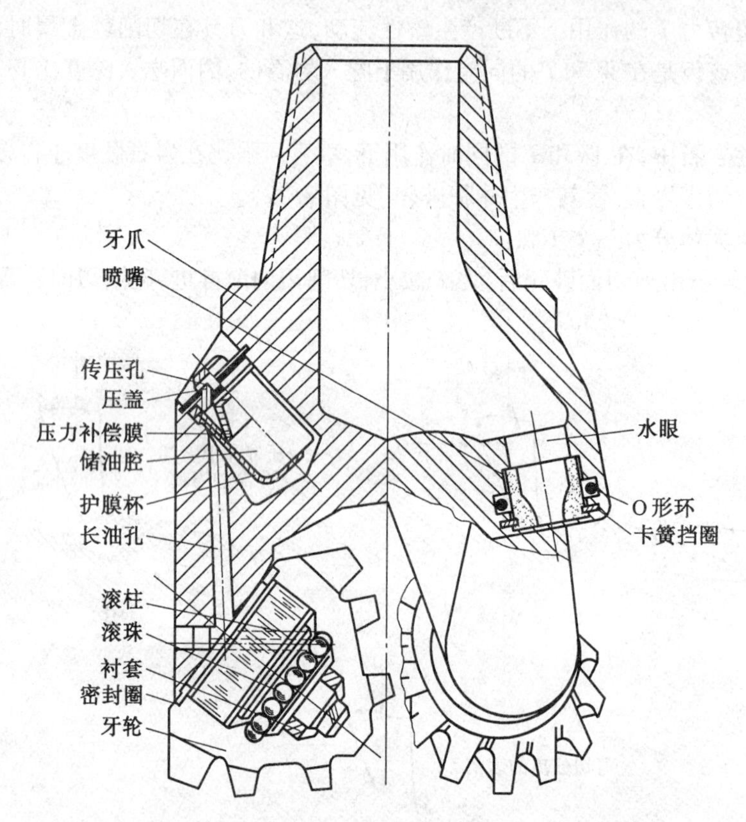

图 2.23 三牙轮钻头（铣齿密封滚动轴承喷射式）

（1）牙轮及牙齿

牙轮是用合金钢（一般为 20CrMo）经过模锻而制成的锥体，牙轮锥面或铣出牙齿（铣齿钻头）或镶装硬质合金齿（镶齿钻头），牙轮内部有轴承跑道及台肩，牙轮外锥面具有两种至数种锥度，如图 2.24 所示。单锥牙轮仅由主锥和背锥组成；复锥牙轮由主锥、副锥和背锥组成，有的有两个副锥。

目前牙轮钻头的牙轮上的牙齿按材料不同分为铣齿（也称钢齿）或镶齿（也称硬质合金齿）两大类。

①铣齿。铣齿牙轮钻头的牙齿是由牙轮毛坯经铣削加工而成的，主要是楔形齿，齿的结构参数如图 2.25 所示，参数的确定兼顾有利于破碎岩石及齿的强度。一般软地层牙轮

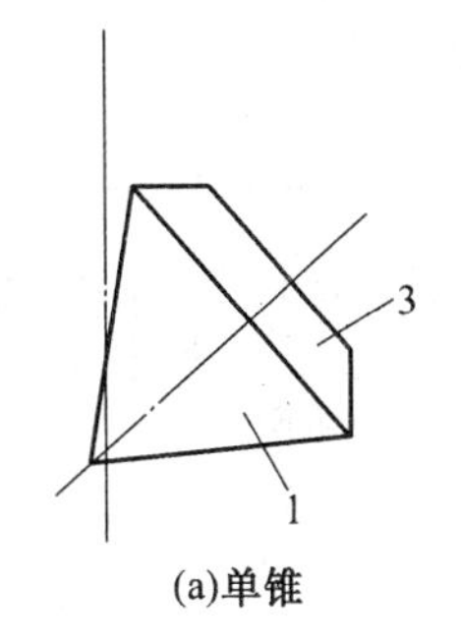

(a)单锥

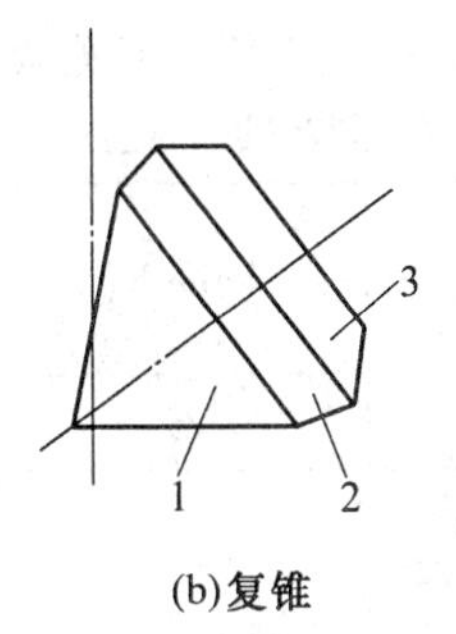

(b)复锥

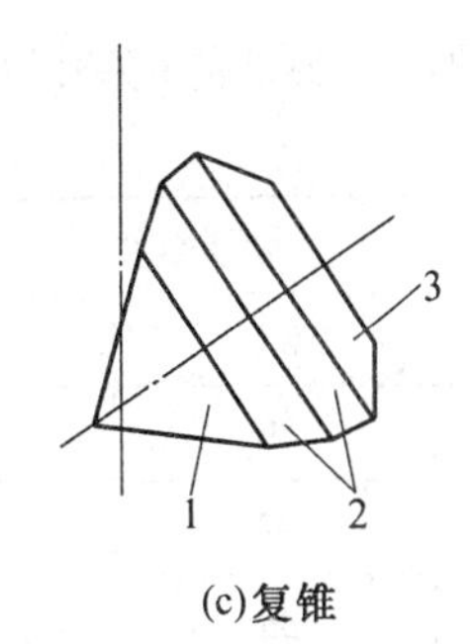

(c)复锥

图2.24 单锥和复锥牙轮

1—主锥;2—副锥;3—背锥

钻头的齿高、齿宽、齿距都较大,而硬地层则相反。

钻头在研磨性较高的地层中钻进时,钻头直径容易磨小,钻出的井眼直径则小于规定的尺寸,下一个钻头由于井径缩小则下不到井底,因而下钻过程中必须划眼,这是极不利于钻井的做法。因而,对于用在研磨性较强的地层的钻头,都要增大钻头外径部位的耐磨性,这种做法称为保径。铣齿钻头为达到保径要求外排齿制成L形、T形或Π形(见图2.26)。

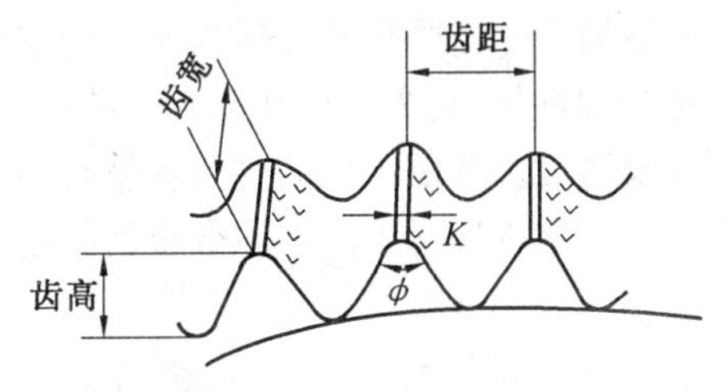

图2.25 铣齿结构参数

(a)L形

(b)T形

(c)Π形

图2.26 保径齿齿形

在齿的工作面上一般都敷焊硬质合金以提高齿的耐磨性,同时在背锥部位也敷焊硬质合金层以达到保径的目的。

②硬质合金镶齿。铣齿牙轮钻头的牙齿,其齿形受到加工的限制,基本都是楔形的。牙齿材料受到牙轮材料的限制,虽经敷焊硬质合金层,但其耐磨性仍不能完全满足要求,特别是在坚硬、研磨性强的地层中,使用寿命很低。1951年在石油钻井中第一次使用了镶硬质合金齿的牙轮钻头,在硬地层中取得了较好的效果,以后镶齿钻头发展很快。目前镶齿牙轮钻头在软地层、中硬地层及坚硬地层中都得到了广泛应用。

镶齿牙轮钻头是在牙轮上钻出孔后,将硬质合金材料制成的齿镶入孔中。

牙轮钻头上使用的硬质合金是碳化钨(WC)-钴(Co)系列硬质合金。它是以碳化钨粉末为骨架金属、钴粉为黏结剂,有时加入少量的钽或铌的碳化物,用粉末冶金方法压制、烧结而成的。合金中随着钴的含量的增加,密度有所下降,硬度逐渐降低,即耐磨性能降低,但抗弯强度逐渐增大,且冲击韧性也提高。在不改变碳化钨和钴含量的情况下,增大碳化钨的粒度,可以提高硬质合金的韧性,而其硬度和耐磨性不变。

国产镶齿钻头常使用的硬质合金材料及其性能见表2.2。

表2.2　国产硬质合金性能

牌号	硬质合金成分/%		硬度 R_A	密度/(g·cm^{-3})	抗弯强度/MPa
	WC	Co			
YG8	89	8	89	14.4~14.8	15
YG8C	92	8	88	14.4~14.8	17.5
YG11	89	11	—	—	—
YG11C	89	11	87	14.0~14.4	20

硬质合金齿的形状即通常所称的齿形对钻头的机械钻速和进尺有很大影响。齿的体部都是圆柱体,它是镶近牙轮壳体的齿孔内的部分,齿形是指露出在牙轮壳体以外部分的形状及高度。确定齿形的主要依据是岩石性能,同时必须考虑齿的材料性质、强度、镶装工艺等。国内外常见的硬质合金齿的齿形如图2.27所示。

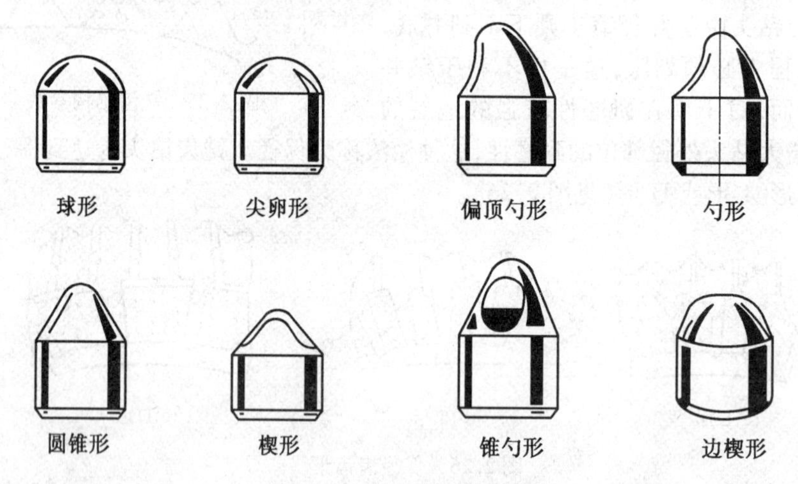

图2.27　硬质合金齿齿形图

a.楔形齿。齿形呈"楔子"状,齿尖角为65°~90°不等。适用于破碎具有高塑性的软地层以及中硬地层,齿尖角小的适合软地层,齿尖角大的适合较硬地层。齿尖部位皆做成圆弧面,各处棱角都倒圆,以防止齿尖崩碎。对中硬地层,齿尖部位圆弧较大(称钝楔形齿)或齿较宽(称为宽楔形齿)。我国生产的有些楔形齿的钻头的保径齿采用边楔齿是一种不对称的楔形齿,齿刃部分一边宽一边窄,宽的一边抗磨性能强,装在钻头的外缘,以起到保径作用。

b.圆锥形齿。锥形有长锥、短锥、单锥、双锥等多种形状,以压碎方式破碎岩石,强度高于楔形齿。锥角60°~70°的中等锥形齿用来钻中硬地层,如灰岩、白云岩、砂岩等。90°锥形及120°双锥形齿用来钻研磨性高的坚硬岩石,如硬砂岩、石英、岩燧石等。

c.球形齿。球形齿顶部为半球体,以压碎和冲击方式破碎高研磨性的坚硬地层,如燧石、石英岩、玄武岩、花岗岩等,强度和耐磨性均高。

d.抛物体形齿。它是球形齿的变形,齿高较大但有一定强度,同样用在高研磨性的坚硬地层。

e. 勺形齿。勺形齿是美国休斯公司20世纪80年代推出的齿形。它是一种不对称的楔形齿,其切削地层的工作面是内凹的勺形,背面是微向外凸的圆弧形。这种结构改善了牙齿的受力状况,既提高了破碎效率又增强了齿的强度,可高效破碎极软至中软地层岩石。在勺形齿的基础上,近期又进一步发展了偏顶勺形齿及圆锥勺形齿。偏顶勺形齿的齿顶相对于其轴线超前偏移了一个距离,其凹面正对被切削的地层,这样可以进一步改善牙齿受力面的应力分布,提高牙齿的破岩效率和工作寿命,圆锥勺形齿是在圆锥形齿的基础上产生的,它切削地层的工作面内凹,背面是微向外凸的圆弧形。

此外还有平顶形齿,这种齿形为圆柱体,端部有倒角,它只用在牙轮钻头的背锥上,以防止背锥磨损,达到保径及提高钻头寿命的目的。

(2)轴承

牙轮钻头轴承由牙轮内腔、轴承跑道、牙掌轴颈、锁紧元件等组成。轴承副有大、中、小和止推轴承四个。根据轴承的密封与否,可分为密封和非密封两类。根据轴承副的结构,钻头轴承分为滚动轴承和滑动轴承(指主要承载轴承即大轴承)两大类。滚动轴承的结构形式有“滚柱—滚柱—止推”和“滚柱—滚珠—滑动—止推”两类;滑动轴承的结构有“滚动—滚动—滑动—止推”及“滑动—滑动—止推”两种。各种轴承结构特点如图2.28及表2.3。

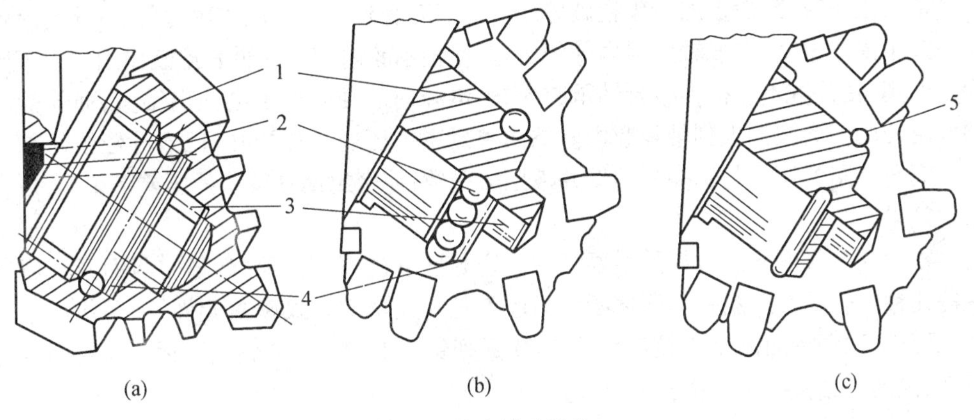

图2.28　钻头轴承结构

1—大轴承;2—中轴承;3—小轴承;4—止推轴承;5—卡簧

对于滚珠轴承、滚柱轴承及滑动轴承,轴承副之间的接触方式分别为点接触、线接触与面接触,因而后者的承压面积大、载荷分布均匀、吸收震动较好,对于承受载荷较大的牙轮钻头,显然采用后者较为有利。因而牙轮钻头的大轴承及小轴承都采用了滚柱轴承或滑动轴承。应指出,如果钻头的轴承得不到良好的润滑,则滑动轴承将很快失效。

中轴承的作用是锁紧牙轮,中轴承如果磨损,则牙轮会从轴颈上分离,因而中轴承非常重要,即使中轴承磨损后没有达到牙轮从轴颈上分离的程度,但中轴承也失去定位作用,牙轮和轴颈之间松动,会加剧轴承磨损。一般用滚珠轴承作为中轴承是由于工艺原因。因而近年来有些钻头用卡簧代替滚珠轴承(见图2.28(c)),这样可进一步增加大轴承的面积,同时简化了轴承结构及加工工艺。

表 2.3　各类轴承结构特点

结构形式 \ 轴承副	大轴承	中轴承	小轴承	止推轴承
	承受径向载荷	锁紧和定位	承受径向载荷	承受轴向载荷
滚动轴承	滚柱轴承	滚珠轴承	滚柱轴承	滑动轴承
	滚柱轴承	滚珠轴承	滚珠轴承	滑动轴承
滑动轴承	滑动轴承	滚珠轴承	滑动轴承	滑动轴承
	滑动轴承	滑动轴承(卡簧)	滑动轴承	滑动轴承

(3)储油润滑密封系统

牙轮钻头的储油润滑和密封系统既能保证轴承得到润滑,又可以有效地防止钻井液(包括钻井液中液相和固相以及夹杂在钻井液中的各种岩屑)进入钻头的轴承内,大幅度地提高了轴承以及钻头的使用寿命。

牙轮钻头的储油密封系统如图 2.23 所示。压力补偿膜又称储油囊,用耐油橡胶制成。护膜杯装于其外或其上,压盖压紧保护杯。整个储油装置安装在牙爪的储油孔内,与外界用传压孔相通,与轴承腔内用长油孔相连。密封圈一端固紧在轴颈上,另一端与牙轮端贴紧。

钻头工作时,牙轮上的牙齿在破碎地层的同时受到地层的反作用力,造成牙轮沿轴线方向产生高频振动,造成轴承腔内外的压差,使轴承腔内产生抽吸和排液作用。由于密封圈的作用,钻井液不会被抽吸到轴承腔内,轴承腔内的油脂也不会流出钻头,而储油腔内的润滑油脂则会被抽吸到轴承腔内。储油密封系统还通过传压孔、压力补偿膜使轴承腔内的润滑油脂的压力与钻头外的钻井液压力一致,使密封圈在较小的压差下工作,以保证密封效果。

密封圈是影响密封效果的主要零件。密封圈有碟形密封圈、O 形密封圈及金属密封圈等几种。金属密封圈是美国休斯公司近年研制成功的新式密封元件,采用优质不锈钢加工而成,这种密封圈用于较新型的 ATM 系列钻头上,使 ATM 钻头可适应高转速的钻井条件,提高了钻头的工作指标。

(4)钻头水眼

钻头水眼是钻井液流出钻头射向井底的流道。普通钻头(非喷射式)水眼,是在钻头体的适当位置开孔并焊上水眼套。

在钻进中,为了充分利用钻头水力功率,使高速液体直接射向井底,以充分清除井底岩屑,提高钻进效率,这种钻井技术称为喷射钻井(详见本书“钻进参数优选”部分的内容)。适合喷射钻井需要的钻头称为喷射式钻头。喷射式钻头在水眼处装有硬质合金喷嘴,喷嘴是可拆卸的,在钻头使用前选定适合于使用条件的内径的喷嘴安装到钻头上,钻头使用后喷嘴还可卸下重复使用。

2. 牙轮钻头的工作原理

(1)牙齿的公转与自转

牙轮钻头依靠牙齿破碎岩石,其工作时,固定在牙轮上的牙齿随钻头一起绕钻头轴线作顺时针方向的旋转运动，这种运动称为公转。公转的转速就是转盘或井下动力钻具的旋转速度。牙轮上各排牙齿公转的线速度是不同的，外排齿公转的线速度最大。

钻头工作时，牙齿绕牙轮轴线作逆时针方向的旋转称为自转。牙轮自转的转速与钻头转速即公转的转速以及牙齿对井底的作用有关。牙轮以及牙轮上牙齿的自转是破碎岩石时牙齿与地层岩石之间相互作用的结果。

(2)钻头的纵向振动及对地层的冲击、压碎作用

钻进时，钻头上承受的钻压经牙齿作用在岩石上，除此静载以外还有一冲击载荷，这是由于钻头的纵向振动产生的。

钻头工作时，牙轮滚动，牙齿与井底的接触是单齿、双齿交错进行的。单齿接触井底时，牙轮的中心处于最高位置；双齿接触井底时则牙齿的中心下降。牙轮在滚动过程中，牙轮中心的位置不断上下交换，使钻头沿轴向作上下往复运动，这就是钻头的纵向振动(见图2.29)。在实际情况下，井底振动除有单双齿交错接触井底所引起的较高频率的振动外，在纵向上还有低频率、振幅较大的振动，这是由于井底不平和有凸台所引起的。

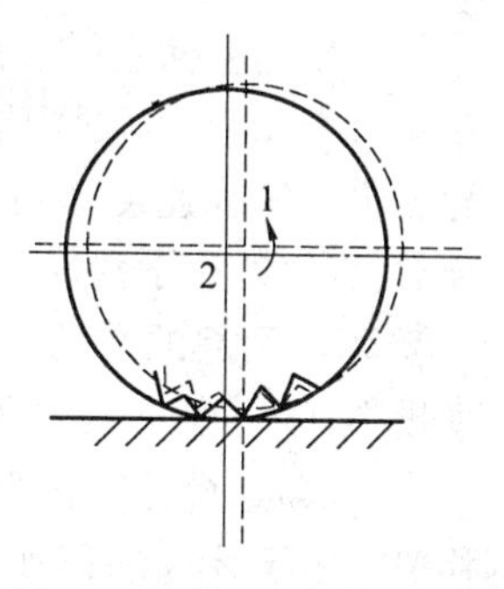

图2.29　单、双齿交错接触井底引起牙轮的纵向振动

钻头在井底的纵向振动，使钻柱不断压缩与伸张，下部钻柱把这种周期性变化的弹性变形能通过钻头牙齿转化为对地层的冲击作用力用以破碎岩石，与静载压入力一起形成了钻头对地层岩石的冲击、压碎作用，这种作用是牙轮钻头破碎岩石的主要方式。

钻头工作时所产生的冲击载荷有利于破碎岩石，但是也会使钻头轴承过早损坏，使牙齿特别是硬质合金齿崩碎，同时也使钻柱处于不利的条件下工作。

(3)牙齿对地层的剪切作用

牙轮钻头除对地层岩石产生冲击、压碎作用外，还对地层岩石产生剪切作用。剪切作用主要是通过牙轮在井底滚动的同时还产生牙齿对井底的滑动实现的，产生滑动的原因是由牙轮钻头的超顶、复锥和移轴三种结构特点引起的。

①超顶和复锥引起的滑动。如图2.30所示，牙轮锥顶超过钻头轴线，这种特点称为超顶，超过的距离Ob称为超顶距(c)。以下定性分析由于超顶引起的滑动。

钻头工作时，牙轮上每一点既随钻头一起产生绕钻头轴线的公转，又产生绕牙轮轴线的自转，设公转及自转转速分别为ω_b及ω_c。

这样由ω_b引起的牙轮与地层接触的母线上的每一点x的速度ω_{bx}是成直线分布的，在Oa段方向向前，在Ob段方向向后，在钻头中心O处速度$\omega_{bO}=0$。由ω_c引起的速度v_{cx}也是直线分布的，方向向后；在b点，$v_{cb}=0$。速度合成后，在bO段形成一个向后的滑动速度v_{sx}，此时牙轮受到一滑动阻力F_s(其方向与滑动方向相反)，因而有滑动阻力矩$M_s(-)=F_sR$，该力矩使牙轮的角速度ω_c降低。由于牙轮角速度降低，则在aO段由v_{bx}和降低的v_{cx}合成一个滑动速度v_{sx}(此滑动速度在靠近O点的一端向后，靠近a的一端向前)，同时在靠近O的部分产生一个与$M_s(-)$方向相同的滑动阻力矩$M'_s(-)$，在靠近a的部分产生一个与$M_s(-)$方向相反的滑动阻力矩$M_s(+)$。$M_s(-)$、$M'_s(-)$及$M_s(+)$达到

平衡,使$\sum M_s = 0$。于是牙轮角速度便稳定在一个新数值下,不再减慢。$\bar{v}_{sx} = \bar{v}_{bx} + \bar{v}_{cx}$,即牙齿相对于岩石的滑动速度,如图2.30中的$\bar{v}_s$,成直线分布,它与$ab$线交于$M$点,$v_{sM} = 0$为纯滚动点。点$M$相对于地层无滑动,$bM$段滑动是向后的,$aM$段是向前的。

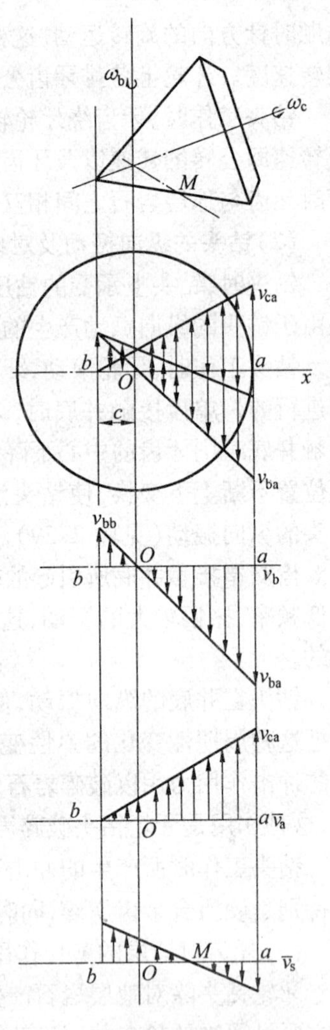

图2.30　超顶产生的滑动

牙轮超顶产生滑动,滑动速度随超顶距c的增加而增加。

复锥牙轮包括主锥和副锥,如图2.24所示。主锥顶与钻头中心重合,而副锥锥顶的延伸线是超顶的。复锥牙轮由于牙轮线速度不再作直线分布,同时由于副锥是超顶的,因而产生了滑动,其分析方法同超顶情况。

② 移轴引起的滑动。图2.31中,O点为钻头轴线的水平投影,O'点为牙轮锥顶,牙轮轴线相对于钻头轴线平移一段距离,这种方式称为移轴,平移的距离$s = OO'$称为偏移值。由于牙轮的移轴,牙轮作公转时,牙轮与岩石接触母线上任一点都产生垂直于牙轮轴的分速度和沿牙轮轴线方向的分速度,从而产生滑动。

应说明的是超顶和复锥所引起的牙齿滑动情况。超顶和复锥所引起的切线方向滑动除可在切线方向与冲击、压碎作用共同破碎岩石外,还可以剪切掉同一齿圈相邻牙齿破碎坑之间的岩石;移轴则在轴向产生滑动和切削地层的作用,它可以剪切掉齿圈之间的岩石。

牙齿的滑动虽然可以剪切井底岩石以提高破碎效率,但也相应地使牙齿磨损加剧。移轴引起的轴向滑动使牙齿的内端面部分磨损,而超顶和复锥引起的切线方向滑动使牙齿侧面磨损。因此,牙齿(特别是铣齿)的加固应根据不同情况区别对待。

实际上,对于钻极软到中硬地层的钻头,一般兼有移轴、超顶和复锥结构;一部分中硬或硬地层钻头有超顶和复锥。对于极硬和研磨性很强的地层,所用的钻头结构基本上是纯滚动而无滑动的(即单锥、不超顶、也不移轴),即使这样,钻头工作时也会对地层产生剪切作用。

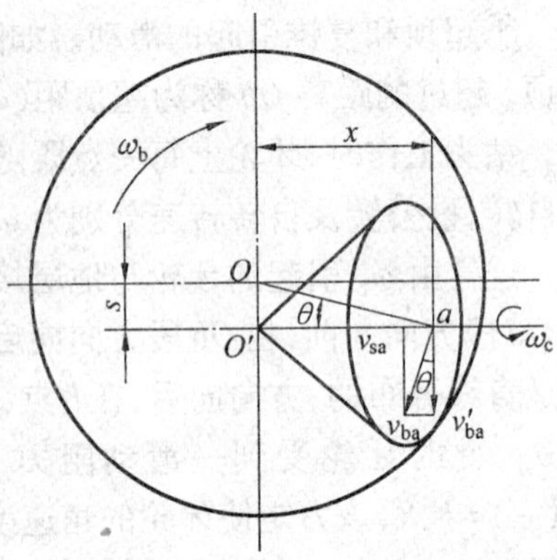

图2.31　牙轮钻头的牙轮移轴

(4)牙轮钻头的自洗

牙轮钻头工作时,特别是在软地层钻进时,牙齿间易积存岩屑产生泥包,影响钻进效果。为解决这一问题，出现了自洗式钻头（见图2.32），这类钻头通过牙轮布置使各牙轮的牙齿齿圈互相啮合，一个牙轮的齿圈之间积存的岩屑由另一个牙轮的齿圈牙齿剔除，这种方式称为牙轮钻头的自洗。自洗式牙轮钻头的牙轮布置有自洗不移轴及自洗移轴两种方案。

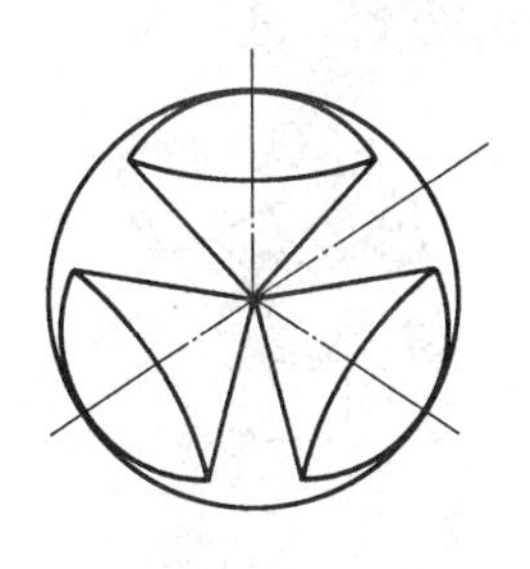
(a)非自洗式布置方案

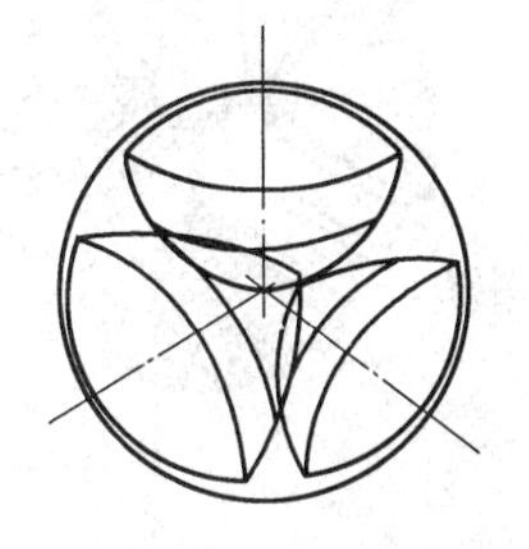
(b)自洗不移轴布置方案

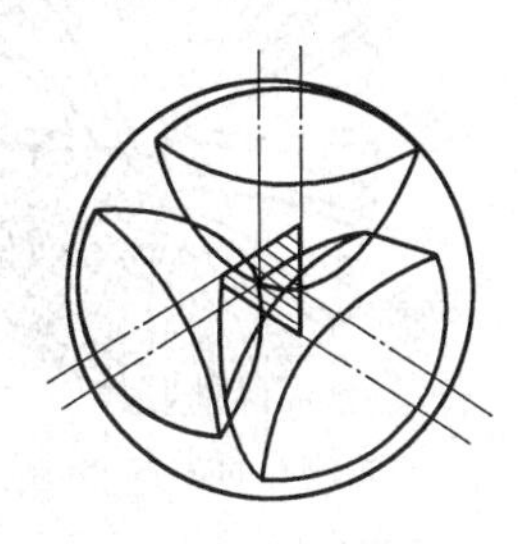
(c)自洗移轴式布置方案

图2.32　牙轮布置方案

钻头工作原理包括钻头在井底的运动方式及破岩方式，这些内容是设计、改进钻头的基础和依据，也是选择和使用钻头的基础和依据。应指出，提高钻头钻进效率的措施中提高钻头的破岩效率固然是一个基本的方面，但是及时地将岩屑从井底清除也是一个同样重要的方面，这两方面缺一不可。本节主要介绍前一方面内容，后一方面内容在本书“钻进参数优选”内容中介绍。

2.2.4　金刚石材料钻头的结构及工作原理

1. 金刚石材料钻头的结构

金刚石材料钻头属一体式钻头，整个钻头无活动部件，主要有钻头体、冠部、水力结构（包括水眼或喷嘴，水槽也称流道，排屑槽）、保径、切削刃（齿）五部分，如图2.33所示。

钻头的冠部是钻头切削岩石的工作部分，其表面（工作面）镶装有金刚石材料切削齿，并布置有水力结构，其侧面为保径部分（镶装保径齿），它和钻头体相连，由碳化钨胎体或钢质材料制成。

钻头体是钢质材料体，上部是丝扣，与钻柱相连接；其下部与冠部胎体烧结在一起（钢质的冠部则与钻头体成为一个整体）。

金刚石材料钻头的水力结构分为两类。一类用于天然金刚石钻头和TSP钻头，这类钻头的钻井液从中心水孔流出，经钻头表面水槽分散到钻头工作面各处冷却、清洗、润滑切削齿，最后携带岩屑从侧面水槽及排屑槽流入环形空间。另一类用于PDC钻头，这类钻头的钻井液从水眼中流出，经过各种分流元件分散到钻头工作面各处冷却、清洗、润滑切削齿。PDC钻头的水眼位置和数量根据钻头结构而定。

金刚石材料钻头的保径部分在钻进时起到扶正钻头、保证井径不致缩小的作用。采用在钻头侧面镶装金刚石的方法达到保径目的时，金刚石的密度和质量可根据钻头所钻岩石的研磨性和硬度而定。对于硬而研磨性高的地层，保径部位的金刚石的质量应较高，密度也应较大。保径部分结构如图2.34所示。

2. 金刚石材料钻头的切削齿材料

金刚石钻头切削齿材料分为天然金刚石和人造金刚石两大类，天然金刚石使用最早

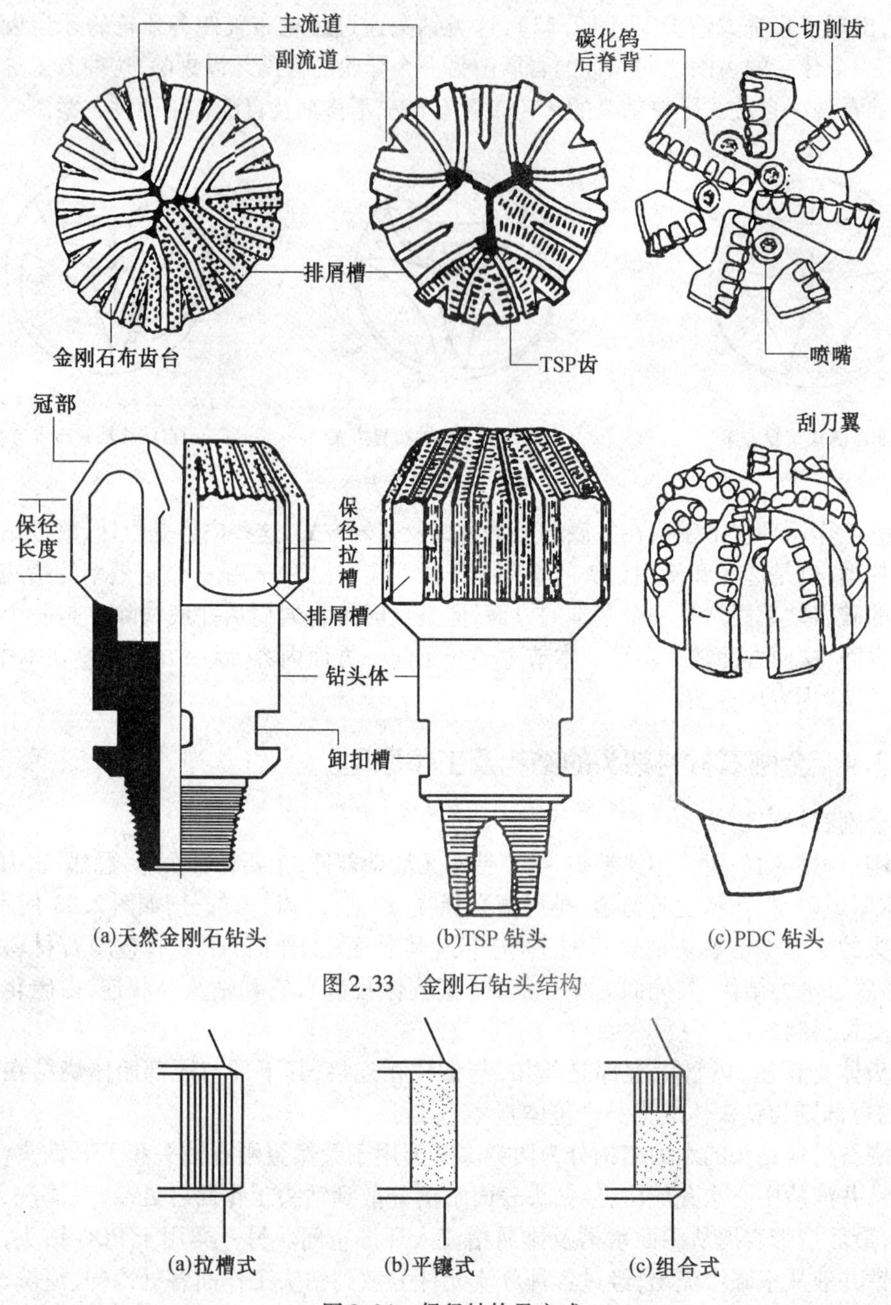

图 2.33　金刚石钻头结构

图 2.34　保径结构及方式

并一直使用,人造金刚石材料主要有聚晶金刚石复合片(简称 PDC)及热稳定聚晶金刚石(简称 TSP)。它们制成的钻头分别称为金刚石钻头(或天然金刚石钻头)、PDC 钻头及 TSP 钻头。

金刚石为碳的结晶体,晶体结构为正四面体,碳原子之间以共价键相连,结构非常稳定,典型的晶形有立方体、八面体和十二面体等。

金刚石是人类目前所知材料中最硬、抗压强度最强、抗磨损能力最高的材料,因此它是作为钻头切削刃最理想的材料。

但是,金刚石作为钻头切削刃材料也存在着较大的弱点。第一,它的脆性较大,遇到冲击载荷会引起破裂。第二,它的热稳定性较差,在高温下金刚石会燃烧变为二氧化碳和一氧化碳;在空气中,在455~860 ℃之间,金刚石就要出现石墨化燃烧;在惰性或还原性气体中不会氧化燃烧,但约在1 430 ℃时,金刚石晶体会突然爆裂而变成石墨。因而,金刚石钻头的设计、制造和使用中必须避免金刚石材料经受高的冲击载荷并保证金刚石切削齿的及时冷却。

天然金刚石钻头用天然生成的金刚石颗粒作为切削刃。按品种大致可分为卡邦(Carbon,又名黑金刚石)、伯拉斯(Ballas)、伯尔兹(Boarz)及刚果金刚石四类。金刚石以重量计算,国际通用单位是克拉,一克拉相当于0.2 g。油井钻井用的金刚石粒度范围一般在0.5粒每克拉至15粒每克拉之间。钻头用金刚石必须质地坚固,形状规则,如十二面体、八面体、立方体或其他接近球体的形状。

由于天然金刚石来源有限且成本昂贵,因此,国外在人造金刚石研制上发展很快。

钻头用人造金刚石的第一步是用石墨在某些金属触媒的作用下,在5~10 MPa压力及1 000~2 000 ℃高温条件下制成单晶金刚石。目前已能合成直径3~6 mm或更大的大颗粒单晶金刚石,但成本较高。直径小于0.5 mm的金刚石已能批量生产,晶形和强度经分选后已接近或达到天然金刚石水平。但是由于人造金刚石粒度较小,很难用在钻头上,所以还要将人造单晶金刚石再次合成为大块的聚晶金刚石。聚晶金刚石是将直径为1~100 μm之间的人造金刚石单晶微粉,加入一定配比的黏结金属或其他材料在高温高压下聚合而成的大颗粒的多晶金刚石材料。钻头上常用的包括PDC和TSP两类。

PDC的结构如图2.35所示,它是以金刚石粉为原料加入黏结剂在高温、高压下烧结而成。复合片为圆片状,金刚石层厚度一般小于1 mm,切削岩石时作为工作层,碳化钨基体对聚晶金刚石薄层起支承作用。两者之间的有机结合,使PDC既具有金刚石的硬度和耐磨性,又具有碳化钨的结构强度和抗冲击能力。由于聚晶金刚石内晶体间的取向不规则,不存在单晶金刚石所固有的解理面,所以PDC的抗磨性及强度高于天然金刚石,且不易破碎。PDC由于多种材料的存在,热稳定性较差,同时脆性较强,不能经受冲击载荷。常用的PDC直径为13. 4 mm、19 mm和8 mm。目前PDC正朝着大直径方向发展,最大的直径可达50.8 mm,而且金刚石层也有加厚的趋势,已有厚度达2 mm的PDC齿。

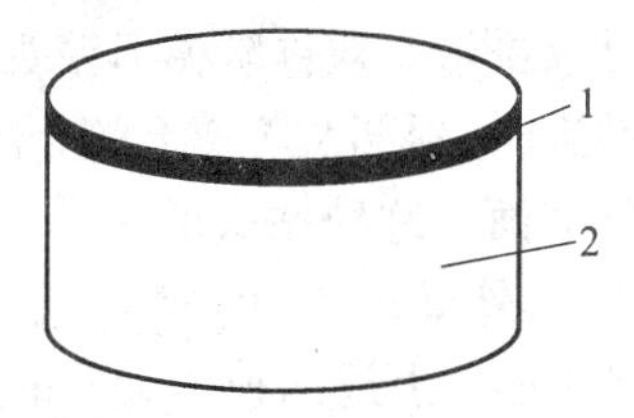

图2.35　聚晶金刚石复合片(PDC)的结构

1—聚晶金刚石层;2—碳化钨硬质合金

热稳定性聚晶金刚石(TSP)也是用金刚石单晶微粉在高温高压下制成的,它没有碳化钨基层,而是采用了特殊工艺,将触媒剂从齿中排出,因此TSP中没有游离钴存在,使得TSP具有良好的热稳定性,耐热温度达1 200 ℃以上。TSP齿可根据需要制造出圆片状、立方体状、圆柱状、三角状等各种形状;尺寸也可根据要求而定。TSP的耐磨性高于PDC,抗冲击能力强,具有天然金刚石材料的优点,但它的尺寸大于天然金刚石,同时形状可根据要求而定。

3. 天然金刚石钻头和 TSP 钻头的结构

天然金刚石钻头与 TSP 钻头结构基本相同(见图 2.33)。需要加以说明的内容包括以下方面。

(1)冠部的几何形状

根据岩石特性及钻井条件选择钻头的冠部形状,是提高天然金刚石钻头及 TSP 钻头使用效率的最基本、最重要的工作。常用冠部形状有以下几种(见图 2.36)。

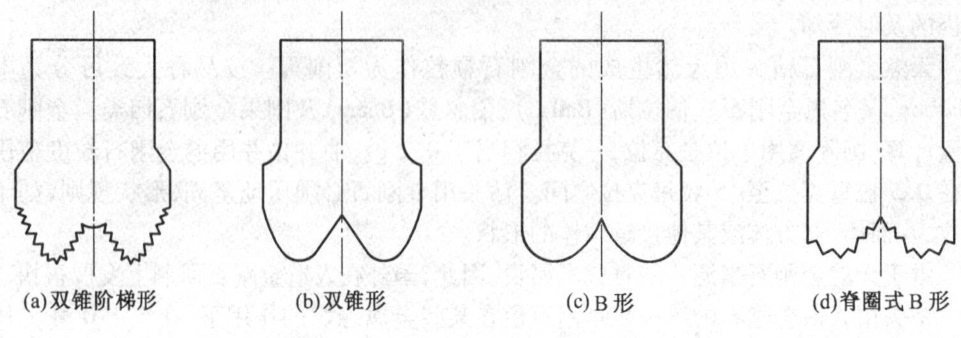

图 2.36 金刚石钻头的不同冠部形状

①双锥阶梯形。这种冠部形状除两个锥面外还有阶梯或螺旋阶梯。其特点是钻头顶部形状比较尖锐,工作时顶部金刚石受力比其他部位的大。钻头顶部吃入地层后,外锥面阶梯上的金刚石也相应地吃入地层。由于阶梯的存在,增加了岩石的自由面,有利于提高岩石的破碎效率。这种形状的钻头适用于钻软到中硬的地层,如硬石膏、泥岩、砂岩、灰岩等。

②双锥形。双锥阶梯形钻头在较硬和致密的岩石如较硬的砂岩、石灰岩、白云岩等岩石中钻进时,顶部及阶梯上的金刚石易碰碎而出现较多的薄弱环节。这类地层中,钻头用双锥形剖面。这种钻头的工作面由内锥、外锥和顶部圆弧三部分组成。内锥角一般在 60° ~70°,外锥角在40° ~60°。

③B 形。上述两种钻头冠部形状虽不相同,但钻头顶部形状比较尖锐,顶部金刚石所承受的载荷大于其他部位。因而在硬地层中,由于岩石硬度增加,钻进时作用在金刚石上的应力和因钻柱震动所引起的冲击载荷也相应增加。为使钻进时钻头上各部位金刚石受力尽可能均匀,防止局部早期损坏,因而采用 B 形工作面。B 形工作面由内锥和圆弧面组成,内锥角不小于 90°,其结构特点是顶部较宽也较平缓,适用于硬地层如硬砂岩及致密的白云岩等。

(2)水力结构

天然金刚石钻头和 TSP 钻头均采用水孔-水槽式水力结构,钻井液由水孔中流出经水槽流过钻头工作面,冲洗每一粒金刚石前的岩屑并冷却、润滑每一粒金刚石。钻头工作时,金刚石前切削出的岩屑如不及时清洗就会导致钻头工作面的堵塞而使金刚石端部产生局部高温,进而使金刚石逐渐“烧毁”。钻头工作时,金刚石压在地层岩石上并相对地层表面产生高速运动,因而产生大量的摩擦热,使金刚石温度升高。由于金刚石的热稳定性差,如果钻井液不能及时冷却金刚石,则金刚石也会“烧毁”。因此,金刚石钻头的水力结构必须为每一粒金刚石的冷却、润滑及清洗提供保证条件。常用的水力结构有以下四类(见图2.37)。

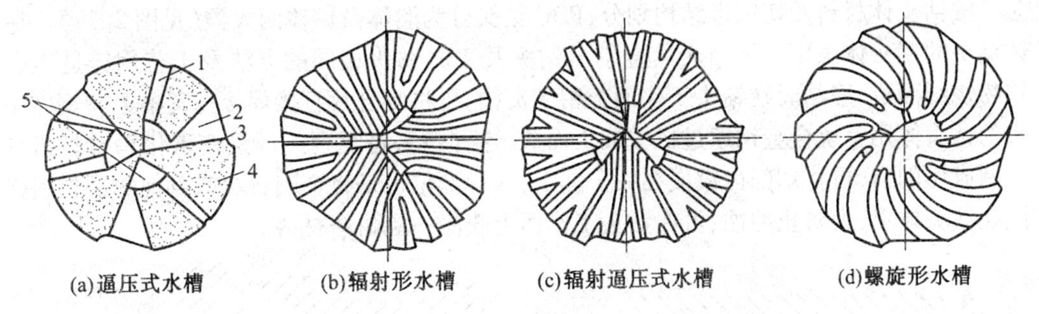

图2.37　天然金刚石和TSP钻头水力结构的水槽类型

1—高压水槽;2—低压水槽;3—排屑槽;4—金刚石;5—水眼

①逼压式水槽。这种水力结构的水槽分布在金刚石钻头工作面上,包括高压水槽及低压水槽。高压水槽入口截面面积小于低压水槽,随着水槽向外延伸,高压水槽的截面积逐渐减小,而低压水槽截面积却逐渐扩大。因此,在高、低压水槽间形成一定压差。在此压差作用下,部分钻井液从高压水槽漫过金刚石工作面后进入低压水槽,能有效地清洗、冷却及润滑每一粒金刚石。这种水槽一般用于软地层钻头。

②辐射形水槽。水槽为放射形且在钻头工作面上均匀分布,金刚石工作面很窄(一般仅放1~2排金刚石),所以钻井液从水眼流出到水槽后能很好地冲洗岩屑,冷却金刚石。这种水槽一般用于软到中硬地层中。

③辐射逼压式水槽。这是上述两种水槽结构的组合,常用于中硬到硬地层钻头和涡轮钻金刚石钻头。

④螺旋形水槽。水槽为反螺旋流道,在钻头高转速条件下强迫钻井液流过金刚石工作面,有时结合逼压式水槽原理。这种水槽常用在高转速条件下。

以上四种水槽结构中,辐射逼压式水槽效果最好。

(3)金刚石粒度和排列

钻头用金刚石的粒度根据地层而定。较软地层,粒度较大;较硬地层,粒度较小。

金刚石在钻头上的排列方式目前常见的有交错排列法、圆周排列法及脊圈排列法三种(见图2.38)。

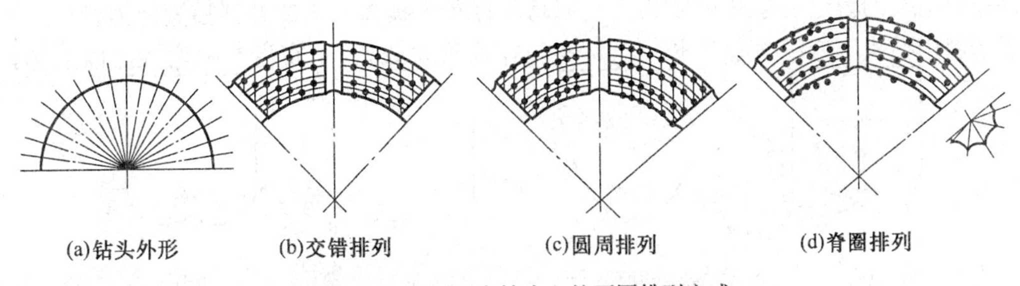

图2.38　金刚石在钻头上的不同排列方式

4.聚晶金刚石复合片(PDC)钻头的结构

PDC钻头(见图2.35)结构需要加以说明的内容包括以下方面:

(1)胎体 PDC 钻头及钢体 PDC 钻头

按钻头体材料及切削齿结构划分,PDC 钻头分为胎体及钢体两大类(见图 2.39)。胎体钻头的钻头体采用与烧结天然金刚石钻头及 TSP 钻头相同的方法及工艺用铸造碳化钨粉烧结而成,烧结时在钻头工作面上留下窝槽,再将复合片直接焊接在窝槽上。钢体钻头的钻头体用整块合金钢通过机械加工而成,这种钻头将复合片焊接在碳化钨材料齿柱上制成切削齿,再将切削齿镶嵌在钻头体上,保径部位也是将金刚石块或其他耐磨材料镶嵌在钻头体上,为防止冲蚀,可在钻头工作面上喷涂一层耐磨材料。

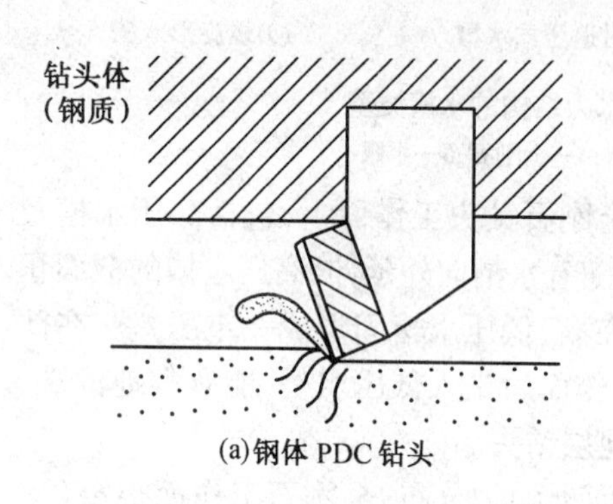

(a)钢体 PDC 钻头

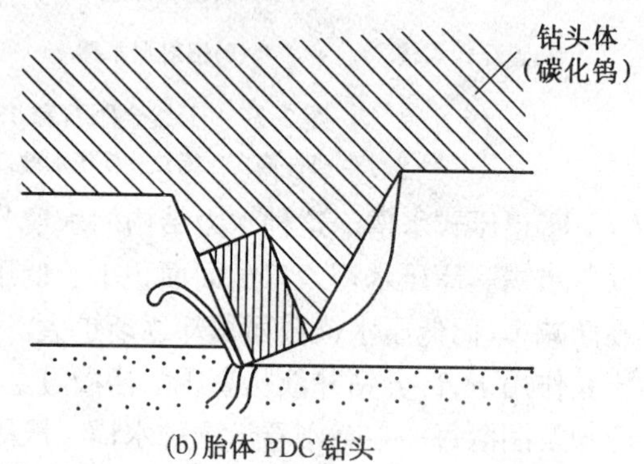

(b)胎体 PDC 钻头

图 2.39　钢体及胎体 PDC 钻头

(2)钻头冠部(工作面)的几何形状

PDC 钻头冠部(工作面)的几何形状影响钻头的稳定性、井底清洗、钻头磨损及钻头各部位载荷分布(见图 2.40)。钻头工作面形状一般包括内锥、顶部、侧面、肩部及保径五个基本要素。内锥对钻头起导向和稳定作用,如果需要较高钻速、较好的钻井液流动控制能力,则内锥应为浅内锥,锥角较大(110° ~ 160°);如果要求突出钻头稳定性,提高井斜控制能力,则应为深内锥,锥角较小(60° ~ 100°)。钻头顶部是钻头的最低点,钻进中最先吃入地层,由于地层变化而意外受损的可能性最大。如果地层较硬,或存在硬夹层,则应选较大半径、较宽的顶部结构;为了提高钻头吃入地层的能力,应选择较小半径的顶部结构。侧面部分的剖面线有直线和弧线两种,采用直线方式时顶部和外侧部较尖,吃入性好,切削效率高;弧线方式常用在高转速或高抗磨性的情况下。保径部位除保证钻头直径外还对钻头的稳定性起很大的作用,可以增长保径来提高钻头的井斜控制能力;反之,对于造斜用钻头则应缩短保径长度。钻头工作面形状较长,则布齿空间增大。以上选择

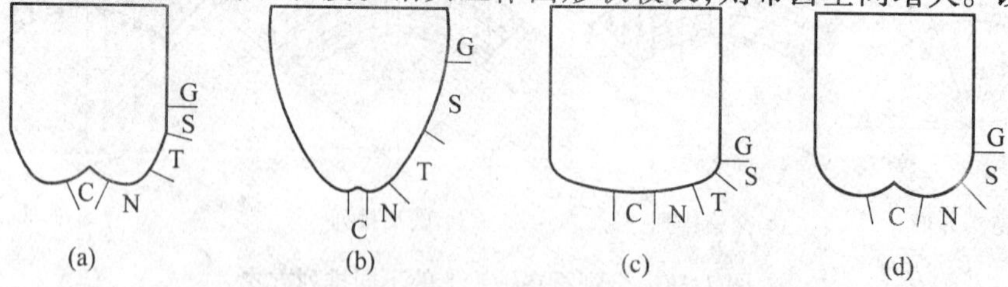

图 2.40　钻头冠部形状及其工作部位与代号

C—内锥;N—冠顶;T—外锥;S—肩部;G—保径

PDC 钻头工作面几何形状的原则同样适用于天然金刚石钻头及 TSP 钻头。

(3)水力结构、切削齿的分布

PDC 钻头采用水眼或喷嘴供给钻井液,通过切削齿的排列分配钻井液的方式保证切削齿的清洗、冷却和润滑。PDC 钻头有刮刀式、单齿式及组合式三种排列及分布方式(见图 2.41)。

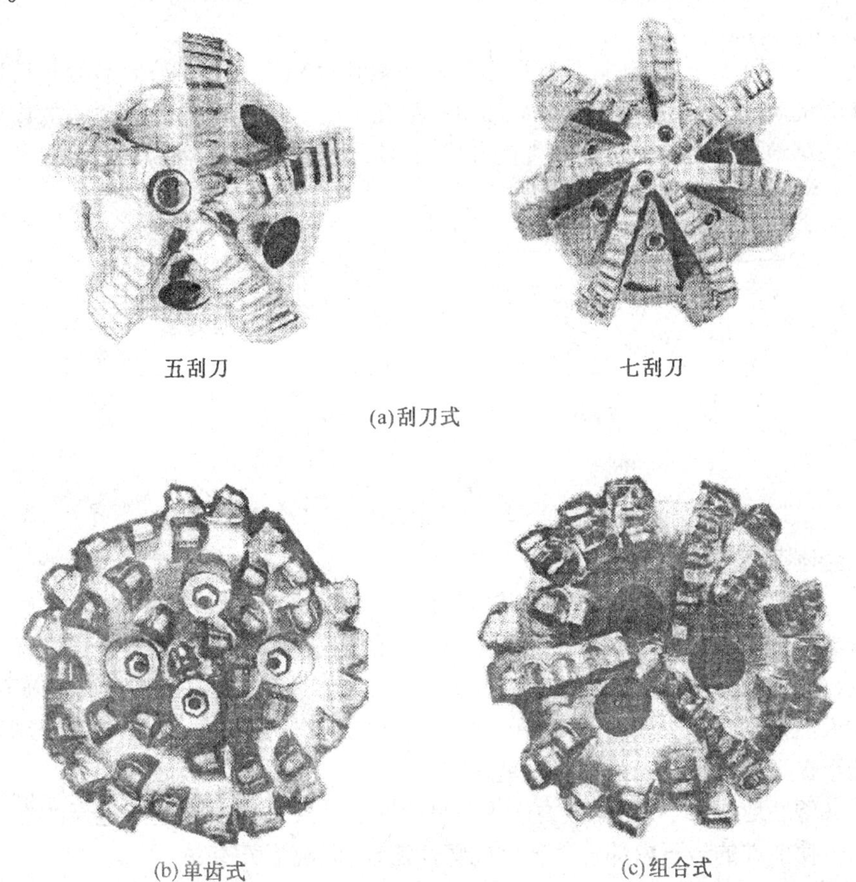

五刮刀　　七刮刀

(a)刮刀式

(b)单齿式　　(c)组合式

图 2.41 PDC 钻头切削齿排列及分布方式

刮刀式布齿方式的特点是将切削齿沿着从钻头中心附近到保径部位的直线(或接近于直线的曲线)布置在胎体刮刀上,在适当的位置布置喷嘴(或水眼),每个喷嘴或水眼起到冷却或清洗一个或两个刮刀片上的切削齿的作用。采用这种方式布齿的 PDC 钻头具有整体强度高、抗冲击能力强、易于清洗和冷却、排屑好、抗泥包能力强的特点,在黏性或软地层中应使用这种布齿方式的 PDC 钻头。

单齿式布齿方式是将切削齿一个一个地单独布置在钻头工作面上,在适当的地方布置喷嘴或水眼,钻井液从喷嘴流出后,切削齿受到清洗及冷却,但同时也起到阻流与分配液流的作用。这种结构的布齿区域大、布齿密度高,可以提高钻头的使用寿命,但水力控制能力低,容易在黏性地层泥包。

组合式切削齿的布置采用直线刮刀式和单齿式相结合的方式,在适当的地方布置水眼或喷嘴,这种布齿方式具有较好的清洗、冷却和排屑能力,布齿密度较高。这种布齿方式的钻头多用于中等硬度地层。

钻头布齿密度应视所钻的地层和钻井条件而定。布齿数量越多,各个齿承担的切削载荷越低,钻头寿命越长,但机械钻速也相应降低。对于深井、海洋钻井、研磨性较强地层用的 PDC 钻头,布齿密度应高一些。对软地层、中深井等 布齿密度应低一些。

(4)切削齿工作角

复合片在钻头上安装时,具有后倾角 α 和侧倾角 β(见图 2.42)。后倾角可以减少齿在工作时的震动,延长使用寿命。后倾角一般在 10°~30°范围内。侧倾角的作用是使切削齿在切削地层时对齿前切屑产生侧向推力,使岩屑向钻头外缘移动,以利排除岩屑。

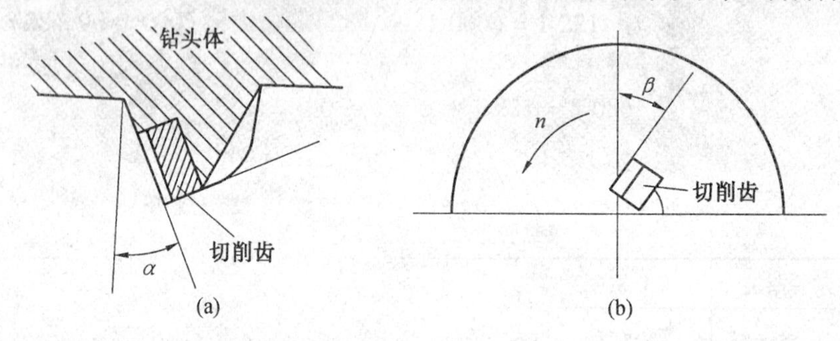

图 2.42　PDC 钻头切削齿工作角

5. 金刚石材料钻头的工作原理

PDC 钻头工作原理和刮刀钻头基本相同。

天然金刚石钻头由于岩石性能及工作条件的复杂性,国内外对其破岩机理存在不同的观点,如研磨、剪切、压碎、犁削、切削等,至今没有统一结论,但可以归纳出以下要点:

①天然金刚石钻头在钻进某些硬地层时,在钻压作用下压入岩石,使与金刚石接触的岩石处于极高的应力状态而使岩石呈现塑性。

②在塑性地层(或岩石在应力作用下呈塑性的地层),金刚石吃入地层并在钻头扭矩的作用下使前方的岩石内部发生破碎或塑性流动,脱离岩石基体,形成岩屑,这一切削过程相当于"犁地"过程,称为犁削。岩屑的体积大体等于金刚石吃入岩石的位移体积,如图 2.43 所示。

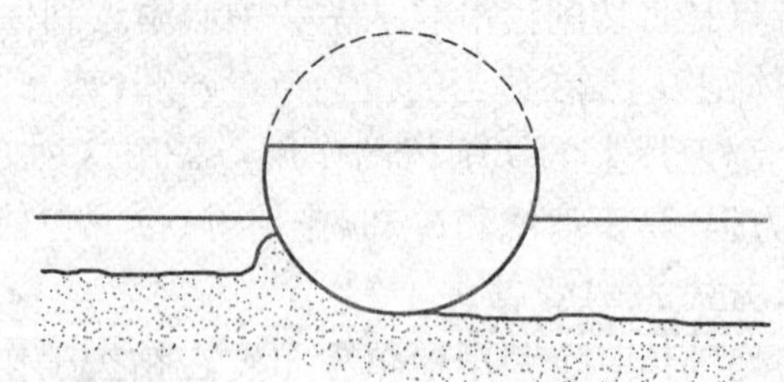

图 2.43　天然金刚石钻头的犁削作用

③在脆性较大的岩石中,在钻压和扭矩作用下所产生的应力使岩石表现为脆性破碎,即属于以剪力和张力破坏岩石。在这种情况下,金刚石钻头的破岩速度较高,岩石破碎的体积远大于金刚石吃入后位移的体积。

④在坚硬岩石(如燧石、硅质白云岩、硅质石灰岩等)中,由于金刚石本身强度的限制,较大粒度金刚石上的钻压不足以使岩石内部产生塑性变形。所以一般均采用细颗粒的金刚石制成孕镶式金刚石钻头来钻进,其特点是要靠金刚石的棱角实现微切削、刻划等方式来破碎岩石。这时分离出来的岩屑基本上是粒度很细的粉末,钻头的工作效率和寿命均很低。

2.2.5　钻头的选型及分类法

在钻井过程中,影响钻进速度的因素很多,诸如钻头类型、地层、钻井参数、钻井液性能和操作等。而根据地层条件合理地选择钻头类型和钻井参数,则是提高钻速、降低钻进成本的最重要环节。在对钻头的工作原理、结构特点以及地层岩石的物理机械性能充分了解以后,就能根据邻井相同地层已钻过的钻头资料,结合本井的具体情况选择钻头,并配合以恰当的钻井参数,使之获得最好的技术经济效果。

1. 牙轮钻头的选型及分类法

牙轮钻头是应用范围最广的钻头,主要原因是改变不同的钻头设计参数(包括齿高、齿距、齿宽、移轴距、牙轮布置等),可以适应不同地层的需要。

(1)牙轮钻头选型的原则及应考虑的问题

①地层的软硬程度和研磨性。地层的岩性和软硬不同,对钻头的要求及破碎机理也不同。软地层应选择兼有移轴、超顶、复锥三种结构,牙轮齿形较大、较尖,齿数较少的铣齿或镶齿钻头,以充分发挥钻头的剪切破岩作用;随着岩石硬度增大,选择钻头的上述三种结构值应相应减小,牙齿也要减短、加密。牙齿齿形对地层的适应性问题已在上文作了详细叙述。

研磨性地层会使牙齿过快磨损,机械钻速迅速降低,钻头进尺少,特别容易磨损钻头的保径齿、背锥以及牙掌的掌尖,使钻头直径磨小,更严重的是会使轴承外露、轴承密封失效,加速钻头损坏。因此,钻研磨性地层,应该选用有保径齿的镶齿钻头。

②钻进井段的深浅。浅井段岩石一般较软,同时起下钻所需时间较短,应选用能获得较高机械钻速的钻头;深井段地层一般较硬,起下钻时间较长,应选用有较高总进尺的钻头。

③易斜地层。在易斜地层钻进时,地层因素是造成井斜的客观因素,而下部钻柱的弯曲以及钻头的选型不当则是造成井斜的技术因素。在易斜地层钻进,应选用不移轴或移轴量小的钻头;同时,在保证移轴小的前提下,所选的钻头适应的地层应比所钻地层稍软一些,这样可以在较低的钻压下提高机械钻速。

④软硬交错地层。在软硬交错地层钻进时,一般应按其中较硬的岩石选择钻头类型,这样既在软地层中有较高的机械钻速,也能顺利地钻穿硬地层。在钻进过程中钻井参数要及时调整,在软地层钻进时,可适当降低钻压并提高转速;在硬地层钻进时可适当提高钻压并降低转速。

选用的钻头对所要钻的地层是否适合,要通过实践的检验才能下结论。对于同一地层使用过的几种类型的钻头,在保证井身质量的前提下,一般以“每米成本”作为评价钻头选型是否合理的标准,其计算公式见式(2.1)。

(2)牙轮钻头的分类及型号编码

国内外对牙轮钻头都进行了系统的分类,命名了型号编码,对每类钻头都基本上标明了所适用的地层,为钻头选型提供了参考依据。

①国产三牙轮钻头分类、型号表示法。国产三牙轮钻头标准中规定,根据钻头结构特征,钻头分为铣齿钻头及镶齿钻头两大类,共8个系列,见表2.4;钻头的类型与适应的地层见表2.5。

表2.4　国产三牙轮钻头系列

类别	系列名称		代号
	全　　称	简　　称	
铣齿钻头	普通三牙轮钻头	普通钻头	Y
	喷射式三牙轮钻头	喷射式钻头	P
	滚动密封轴承喷射式三牙轮钻头	密封钻头	MP
	滚动密封轴承保径喷射式三牙轮钻头	密封保径钻头	MPB
	滑动密封轴承喷射式三牙轮钻头	滑动轴承钻头	HP
	滑动密封轴承保径喷射式三牙轮钻头	滑动保径钻头	HPB
镶齿钻头	镶硬质合金齿滚动密封轴承喷射式三牙轮钻头	镶齿密封钻头	XMP
	镶硬质合金齿滑动密封轴承喷射式三牙轮钻头	镶齿滑动轴承钻头	XH

表2.5　国产三牙轮钻头类型与适应地层

地层性质		极软	软	中软	中	中硬	硬	极硬
类型	类型代号	1	2	3	4	5	6	7
	原类型代号	JR	R	ZR	Z	ZY	Y	JY
适用岩石举例		泥岩 石膏 盐岩 软页岩 白垩 软白灰岩		中软页岩 硬石膏 中软石灰岩 中软砂岩	硬页岩 石灰岩 中软石灰岩 中软砂岩	石英砂岩 花岗岩 硬石灰岩 大理岩		燧石岩 花岗岩 石英岩 玄武岩 黄铁矿
钻头体颜色		乳白	黄	浅蓝	灰	墨绿	红	褐

国产牙轮钻头型号表示方法如下：

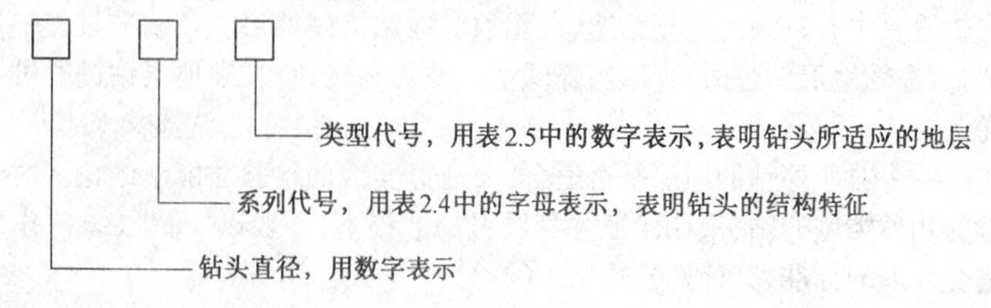

例如，用于中硬地层、直径为 $8\frac{1}{2}$in(215.9 mm)的铣齿滑动密封轴承喷射式三牙轮钻头的型号为 $8\frac{1}{2}$×HP5 或 215.9×HP5。

②IADC 牙轮钻头分类方法及编号。在全世界，牙轮钻头的生产厂家众多，类型和结构繁杂，为了便于牙轮钻头的选择和使用，国际钻井承包商协会(International Association of Drilling Contractors,IADC)于 1972 年制定了全世界第一个牙轮钻头的分类标准，各钻头厂家生产的钻头虽有自己的代号，但都标注了相应的 IADC 编号。1987 年 IADC 将原有分类方法及编号进行了修改和完善，形成了现在的分类及编号方法。

IADC 规定，每一类钻头用四位字码进行分类及编号，各字码的意义如下。

第一位字码为系列代号，用数字 1 ~8 分别表示八个系列，表示钻头牙齿特征及所适用的地层。

1—铣齿，低抗压强度高可钻性的软地层；

2—铣齿，高抗压强度的中到中硬地层；

3—铣齿，中等研磨性或研磨性的硬地层；

4—镶齿，低抗压强度高可钻性的软地层；

5—镶齿，低抗压强度的软到中硬地层；

6—镶齿，高抗压强度的中硬地层；

7—镶齿，中等研磨性或研磨性的硬地层；

8—镶齿，高研磨性的极硬地层。

第二位字码为岩性级别代号，用数字 1 ~4 分别表示在第一位数码表示的钻头所适用的地层中再依次从软到硬分为四个等级。

第三位字码为钻头结构特征代号，用数字 1 ~9 计九个数字表示，其中 1 ~7 表示钻头轴承及保径特征，8 与 9 留待未来的新结构特征钻头用。1 ~7 表示的意义如下：

1—非密封滚动轴承；

2—空气清洗、冷却，滚动轴承；

3—滚动轴承，保径；

4—滚动、密封轴承；

5—滚动、密封轴承，保径；

6—滑动、密封轴承；

7—滑动、密封轴承，保径。

第四位字码为钻头附加结构特征代号，用以表示前面三位数字无法表达的特征，用英文字母表示。目前，IADC 已定义了 11 个特征，用下列字母表示：

A—空气冷却；

C—中心喷嘴；

D—定向钻井；

E—加长喷嘴；

G—附加保径/钻头体保护；

J—喷嘴偏射；

R—加强焊缝(用于顿钻)；

S—标准铣齿；

X—楔形镶齿；

R—圆锥形镶齿；

Z—其他形状镶齿。

有些钻头，其结构可能兼有多种附加结构特征，则应选择一个主要的特征符号表示。

2. 金刚石材料钻头的选型及分类法

金刚石材料钻头的用量远低于牙轮钻头，主要因为金刚石材料钻头对地层的适应性较差，但地层及其他条件适合于金刚石材料钻头时，可以取得高的使用效益；反之，则不行。因此金刚石材料钻头的选型特别重要。

(1)金刚石材料钻头的特点

与牙轮钻头相比，金刚石材料钻头具有以下特点：

①金刚石材料钻头是一体性钻头，它没有牙轮钻头那样的活动部件，也无结构薄弱环节，因而它可以使用高的转速，适合于和高转速的井下动力钻具一起使用，取得高的效益；在定向钻井过程中，它可以承受较大的侧向载荷而不发生井下事故，适合于定向钻井。

②金刚石材料钻头使用正确时，耐磨且寿命长，适合于深井及研磨性地层使用。

③在地温较高的情况下，牙轮钻头的轴承密封易失效，使用金刚石材料钻头则不会出现此问题。

④在小于165.1 mm($6\frac{1}{2}$in)的井眼钻井中，牙轮钻头的轴承由于空间尺寸的限制，强度受到影响，性能不能保证，而金刚石材料钻头则不会出现问题，因而小井眼钻井宜使用金刚石材料钻头。

⑤金刚石材料钻头的钻压低于牙轮钻头，因而在钻压受到限制(如防斜钻进)的情况下应使用金刚石材料钻头。

⑥金刚石材料钻头结构设计、制造比较灵活，生产设备简单，因而能满足非标准的异形尺寸井眼的钻井需要。

⑦金刚石材料钻头中的PDC钻头是一种切削型钻头，切削齿具有自锐优点，破碎岩石时无牙轮钻头的压持作用，切削齿切削时的切削面积较大，是一种高效钻头。实践表明，这种钻头适应地层时可以取得很高的效益。

⑧金刚石材料钻头由于热稳定性的限制，工作时必须保证充分的清洗与冷却。

⑨金刚石材料钻头抗冲击性载荷性能较差，使用时必须遵照严格的规程。

⑩金刚石材料钻头价格较高。

(2)金刚石材料钻头适应的地层

天然金刚石钻头的切削结构选用不同粒度的金刚石，采用不同的布齿密度和布齿方式，能满足在中至坚硬地层钻井的需要。TSP钻头适合于在具有研磨性的中等至硬地层钻井。PDC钻头适用于软到中等硬度地层，但是PDC钻头钻进的地层必须是均质地层，以避免冲击载荷，含砾石的地层不能使用PDC钻头。

随着人造金刚石材料技术以及钻头技术的发展，金刚石材料钻头的应用范围将会扩大。

(3)IADC 金刚石材料钻头分类法

IADC 于 1987 年制定了一个适于用金刚石钻头的“固定切削齿钻头分类标准”。这个标准主要根据钻头的结构特点进行分类，并没有像牙轮钻头那样考虑钻头适用的地层。但这个在世界范围内的统一标准对金刚石钻头的分类、设计、制造、选型和使用都具有重要意义。

标准采用四位字码描述各种型号的固定切削齿钻头的切削齿种类、钻头体材料、钻头冠部形状、水眼（水孔）类型、液流分布方式、切削齿大小、切削齿密度等七个方面的结构特征（见图 2.44）。

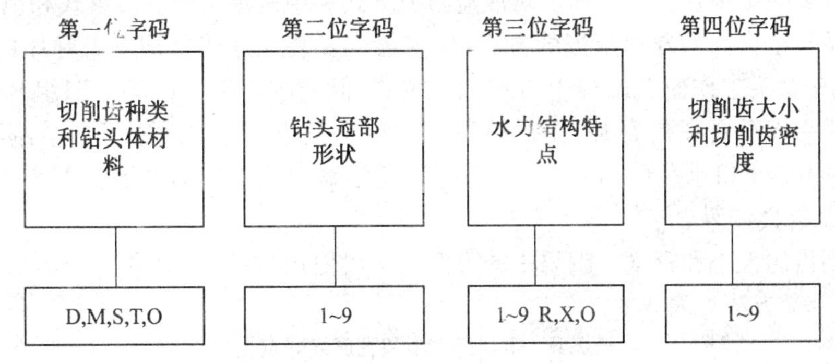

图 2.44　固定切削齿钻头 IADC 分类编码意义（1987 年）

①切削齿种类和钻头体材料。编码中第一位字码用 D,M,S,T 及 O 等五个字母中的一个描述有关钻头的切削齿种类及钻头体材料。具体定义为：D—天然金刚石切削齿；M—胎体，PDC 切削齿；S—钢体，PDC 切削齿；T—胎体，TSP 切削齿；O—其他。

②钻头冠部形状。编码中第二位字码用数字 1 ~9 和 0 中的一个描述有关钻头的剖面形状，具体定义见表 2.6。表中 D 代表钻头直径，G 代表锥体高度。

表 2.6　钻头冠部形状编码定义

外锥高度(G)	内锥高度(G)		
	高 $G>1/4D$	中 $1/8D\leqslant G\leqslant 1/4D$	低　$G<1/8D$
高 $G>3/8D$	1	2	3
中 $1/8D\leqslant G\leqslant 3/8D$	4	5	6
低 $G<1/8D$	7	8	9

③钻头水力结构。编码中第三位字码用数字 1 ~9 或字母 R,X,O 中的一个描述有关钻头的水力结构。水力结构包括水眼种类以及液流分布方式，具体定义见表 2.7。

表 2.7　水力结构编码定义

液流分布方式	水眼种类		
	可换喷嘴	不可换喷嘴	中心出口水孔
刀翼式	1	2	3
组合式	4	5	6
单齿式	7	8	9

替换编码为:R—放射式流道;X—分流式流道; O—其他形式流道。

表2.7中水眼种类列出了三种,中心出口水孔主要用于天然金刚石钻头及TSP钻头。液流分布方式是根据钻头工作面上对液流阻流方式和结构定义的。刀翼式和组合式是两种用突出钻头工作面的脊片阻流的方式,切削齿也安装在这些脊片上。脊片(包括其上切削齿)高于钻头工作面1 in以上者划归刀翼式,低于或等于1 in者划归组合式。单齿式则在钻头表面没有任何脊片,完全使用切削齿起阻流作用。对于天然金刚石钻头和TSP钻头的中心出口水孔(编码为3,6,9),为了更确切地描述其液流分配方式,使用了R,X,O三个替换编码。

④切削齿的大小和密度。编码中的第四位字码使用数字1~9和0表示切削齿的大小和密度,定义方法见表2.8。

表 2.8　切削齿大小和密度编码定义

切削齿大小	布齿密度		
	低	中	高
大	1	2	3
中	4	5	6
小	7	8	9

0—孕镶式钻头。

其中,切削齿大小划分的方法见表2.9。编码中,未对切削齿密度作出明确的规定,只能在比较的基础上确定编码。

表 2.9　金刚石切削齿尺寸划分方法

切削齿大小	天然金刚石粒度(粒/克拉)	人造金刚石有用高度/mm
大	<3	>15.85
中	3~7	9.5~15.85
小	>7	<9.5

2.3　钻柱及受力分析

钻柱是钻头以上水龙头以下部分的钢管柱的总称,它由方钻杆、钻杆、加重钻杆、钻

铤、配合接头、稳定器等组成。钻柱是钻井的重要工具,它是连通地下与地面的枢纽。钻柱的作用是:

①为循环钻井液提供由井口流向井底的通道,为钻头输送液体能量。

②给钻头施加适当的压力(钻压),使钻头的工作刃不断吃入岩石。

③把地面动力(扭矩等)传递给钻头,使钻头不断旋转破碎岩石。

④起下钻头。

⑤为井下动力钻具输送液体能量,并承受反扭矩。

⑥根据钻柱的长度计算井深。

⑦通过钻柱可以观察和了解钻头的工作情况、井眼状况及地层情况等。

⑧协助各种井下作业工具进行取心、定向、中途测试、挤水泥、打捞井下落物、处理井下事故等特殊作业。

随着钻井深度的增加,对钻柱性能的要求越来越高。几千米甚至上万米的钻柱,在井下的工作条件十分恶劣,它往往是钻井设备与工具中的薄弱环节。钻柱的脱扣、刺漏及扭断事故是常见的钻井事故,并常导致复杂的井下情况。因此,根据钻柱在井下的工作条件及工艺要求,合理地设计钻柱和使用钻柱,对于预防钻具事故,实现快速优质钻井及顺利完成各种井下作业等,都具有十分重要的意义。

2.3.1 钻柱的组成

1. 钻杆

钻杆是钻柱的基本组成部分,它用无缝钢管制成,壁厚一般为9 ~11 mm 。其主要作用是传递扭矩和输送钻井液,并靠钻杆的逐渐加长使井眼不断加深。因此,钻杆在石油钻井中占有十分重要的地位。

(1)钻杆结构与规范

钻杆由钻杆管体与钻杆接头两部分组成。钻杆管体与接头的连接有两种方式:一种是管体与接头用摩擦焊对焊在一起,这种钻杆为对焊钻杆,如图 2.45(a)所示;另一种是用细螺纹连接,即管体两端都车有细的外螺纹,与接头一端的细的内螺纹相连接,称这种钻杆为有细扣钻杆,如图 2.45(b)所示。有细扣钻杆目前已基本淘汰,我国现在生产或进口的钻杆全部为对焊钻杆(无细扣钻杆)。

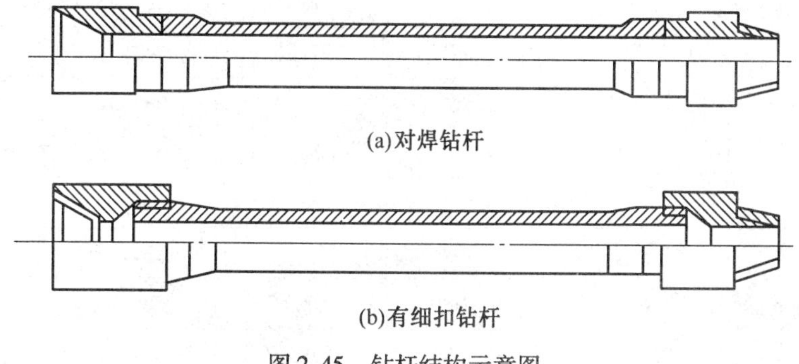

(a)对焊钻杆

(b)有细扣钻杆

图 2.45 钻杆结构示意图

为了增强管体与接头的连接强度,管体两端加厚。常用的加厚形式有内加厚、外加厚、内外加厚3种,如图2.46所示。根据美国石油学会的规定,钻杆按长度分为3类:第一类,5.486 ~6.706 m(18 ~22 ft);第二类,8.230 ~9.144 m(27 ~30 ft);第三类,11.582~13.716 m (38 ~45 ft)。常用钻杆尺寸见表2.10,其中最常用的钻杆尺寸有88.9 mm,114.3 mm,127.0 mm (相当于3.5 in,4.5 in,5 in)3种。

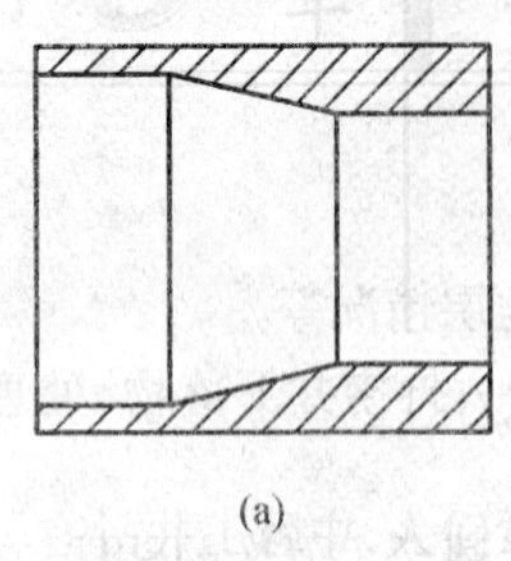
(a)

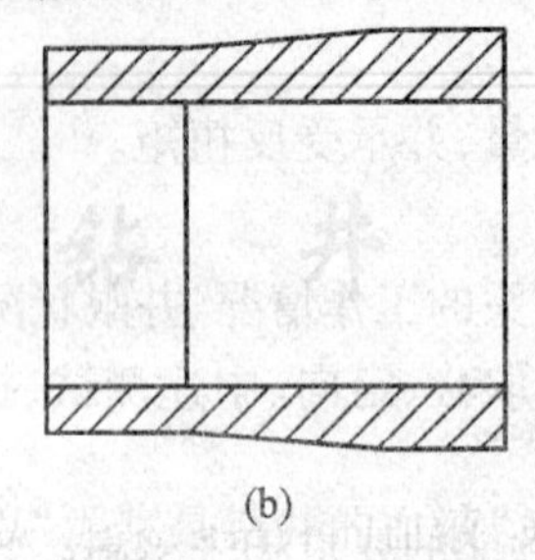
(b)

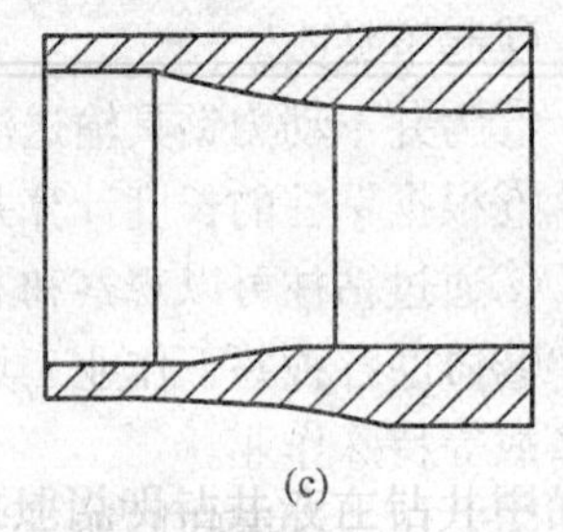
(c)

图2.46 钻杆加厚形式

表2.10 钻杆尺寸及代号

钻杆外径		外径代号	壁厚/mm	内径/mm	重力/(N·m⁻¹)	重力代号
mm	in					
60.3	$2\frac{3}{8}$	1	4.826	50.70	70.83	1
			7.112	46.10	97.12	2
73.00	2	2	5.512	62.0	100.00	1
			9.195	54.60	151.83	2
88.90	$3\frac{1}{2}$	3	6.452	76.00	138.69	1
			9.374	70.20	194.16	2
			11.405	66.10	226.18	3
101.60	4	4	6.655	88.30	173.00	1
			8.382	84.80	204.38	2
			9.652	82.30	229.20	3
114.30	$4\frac{1}{2}$	5	6.883	100.50	200.73	1
			8.560	97.20	242.34	2
			10.922	92.50	291.98	3
			12.700	88.90	333.15	4
			13.975	86.40	360.03	5
127.0	5	6	7.518	112.00	237.73	1
			9.195	108.60	284.68	2
			12.700	101.60	373.73	3

续表 2.10

钻杆外径 mm	钻杆外径 in	外径代号	壁厚/mm	内径/mm	重力/(N·m^{-1})	重力代号
139.7	$5\frac{1}{2}$	7	7.722	124.30	280.30	1
			9.169	121.40	319.71	2
			10.541	118.60	360.59	3

注:本表根据 API·RP·7G-2003 整理。

(2)钻杆的钢级与强度

钻杆的钢级是指钻杆钢材的等级,它由钻杆钢材的最小屈服强度决定。规定钻杆的钢级有 D,E,95(X),API 105(G),135(S)级共5种,见表2.11。其中,X、G、S级为高强度钻杆。钻杆的钢级越高,管材的屈服强度越大,钻杆的各种强度(抗拉、抗扭、抗外挤等)也就越大。

表 2.11　钻杆钢级

物理性能		钻杆钢级				
		D	E	95(X)	105(G)	135(S)
最小屈服强度	MPa	379.21	517.11	655.00	723.95	930.70
	1b/in^2	55 000	75 000	95 000	105 000	135 000
最大屈服强度	MPa	586.05	723.95	861.85	930.79	1 137.64
	1b/in^2	85 000	105 000	125 000	135 000	165 000
最小抗拉强度	MPa	655.00	689.48	723.95	792.90	999.74
	1b/in^2	95 000	100 000	105 000	115 000	145 000

(3)钻杆接头与接头类型

钻杆接头是钻杆的组成部分,其一端为粗外螺纹接头或粗内螺纹接头,另一端为细内螺纹接头(用细内螺纹与钻杆本体端细外螺纹连接)或无细螺纹的平台接头(与钻杆本体对焊),粗外螺纹接头或粗内螺纹接头用以连接各单根钻杆。在钻井过程中,接头螺纹处要经常拆卸,接头表面经常受到相当大的大钳咬合力的作用,所以钻杆接头壁厚较厚,接头外径大于管体外径,并采用强度更高的合金钢。国产钻杆接头一般都采用 35CrMo 合金钢。

不同尺寸钻杆的接头尺寸不相同,同一尺寸钻杆的螺纹类型也不尽相同。各钻杆生产厂家的钻杆采用的接头类型也很难完全一致。因此,为便于区分钻杆接头和工程应用,API 对钻杆接头的类型作了统一的规定,形成了石油工业普遍采用的 API 钻杆接头标准。

API 钻杆接头标准有新、旧两种标准。旧 API 钻杆接头标准是对早期使用的有细扣的钻杆提出来的,分为内平式(IF)、贯眼式(FH)和正规式(REG)3种类型,如图2.47所示。内平式接头主要用于外加厚钻杆,其特点是钻杆内径、管体加厚处内径与接头内径相等,钻井液流动阻力小,有利于提高钻头水力功率,但接头外径较大,易磨损。贯眼式接头适用于内加厚钻杆,其特点是钻杆有两个内径,接头内径等于管体加厚处内径,但小于管体部分内径。钻井液流经这种接头时的阻力大于内平式接头,但其外径小于内平式接头。正规式接头适用于内加厚钻杆,这种接头的内径比较小,小于钻杆加厚处的内径,所以正规式接头连接的钻杆有 3 种不同的内径。钻井液流过这种接头时的阻力最大,但它的外径最小,强度较大。正规接头与小直径钻杆、反扣钻杆、钻头、打捞工具等相连接。3 种类型接头均采用 V 形螺纹,但扣型(用螺纹顶切平宽度表示)、螺距、锥度及尺寸等都有很大差别。接头尺寸符号如图 2.48 所示。

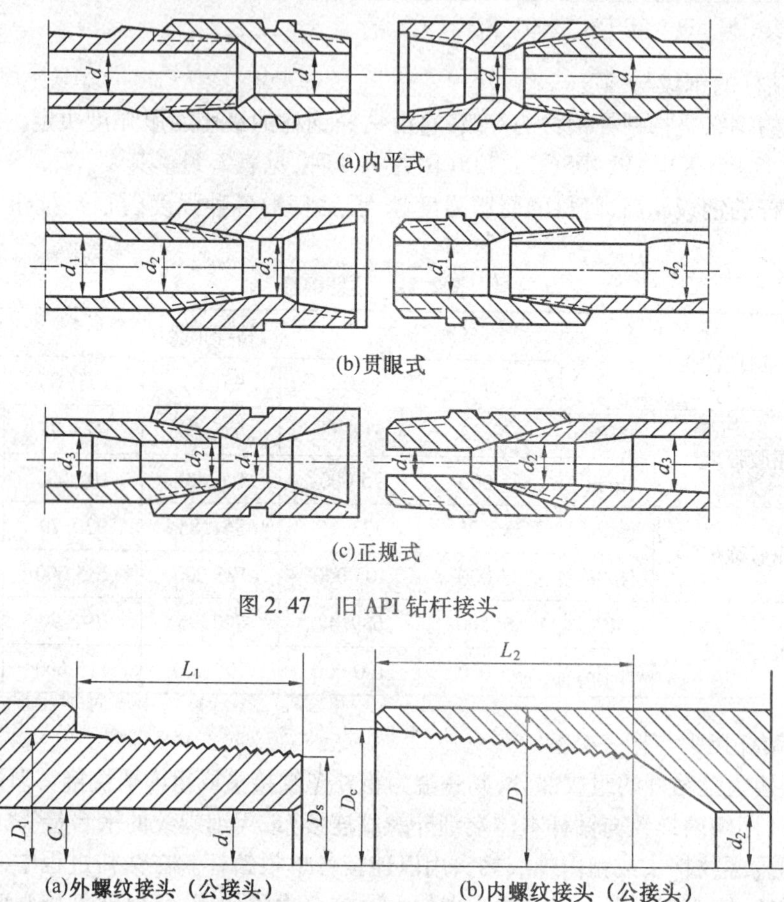

(a)内平式

(b)贯眼式

(c)正规式

图 2.47　旧 API 钻杆接头

(a)外螺纹接头（公接头）　(b)内螺纹接头（公接头）

图 2.48　接头尺寸符号

随着对焊钻杆的迅速发展,有细螺纹钻杆逐渐被对焊钻杆所取代,旧 API 钻杆接头由于规范繁多,使用起来很不方便。因此,美国石油学会又提出了一种新的 NC 型系列接头(有人称之为数字型接头)。NC 型接头以字母 NC 和两位数字表示,如 NC50、NC26、NC31 等。NC 接头(National Coarse Thread)意为美国国家标准粗牙螺纹,两位数字表示螺纹基面节圆直径的大小(取节圆直径的前两位数字)。例如,NC26 表示接头为 NC 型,基面螺纹节圆直径为 2.668 in。NC 螺纹也为 V 形螺纹,具有 0.065 in 平螺纹顶和 0.038 in 圆螺纹底,用 V-0.038R 表示扣型,可与 V-0.065 型螺纹连接。旧 API 标准中的全部内平(IF)与 4 in 贯眼(4FH)(表 2.12 未列出,但给出了旧 API 钻杆接头规范)均为 V-

0.065型螺纹,故现已考虑将旧标准废除而统一采用 NC 型接头。表 2.13 所列为 NC 型接头规范。

表 2.12 旧 API 钻杆接头规范

公称尺寸/in	螺纹类型	节径 C/in	外径 D/in	螺纹规范			外螺纹接头				内螺纹接头		
				锥度	每寸扣数	扣型	内径 d_1/mm	螺纹长度 L_1	大端直径 D_L/mm	小端直径 D_s/mm	内径 d_2/mm	螺纹长度 L_2	镗孔直径 D_c/mm
$2\frac{3}{8}$	IF	2.76	86	1∶6	4	V-0.065	44	76	73	60	44	92	75
	REG	2.37	79	1∶4	5	V-0.040	25	76	67	47		92	68
$2\frac{7}{8}$	IF	3.18	105	1∶6	4	V-0.065	54	89	86	71	54	95	88
	FH	3.36	108	1∶4	5	V-0.040	54	89	92	70	54	90	94
	REG	2.74	95	1∶4	5	V-0.040	32	89	76	54	45	105	78
$3\frac{1}{2}$	IF	3.81	121	1∶6	4	V-0.065	68	102	102	85	68	117	104
	FH	3.73	118	1∶4	5	V-0.060	62	95	101	77	62	111	103
	REG	3.24	108	1∶4	5	V-0.040	38	95	89	65	58	111	91
$4\frac{1}{2}$	IF	5.05	156	1∶6	4	V-0.065	95	114	133	114	95	130	135
	FH	4.53	146	1∶4	5	V-0.040	80	102	122	96	80	117	124
	REG	4.37	140	1∶4	5	V- 0.04	58	108	118	91	78	124	119
$5\frac{1}{2}$	IF	6.19	187	1∶6	4	V-0.065	122	127	163	141	122	143	164
	FH	5.59	178	1∶6	4	V-0.050	101	127	148	128	101	143	150
	REG	5.23	172	1∶4	4	V-0.050	70	120	140	110	98	137	142
$6\frac{5}{8}$	FH	6.52	203	1∶6	4	V-0.050	127	127	172	150	127	143	174
	REG	5.76	197	1∶6	4	V-0.050	89	127	152	131	—	143	154

表 2.13 NC 型接头规范

公称尺寸/in	螺纹类型	外径 D/mm	内径 d/in	节径 C/in	螺纹规范			公接头			母接头长度	
					每寸扣数	锥度	扣型	螺纹长度 L_1/mm	大端直径 D_L/mm	小端直径 D_s/mm	螺纹长度 L_2/mm	镗孔直径 D_c/mm
$2\frac{3}{8}$	NC23	69	22	2.36	4	1∶6	V- 0.038R	76	65	52	92	67
	NC26	86	44	2.67	4	1∶6	V- 0.038R	76	73	60	92	75
$2\frac{7}{8}$	NC31	105	54	3.18	4	1∶6	V- 0.038R	89	86	71	95	88
$3\frac{1}{2}$	NC35	121	68	3.53	4	1∶6	V- 0.038R	95	95	79	111	97
	NC38	121	68	3.81	4	1∶6	V- 0.038R	102	102	85	117	104
4	NC40	133	71	4.07	4	1∶6	V- 0.038R	114	109	90	130	110
	NC44	152	57	4.42	4	1∶6	V- 0.038R	114	118	98	130	119
	NC46	152	82	4.63	4	1∶6	V- 0.038R	114	123	104	130	125

续表 2.13

公称尺寸/in	螺纹类型	外径 D/mm	内径 d/in	节径 C/in	螺纹规范			公接头			母接头长度	
					每寸扣数	锥度	扣型	螺纹长度 L_1/mm	大端直径 D_L/mm	小端直径 D_s/mm	螺纹长度 L_2/mm	镗孔直径 D_c/mm
$4\frac{1}{2}$	NC50	156	95	5.04	4	1:6	V-0.038R	114	133	114	130	135
$5\frac{1}{2}$	NC56	178	95	5.62	4	1:4	V-0.038R	127	149	118	143	151
$6\frac{5}{8}$	NC61	210	76	6.18	4	1:4	V-0.038R	140	164	127	156	165
$7\frac{5}{8}$	NC70	241	76	7.05	4	1:4	V-0.038R	152	186	148	163	187
$8\frac{5}{8}$	NC77	254	76	7.74	4	1:4	V-0.038R	165	203	162	181	205

NC 型接头在石油工业中应用越来越普遍，但目前现场仍使用部分旧 API 标准接头（内平、贯眼、正规）。表 2.14 所列的几种 NC 型接头与旧 API 标准接头有相同的节圆直径、锥度、螺距和螺纹长度，可以互换使用。

表 2.14　可以互换使用的接头

数字型接头	NC26	NC31	NC38	NC40	NC46	NC50
旧 API 接头	$2\frac{3}{8}$IF	$2\frac{7}{8}$IF	$3\frac{1}{2}$IF	4IF	4FH	$4\frac{1}{2}$IF

在钻柱中，除了钻杆接头外，还有各种配合接头（用来连接不同尺寸或不同扣型的管柱）、保护接头（保护管柱上经常拆卸处的丝扣）等。此外，方钻杆、钻铤、钻头及其他井下工具，也都靠丝扣连接。需要说明的是，上述各种接头及工具的丝扣类型都与钻杆接头的标准相一致。

2. 钻铤

钻铤处在钻柱的最下部，是下部钻具组合的主要组成部分。其主要特点是壁厚大（一般为 38 ~ 53 mm，相当于钻杆壁厚的 4 ~ 6 倍），具有较大的重力和刚度。它在钻井过程中主要起到以下几方面的作用：

①给钻头施加钻压。

②保证压缩条件下的必要强度。

③减轻钻头的振动、摆动和跳动等，使钻头工作平稳。

④控制井斜。

钻铤有许多不同的形状，如圆形、方形、三角形和螺旋形等。有的钻铤为了在起下钻时不用提升短节和安全卡瓦而在内螺纹端外表面上加工有吊卡槽和卡瓦槽，最常用的是圆形（平滑的）钻铤和螺旋形钻铤两种。螺旋形钻铤上有浅而宽的螺旋槽，可减少其与井壁的接触面积的40% ~50%，而其重力只减少7 % ~10%；接触面积少，可减少发生压差卡钻的可能性。钻铤的连接螺纹（外螺纹、内螺纹）是在钻铤两端管体上直接车制的，不另加接头。钻铤有许多种规格。API标准钻铤规范见表2.15。表中的钻铤类型代号由两部分组成：第一部分为NC型螺纹代号，第二部分的数字（取外径的前两位数字乘以10）表示钻铤外径（in），中间用短线分开。

表2.15　API钻铤规范（API SPEC 7）

钻铤类型	外径		内径		长度		重力		上扣扭矩	
	mm	in	mm	in	m	ft	1bf · ft	N/m	最小/(kN · m^{-1})	最大/(kN · m^{-1})
NC23-31	79.40	$3\frac{1}{8}$	31.80	$2\frac{1}{4}$	9.1	30	22	32.1	4.45	4.90
NC26-35(27/8IF)	88.90	$3\frac{1}{2}$	38.10	$1\frac{1}{3}$	9.1	30	27	394	6.25	6.90
NC31-41(27/8IF)	104.80	$4\frac{1}{8}$	50.80	2	9.1	30	35	511	9.00	9.90
NC35-47	120.70	$4\frac{3}{4}$	50.80	2	9.1	30	50	730	12.50	13.50
NC38-50(31/2IF)	127.00	5	57.20	$2\frac{1}{4}$	9.1	30	53	774	17.50	19.00
NC44-60	153.40	6	57.20	$2\frac{1}{4}$	9.1	30或31	83	1 212	31.65	35.00
NC44-62	158.80	$6\frac{1}{4}$	57.20	$2\frac{1}{4}$	9.1或9.2	30或31	91	1 328	31.50	35.00
NC44-62(4IF)	158.80	$6\frac{1}{4}$	71.40	$2\frac{13}{16}$	9.1或9.2	30或31	83	1 212	30.00	33.00
NC46-65(4IF)	165.10	$6\frac{1}{2}$	57.20	2	9.1或9.2	30或31	99	1 445	38.00	42.00
NC46-65(4IF)	165.10	$6\frac{1}{2}$	71.40	$2\frac{13}{16}$	9.1或9.2	30或31	91	1 328	30.00	33.00
NC46-67(4IF)	171.50	$6\frac{3}{4}$	57.20	$2\frac{1}{4}$	9.1或9.2	30或31	108	1 577	38.00	42.00
NC50-70(41/2IF)	177.80	7	57.20	$2\frac{1}{4}$	9.1或9.2	30或31	117	1 708	51.50	56.50
NC50-70(41/2IF)	177.80	7	71.40	$2\frac{13}{16}$	9.1或9.2	30或31	110	1 606	43.50	48.60
NC50-72(41/2IF)	184.20	$7\frac{1}{4}$	71.40	$2\frac{13}{16}$	9.1或9.2	30或31	119	1 737	43.50	48.00
NC56-77	196.90	$7\frac{3}{4}$	71.40	$2\frac{13}{16}$	9.1或9.2	30或31	139	2 029	65.00	71.50
NC56-80	203.20	8	71.40	$2\frac{13}{16}$	9.1或9.2	30或31	150	2 190	65.00	71.50

续表 2.15

钻铤类型	外径		内径		长度		重力		上扣扭矩	
	mm	in	mm	in	m	ft	lbf·ft	N/m	最小/(kN·m^{-1})	最大/(kN·m^{-1})
65/8REG	209.60	8	71.40	$2\frac{13}{16}$	9.1 或 9.2	30 或 31	160	2 336	72.00	79.00
NC61-90	228.60	9	71.40	$2\frac{13}{16}$	9.1 或 9.2	30 或 31	195	2 847	92.00	101.00
75/8REG	241.30	$9\frac{1}{2}$	76.20	3	9.1 或 9.2	30 或 31	216	3 153	119.50	
NC70-100	254.00	10	76.20	3	9.1 或 9.2	30 或 31	243	3 548	142.50	156.50
NC70-110	279.40	11	76.20	3	9.1 或 9.2	30 或 31	299	4 365	194.00	214.50

注:1 磅力·英尺(lbf·ft) = 1.355 82 牛顿·米(N·m) = 0.138 255 千克力·米(kgf·m)。

3. 方钻杆

方钻杆位于钻柱的最上端,有四方形和六方形两种。钻进时,方钻杆与转盘方补心相配合,将地面转盘扭矩传递给钻柱,带动钻头旋转。

标准方钻杆全长 12.19 m,驱动部分长 11.25 m。方钻杆使用长度是从方钻杆上端方形部消失处开始量到方钻杆下端外螺纹接头台阶处为止的长度。为了适应钻柱配合的需要,方钻杆也有多种尺寸和接头类型,常用方钻杆规范见表 2.16。常用方钻杆结构示意图如图 2.49 所示,方钻杆的壁厚一般比钻杆大 3 倍左右,并用高强度合金钢制造,故具有较大的抗拉强度与抗扭强度,见表 2.17,可以承受整个钻柱的重量和旋转钻柱与钻头所需要的扭矩。

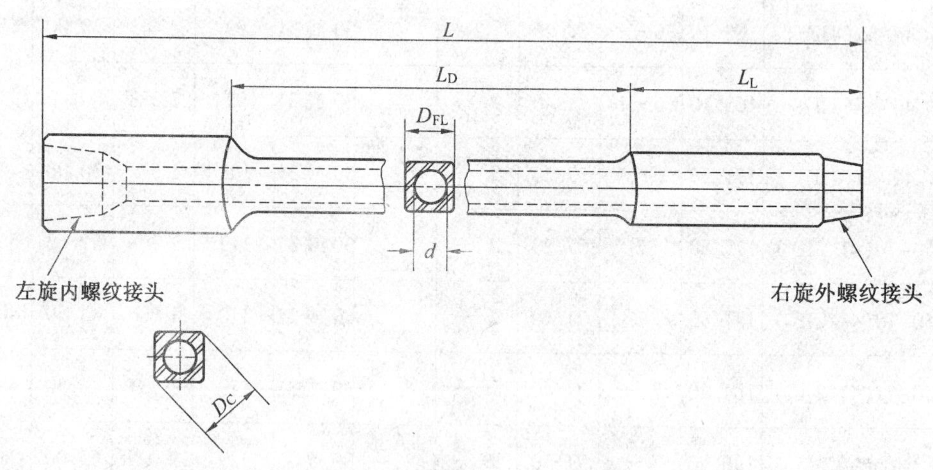

图 2.49 常用方钻杆结构示意图

表2.16　常用方钻杆规范

方钻杆规格		驱动部分长度 L_D		全长 L		内径	驱动部分		质量
		标准	选择	标准	选择	d	对角宽 D_c	对边宽 D_{1L}	
mm	in	mm	mm	mm	mm	mm	mm	mm	kg
63.5	$2\frac{1}{2}$	11 250	—	12 190	—	31.8	83.3	63.5	402
76.2	3	11 250	—	12 190	—	44.4	100.0	76.2	500
88.9	$3\frac{1}{2}$	11 250	—	12 190	—	57.2	115.1	88.9	597
108.0	$4\frac{1}{2}$	11 250	15 500	12 190	16 460	71.4	141.3	108.0	829
133.4	$5\frac{1}{2}$	11 250	15 500	12 190	16 460	82.6	175.4	133.4	1255

方钻杆旋转时，上端始终处于转盘面以上，下部则处在转盘面以下。方钻杆上端至水龙头的连接部位的螺纹均为左旋螺纹（反扣），以防止方钻杆转动时卸扣。方钻杆下端至钻头的所有连接螺纹均为右旋螺纹（正扣），在方钻杆带动钻柱旋转时，螺纹越转越紧。为减轻方钻杆下部接头螺纹（经常拆卸部位）的磨损，常在该部位装一个保护接头（简称方保接头）。

表2.17　四角方钻杆的强度（API RP 7G—2003）

方钻杆尺寸		下部螺纹		套管最小外径		抗扭屈服强度/kN		抗拉屈服强度/kN		抗弯强度/(kN·m)	
mm	in	类型	外径/mm	mm	in	下部外螺纹端	驱动部分	下部外螺纹端	驱动部分	驱动部分对角	驱动部分对边
63.5	$2\frac{1}{2}$	NC26	85.70	114.30	$4\frac{1}{2}$	1 850	2 420	13.10	20.60	20.45	30.00
76.2	3	NC31	104.80	130.70	$5\frac{1}{2}$	2 380	3 170	19.60	32.60	30.10	49.35
88.9	$3\frac{1}{2}$	NC38	120.70	168.30	$6\frac{5}{8}$	3 220	3 940	30.80	48.00	48.95	75.00
108.0	$4\frac{1}{2}$	NC46	158.80	219.10	$8\frac{5}{8}$	4 680	5 820	53.30	83.50	85.40	131.90
108.0	$4\frac{1}{2}$	NC50	161.90	219.10	$8\frac{5}{8}$	6 320	5 700	77.60	85.30	87.30	133.70
133.4	$5\frac{1}{4}$	$5\frac{1}{2}$FH	177.80	224.50	$9\frac{5}{8}$	7 150	9 250	99.00	167.50	170.40	257.80

4. 配合接头

钻井最基本的工具是方钻杆、钻杆、钻铤、钻头等，这些工具互相连接起来才能下入井

中,连接的条件有3个,即尺寸相等、扣型(接头类型)相同、外螺纹和内螺纹相配,否则就要在钻柱中另加配合接头。图2.50为目前钻井现场较典型的一种钻柱组合。从图2.50中可看出,在水龙头中心管与方钻杆之间,方钻杆与钻杆之间,钻杆与钻铤之间,钻铤与钻头之间都需要配合接头来连接。钻杆单根、钻铤单根两端的外螺纹、内螺纹接头的尺寸、扣型相同则不用配合接头连接,若不同,也需要用配合接头连接。

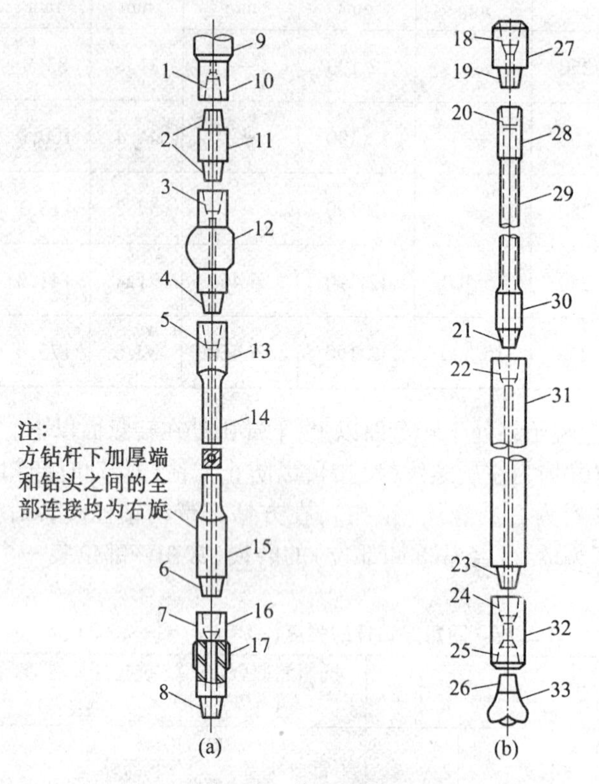

图2.50 典型的钻柱组合

1,3,5—左旋内螺纹;2,4—左旋外螺纹;6,8,19,21,23,26—外螺纹;7,18,20,22,24,25—内螺纹;9—水龙头;10—水龙头中心管;11—水龙头接头;12—方钻杆阀(选用);13—上加厚端;14—方钻杆;15—下加厚端;16—方钻杆阀或方钻杆安全接头;17—橡皮护箍(选用);27—方保接头;28—钻杆内螺纹接头;29—钻杆;30—钻杆外螺纹接头;31—钻铤;32,33—钻头接头

配合接头、方钻杆、钻铤、钻头及其他井下工具上的接头类型标准都与钻杆接头类型标准相一致。为了便于钻井作业中及时准确地选择配合接头,生产现场规定常用数字型接头代号如NC 50-63G。在这组数字中,NC 50表示接头螺纹代号,其中NC是数字型接头的英文缩写;6表示所配钻具名义外径代号;3表示所配钻具质量代号,G表示所配钻具钢级代号;常用配合接头螺纹代号见表2.18,常用钻杆名义外径和质量代号见表2.19。据此,上例意为:接头螺纹为NC50;所配钻具名义外径代号为6,所配钻具质量代号为3,所配钻具钢级代号为G。

除此之外,生产现场还常用流道接头代号,不同之处仅在于第一项的表示方法不同,如$4\frac{1}{2}$IF-63G。在这组数字中,$4\frac{1}{2}$IF表示接头螺纹代号,其中IF是内平型接头的英文缩写,尽管NC型接头在石油工业中应用越来越普遍,但目前现场仍使用部分旧API标准接头内平(IE)、贯眼(FH)、正规(REG)。

表2.18　常用配合接头螺纹代号

接头螺纹名称	接头螺纹代号	可互换的接头螺纹名称	可互换的接头螺纹代号
数字型23	NC23	—	—
数字型26	NC26	内平型$2\frac{3}{8}$	$2\frac{3}{8}$IF
数字型31	NC31	内平型$2\frac{7}{8}$	$2\frac{7}{8}$IF
数字型35	NC35	—	—
数字型38	NC38	内平型$3\frac{1}{2}$	$3\frac{1}{2}$IF
数字型40	NC40	贯眼型4	4FH
数字型44	NC44	—	—
数字型46	NC46	内平型4	4IF
数字型50	NC50	内平型$4\frac{1}{2}$	$4\frac{1}{2}^{F}$
数字型56	NC56	—	—
数字型61	NC61		
数字型70	NC70		
数字型77	NC77		
贯眼型$5\frac{1}{2}$	$5\frac{1}{2}$FH		
正规型$2\frac{3}{8}$	$2\frac{3}{8}$REG		
正规型$2\frac{7}{8}$	$2\frac{7}{8}$REG		
正规型$3\frac{1}{2}$	$3\frac{1}{2}$REG		
正规型$4\frac{1}{2}$	$4\frac{1}{2}$REG		
正规型$5\frac{1}{2}$	$5\frac{1}{2}$REG		
正规型$6\frac{5}{8}$	$6\frac{5}{8}$REG		
正规型$7\frac{5}{8}$	$7\frac{5}{8}$REG		
正规型$8\frac{5}{8}$	$8\frac{5}{8}$REG		

接头扣型还分为正扣接头和反扣接头，如转盘面以上的接头都是反扣接头。

要想把不同尺寸、不同扣型的钻具用配合接头正确连接起来，就必须首先正确识别接头，否则会将接头配错，延误工作或造成钻具事故。在实际工作中，如何识别不同尺寸、不同类型的接头呢？一般先看接头体上的标记槽，正扣接头为一道槽，反扣接头为两道槽。在标记槽内有钢字码打的具体的尺寸与类型代号，如果在没有钢字码或看不清的情况下，就要测量接头的有关尺寸。一般用外卡尺量外螺纹接头大端直径 D_1（也可量小端尺寸），用内卡尺量内螺纹接头端面键孔直径 D_4，然后将测得的数据与表 2.13、表 2.15 的有关尺寸相对照，就得出接头螺纹的尺寸和类型，其接头尺寸测量位置如图 2.51 所示。如量得外螺纹接头大端直径为 122 mm，查表 2.13、表 2.15 得知，接头为 $4\frac{1}{2}$FH 接头；又如量得外螺纹接头大端直径是 133 mm，接头为 $4\frac{1}{2}$IF 接头或 NC46 接头。如量得内螺纹接头键孔直径为 124 mm，查表 2.13、表 2.15 可知是 $4\frac{1}{2}$FH 接头；如量得内螺纹接头键孔直径为 125 mm，查表 2.13、表 2.15 可知为 NC46 接头。一般说来，内螺纹接头键孔直径比外螺纹接头大端直径大 1.5 ~2 mm。因此，在我们知道了外螺纹接头大端直径（D_1）后，就可以选配相应尺寸的内螺纹接头了（内螺纹接头键孔直径公差为±0.5）；反之，由内螺纹接头键孔直径也可以选配外螺纹接头。

另外，现场常将各种接头大（小）端直径、内螺纹接头键孔直径刻到一种专用的尺子两面上，按不同尺寸标上各自对应的类型代号，称为接头尺。使用时，只要用内、外卡尺等量好接头的大（小）端直径或键孔直径，与接头尺的刻度一对比，就可以直接在接头尺上读出接头的尺寸和类型。

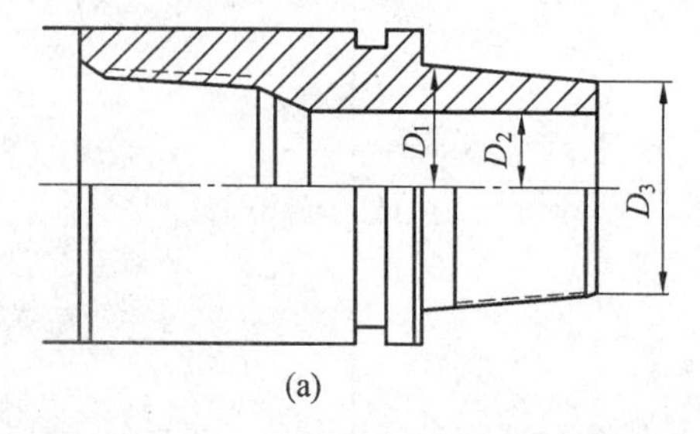

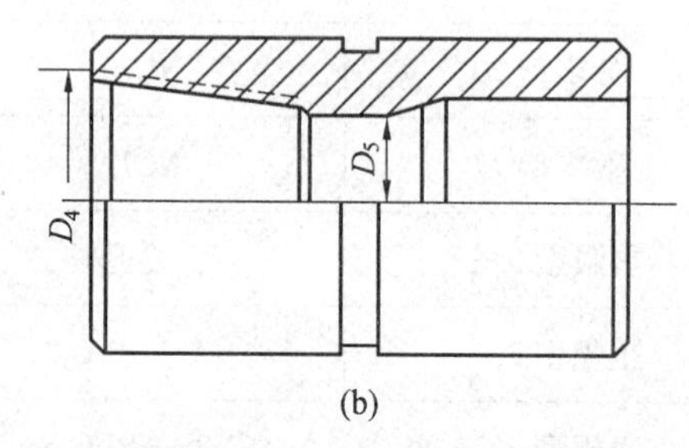

图 2.51　钻杆接头

D_1—外螺纹接头大端直径；D_2—左接头内径；D_3—公接头小端内径；D_4—内螺纹接头端面镗孔直径；D_5—右接头内径

我国现场用 3 位数字来表示粗扣接头的类型，第一位数表示钻杆本体外径的整数部分，第二位用 1，2，3 表示为内平、贯眼、正规扣，第三位用 1，0 分别表示为内螺纹、外螺纹，例如 421 为 $4\frac{1}{2}$钻杆，贯眼式的外螺纹接头。

钻杆、方钻杆、钻铤、钻头、配合接头等的接头类型都可以用 3 位数来表示。

表2.19　常用钻杆名义外径和质量代号(SY/T 5290-2000)

钻头名义外径/mm	名义外径代号	名义质量/(kg·m^{-1})	壁厚/mm	质量代号
60.3	1	7.2	4.83	1
		9.9	7.11	2
73.0	2	10.2	5.51	1
		15.5	9.19	2
88.9	3	14.1	6.45	1
		19.8	9.35	2
		23.1	11.4	3
101.6	4	17.6	6.65	1
		20.8	8.38	2
		23.4	9.65	3
114.3	5	20.5	6.88	1
		24.7	8.56	2
		29.8	10.92	3
		34.0	12.7	4
		36.7	13.97	5
		38.0	14.61	6
127.0	6	24.2	7.52	1
		29.0	9.19	2
		38.1	12.7	3
139.7	7	28.6	7.72	1
		32.6	9.17	2
		36.8	10.54	3

5. 稳定器(扶正器)

在钻铤柱的适当位置安装一定数量的稳定器,组成各种类型的下部钻具组合,可以满足钻直井时防止井斜的要求,钻定向井时可起到控制井眼轨迹的作用。此外,稳定器的使用还可以提高钻头工作的稳定性,从而延长使用寿命,这对金刚石钻头尤为重要。

图2.52是稳定器的三种基本类型,刚性稳定器、不转动橡胶套稳定器和滚轮稳定器。

刚性稳定器包括螺旋、直棱两种,均可做成长型或短型,以适应各种地层和工艺要求,它是使用最广泛的稳定器。不转动橡胶套稳定器的主要优点是不会破坏井壁,使用安全,但它不具备修整井壁的能力,加上受井下温度的限制,使用寿命低,所以应用范围很小。滚轮稳定器(也称牙轮铰孔器)的主要优点是有较强的修整井壁的能力,可保持井眼规则,主要用于研磨性地层。

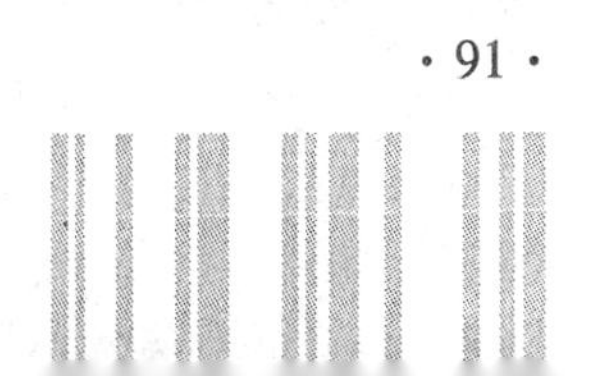

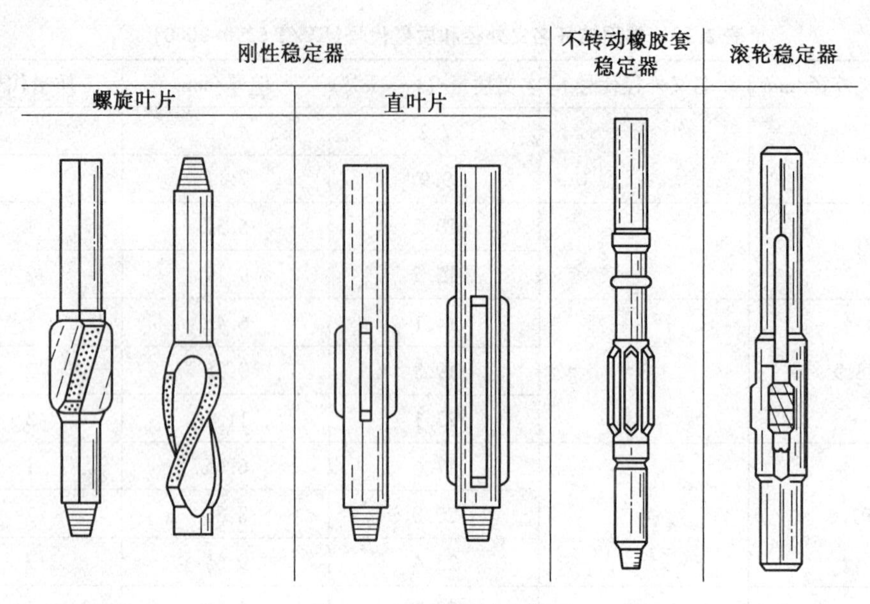

图 2.52　稳定器基本类型

此外,在下部钻具组合中常装有减震器,用于吸收井下钻具的纵向震动和扭转震动。在深井、海上钻井,尤其是定向钻井中,时常在下部组合中安放随钻震击器,以便一旦下部组合或钻头被卡,即可操纵震击器,通过向上或向下的震击作用解片。在下部组合或钻杆柱中还可装置随钻测量(MWD)工具,钻柱测试工具和打捞篮、扩眼器等特殊工具进行随钻测量、地层测试、打捞、扩眼等特殊作业。

2.3.2　钻柱的工作状态及受力分析

钻柱在不同的钻井方式(转盘钻井、井下动力钻井)下和不同的钻井工序(正常钻进、起下钻等)中,其工作状态是不同的。在不同的工作状态下,钻柱受到不同的作用力。为了正确设计和使用钻柱,必须首先了解钻柱在整个钻井过程中的工作状态及受力情况。

1. 钻柱的工作状态

在正常钻进时,部分钻柱(主要是钻铤)的重力作为钻压施加在钻头上,使得上部钻柱受拉伸而下部钻柱受压缩。在钻压小和直井条件下,钻柱也是直的,但当压力达到钻柱的临界压力值时,下部钻柱将失去直线稳定状态而发生弯曲并与井壁接触于某个点(称为切点),这是钻柱的第一次弯曲。如果继续增大钻压,则会出现钻柱的第二次弯曲或更多次弯曲(见图 2.53)。目前,旋转钻井所用钻压一般都超过了常用钻铤的临界压力值,如果不采取措施,下部钻柱将不可避免地发生弯曲。

在转盘钻井中,整个钻柱处于不停旋转的状态。作用在钻柱上的力,除拉力和压力外,还有由于旋转产生的离心力。离心力的作用有可能加剧下部钻柱的弯曲变形。钻柱上部的受拉伸部分,由于离心力的作用,也可能呈现弯曲状态。在钻进过程中,通过钻柱将转盘扭矩传递给钻头。在扭矩的作用下,钻柱不可能呈平面弯曲状态,而是呈空间螺旋形弯曲状态。鲁宾斯基曾指出,在钻压、离心力和扭矩的联合作用下,钻柱轴线一般呈变节距的螺旋弯曲曲线形状(在井底螺距最小,往上逐渐加大),螺旋线的大小与钻压、扭

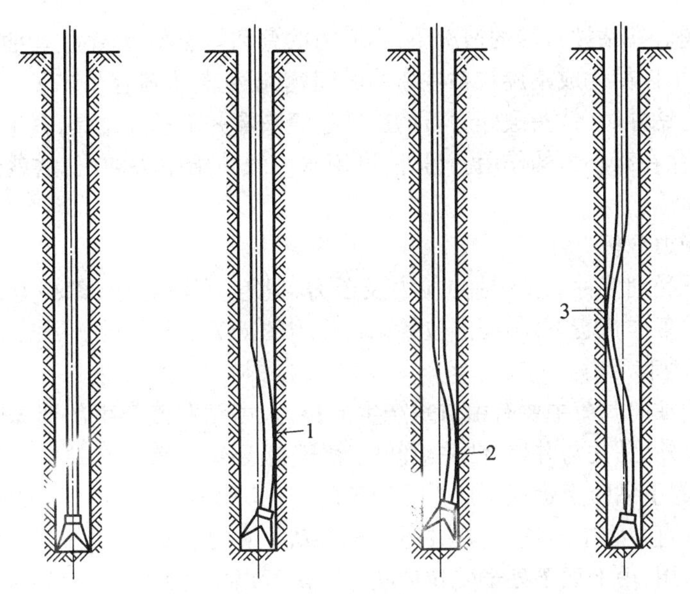

图2.53　钻柱受压弯曲示意图

1—切点1;2—切点2;3—切点3

矩、井壁摩擦力、离心力、自重等因素有关。

这样一个螺旋形弯曲钻柱在井眼内是怎样旋转的呢？这是一个十分复杂的问题，至今尚未研究透彻。根据井下钻柱的实际磨损情况和工作情况来分析，钻柱在井眼内的旋转运动形式可能有如下四种：

(1)自转

钻柱像一根柔性轴，围绕自身轴线旋转。钻柱自转时，在整个圆周上与井壁接触，产生均匀磨损。弯曲钻柱在自转时，受到交变弯曲应力的作用，容易发生疲劳破坏。在软地层弯曲井段，钻柱自转容易形成键槽，起钻时可能造成卡钻事故。

(2)公转

钻柱像一个刚体，围绕着井眼轴线旋转并沿着井壁滑动。钻柱公转时，不受交变弯曲应力的作用，但产生不均匀的单向磨损(偏磨)，从而加快了钻柱的磨损和破坏。

(3)公转与自转的结合

钻柱围绕井眼轴线旋转，同时围绕自身轴线转动，即不是沿着井壁滑动而是滚动。在这种情况下，钻柱磨损均匀，但受交变应力的作用，循环次数比自转时低得多。

(4)整个钻柱或部分钻柱作无规则的旋转摆动

这种运动形式很不稳定，常常造成钻柱的强烈振动。

从理论上讲，如果钻柱的刚度在各方向上是均匀一致的，那么钻柱采取哪种运动形式就取决于外界阻力(如钻井液阻力、井壁摩擦力等)的大小，一般都采取消耗能量最小的运动形式。当钻柱自转时，旋转经过的行程比其他运动形式都小，克服钻井液阻力及井壁摩擦力所消耗的能量较小。因此，一般认为弯曲钻柱旋转的主要形式是自转，但也可能产生公转或两种运动形式的结合，既有自转，也有公转。

弯曲钻柱自转这一论点十分重要。鲁宾斯基等学者正是在这个基础上研究了钻柱的弯曲和井斜问题。在钻柱自转的情况下,离心力的总和等于零,对钻柱弯曲没有影响。这样,钻柱弯曲就可以简化成不旋转钻柱弯曲的问题,研究起来就容易多了。

在井下动力钻井时,钻头破碎岩石的旋转扭矩来自井下动力钻具,其上部钻柱一般是不旋转的,故不存在离心力的作用。另外,可用水力载荷给钻头加压,这就使得钻柱受力情况变得比较简单。

2. 钻柱的受力分析

钻柱在井下受到多种载荷(轴向拉力及压力、扭矩、弯曲力矩、离心力、外挤压等)的作用。在不同的工作状态下,不同部位的钻柱受力的情况是不同的。

(1)轴向拉力和压力

钻柱受到的轴向载荷主要有由自重产生的拉力、由钻井液产生的浮力和因加钻压而产生的压力。此外,钻柱与井壁、钻井液间的摩擦,循环钻井液时在钻柱内及钻头水眼上所消耗的压力,起下钻时上提或下放钻柱速度的变化等均会产生附加的轴向载荷。

①钻柱在垂直井眼中悬挂时,在井眼内没有钻井液的情况下,处于悬挂状态的钻柱仅受到自重力的作用,由上而下处于受拉伸状态。最下端拉力为零,井口处拉力最大。钻柱任一截面处(假定在钻杆上)的拉力可按下式计算:

$$F_0 = q_p L_p + q_c L_c \tag{2.2}$$

式中　F_0—— 空井中的钻柱任一截面处的拉力,它等于该截面以下钻柱在空气中的重力,kN;

q_p,q_c—— 分别为钻杆、钻铤单位长度的重力,kN/m,称为"线重"(Linear Weight);

L_c—— 钻铤的长度,m;

L_p—— 截面以下钻杆长度,m,若计算截面落在钻铤上,L_p 为零。

当井眼内充满钻井液时(一般情况),钻柱除了受自重力的作用外,还受到钻井液静液压力的作用(见图2.54)。钻柱的所有与钻井液相接触的表面上的静液压力与面积乘积的合力,称为浮力,方向向上。浮力的作用减轻了钻柱的重力,使钻柱的轴向拉力减小。此外,作用于钻柱内外表面上的侧向静液压力,虽然合力为零,但对钻柱管体却形成侧向挤压作用。研究指出,钻井液浮力和静液压力侧向挤压作用对钻柱轴向力的综合影响结果,相当于使钻柱的线重减轻了,其减轻程度可用系数 K_B 表示:

$$K_B = 1 - \rho_d/\rho_s \tag{2.3}$$

式中　K_B—— 浮力系数;

ρ_d—— 钻井液密度,g/cm³;

ρ_s—— 钻柱钢材密度,g/cm³。

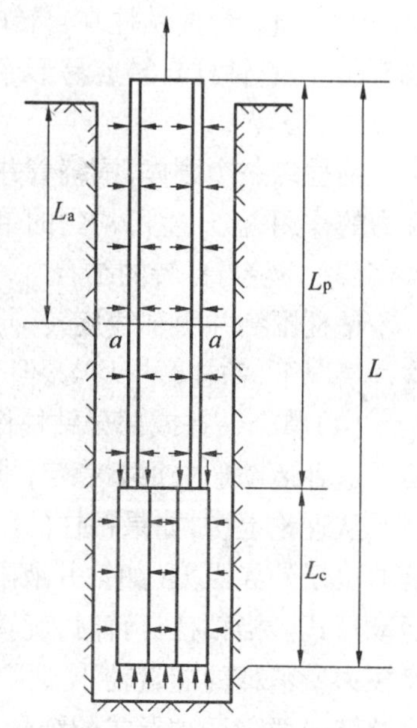

图2.54　钻井液液柱压力

我们称单位长度钻柱在钻井液中的重力为线浮重,它等于钻柱的线重与浮力系数的乘积,即

$$线浮重 = 线重 \times 浮力系数 \tag{2.4}$$

考虑钻井液浮力和静液压力的横向挤压作用后，钻柱任一截面处的轴向拉力可按下式计算：

$$F_m = K_B(q_p L_p + q_c L_c) = K_B F_0 \tag{2.5}$$

式中　F_m——悬挂在钻井液中的钻柱任一截面上的轴向拉力，kN。

它等于该截面以下钻柱在钻井液中的重力。

钻柱在钻井液中的重力称为浮重(Buoyant Weight)。由式(2.5)知，钻柱的浮重等于钻柱在空气中的重力乘以浮力系数。这种计算钻柱轴向力的方法，称为浮力系数法(Buoyancy Fact Method)。

② 正常钻进时，下放钻柱，把部分钻柱的重力加到钻头上作为钻压。

钻压使钻柱的轴向拉力都减小一个相应数值，而且下部钻柱受压缩应力的作用。钻柱任一截面上的轴向拉力为

$$F_W = K_B(q_p L_p + q_c L_c) - W \tag{2.6}$$

式中　F_W——钻进时(有钻压)钻柱任一截面上的轴向拉力，kN；

W——钻压，kN。

由式(2.6)可知，作用在钻柱某一截面上的轴向拉力等于该截面以下的钻柱浮重减去钻压，其分布如图2.55所示。由图2.55可以看出，上部钻柱受拉力作用，井口处最大，向下逐渐减小。下部钻柱受压力作用，井底处最大。在某一深处，轴向力等于零。我们把钻柱上轴向力等于零的点(点N)定义为中性点，也称中和点(Neutral Point)。

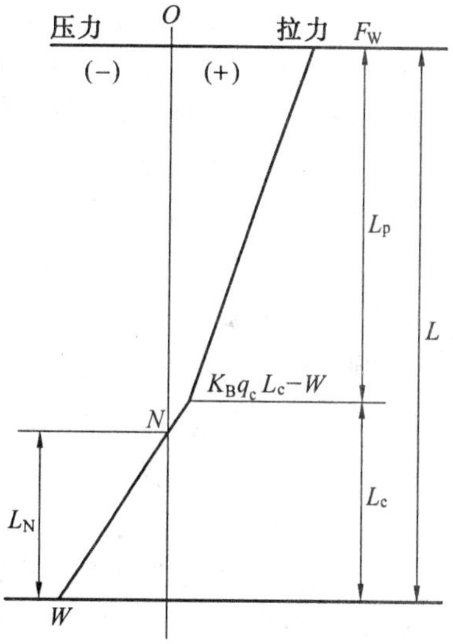

中性点的概念最早是由鲁宾斯基提出来的。他认为，中性点分钻柱为两段，上面一段钻柱在钻井液中的重力等于大钩悬重，下面一段钻柱在钻井液中的重力等于钻压。这种提法只适用于垂直井钻柱。

根据中性点的定义，垂直井眼中钻柱的中性点高度可按下式确定：

$$L_N = \frac{W}{q_c K_B} \tag{2.7}$$

图2.55　钻柱轴向力分布

式中　L_N——中性点距井底的高度，m。

钻柱的中性点在实际工作中有着重要的意义。中性点是钻柱受拉与受压的分界点。在钻柱设计中，我们希望中性点始终落在刚度大、抗弯能力强的钻铤上，而不是落在强度较弱的钻杆上，使钻杆一直处于受拉伸的直线稳定状态，以免钻杆受压弯曲和受交变应力的作用。因此，设计的钻铤长度不能小于中性点高度，也就是说钻铤的浮重不能小于钻压，这就是所谓的“浮重原则”。目前，许多钻井实践都遵循这一原则来确定钻铤的长度。

在钻进过程中，钻柱除了受到重力(浮重)和钻压的作用外，循环钻井液时在钻柱内

及钻头水眼上的压力降还会在钻柱内产生附加的轴向拉伸应力，相当于钻柱受到一个拉伸载荷。循环钻井液时，在钻柱任一截面断面处产生的拉力负荷可按下式计算：

$$F_h = (\Delta p_i + \Delta p_b)A_i \times 10^{-4} \tag{2.8}$$

式中　F_h—— 循环压耗引起的附加轴向拉力，kN；

Δp_i—— 截面以下钻柱内压耗，kPa；

Δp_b—— 钻头水眼处的压耗，kPa；

A_i—— 钻柱流道截面积，cm^2。

③起下钻时，作用在钻柱上部的轴向力，除了钻柱的重力（浮重）外，还有井壁及钻井液对钻柱的摩擦力 F_f 和提升或下放速度变化所产生的动载 F_d。

F_f 的大小与钻井液性能、井壁岩石性质、钻柱结构、井眼深度及井身质量等因素有关，难以准确计算，应结合现场具体情况来确定。下面介绍的经验公式供计算时参考：

$$F_f = (0.2 \sim 0.3)F_m \tag{2.9}$$

F_d 和起下钻操作状况及起升时加速、下钻时减速情况有关，即

$$F_d = \frac{v}{gt}F_m \tag{2.10}$$

式中　F_d—— 提升加速或下钻减速阶段产生的动载，N；

v—— 大钩提升或下放速度，m/s；

t—— 加速或减速所延续的时间，s；

g—— 重力加速度，m/s^2。

考虑摩擦力 F_f 和动载 F_d 的作用后，钻柱任一截面处轴向力 F_t 为

$$F_t = K_B(q_pL_p + q_cL_c) \pm F_f + F_d \tag{2.11}$$

式中　起钻时取正号，下钻时取负号。

以上的钻柱轴向力计算都是指井眼垂直的情况。倾斜或弯曲的井眼中，由于井眼不再是垂直的，钻柱自重力的计算、钻井液液柱压力的影响以及摩擦阻力的确定等都比较复杂。这部分内容可参阅有关文献。

(2)扭矩

在转盘钻井时，必须通过转盘把一定的扭矩传递给钻柱，用于旋转钻柱和带动钻头破碎岩石。因此，在钻井过程中钻柱受到钻头扭矩的作用，在钻柱各个截面上都产生剪应力。钻柱所受扭矩和剪应力的大小与钻柱尺寸、钻头类型及直径、岩石性质、钻压和转速、钻井液性质及井眼质量等因素有关，很难准确地计算。钻柱承受的扭矩在井口处最大，向下随着能量的消耗逐渐减小，在井底处最小。

在井下动力钻井中，钻柱承受的扭矩为动力钻具的反扭矩，在井底处最大，往上逐渐减小。

(3)弯曲力矩

正常钻进时，当施加的钻压超过钻柱的临界值时，下部钻柱就产生弯曲变形。在转盘钻井中，钻柱在离心力的作用下也会产生弯曲。钻柱在弯曲井眼内工作时，也将发生弯曲。产生弯曲变形的钻柱在轴向压力的作用下，将受到弯曲力矩的作用，在钻柱内产生弯曲应力。在弯曲状态下，钻柱如绕自身轴线旋转，则会产生交变的弯曲应力。

弯曲应力的大小与钻柱的刚度、弯曲变形部分的长度及最大挠度等因素有关。由于井下钻柱的弯曲变形是一个十分复杂的问题，故弯曲力矩及弯曲应力的计算也十分复杂，在此不作讨论。

(4)离心力

当钻柱绕井眼轴线公转时，将产生离心力。离心力将引起钻柱弯曲或加剧钻柱的弯曲变形。

(5)外挤压力

钻杆测试(DST)时，钻杆将承受很大的外挤压力。进行钻杆测试时，一般都在钻柱底部装一封隔器，用以封隔下部地层和管外环空。钻杆下入井内控制阀是关闭的，因此钻井液不能进入钻杆内，封隔器压紧后打开控制阀，地层流体才流入钻柱内，如图2.56所示。

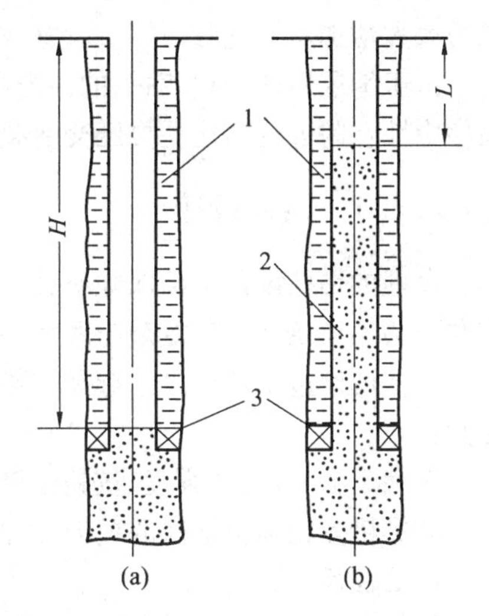

图2.56　钻杆测试时的挤压作用

1—钻井液；2—地层流体；3—最大挤压处

最大挤压力常发生在全空的(或部分空的)钻杆下到井底的时候。来自环空钻井液柱的载荷会挤压钻杆。测试完毕后上提钻柱时，下部钻柱同时受到外挤和拉伸的联合作用，容易出现把钻杆挤毁的情况。

此外，使用卡瓦进行起下钻时，钻柱将受到卡瓦很大的箍紧力。卡瓦的挤压作用，将使钻柱的抗拉强度降低，特别在钻深井时应予考虑。

(6)纵向振动

钻进时，钻头转动(特别是牙轮钻头)会引起钻柱的纵向振动，在钻柱中性点附近产生交变的轴向应力。纵向振动与钻头结构、所钻地层性质、泵量不均匀、钻压及转速等因素有关。当纵向振动的周期和钻柱本身固有的振动周期相同时(或成倍数)，就会产生共振现象，振幅急剧增大，称之为“跳钻”。严重的跳钻常常造成钻头损坏、钻杆磨损加剧以及迅速的疲劳破坏。

(7)扭转振动

当井底对钻头旋转的阻力不断变化时，会引起钻柱的扭转振动，因而产生交变剪应力，降低钻柱的寿命。扭转振动与钻头结构、岩石性质均匀程度、钻压及转速等因素有关。特别是使用刮刀钻头钻软硬交错地层时，钻柱可能产生剧烈的扭振，出现所谓“整跳”现象。

(8)横向摆振

在某一临界转速下，钻柱将出现摆振，其结果是使钻柱产生公转，引起钻柱严重偏磨。

由以上分析可知，转盘钻井时钻柱的受力情况是比较复杂的。这些载荷就性质来讲，可分为不变的和交变的两大类。由轴向载荷和扭矩产生的拉应力、压应力和剪应力属于不变应力；属于交变应力的有弯曲应力、扭转振动引起的剪应力以及纵向振动所产生的拉应力和压应力。在整个钻柱长度内，载荷作用的特点是在井口处主要受不变载荷(拉应

力）的作用而靠近井底则主要是交变载荷（拉、压、弯曲应力）等。这种交变载荷的作用正是钻柱疲劳破坏的主要原因。

由以上分析也不难看出，钻柱受力严重的部位是：

①钻进时，钻柱下部受力最为严重。因为钻柱同时受到轴向压力、扭矩和弯曲力矩的作用。更为严重的是弯曲钻柱存在着剧烈的交变应力循环，常常导致钻柱的疲劳破坏。钻头突然遇阻、遇卡会使钻柱受到的扭矩大大增加。

②起下钻时，井口处钻柱受到最大拉力。如果猛提猛刹，会使井口处钻柱受到的轴向拉力大大增加。钻进时，井口处钻柱所受拉力、扭矩都最大，受力情况比较严重。

由于地层岩性变化、钻头的冲击和纵向振动等因素的存在，使得钻压大小不均匀，因而使中性点附近的钻柱受拉压交变载荷的作用，容易产生疲劳破坏。

2.3.3 钻柱设计

合理的钻柱设计是确保优质、快速、安全钻井的重要条件。尤其是对深井钻井，钻柱在井下的工作条件十分复杂与恶劣，钻柱设计就显得更加重要。

钻柱设计包括钻柱尺寸选择和强度设计两方面内容。在设计中，一般遵循以下两个原则：

①满足强度（抗拉强度、抗挤强度等）要求，保证钻柱安全工作。

②尽量减轻整个钻柱的重力，以便在现有的抗负荷能力下钻更深的井。

1. 钻柱尺寸选择

具体对一口井而言，钻柱尺寸的选择首先取决于钻头尺寸和钻机的提升能力。同时，还要考虑每个地区的特点，如地质条件、井身结构、钻具供应及防斜措施等，常用的钻头尺寸和钻柱尺寸配合列于表2.20供参考。

表2.20 钻头尺寸与钻柱尺寸配合

钻头直径/mm(in)	钻铤外径/mm(in)	钻杆外径/mm(in)	方钻杆方宽/mm(in)
>299($11\frac{3}{4}$)	203(8)	168($6\frac{5}{8}$)	152(6)
248～299($9\frac{3}{4}$～$11\frac{3}{4}$)	178～203(7～8)	140($5\frac{1}{2}$)	133,152($5\frac{1}{4}$,6)
197～248($7\frac{3}{4}$～$9\frac{3}{4}$)	152～178(6～7)	114,127($4\frac{1}{2}$,5)	108,133($4\frac{1}{4}$,$5\frac{1}{4}$)
146～216($5\frac{3}{4}$～$8\frac{1}{2}$)	146($5\frac{3}{4}$)	89($3\frac{1}{2}$)	89,108($3\frac{1}{2}$,$4\frac{1}{4}$)

从表2.20可以看出，一种尺寸的钻头可以使用两种尺寸的钻具，具体选择就要依据实际条件。选择的基本原则是：

①方钻杆由于受到扭矩和拉力最大，在供应可能的情况下，应尽量选用大尺寸方钻杆。

②在钻机提升能力允许的情况下，选择大尺寸钻杆是有利的。因为大尺寸钻杆强度大，水眼大，钻井液流动阻力小，且由于环空较小，钻井液上返速度高，有利于携带岩屑。

入井的钻柱结构力求简单,以便于起下钻操作。国内各油田目前大都用127 mm (5 in)钻杆。

③钻铤尺寸一般选用与钻杆接头外径相等或相近的尺寸,有时根据防斜措施来选择钻铤的直径。近些年来,在下部钻具组合中更多地使用大直径钻铤。因为使用大直径钻铤具有下列优点:

a. 可用较少的钻铤满足所需钻压的要求,减少钻铤,也可减少起下钻时连接钻铤的时间。

b. 提高了钻头附近钻柱的刚度,有利于改善钻头工况。

c. 钻铤和井壁的间隙较小,可减少连接部分的疲劳破坏。

d. 有利于防斜。

2. 钻铤长度的确定

钻铤长度取决于钻压与钻铤尺寸,其确定原则是:保证在最大钻压时钻杆不承受压缩载荷,即保持中性点始终处在钻铤上。由式(2.7)可得钻铤长度计算公式为

$$L_c = \frac{S_N W_{max}}{q_c K_B \cos \alpha} \tag{2.12}$$

式中　L_c—— 钻铤长度,m;

W_{max}—— 设计的最大钻压,kN;

S_N—— 安全系数,防止遇到意外附加力(动载、井壁摩擦力等)时,中性点移到较弱的钻杆上,一般取 $S_N = 1.15 \sim 1.25$;

q_c—— 每米钻铤在空气中的重力,kN/m;

K_B—— 浮力系数;

α—— 井斜角度数,直井时,$\alpha = 0°$。

3. 钻杆柱强度设计

由钻柱的受力分析可知,不论是在起下钻还是在正常钻进时,经常作用于钻杆且数值较大的力是拉力。而且,井越深,钻杆柱越长,钻杆柱上部受到的拉力越大。但对某种尺寸和钢级的钻杆,其抗拉强度是一定的,因此都有一定的可下深度。所以,钻杆柱的设计主要是抗拉强度设计,即按抗拉强度确定其可下深度。在一些特殊作业(如钻杆测试等)中,也需要对抗挤及抗内压强度进行校核。

在以抗拉伸计算为主的钻杆柱强度设计中,主要考虑由钻柱重力(浮重)引起的静拉载荷,其他一些载荷(如动载、摩擦力、卡瓦挤压力的影响及解卡上提力等)通过一定的设计系数考虑。

(1) 钻杆柱设计的强度条件

钻杆柱任一截面上的静拉伸载荷应满足以下条件:

$$F_t \leqslant F_a \tag{2.13}$$

式中　F_t—— 钻杆柱任一截面上的静拉伸载荷,kN;

F_a—— 钻杆柱的最大安全静拉力,kN。

钻杆柱所能承受的最大安全静拉力的大小取决于钻杆材料的屈服强度、钻杆尺寸以及钻柱的实际工作条件。

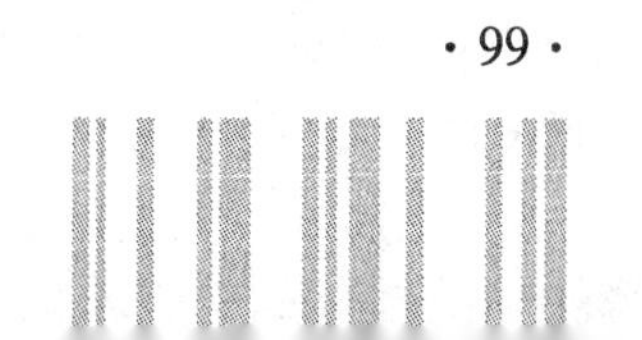

① 钻杆在屈服强度下的抗拉力 F_y。钻杆所承受的拉伸载荷必须小于钻杆材料的屈服强度下的抗拉力 F_y：

$$F_y = 0.1\sigma_y A_p \tag{2.14}$$

式中　σ_y—— 钻杆钢材的最小屈服强度，MPa；

A_p—— 钻杆的横截面积，cm^2；

F_y—— 最小屈服强度下的抗拉力，kN。

② 钻杆的最大允许拉伸力 F_p。如果钻杆所受拉伸载荷达到 F_y 时，材料将发生屈服而产生轻微的永久伸长。为了避免这种情况的发生，一般取 F_y 的90% 作为钻杆的最大允许拉伸力 F_p，即

$$F_p = 0.9F_y \tag{2.15}$$

式中　F_p—— 钻杆的最大允许拉伸力，kN。

③ 钻杆的最大安全静拉力 F_a。最大安全静拉力是指允许钻杆所承受的由钻柱重力（浮重）引起的最大载荷。考虑到其他一些拉伸载荷，如起下钻时的动载及摩擦力、解卡上提力及卡瓦挤压力的作用等，钻杆的最大安全静拉力必须小于其最大允许拉伸力，以确保安全。目前，用于确定钻杆的最大安全静拉力的方法有三种：

a. 安全系数法。考虑起下钻时的动载及摩擦力，一般取一个安全系数 S_t，以保证钻柱的工作安全，即

$$F_a = F_p/S_t \tag{2.16}$$

式中　S_t—— 安全系数，一般取 1.30。

b. 设计系数法（考虑卡瓦挤压）。对于深井钻柱来说，由于钻柱重力大，当它坐于卡瓦中时，将受到很大的箍紧力。当合成应力（大于纯拉伸应力）接近或达到材料的最小屈服强度时，就会导致卡瓦挤毁钻杆。为了防止钻杆被卡瓦挤毁，要求钻杆的屈服强度与拉伸应力的比值不能小于一定数值。此值可根据钻杆抗挤毁条件得出，由下式确定

$$\frac{\sigma_y}{\sigma_t} = \left[1 + \frac{d_p K_s}{2L_s} + \left(\frac{d_p K_s}{2L_s}\right)^2\right]^{\frac{1}{2}} \tag{2.17}$$

式中　σ_y—— 钻杆材料的屈服强度，MPa；

σ_t—— 由悬挂在吊卡下面钻柱重力引起的拉应力，MPa；

d_p—— 钻杆外径，cm；

L_s—— 卡瓦长度，cm；

K_s—— 卡瓦的侧压系数（以平均值计算，$K_s = 4$）；$K_s = 1/\tan(\alpha + \varphi)$；

α—— 卡瓦锥角，一般为 $9°27'45''$；

φ—— 摩擦角，$\varphi = \arctan \mu$，μ 为摩擦系数（≈ 0.08）。

为便于应用，现将 K_s 值和 σ_y/σ_t 比值计算结果列入表 2.21 中，设计时可直接查表。

考虑卡瓦挤压的影响，要限制钻杆的拉伸载荷，使屈服强度 σ_y 与拉伸应力 σ_t 的比值不能小于表 2.21 中的数值，并以此值作为设计系数，确定钻杆的最大安全静拉力，即

$$F_a = F_p \left(\frac{\sigma_y}{\sigma_t}\right)^{-1} \tag{2.18}$$

表 2.21　防止卡瓦挤毁钻杆的 σ_y/σ_t 比值

卡瓦长度 /mm	摩擦系数 (μ)	横向负载系数 (K_s)	钻杆尺寸 /mm						
			60.3	73.0	88.9	104.6	108.0	127.0	139.7
			最小比值(σ_y/σ_t)						
304.8	0.06	4.35	1.27	1.34	1.43	1.50	1.58	1.66	1.73
	0.08	4.00	1.25	1.31	1.39	1.45	1.52	1.59	1.66
	0.10	3.68	1.22	1.28	1.35	1.41	1.47	1.54	1.60
	0.12	3.42	1621	1.26	1.32	1.38	1643	1.49	1.55
	0.14	3.18	1.19	1.24	1.30	1.34	1.40	1.45	1.50
406.4	0.06	4.36	1.20	1.24	1.30	1.36	1.41	1.47	1.52
	0.08	4.00	1.18	1.22	1.28	1.32	1.37	1.42	1.47
	0.10	3.68	1.16	1.20	1.25	1.29	1.34	1.38	1.43
	0.12	3.42	1.15	1.18	1.23	1.27	1.31	1.35	1.39
	0.14	3.18	1.14	1.17	1.21	1.25	1.28	1.32	1.365

注：摩擦系数 0.08 用于正常润滑情况。

c. 拉力余量法。考虑钻柱被卡时的上提解卡力，钻杆柱的最大允许静拉力应小于其最大安全拉伸力一个合适的数值，并以它作为余量，称为“拉力余量”（记为 MOP），以确保钻柱不被拉断。

$$F_a = F_p - \text{MOP} \tag{2.19}$$

式中　MOP——拉力余量，一般取 200 ~ 500 kN。

在采用拉力余量法设计钻柱时，必须使钻柱每个断面上的拉力余量相同，这样在提拉钻柱时就不会因某个薄弱面而影响和限制总的提拉载荷的大小。

若将式(2.15) 代入式(2.16)、式(2.18)、式(2.19) 中，即用 F_y 代替 F_p 可得

$$F_a = 0.9F_y/S_t \tag{2.20}$$

$$F_a = 0.9F_y/(\sigma_y/\sigma_t) \tag{2.21}$$

$$F_a = 0.9F_y - \text{MOP} \tag{2.22}$$

一般地，在钻杆柱设计中，钻杆的最大安全静拉力取决于安全系数、σ_y/σ_t 比值和拉力余量三个因素。可分别用式(2.20)、式(2.21) 及式(2.22) 计算 F_a，然后从三者中取最低者作为最大安全静拉力，据此计算钻杆柱的最大允许长度。

(2) 钻杆柱设计

① 单一钻杆柱长度设计。对同一尺寸、壁厚和钢级的钻杆柱，我们可以计算出它的最大安全静拉力 F_a，从而算出该钻杆柱的最大允许长度 L，因为

$$F_a = (Lq_p + L_c q_c)K_B$$

所以，最大允许长度为

$$L = \frac{F_a/K_B - L_c q_c}{q_p} \tag{2.23}$$

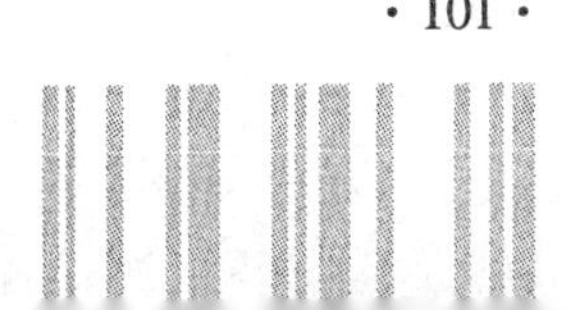

式中 F_a—— 钻杆的最大安全静拉力,kN;

L—— 钻杆柱的最大允许长度,m;

q_p—— 单位长度钻杆在空气中的重力,kN/m;

L_c—— 钻铤柱长度,m;

q_c—— 单位长度钻铤在空气中的重力,kN/m。

如果最大允许长度 L 满足不了设计井深的要求,则重新选择更高一级的钻杆进行计算,直到满足要求为止。

② 复合钻杆柱长度设计。在深井和超深井钻井中,经常采用复合钻杆柱,即采用不同尺寸(上大下小)或不同壁厚(上厚下薄),或不同钢级(上高下低)的钻杆组成的钻杆柱。这种复合钻杆柱和单一钻杆柱相比具有很多优点,它既能满足强度要求,又能减轻钻柱的重力,允许在一定钻机负荷能力下钻达更大的井深,如果再采用高强度钻杆或铝合金钻杆,还可以进一步提高钻柱的许下深度和钻机的钻井深度。

设计复合钻杆柱时,应自下而上逐段确定各段钻杆的最大长度。承载能力最低的钻杆应置于钻铤之上,承载能力较强的钻杆置于较弱钻杆之上。自钻铤上面第一段钻杆起,各段钻杆的最大长度按下列公式计算:

$$L_1 = \frac{F_{a1}}{q_{p1}K_B} - \frac{q_c L_c}{q_{p1}} \tag{2.24}$$

$$L_2 = \frac{F_{a2}}{q_{p2}K_B} - \frac{q_c L_c + q_{p1}L_1}{q_{p2}} \tag{2.25}$$

$$L_3 = \frac{F_{a3}}{q_{p3}K_B} - \frac{q_c L_c + q_{p1}L_1 + q_{p2}L_2}{q_{p3}} \tag{2.26}$$

$$L_4 = \frac{F_{a4}}{q_{p4}K_B} - \frac{q_c L_c + q_{p1}L_1 + q_{p2}L_2 + q_{p3}L_3}{q_{p4}} \tag{2.27}$$

式中 L_1, L_2, L_3, L_4—— 分别为钻铤上面第一、二、三、四段钻杆的最大允许长度,m;

$F_{a1}, F_{a2}, F_{a3}, F_{a4}$—— 相应各段钻杆的最大安全静拉力,kN;

$q_{p1}, q_{p2}, q_{p3}, q_{p4}$—— 相应各段钻杆单位长度在空气中的重力,kN/m。

注意 如果各段钻杆的实际长度不等于理论计算长度,则应把实际的 L_1 代入式(2.25)计算 L_2,把实际的 L_2 代入式(2.26)计算 L_3,把实际的 L_3 代入式(2.27)计算 L_4。

③ 抗外挤强度计算。由钻柱受力分析知,钻杆在钻杆测试作业中承受很大的外挤压力。此外,下入带回压凡尔的钻柱或下入喷嘴被堵塞的钻头时,若未向钻柱内灌钻井液,也会产生较大的外挤压力,由于这些原因把钻杆挤毁的情况并不少见。因此,为了避免钻杆管体被挤毁,要求钻杆柱某部位所受最大外挤压力应小于该处钻杆的最小抗挤强度。为安全起见,一般以一个适当的安全系数去除钻杆的最小抗挤强度作为其允许外挤压力,即

$$p_{ca} = p/S_c \tag{2.28}$$

式中 p_{ca}—— 钻杆许用外挤压力, MPa;

p—— 钻杆的最小抗挤强度, MPa;

S_c—— 安全系数,一般应不小于 1.125。

④ 抗扭强度。在钻斜井、深井、扩眼和处理卡钻事故时，钻杆受到的扭矩很大，抗扭强度计算也就显得极其重要。API RP 7G 标准给出了各种尺寸、钢级及不同级别钻杆的抗扭强度数据。

在钻井过程中，钻杆承受的实际扭矩很难准确计算，可用下式近似估算：

$$M = 9.67P/n \tag{2.29}$$

式中　M—— 钻杆承受的扭矩，kN · m；

P—— 使钻柱旋转所需的功率，kW；

n—— 转速，r/min。

应特别注意的是，在一般情况下加于钻杆上的扭矩不允许超过钻杆接头的紧扣扭矩，推荐的钻杆接头紧扣扭矩在 API RP 7G 标准中已有规定，钻杆接头的紧扣扭矩是防止钻杆接头损坏的最主要的因素。要求施加于钻杆上的扭矩不应超过规定值，若施加扭矩过大，则会在接头丝扣处产生很高的轴向载荷，会造成丝扣变形、折断，公接头伸长、剪断，母接头胀大、胀裂等钻具事故。

⑤ 抗内压强度。钻杆柱偶尔也会受到较大的净内压力。不同尺寸、钢级和级别的钻杆的最小抗内压力可在 API RP 7G 标准中查得，用适当的安全系数去除它，即得其许用净内压力。

(3) 典型钻柱的设计举例

① 设计参数：井深为 5 000 m；井径为 215. 9 mm($8\frac{1}{2}$in)；钻井液密度为 1.2 g/cm^3；钻压为 180 kN；井斜角为 3°；拉力余量为 200 kN(假设)；卡瓦长度为 406.4 mm ；安全系数为 1.30(假设)；$S_N = 1.18$。

② 钻铤选择：选用外径为158.75 mm($6\frac{1}{4}$ in)、内径为57.15 mm($2\frac{1}{4}$ in) 的钻铤，每米重力为 $q_c = 1.35$ kN/m。计算钻铤长度为

$$L_c = W_{max}S_N/q_cK_B\cos\alpha$$

$$k_B = 1 - \frac{\rho_d}{\rho_s} = 1 - \frac{1.2}{7.8} \approx 0.85$$

计算得　$$L_c/\text{m} = 180 \times 1.18/1.35 \times \cos 3° \times 0.85 = 185$$

按每根钻铤 10 m 计，需用 19 根钻铤，总长 190 m。

③ 选择第一段钻杆(接钻铤)：选用外径为 127 mm、内径为 108. 6 mm，最小抗拉载荷为 $F_y = 1\ 760$ kN，计算最大长度。

最大安全静拉载荷计算为

$$F_{a1}/\text{kN} = 0.9 \times F_y/S_t = 0.9 \times 1\ 760/1.30 = 1\ 218.46$$

$$F_{a1}/\text{kN} = 0.9 \times F_y/(\sigma_y/\sigma_x) = 0.9 \times 1\ 760/1.42 = 1\ 115.49$$

$$F_{a1}/\text{kN} = 0.9 \times F_y - \text{MOP} = 0.9 \times 1\ 760 - 200 = 1\ 384$$

由上面的计算可以看出，按卡瓦挤毁比值计算的 F_{a1} 最小，则第一段钻杆的许用长度为

$$L_1/\text{m} = F_{a1}/q_{p1} \times K_B - q_c \times L_c/q_{p1} =$$
$$1\ 115.49/(248.69/1\ 000) \times 0.85 - 190 \times 1.35/(284.69/1\ 000) = 3\ 675$$

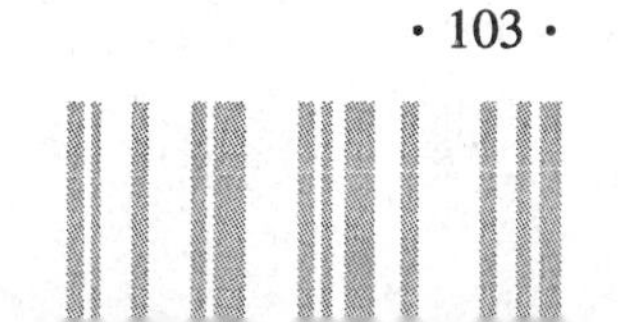

显然,需要增加一段较高强度的钻杆,方能达到设计井深。

④ 选择第二段钻杆:选用外径为 127 mm、内径为 108. 6 mm,每米重 284. 69 N/m, X－95 级的新钻杆,最小抗拉载荷为 F_y = 2 229. 71 kN。最大长度计算如下:

$$F_{a2}/\mathrm{kN} = 0.9 \times 2\,229.71/1.3 = 1\,543.645$$

$$F_{a2}/\mathrm{kN} = 0.9 \times 2\,229.71/1.42 = 1\,413.196$$

$$F_{a2}/\mathrm{kN} = 0.9 \times 2\,229.71 - 200 = 1\,806.739$$

那么,第二段钻杆的最大允许长度为

$$L_2 = F_{a2}/q_{p2} \times K_B - (q_c \times L_c + q_{p1} \times L_{p1})/q_{p2} = 1\,413.196/(287.69/1\,000) \times 0.586 - 1.35 \times 190 + (284.96/1\,000) \times 3\,675/(284.69/1\,000) = 1\,221$$

许用钻杆的总长度为

$$L/\mathrm{m} = 190 + 3\,675 + 1\,221 = 5\,086$$

钻柱总长已超过设计井深。

最后设计的钻柱组合见表 2. 22。

表 2. 22　钻柱组合设计结果

规　范	长度/m	在空气中重/kN	在钻井液中重/kN
钻铤 外径 158. 75 mm 内径 57. 15 mm 线重 1. 35 kN/m	190	256. 50 mm	218
第一段钻杆 外径 127 mm 内径 108. 60 mm 线重 284. 69 N/m　E 级	3 675	1 046. 60	895. 90
第二段钻杆 外径 127 mm 内径 108. 60 mm 线重 284. 69 N/m　X-95 级	1 135	323. 20	276. 70
合　计	5 000	1 626. 20	1 390. 60

2. 4　钻柱的损坏

国内外大量钻井现场实践资料显示,绝大多数钻柱在使用中损坏的根本原因是由于钻柱在钻井液中长期受到交变载荷(大小或方向随时间作周期性变化的载荷,称为交变载荷)的作用,以及钻井液中所含硫化氢(H_2S)、二氧化碳(CO_2)与其他酸类等的“氢渗”和腐蚀作用。

此外,由于违章操作,在超过所用钻柱的安全负荷条件下工作(如发生事故时采用硬憋、猛拔、猛顿等不合理措施而超负荷)时也会使钻柱破坏。由于目前现场钻柱一般都具有较高的机械强度,所以极少出现强度破坏,例如在钻进中钻头遇卡时,继续转动钻柱便有可能将钻柱扭成麻花状而不致发生扭断。钻井现场所发生的钻具折断或钻杆“刺穿”(钻杆上发现小孔时往往认为是被钻井液所“刺穿”的),实际上它们都是由于疲劳破坏所引起。钻柱损坏多属于下列情况:

①大多数钻杆的破坏是发生在钻柱旋转时或从井底提升钻柱时,而不是发生在遇卡后强力提升钻柱时;而且即使是发生在遇卡后提升时,也是在疲劳裂纹已发展到相当程度后才导致破坏的。

②大多数钻杆破坏发生在距接头 1.2 m 以内的地方。

③钻杆的破坏常与钻杆内表面有严重的腐蚀斑痕有关。

④从钻杆外表面开始发生的破坏,一般与钻杆表面的伤痕有关。

⑤由于钻铤本体部位的刚度比两端接头处大,所以钻铤常在螺纹处折断。

2.4.1 钻柱的疲劳破坏

虽然疲劳破坏是最普通的钻柱破坏,但是在很长时间里,人们往往对这类破坏缺乏认识,以致不能正确分析钻柱破坏的原因。例如,当钻杆上发现一小孔时,常被称为刺穿;有些钻杆断口近似直角状,被称为扭断。实际上,它们都是疲劳破坏引起的。钻杆被刺穿是由于钻井液在压力下穿过钻杆本体上的疲劳裂纹,钻井液的高速流动进一步扩大了疲劳裂纹,并使裂纹变成圆形穿孔,所以,刺穿的先决条件是存在疲劳裂纹,只有裂纹完全穿透管壁以后才可能发生水力切削。现代钻杆具有较高的抗扭强度,所以当钻头遇卡而继续转动钻柱时,钻柱可扭成麻花状而不会断裂。钻杆扭断是因为在破坏之前,疲劳裂纹已周向蔓延,并不断扩大,当扩大到一定程度后而扭断,因此管壁的最后断口带有撕裂的特征。

总的来说,疲劳破坏可分 3 种基本类型:

纯疲劳破坏——这种破坏事先没有任何明显的原因。

伤痕疲劳破坏——伴随着机械伤痕而产生的破坏。

腐蚀疲劳破坏——由腐蚀引起初始伤痕的破坏。

1. 纯疲劳破坏

大家知道,材料在动载情况下要比在静载情况下显得更脆弱。对某种钢材来说,如果应力在一定限度内,它有吸收动载或承受无限次交变应力循环的能力,这个应力限度值称为这种钢的疲劳极限。如果应力不超过这个限度值,任何次数的应力交变循环都不会产生疲劳;如果应力超过这个限度值,交变应力循环到一定次数就会产生破坏。这种与应力、循环次数有关的破坏,称为疲劳破坏。

疲劳破坏是逐渐发展而形成的。开始时钢的晶体中的原子沿着晶体的滑移面发生微观屈服,在应力的交变作用下,产生热能,使得组分之间的结合强度降低,形成微观的裂纹。随着应力穿过邻近晶粒,将引起裂纹变大、合并而最后形成看得见的裂纹。这样裂纹在交变应力作用下,不断张开和闭合,裂纹不断扩大,最后在应力小于材料强度的情况下发生破坏。一般来说,裂纹的方向与应力方向相垂直,故钻杆疲劳破坏的断面是圆周方向的;另外这种破坏是由于在交变应力作用下不断张开和闭合所造成的,所以断裂面具有无光泽细颗粒表面的特征。

在什么情况下容易发生纯疲劳破坏呢?

在钻井过程中，钻杆承受拉伸、压缩、扭转与弯曲的交变应力，在直井钻进时，纯疲劳破坏是不常见的。如果钻柱下部的钻杆没有受压缩而发生弯曲，那么纯疲劳破坏就可以大为减少。所以通常要使钻铤有足够的重量，以减少下部钻柱的受压弯曲。一般根据钻压大小和钻铤浮重来设计钻铤的长度，即钻铤在钻井液中的重量应等于预计的最大钻压，按此算出钻铤长度后还应加上 2 ~ 3 根钻铤，使其上钻杆完全处于受拉状态。

但是，在弯曲井眼中就不是这种情况了。钻杆在弯曲井眼中转动时将产生周期性的弯曲应力。钻柱的每边在旋转中都经受从拉伸到压缩的循环应力。例如，当钻杆转速为 100 r/min 时，则 24 h 在井内连续旋转次数即可达到 144 000 转。如果在交变应力条件下，7 天内钻杆就会有一百多万次的应力循环。若应力为 220.7 MPa，钻杆在那时就会破坏。

一般来说，靠近钻铤的钻杆弯曲可能性最大，因为钻铤刚度大，能抵抗弯曲，所以弯曲常发生在钻铤以上的钻杆处。钻杆上的最大应力常发生在加厚部位的末端，约距接头 50 cm左右的位置，疲劳破坏最容易在此位置发生，这就是大多数钻杆破坏发生在距接头 1.2 m范围内的原因。

实验研究得知，疲劳破坏与以下因素有关：

①钻杆的尺寸及钢材性能。

②狗腿的严重程度。

③在狗腿处钻杆承受的拉力负荷。

④每段钻杆在狗腿处的重复应力次数。

为了防止疲劳破坏，钻柱必须处于垂直拉伸状态，否则就有可能发生破坏；同时为了防止疲劳破坏，当拉力越大时所允许的狗腿角越小。因此，所受拉力大小是疲劳破坏的关键。在深井中，钻柱上部受拉伸负荷很大，如果上部井眼存在狗腿时，对钻杆的危害是很大的。还应该指出，钻杆通过狗腿后，即使拉力已消除，也还存在着累积疲劳损伤。因此，如果重复几次通过狗腿，就有可能使钻杆发生疲劳破坏。所以已知井下存在有严重的狗腿，最好的措施是破坏掉狗腿，从而减少井眼斜度的变化和钻柱的疲劳破坏。

另外，还有一些其他因素引起纯疲劳破坏。如果将弯曲钻杆下入井内，就往往成为疲劳破坏的潜在因素。弯曲的方钻杆会使转盘以下的钻杆发生弯曲，一旦这些钻杆承受的应力足够大时，就会造成疲劳破坏。另外，天车转盘和井口不对中，也会在方钻杆和钻杆上造成弯曲应力，使钻杆发生疲劳破坏。在海洋钻井中，由于钻井随波浪起伏摇摆，也会造成钻柱的弯曲，导致疲劳破坏。

2. 伤痕疲劳破坏

从上面我们了解到，疲劳破坏是微小裂纹逐渐发展蔓延的结果，所以钻杆表面的各种缺陷将会影响钻杆的疲劳极限。钻杆在弯曲状态下绕着自身轴线旋转时，每边都交替地受到拉伸和压缩。如果钻杆表面有一个缺陷，这个缺陷就将不断地开启和关闭，而每开启一次都促使缺陷扩展。缺陷除了使晶粒具有初始变形之外，还会提高应力水平，使应力集中和金属结构破坏集中。当缺陷底部的应力达到一定程度时，缺陷将逐步扩大，直到最后剩下的实体材料不足以承受整个负荷而发生破坏，如图 2.57 所示。因此表面缺陷，无论是由于机械的还是由于冶炼的原因，都将大大影响钻杆的疲劳极限，其影响程度取决于缺陷的位置、方向、形状和大小。就缺陷位置来说，如果一伤痕发生在钻杆非主要应力作用的部位，则对疲劳破坏的影响不大。但如果伤痕位于离接头50 cm以内发生最大弯曲力矩处，就可能成为疲劳破坏的核心。纵向伤痕（相对应力方向而言）对疲劳破坏没有多大的危害，但圆周方向的伤痕将导致钻杆的疲劳破坏，伤痕底部的形状也是很重要的因素。

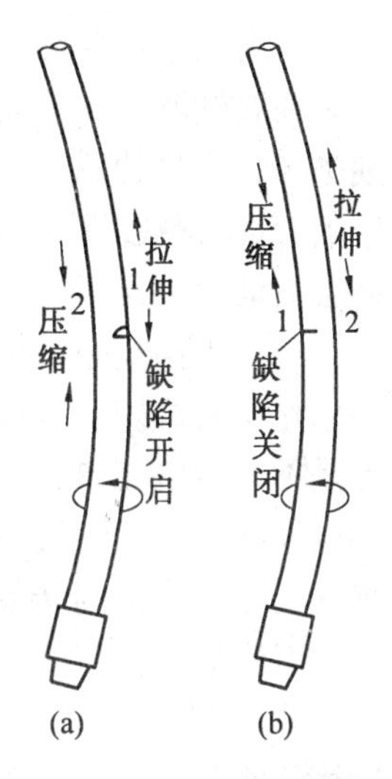

图2.57　钻杆的缺陷损害

现将钻井中可造成伤痕疲劳破坏的几种情况列举如下：

（1）钻杆上的钢印

由于所有横向印痕都能成为应力的集中点，所以，如果在钻杆上钢印的位置不合适，则钢印会成为钻杆疲劳破坏的起始部位。现场有不少例子说明，裂缝就是开始于像这样一些数字或字母的水平横划处。所以不允许在钻杆本体上打印，而应在钻杆接头部位打印。同时，钢印数码应顺着钻杆纵向排列，并用圆点来代替线条。

（2）电弧烧伤

如果不注意，在电焊时把金属管架错误地作为接地用的搭铁线，往往会使钻杆和金属管架之间产生电弧。虽然这种电弧烧伤的凹坑很小，但在钻杆上也可以形成很宽的烧伤带，使其性能变脆，非常容易引起疲劳破坏。

（3）胶皮护箍细槽

伤痕疲劳破坏的另一种原因是钻杆上装胶皮护箍的顶部产生圆周细槽，当胶皮护箍保留在钻杆上时，上述情况最易发生。

（4）大钳牙痕

在钻杆各种表面伤痕中，大钳牙痕可以算是最严重的，大钳牙痕往往较深、较长且呈尖状。如果大钳的装配和使用合理，就能使牙痕保持纵向，而对疲劳破坏没有多大危害。如果牙痕稍微偏离垂直方向，就极易形成应力集中点。另外，大钳应打在接头上，而绝不允许打在钻杆本体上，以免将钻杆咬坏。

（5）卡瓦伤痕

转盘卡瓦牙是精加工的齿形，一般来说不会在钻杆上面有损坏性的伤痕。但是，如果卡瓦牙加工不良、操作不当、卡瓦牙已磨损、不配对、尺寸不合适，都会使钻具的全部负荷承受在一个、两个或者一部分卡瓦牙上，以致在钻杆本体上刻下很深的横向凹口而产生破坏。当用卡瓦转动钻杆时，如果发生打滑现象，就会在钻杆上面留下危险的横向伤痕，因此必须使用双吊卡起下钻。

（6）地层和井内金属碎块对钻杆表面的切割伤痕

钻柱在井内旋转时，其表面与坚硬井壁岩石相摩擦，以致留下圆周伤痕，这些伤痕也可能是由掉落在井底后被挤入井壁的金属碎块造成的。在旋转钻进中，钻柱表面的伤痕可被磨光，但仍在钻柱上留下潜在的破坏点，引起足够大的应力，也有可能导致钻柱的破坏。所以要经常检查钻柱表面，以减少破坏的可能性。

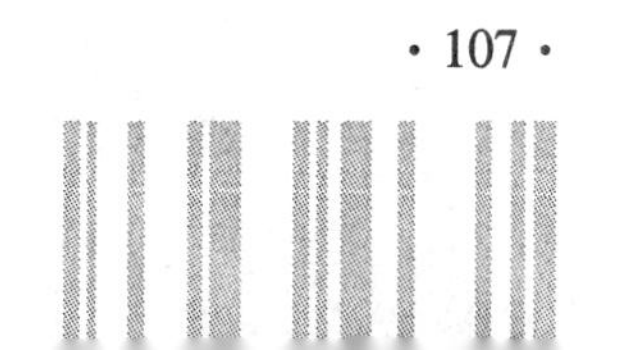

3. 腐蚀疲劳破坏

在腐蚀环境中造成的疲劳破坏通常称为腐蚀疲劳破坏。这种破坏是目前造成钻杆早期破坏最常见的原因之一。由于腐蚀使钻杆截面积减小或者形成腐蚀小坑而造成应力集中点,都使得疲劳强度大为降低。由于腐蚀和疲劳的联合作用,不存在疲劳极限,金属最终会在低应力作用下发生破坏。一般来说,腐蚀可分为化学腐蚀和电化学腐蚀两大类。

(1)化学腐蚀破坏

化学腐蚀破坏是指金属表面与腐蚀介质产生化学作用而引起的破坏。化学腐蚀的特点是不产生电流,在这种化学作用中将产生另一种可以脱落的产物,因而使管材截面积减小以及在钢表面形成腐蚀小坑。常见的腐蚀剂是存在于钻井液中的氧气、二氧化碳和各种酸类等。腐蚀的结果使管材的壁厚变薄,因而横截面所能承受的应力减小,以致很小的应力就能导致疲劳破坏。这就说明了在腐蚀性液体中钢材不存在疲劳极限的问题。

另外,在腐蚀介质作用下,在钢表面会形成无数微小的腐蚀小坑。如果钢表面有各种冶炼缺陷(如裂纹、夹渣、疵疤等)或机械损伤,会更加剧这种腐蚀作用。这样使得裂纹或小坑不断扩大并与邻近的裂纹或小坑结合起来,因而很快地穿透管壁,导致钻井液刺穿。腐蚀疲劳还有一个特点是初始的疤痕常发生在钻杆的内表面,而伤痕疲劳是发生在钻杆的外表面。自然,钻井液中腐蚀介质是同时作用于钻杆的内外两面,但是由于钻杆外表面经常受到井壁和岩屑的研磨,所形成的腐蚀小坑容易被磨去,这样,钻杆内表面的防腐就显得更为重要。

(2)电化学腐蚀破坏

电化学腐蚀破坏是指金属与电解质溶液接触,产生电化学作用而引起的破坏,其特点是整个腐蚀反应中有电流产生。在钻井过程中,氯化物、碳酸盐和硫酸钠、硫酸钙、硫酸镁等,可能从钻井液添加水、地层水、钻井液处理剂或被钻的某种地层(如盐岩、石膏等)进入钻井液中。这样像蓄电池中存在电解质一样,在井筒内的钻井液中产生类似蓄电池的导电反应。这种导电现象可能发生在下述几种情况下:

①钢材内具有电位差的区域,例如钢材组分或微观结构差异,钻柱高低应力部位之间都可能形成电位差。

②不同钢级的钻杆。

③不同金属之间,如铝合金钻杆和套管之间。

这样在钢的电位不同的部位之间发生一种反应,直流电由钢件流出附带带走铁离子而沉积在另外一端,组成了微型原电池。在铁离子被带离的钢件部位就形成腐蚀疤痕,引起应力集中,并可能造成疲劳破坏。实际上,化学腐蚀和电化学腐蚀破坏往往是交织在一起进行的,这更加促使了疲劳破坏的发生。影响腐蚀速度的因素很多,但其中钻井液的pH值和温度是最重要的。pH值是控制腐蚀疲劳的主要因素,当钻井液从中性变成酸性时,腐蚀的速度会迅速增大,而当钻井液从中性变为碱性时,腐蚀速度会缓慢降低。要精确测定防止疲劳破坏的最低pH值是困难的,但是有不少人认为,钻井液的pH值低于9.5,会降低钻柱的疲劳寿命。温度的影响也比较大,腐蚀速度会随温度的升高而加快。

4. 减少钻柱疲劳破坏的措施

①为了保证钻杆经常处于拉伸状态,应根据预计最大钻压及钻铤浮重确定钻铤长度,

使钻铤顶部10%～15%长度受拉。

②尽可能降低钻杆工作交变应力，并采用井下减震器来避免震动损伤。

③在钻杆柱的弯曲井段，采用加重钻杆以降低工作应力，从而延长整个钻柱的使用寿命。

④控制钻井液对钻杆的腐蚀性，可在钻杆内表面涂以塑料树脂等保护层。

⑤经常检查起下钻操作工具（吊钳、卡瓦等）工作状态是否完好，注意防止在钻杆上造成伤痕。

⑥储存钻杆时，应用淡水充分冲洗钻杆接头和内外表面，以清除各种盐类和腐蚀物质，并用防锈化合物涂抹螺纹和接头台肩面。

⑦定期检查钻杆。

2.4.2　钻铤的疲劳破坏

在现代旋转钻井中，一般都采用高钻压以提高钻头的工作指标。常用的钻压均大于钻铤弯曲临界钻压，所以下部钻铤常处于弯曲状态。与钻杆的疲劳破坏一样，钻铤在弯曲状态下旋转时也容易产生疲劳破坏，但是它与钻杆有所不同，对钻杆来说，由于接头强度较高，刚度较大，因而弯曲常集中在接头附近的钻杆体上，疲劳破坏一般发生在距接头1.2 m以内的地方。而对钻铤来说，钻铤本体的刚度比大，故应力集中在强度较弱的螺纹上，因此大部分钻铤断裂均发生在螺纹处。钻铤疲劳破坏的预防措施为：

（1）采用最佳紧扣扭矩

钻铤的紧扣扭矩不宜过小，也不宜过大，如果扭矩偏小，则不能在台肩面储备足够的弹性压缩来防止台肩面的分离；但如果扭矩过大而超过接头的屈服强度时，则会引起外螺纹接头的伸长和内螺纹接头的膨胀变形。最佳的扭矩值一般是根据实验数据和油田经验来确定。对于不同尺寸和扣型的钻铤最佳扭矩值可从手册中查得。一般来说，大尺寸钻铤（177.8 mm或更大）大多数是由于紧扣扭矩不足而引起接头漏失或外螺纹接头的疲劳破坏。这可通过以下两种方法来进行补救：

①采用低转矩面。由于大直径钻铤的台肩宽度大，钻机紧扣扭矩所建立的压应力不足以使台肩面在弯曲力矩作用下保持接触。低转矩面的结构就是把内螺纹接头的搅孔直径加大些来减少台肩处受压面积，以便在台肩面处产生足够的弹性压缩。

②减小接头处的钻铤外径。它是在外螺纹接头端部0.3 m和内螺纹接头端部0.9 m的长度内减小钻铤外径，如228.6 mm外径钻铤可减小到209.55 mm，254 mm外径钻铤可减小到234.95 mm。这样，由于台肩面变窄，在一定紧扣扭矩作用下，能使台肩面产生足够的弹性压缩来防止台肩面分离。

而对于小尺寸钻铤（127 mm或更小）来说，其破坏的主要原因是扭矩过大。由于接头本身强度较小，钻铤在高的钻进扭矩作用下，容易发生破坏，为此可采用阶梯水眼结构。例如153.75 mm钻铤本体部分用71.44 mm水眼，而在外螺纹接头部分，水眼减小到57.15 mm。这样可以相对增大容易发生破坏的外螺纹接头部分的强度。

（2）采用适当的弯曲强度比

为了防止钻铤接头的疲劳破坏，必须使外螺纹、内螺纹接头之间保持强度平衡。在计算强度比值时,都是以外螺纹、内螺纹接头危险截面为准。外螺纹接头危险截面是取距台肩面 19.05 mm 处,而内螺纹接头是取相当于外螺纹接头端部处。

(3)加工内应力减轻槽

从上面分析已知,外螺纹接头根部和内螺纹接头底部都有一部分未啮合的螺纹,它们恰好处于危险断面处,这些位置在钻铤弯曲时所受的应力集中最大。未啮合螺纹形成的切口容易造成疲劳破坏。为了减少这些危险断面上的应力集中,在外螺纹接头根部和内螺纹接头底部,采用平滑的半径较大的沟槽来代替那部分不必要的螺纹,这就是所说的内应力减轻槽。另一种接头形式的特点是内螺纹接头底部加工成圆柱形光滑内表面,用以消除部分不必要的螺纹,孔的另一端逐渐过渡到钻铤的内孔。这种形式比沟槽容易加工,且较长的均匀壁厚段可使弯曲应力得到很好的分布。

(4)加工外应力减轻槽

近年来,开始使用外应力减轻槽,效果很好。实验证明,对于同一尺寸和类型的钻铤接头,未加工应力减轻槽的试件经 24 万次弯曲后而发生破坏,带内应力减轻槽的试件经 39.3 万次弯曲后而发生破坏,而加工有外应力减轻槽的试件,在同样的试验条件下,持续 550 万次弯曲而未发生破坏。

(5)提高螺纹的疲劳寿命

在钻铤螺纹加工中,最好采用铣刀加工的方法,而不用单刃车刀车制。因为后一种方法容易发生误差,且易产生尖齿根而引起疲劳破坏。为了提高螺纹的疲劳寿命,还可采用齿根冷制法,如冷滚压法或锤击法,使齿根表面保留一个残余压缩变形,因而能承受较高的拉伸应力。滚压时可在滚轮上施加一定压力。

2.4.3 氢脆破坏

在现场实践中发现,管材在硫化氢介质中工作一段时间后会突然出现裂缝,发生严重的脆性破坏,严重时,在较低应力下管材在工作几星期、几天甚至几小时后就会突然断裂。这种破坏是由于腐蚀破坏的结果,同时也由于氢渗(氢原子渗入)的作用所引起。由于硫化氢是这种破坏的主要因素,或者说氢渗是破坏的主要原因,所以称为硫化氢应力破裂,也称为氢脆。

1. 氢脆破坏产生的原因

(1)腐蚀

在钻井过程中,硫化氢会因各种原因侵入钻井液中,它与水形成弱酸,像二氧化碳、氧或其他酸类一样,腐蚀钻柱材料。硫化氢将铁转化成硫化铁,使金属减少,截面积变小,因而降低管材的各种强度,同时也产生点腐蚀,形成腐蚀凹坑和裂缝而造成应力集中,使疲劳寿命大为降低。同时腐蚀点还可能很快穿透管壁。腐蚀是硫化氢的第一种破坏作用。

(2)脆化(氢脆)

由于腐蚀作用而不断产生氢,它将聚集在金属表面构成一层原子氢吸附膜。在有硫化氢存在的情况下,氢会在相当长的时间里以氢原子的状态存在,所以大量的氢并不以氢分子的形态起泡离开钢材表面,而是以氢原子的形态渗入钢材内部。侵入金属内部的氢原子集结在晶粒周缘,结合成氢气,形成气泡,产生很高的压力,使钢材晶体间的键断裂。

这样，在氢的作用下，钢材的延展性减弱而呈脆性方式破坏，所以这种现象称为氢脆。此外，氢原子渗入金属后，趋向于积聚在材料的最大应力处，当达到临界浓度时，就会产生各种微小的裂纹。同时氢原子继续积聚在裂纹尖顶使裂纹发展，一直到钢材不能承受外界负荷时，就会突然发生脆性破坏。由于脆性破坏常发生在最大应力点，因此，这种破坏经常发生在钻杆接头上，最一般的破坏是在外螺纹接头的最后啮合扣处或基面处，有时可能在外径已磨损的内螺纹接头上发生裂口。

2. 影响氢脆破坏的因素

(1)钢材强度(硬度)

钢的强度越高，越容易发生氢脆破裂。一般来说，屈服强度低于 634 MPa(约相当于洛氏硬度 HRC22 的钢材)的钢材不会发生氢脆破坏。实验结果表明，钢材强度的提高和应力的增加，均导致破坏的加速。

(2)硫化氢的含量

介质中硫化氢含量越高，损坏情况就越严重。实验表明，硫化氢含量低于 5 mg/m^3 时，钢材的使用寿命较长。

(3)钻井液 pH 值

随钻井液 pH 值的增加，氢脆断裂趋势减少。pH 值维持在 9 以上时，氢脆断裂可显著减少。

3. 防止氢脆破坏的措施

(1)防止硫化氢侵入钻井液中

①保持一定的钻井液密度，防止地层流体的侵入。

②根据井下可能遇到的温度，避免采用在此高温下可能分解的钻井液处理剂。

③避免使用含硫原油或含硫化物的钻井液添加剂。

(2)如果不能防止硫化氢侵入，则应采取控制腐蚀速度的措施来控制腐蚀速度

①保持钻井液有较高的 pH 值(12 或更高一些)，使硫化物处于非活性状态，以减弱腐蚀作用。

②在钻具内壁涂以塑料保护膜。

③在钻井液中加入缓蚀剂。

④用化学剂预处理钻井液，使其中硫化物以惰性态沉淀。

⑤用油基钻井液钻井。

上述这些方法可以获得不同程度的防氢脆效果，但是，采用这些方法时，有可能影响到钻井液的其他性能，所以应全面考虑，适当处理钻井液。

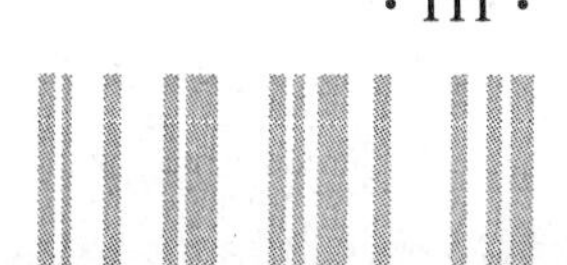

第3章

钻 井 液

在钻井工程中，人们常常以“泥浆是钻井的血液”来形象地说明钻井液在钻井中的重要地位。钻井液的作用可以概括为：清洗井底，携带岩屑；冷却和润滑钻头及钻柱；平衡地层压力；保护井壁；协助破岩；地质录井；将水力功率传递给钻头；保护油气层等。

在钻井实践过程中钻井液技术不断发展，从最初采用清水开始，经历了清水、天然泥浆、细分散泥浆、粗分散泥浆、不分散低固相泥浆、无固相泥浆等几个阶段。在这一过程中，为了解决某些复杂问题，出现了油基泥浆以及空气、泡沫等新型钻井液，远远超出了黏土和水形成的“泥浆”范围，因此人们用“钻井液”来代替“泥浆”这一名称。

本章从钻井液的基本组成——黏土出发，介绍钻井液的基本性能及调整方法，现场常用钻井液的组成和特点。

3.1 黏土基本知识

黏土是钻井液的主要成分，水基钻井液就是黏土分散在水中形成的胶体悬浮体。黏土对钻井液的性质有很大影响，其类型不同，造浆率差别很大；黏土与钻井工程密切相关，钻进过程中在钻井液的浸泡下泥页岩因其所含黏土不同会出现缩径或剥蚀块等不同现象，进而导致不同的井下复杂情况；黏土矿物还和油层保护及开采效果有关，油气层中黏土矿物在外来流体的作用下水化膨胀、分散运移，使油气层的渗透性下降。因此为了保证钻井液性能的稳定，保证优质快速钻井和保护油层，必须学习黏土知识。

3.1.1 几种主要黏土矿物的晶体构造及特点

黏土主要是由黏土矿物（含水的铝硅酸盐）组成。黏土矿物的种类很多，不同黏土矿物有不同的晶体构造及特点，但其晶体都是由两种基本构造单位组成的。

1. 黏土晶体构造中的基本单位

①硅氧四面体。每个四面体中都有一个硅原子与四个氧原子以相等的距离相连，硅在四面体的中心，四个氧原子（或氢氧）在四面体的顶点。

②铝氧八面体。铝原子处于八面体的中心，与上面和下面的各三个氧原子或氢氧形成一个正八面体。

2. 高岭石的晶体结构

高岭石晶体由一个硅氧四面体片和一个铝氧八面体片组成。四面体片的顶尖都朝着八面体片,二者由共用的氧原子和氢氧原子团连接在一起。由于它是一个硅氧四面体片和一个铝氧八面体片组成,所以称高岭石为1∶1型黏土矿物。高岭石单元晶层,一面为OH层,另一面为O层,片与片之间易形成氢键,晶胞之间连接紧密,故高岭石的分散度低。高岭石晶格中几乎没有晶格取代现象,它的电荷是平衡的,因此高岭石电性微弱。这些特点决定了高岭石水化很差。油气层中高岭石颗粒大而附着力弱,常常因运移堵塞孔喉而降低渗透率。

3. 蒙脱石的晶体结构

蒙脱石是由上下两个硅氧四面体片中间夹一层铝氧八面体片组成,硅氧四面体的尖顶朝向铝氧八面体,铝氧八面体片和上下两层硅氧四面体片通过共用氧原子和氢氧连接形成紧密的晶层,因此称为2∶1型。在铝氧八面体中,有部分Al^{3+}被Mg^{2+}或Fe^{2+}取代,四面体中的Si^{4+}也有少量被Al^{3+}取代,这样就使蒙脱石的晶格显负电性,这种现象称为晶格取代现象。蒙脱石晶层上下皆为氧原子层,各晶层间以分子间力连接,连接力弱。蒙脱石是极易水化、分散、膨胀的黏土矿物。这些特点决定了蒙脱石是配浆的好材料,但地层中蒙脱石也会因水化膨胀而造成井塌和油层损害。

4. 伊利石的晶体结构

伊利石的晶体构造和蒙脱石相似,也是2∶1型晶体结构,即伊利石也由两层硅氧四面体片夹一层铝氧八面体片组成,但它们之间的区别是:伊利石的硅氧四面体中有较多的Si^{4+}被Al^{3+}取代,晶格出现的负电荷由吸附在伊利石晶层表面氧分子层中的K^+所中和。K^+的直径为2.66,而晶层表面的氧原子六角环空穴直径为2.80,因此K^+正好嵌入氧原子六角环中。由于嵌入氧层的吸附K^+的作用,将伊利石的相邻二晶层拉得很紧,连接力很强,水分不易进入层间,所以它不易膨胀。伊利石由于晶格取代显示的负电性已由K^+中和,K^+嵌入氧原子六角环中,接近于成为晶格的组成部分,不易解离,因此伊利石电性微弱。

5. 海泡石族

海泡石族包括海泡石、凹凸棒石、坡缕缟石(或称山软木),它是铝和镁的含水硅酸盐,晶体构造为链状、棒状或纤维状。海泡石的晶体结构中有很大的空穴,有极大的内部表面,因此含有较多的吸附水,而且有很高的热稳定性(350 ℃以上)和抗盐类污染的能力。它在淡水和饱和盐水中的水化情况几乎一样,它是配制深井钻井液和盐水钻井液的好材料。

6. 绿泥石

绿泥石的结构是由三层型晶层与一层水镁石交替组成的。水镁石层有些Mg^{2+}被Al^{3+}取代,因而带正电荷。于是三层型晶层与水镁石层间以静电相吸连接,同时还有氢键存在,因此绿泥石遇水后不发生膨胀。油层中的绿泥石是一种富含铁黏土矿物,对油气层的最大危害是对酸的敏感性。

3.1.2 黏土的吸附及水化作用

钻井液中黏土颗粒和分散介质的界面上,自动浓集介质中分子或离子的现象称为黏

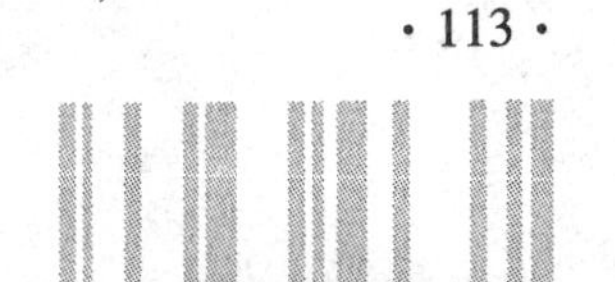

土的吸附。由于黏土颗粒表面通常带有负电荷,因而能吸附水分子和各种水化离子,使黏土颗粒表面形成一层具有一定厚度的水化膜,这种现象称为黏土的水化作用。黏土的吸附和水化作用是使钻井液分散体系稳定的重要因素。

1. 黏土的吸附性能

(1)黏土颗粒表面电荷种类及原因

从电泳现象得到证明,黏土颗粒在水中通常带负电。黏土的电荷是使黏土具有一系列电化学性质的基本原因,同时对黏土的各种性质都发生影响。黏土的电荷可分为永久电荷、可变电荷、正电荷三种。

①永久电荷。它是由于黏土在自然界形成时发生晶格取代所产生的。例如,Si—O四面体中Si^{4+}被Al^{3+}所代替,或Al—O八面体中的Al^{3+}被Fe^{2+}或Mg^{2+}等取代,就产生了过剩的负电荷。这种负电荷的数量取决于晶格取代的多少,而不受pH值的影响,因此称为永久负电荷。

②可变负电荷。在黏土晶体的断键边缘上有很多裸露的Al—OH键,其中OH中的H在碱性条件下解离,会使黏土负电荷过剩;另外黏土晶体的边面上吸附了OH^-、SiO_3^{2-}等无机离子或吸附了有机阴离子聚电解质也使黏土带负电。由于这种负电荷的数量随介质的pH值而改变,故称为可变负电荷。

③正电荷。不少研究者指出,当pH值低于9时,黏土晶体边面上带正电荷。多数人认为其原因是由于裸露在边缘上的Al—O八面体在碱性条件从介质中接受质子引起的。

黏土的负电荷与正电荷的代数和即为黏土的净电荷数,由于黏土的负电荷一般都多于正电荷,因此黏土一般都带负电荷。

(2)黏土的吸附性能

吸附现象在钻井液中是经常发生的,化学处理剂改善钻井液性能,侵入物损坏钻井液的性能都是通过吸附改变黏土表面的性质而起作用的。钻井液中黏土的吸附作用,可分为物理吸附、化学吸附和离子交换吸附三种。

①物理吸附。物理吸附是靠吸附剂和吸附质之间分子间引力产生的,物理吸附是可逆的,吸附速度与脱附速度在一定条件下呈动态平衡。

非离子型的有机处理剂,往往是因在黏土表面发生物理吸附而起作用的。

②化学吸附。化学吸附是靠吸附剂与吸附质之间的化学键力而产生的。例如铁铬木质素磺酸盐在黏土晶体的边缘上可以发生螯合吸附。

③离子交换吸附。黏土颗粒因晶格取代等原因,一般是带负电的,为了保持整体的电中性,必然要吸附阳离子。而吸附的阳离子一般来说并不固定,可以与溶液中的阳离子进行交换,这种作用称为离子交换吸附。最常见的交换性阳离子是Na^+,Ca^{2+},Mg^{2+}等。钻井液中黏土吸附的离子与溶液中的离子发生离子交换吸附的现象是经常遇到的,配浆时加纯碱提高黏土的分散度和造浆率,就是利用离子交换吸附的特性。

离子交换吸附的特点是:同号离子相互交换;等电量相互交换;离子交换吸附的反应是可逆的,吸附和脱附的速度受离子浓度的影响。

离子交换吸附的规律是:浓度相同,价数越高,与黏土表面的吸力越强,交换到黏土表面上的能力越强;价数相同、浓度相近时,离子半径越小,水化半径越大,离子中心离黏土表面越远，吸附能力弱（K^+与H^+除外）；当浓度很高时，低价离子同样能交换高价离子。

常见的阳离子交换能力的强弱顺序是：

$$H^+>Fe^{3+}>Al^{3+}>Ba^{2+}>Ca^{2+}>Mg^{2+}>NH_4{}^+>K^+>Na^+>Li^{3+}$$

上述顺序中，H^+交换能力最强，这是因为H^+的体积特别小，周围无法排列水分子，离黏土的距离较近。这是在钻井液性能参数中重视pH值的重要原因之一。

黏土的阳离子交换容量是指在pH等于7的条件下，黏土所能交换下来的阳离子总量。它包括交换性氢和交换性盐基，其数值均以每100 g（即1hg）黏土所交换下来的阳离子的物质的量表示。

黏土的阳离子交换容量，直接关系到黏土颗粒带电荷的多少和吸附处理剂的能力。影响黏土阳离子交换容量的因素有黏土矿物的本性、黏土矿物的分散度及溶液的pH值。

黏土矿物组成和晶体构造不同，阳离子交换容量有很大差别，引起黏土阳离子交换吸附的电荷中，以晶格取代所占的比重较大，由此可以推断，晶格取代越多的黏土矿物，其交换容量也越大。高岭石无晶格取代现象，其阳离子交换容量很低，为3～15 mmol/hg。蒙脱石有显著的晶格取代现象，而且取代位置常常在Al—O八面体中，即在单位晶胞的中央，对所吸附的阳离子静电引力较弱，被吸附的阳离子参加交换反应比较容易，因此其阳离子交换容量较大，为70～130 mmol/hg。伊利石也有较多的晶格取代，但其位置多发生在Si—O四面体中，电荷接近表面，加上其晶格中的六角环有固定K^+的作用，因而阳离子交换比较困难，只有部分K^+参与交换，故其阳离子交换容量介于高岭石和蒙脱石之间，为10～40 mmol/hg。

当黏土矿物组成相同时，其阳离子交换容量随分散度的增加而增大，特别是高岭石黏土矿物，其阳离子交换容量受分散度的影响最大，这是因为高岭石的电荷主要是由于裸露的OH中H^+解离产生的，裸露的OH越多，电性越大。

在黏土矿物和分散度相同的条件下，pH值增高，阳离子交换容量增加，原因是：Al—O—OH键是两性的，在碱性条件下H更容易解离，使黏土表面负电荷增加，另外溶液中OH增多，它靠氢键吸附于黏土表面，使黏土表面的负电荷增多，从而增加黏土的阳离子交换容量。

2. 黏土的水化作用

（1）黏土水化膨胀机理

黏土水化膨胀机理主要有两方面：

①表面水化。它是由黏土晶体表面上水分子的吸附作用引起的，引起表面水化的作用力是表面水化能，第一层水是水分子与黏土表面的六角形网络的氧形成H键而保持在平面上。因此，水分子也通过氢键结合为六角环，下一层也以类似情况与第一层以氢键连接，以后的水层照此继续。

②渗透水化。由于晶层之间的阳离子浓度大于溶液内部的浓度，水发生浓差扩散，进入层间，在双电层斥力作用下层间距增大。渗透膨胀引起的体积增加比晶格膨胀大得多。

（2）影响黏土水化膨胀的因素

影响黏土水化膨胀的因素有：

①黏土晶体的部位不同，水化膜的厚度不相同。黏土晶体所带的负电荷大部分都集

中在层面上,吸附的阳离子多,因此水化膜厚。在黏土晶体的边面上带电荷较少,因此水化膜薄。

②黏土矿物不同,水化作用的强弱不同。蒙脱石的阳离子交换容量高,水化最好,分散度也最高;而高岭石阳离子交换容量低,水化差,分散度也低,颗粒粗;伊利石由于晶层间 K^+ 的特殊作用也是非膨胀性矿物。

③黏土吸附的交换性阳离子不同,其水化程度有很大差别。如钙蒙脱石水化后晶层间距最大仅为1.7 nm,而钠蒙脱石水化后晶层间距可达1.7~4.0 nm。

3.1.3 钻井液中黏土表面的双电层

黏土颗粒在水中表面带负电荷,通过静电作用可把交换性阳离子(称为反离子)吸引在它的周围。这些反离子一方面受负电荷的吸引靠近黏土表面,另一方面由于反离子的热运动及反离子之间的斥力,会脱离黏土颗粒向溶液中扩散,其结果构成了扩散双电层。黏土颗粒周围的阳离子只有一部分同黏土颗粒一起运动,这部分同黏土吸引得比较牢固的阳离子层,称为吸附层。另一部分阳离子距离黏土颗粒稍远,不随黏土一起运动,这一部分称为扩散层。吸附层和扩散层的交界面称为滑动面。黏土颗粒运动中因丢掉扩散层中的反离子而显示出一定的电势,称为电动电势(ζ 电位),其数值取决于吸附层内反离子总电荷。电解质对电动电势影响较大,溶液中阳离子浓度越高,进入吸附层的阳离子数量多,则使 ζ 电位降低,当反离子全部进入吸附层时,黏土颗粒呈电中性,这种现象称为电解质压缩双电层。

3.1.4 钻井液的稳定性

钻井液分散系中,黏土颗粒的分散或聚结,稳定或不稳定,是钻井液体系内部存在的一对主要矛盾。钻井液分散系若能长久保持其分散状态,各微粒处于均匀悬浮状态而不破坏,就称为具有稳定性。稳定性包括两个方面的含意:沉降稳定性和聚结稳定性。

1. 钻井液的沉降稳定性

沉降稳定性是指在重力作用下钻井液中的固体颗粒是否容易下沉的性质。若下沉速度很小,则称该体系具有沉降稳定性。钻井液中岩屑的沉降决定于其重力和阻力的关系。当重力占优势时,就表现为颗粒的下沉;当阻力等于重力时,则表现为颗粒的悬浮。由于钻井液中黏土颗粒的大小、形状不同,产生沉降阻力也不同,同时黏土颗粒之间还能形成一定强度的网状结构,因此其沉降稳定性也不一样。

影响沉降稳定性的因素主要有:黏土颗粒的大小、颗粒与分散介质的密度差、分散介质的黏度和钻井液中黏土颗粒的多少,颗粒越大、颗粒越重、介质黏度越小则沉降稳定性越不好。

2. 钻井液的聚结稳定性

聚结稳定性是指钻井液中的固体颗粒是否易于自动降低分散度而黏结变大的性质。钻井液中的黏土颗粒分散度高,比表面大,因而具有较大的表面能。根据表面能自发减少的原理,颗粒会自发地聚结变大,以降低表面能和分散度。颗粒在运动中相互接近或碰撞时,颗粒之间存在排斥力和引力,当引力大于斥力时也会使颗粒聚结变大,相反颗粒趋于稳定。因此,黏土颗粒间的吸引力和静电排斥力是影响聚结稳定性的主要因素。黏土颗粒之间的斥力包括双电层斥力和水化膜的弹性阻力,引力则主要是范德华力。电解质有压缩双电层和降低电位的作用,因而对钻井液中黏土泥浆聚结稳定性有很大影响。使黏土开始明显聚结所加电解质的最低浓度称为聚结值。高分子化合物对钻井液聚结稳定性也有影响,加入少量的高分子物质,钻井液中黏土颗粒和高分子之间会发生相互作用,它们的绝大部分都会吸附在黏土颗粒的表面上。如果高分子物质较多,微粒会尽可能多地吸附高分子物质在它的表面上,结果每个微粒完全被高分子所包围,再没有剩余的空白表面,这样就失去了再吸附其他微粒上的高分子的可能,使微粒间的桥联作用无法实现,这样钻井液体系的稳定性反而增强了。这种现象称为胶体的保护作用。

3.2 钻井液的组成和分类

3.2.1 钻井液的组成

随着钻井技术的发展,钻井液的种类越来越多,但钻井液一般由下列组分组成:

①液相。液相是钻井液的连续相,可以是水或油。

②活性固相。包括人为加入的商业膨润土、地层进入的造浆黏土和有机膨润土(油基钻井液用)。

③惰性固相。惰性固相是钻屑和加重材料。

④各种钻井液添加剂。根据使用要求,可以利用不同类型的添加剂配制性能各异的钻井液,并可对钻井液性能进行调整。添加剂实际上是用于调节活性固相在钻井液中的分散状态,从而达到调整钻井液性能的目的。

3.2.2 钻井液的分类

API 把钻井液体系共分为九类,前七类为水基型钻井液,第八类为油基型,最后一类以气体为基本介质。各类情况介绍如下:

①不分散体系。包括开钻用钻井液、天然钻井液及经轻度处理的钻井液。它们一般用于浅井或浅井段钻井中。

②分散体系。在可能出现难题的深井条件下,钻井液常被分散,特别使用铁铬木质素磺酸盐或其他类似产品,这些类似产品属于有效的反絮凝剂和降失水剂。另外常加入特殊化学剂以维护特殊的钻井液性能。

③钙处理体系。双价离子如钙、镁等常被加入钻井液中以抑制地层中黏土和页岩的膨胀和分散。此钻井液具有高浓度的可溶性钙,用以控制易塌页岩及井眼扩大。

④聚合物体系。在絮凝钻井液中,一般使用长链、高分子量化学剂能够有效地增加黏度,降低失水和稳定性能。各种类型的聚合物有利于实现这些目的,它比膨润土具有更高的酸溶性,而可以减少为维持黏度所需的膨润土用量。使用生物聚合物和交联聚合物在低浓度时就具有较好的剪切稀释效果。

⑤低固相体系。属于此类体系的钻井液中,其所含固相的类型及数量(体积)都加以

控制。其总固相含量为6%~10%。膨润土固相将少于3%,其固相与膨润土的比值应小于2:1。此种低固相体系的一个主要优点是可以明显地提高钻速。

⑥饱和盐水体系。在此类属中包括有多种钻井液。饱和盐水体系具有189 g/L的氯根浓度。盐水体系具有6~189 g/L的氯根含量,而其低限常常称为咸水或海水体系。

用淡水或盐水加入氯化钠(或其他盐类如氯化钾,它常用做抑制性离子)以达到要求指标。各特种产品如凹凸棒石、CMC、淀粉和其他处理剂常用来维持黏度和清井性能。

⑦完井修井液体系。完井修井液是种特殊体系,是用来最大限度地降低地层损害的。它与酸有相容性,并可用做压裂液(酸溶),具有抑制黏土膨胀保护储层的作用。此体系由经高度处理的钻井液(封隔液)和混合盐或清洁盐水组成。

⑧油基钻井液体系。油基体系常用于高温井、深井及易出现卡钻和井眼稳定性差的井以及许多特种地区。它包括两种类型:反相乳化钻井液是属油包水流体,以水为分散相,油为连续相。改变高分子量皂类和水的用量可以控制其流变性及电稳定性;油浆或油相钻井液常由氧化沥青、有机酸、碱、各种药剂和柴油混合而成。调节酸、碱皂和柴油浓度就可以维护黏度及胶凝性能。

⑨空气、雾、泡沫和气体体系。

3.3 钻井液的性能

3.3.1 钻井液的密度

钻井液的密度就是单位体积钻井液的质量,单位用 kg/cm^3 或 g/cm^3 表示。钻井液密度是钻井液的重要性能参数,合适的钻井液密度用于平衡地层油、气、水的压力,防止油、气、水侵入井内造成井涌或井喷。同时钻井液液柱压力平衡岩石侧压力,保持井壁稳定,防止井壁坍塌。钻井液密度不能过高,否则容易压漏地层;同时钻井液密度对钻速有很大的影响。为了提高钻速,在地层情况允许的条件下,应尽可能使用低密度的钻井液。

当有井漏征兆时,应该降低钻井液密度。可采取机械除砂、加清水、充气、混油、加入絮凝剂促使钻井液中的固相颗粒下沉等措施。如果为了防止井喷需要增加钻井液密度时,可根据需要加入不同密度的加重材料,如常用的碳酸钙($CaCO_3$,密度≥2.7 g/cm^3)、重晶石($BaSO_4$,密度≥4.2 g/cm^3)、钛铁矿粉($TiO_2 \cdot FeO$,密度为4.7 g/cm^3)等。

3.3.2 钻井液的流变性能及调整

实际的液体分为牛顿液体和非牛顿液体,非牛顿液体又分为塑性液体、假塑性液体和膨胀型液体三种类型。它们的流变曲线如图3.1所示。

大多数钻井液属于塑性流型,某些钻井液属于假塑性流型,用淀粉类处理剂配制的钻井液有时呈膨胀流型。下面重点讨论与钻井液关系密切的塑性液体的流动特性。

1. 塑性流型

(1)塑性流型的特点

塑性流型的特点为:

① 所加切应力达到某一最低值 τ_s 之后才开始流动，这个最低切应力 τ_s 称为静切应力，现场简称切力，又称凝胶强度。当切应力超过 τ_s 时，塑性流体并非全部变形，而是靠管壁处先变形，中间未变形或逐层开始变形，这种流动状态像个塞子，称为塞流。

② 当切应力继续增大，流变曲线出现直线段，延长该直线不经过原点，而与切应力轴交于 τ_0。τ_0 称为动切应力或屈服值。

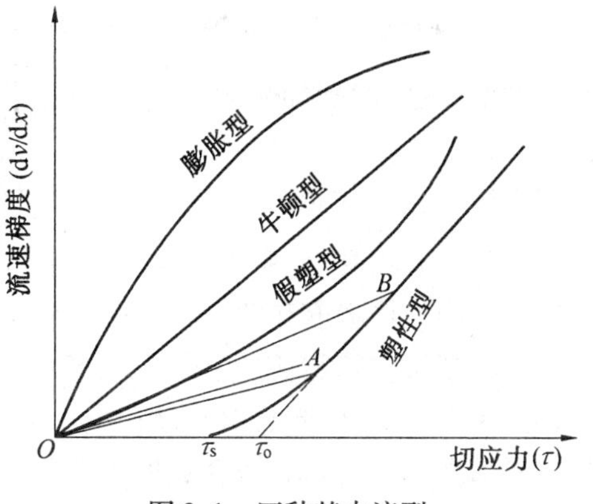

图 3.1 四种基本流型

(2) 塑性流型的流变方程

引入屈服值后，塑性流体的流变曲线可用下列方程描述：

$$\tau - \tau_0 = \mu_{PV}\frac{dv}{dx} \tag{3.1}$$

该方程称宾汉公式，是塑性流体的基本公式。

(3) 塑性流型的流变参数及物理意义

①τ_s(静切力，静切应力)。使钻井液开始流动所需的最低切应力，它是钻井液静止时单位面积上所形成的连续空间网架结构强度的量度。连续空间网架结构又称凝胶结构，所以静切应力又称为凝胶强度。静切力的大小与钻井液停止循环时悬浮钻屑和加重材料的能力密切相关。然而静切力不能太大，否则开泵困难，有时甚至憋漏地层。调整钻井液中黏土的含量及分散度，加无机电解质调整黏土颗粒间的静电斥力和水化膜斥力，加降黏剂等措施可调整钻井液静切应力。

②τ_0(动切应力，屈服值)。延长流变曲线直线段与切应力轴相交得 τ_0，它是一假想值，反映钻井液处于层流状态时钻井液中网状结构强度的量度。影响数值大小的因素和调整方法同 τ_s。

③ 塑性黏度μ_{PV}。从公式(3.1)得出$\mu_{PV}=\dfrac{\tau-\tau_0}{dv/dx}$，即塑性黏度是塑性流体流变曲线段斜率的倒数，它不随剪切力而变化。说明是体系中结构拆散速度等于恢复速度时的黏度。它是由流体在层流状态下体系中固相颗粒之间、固相颗粒与周围液相间以及液相分子间的摩擦形成的。塑性黏度由钻井液中的固相含量、固相颗粒的形状和分散程度、表面润滑性及液相本身的黏度等因素决定。它与钻井液的悬浮能力有直接关系，其值应当适度。如果体系塑性黏度太高需要降低时，一般使用固控设备降低固相含量，增加体系的抑制性，降低活性固相的分散度；如果急需降低可加水稀释(尽可能不用此方法)。如果要提高体系的塑性黏度可加入高分子有机聚合物增黏剂。

④ 表观黏度 μ_{AV}。表观黏度又称视黏度或有效黏度，它是在某一流速梯度下剪切应力与相应流速梯度的比值，如图 3.1 所示。A 点的表观黏度$\mu_{AVA}=\tau_A/\left(\dfrac{dv}{dx}\right)_A$，而 B 点的表观黏度$\mu_{AVB}=\tau_B/\left(\dfrac{dv}{dx}\right)_B$。说明钻井液在不同流速梯度下的表观黏度是不同的。为了便于

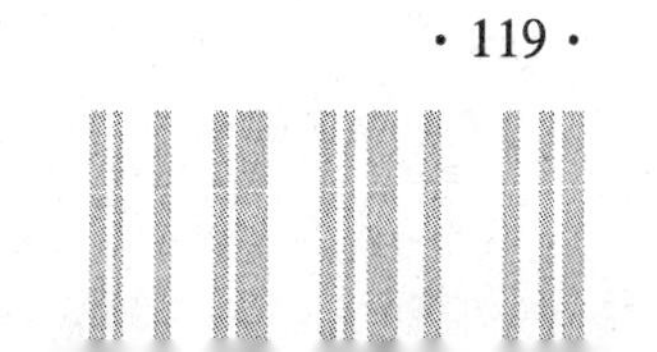

比较,统一规定在600 r/min下进行测量(见流变参数的测量与计算部分),其单位为MPa·s。

如前所述,对塑性流体,$\tau = \tau_0 + \mu_{PV}\frac{dv}{dx}$。根据表观黏度的定义,$\mu_{AV} = \tau / \frac{dv}{dx}$,所以$\mu_{AV} = \tau_0 / \frac{dv}{dx} + \mu_{PV}$。屈服值$\tau_0$与层流时体系中网架结构的密度和强度有关,故$\tau_0 / \frac{dv}{dx}$可以看做是钻井液的结构黏度,所以塑性流体的表观黏度$\mu_{AV} = \mu_{PV} + \mu_{结构}$。$\tau_0/\mu_{PV}$称为动塑比,反映钻井液中结构强度和塑性黏度的比例关系。它决定钻井液在环空中的流态,与钻井液携带岩屑效果密切相关。一般情况下要求τ_0/μ_{PV}在0.36 ~ 0.48之间。τ_0/μ_{PV}比值小了导致尖锋型层流,引起岩屑转动;τ_0/μ_{PV}过大,钻井液结构太强,增大泵压。表观黏度的调整即采用调节动切力和塑性黏度的办法。

2. 假塑性流型和膨胀流型

从图3.1中的流变曲线可以看出,假塑性流型和膨胀流型的流变曲线都通过原点,即施加很小的力就发生流动。但不同的是假塑性流体随剪切速率增加而变稀,而膨胀流体随剪切速率增大而变稠,两种流型可用下列指数方程描述:

$$\tau = k\left(\frac{dv}{dx}\right)^n \tag{3.2}$$

n表示假塑性流体在一定流速范围内的非牛顿性程度,故称流性指数。$n < 1$时,为假塑性流体;$n > 1$时为膨胀型流体。k与流体在1 s^{-1}流速梯度下的黏度有关,k值越大,黏度越大,因此k称为稠度系数。与动塑比所要求的值相对应,一般要求n值在0.7 ~ 0.4之间。

3. 流变参数的测定

有一台电动六速旋转黏度计就能测得所需的流变参数,测定方法如下。

(1) 静切力

为了说明钻井液的触变性(钻井液搅拌后变稀、静止后变稠的性质),一般要测定初切(10 s切力)和终切(10 min切力)。

① 初切测定。将钻井液在600 r/min下搅拌10 s,静置10 s后测得3 r/min下的表盘读数,该读数乘以0.511即得初切力(Pa)。

② 终切测定。将钻井液在600 r/min下搅拌10 s,静置10 min后再测得3 r/min下的表盘读数,该读数乘以0.511,即得终切力(Pa)。

初切与终切数值差别的大小,反应钻井液的触变性能,一般应有合理的数值。

(2) 其他流变参数

用六速旋转黏度计测得600 r/min和300 r/min表盘读数($\phi600$,$\phi300$),就可计算下列流变参数:

表观黏度:$\mu_{AV} = \frac{1}{2}\phi600$(MPa·s);

塑性黏度:$\mu_{PV} = \phi600 - \phi300$(MPa·s);

动切力(屈服值):$\tau_0 = 0.511(\phi300 - \mu_{PV})$(Pa);

流性指数:$n = 3.321 \lg \frac{\phi600}{\phi300}$(无因次);

稠度系数：$k=\dfrac{0.511\phi600}{1\ 022^n}$（$MPa\cdot s^n$）。

4. 钻井液流变性与钻井工程的关系

钻井液流变性与钻井工程关系十分密切。层流和紊流都不利于岩屑的携带，改型层流有利于岩屑携带，使井眼净化，对井壁的冲刷较轻，这就要求τ_0/μ_{PV}在0.34～0.48的范围（或流性指数$n=0.7\sim0.4$）。钻井液具有剪切稀释特性（表现黏度随剪切速率增大而降低的现象），在钻头水眼处紊流摩阻小，有利于提高钻速，而在环空中有利于岩屑和加重材料的悬浮等。但终切又不能太大，否则影响开泵和产生压力激动等。不同地区、不同钻井液类型对流变参数值要求不一样，可根据实际情况灵活运用。

3.3.3 钻井液的造壁性能及降滤失量剂

1. 滤失和造壁过程

当钻头钻穿带孔隙的渗透性地层时，由于一般情况下钻井液的静液柱压力总是大于地层压力，钻井液中的液体（刚开始也有钻井液）在压差的作用下便向地层内渗滤，这个过程称为钻井液的滤失。在钻井液产生滤失的同时，在井壁表面形成一层固体颗粒胶结物——滤饼。滤饼形成的过程是先由较大的颗粒将大孔堵塞一部分，然后次大的颗粒堵塞大颗粒之间的孔隙，依次下去，孔越堵越小。一般说来，所形成滤饼的渗透率比地层岩心的渗透率小几个数量级。所以形成的滤饼阻止滤液向地层渗透，同时又有保护井壁的作用。故滤饼在井壁上的形成过程称为造壁过程。

2. 几种滤失的概念

根据钻井过程的不同时期，有不同滤失情况，下面简要介绍。

（1）瞬时滤失

钻头刚破碎井底岩石形成井眼的那一瞬间，钻井液便迅速向地层孔隙渗透。在滤饼尚未形成的一段时间内的滤失称为瞬时滤失。做静滤失实验时刚打开通气阀，测量筒中收集到钻井液或混浊的液体，这就是瞬时滤失量。

瞬时滤失有利有弊。瞬时滤失量有利于提高钻速，但钻开油气层时，瞬时滤失量使储层受到损害，降低油气层的渗透率。这时应该设法控制瞬时滤失。

影响瞬时滤失的因素包括地层孔隙大小、钻井液中固相含量及颗粒尺寸分布、钻井液及滤液黏度等。对于储层，为了降低瞬时滤失量采用屏蔽暂堵技术。即根据架桥颗粒的直径为储层孔径的1/2～2/3架桥原理，在钻井液中加入架桥颗粒，如酸溶性暂堵剂碳酸钙、油溶性树脂。同时加入变形物质以封堵架桥颗粒间的缝隙，这些封堵物质包括沥青类（一般沥青、磺化沥青、氧化沥青）、油溶树脂（乙烯－醋酸乙烯树脂、乙烯－丙烯酸树脂等）。

此外还有单向压力暂堵剂，常用的有改性纤维素和各种粉碎为极细的改性果壳，改性木屑等。后者在压差作用下进入地层，堵塞孔喉。当油气井投产时，油气层压力大于井内液柱压力，在反向压差作用下，将单向压力暂堵剂从孔喉中排出，实现解堵。

（2）动滤失

随着钻井过程的进行，瞬时滤失后很快在井壁上形成一层滤饼，滤饼不断增厚、加固；

同时形成的滤饼又受到钻井液的冲刷和钻柱的碰撞、刮挤，使滤饼遭到破坏。当滤饼的形成（或沉积）速度等于被冲刷的速度时，滤饼达到不变的厚度滤失速率也保持不变。钻井液在井内循环流动时的滤失过程称为动滤失。动滤失的特点是滤饼薄，滤失量大。它除了受地层条件、压差、钻井液中固相类型和含量及黏度影响外，钻井液的流变参数与动滤失密切相关，平衡滤饼的厚度与钻井液的流速与流态有关。流速越高，滤饼冲蚀越严重，滤饼就薄，滤失量就越大。紊流对滤饼的冲蚀比层流严重，故滤失量较层流时大。

国内有研制的动滤失仪，许多研究单位对动滤失过程进行了研究，但由于过程复杂，研究结论不如静滤失那样明确.有待进一步深入研究。

（3）静滤失

在起下钻或处理钻井事故时，钻井液停止循环，井壁上的滤饼不再受冲蚀。随着滤失过程的进行，滤饼阻力逐渐增大，滤失速率不断降低，滤失量逐渐减小钻井液在停止循环时的滤失过程称为静滤失。与动滤失过程相比，静滤失过程比较简单，研究也较成熟。所以一般说的滤失量都指静滤失，一般实验室都有静滤失仪，所以下面着重讨论影响静滤失的因素。

3. 影响静滤失量的因素

因井壁上形成滤饼的厚度比井眼直径的尺寸小得多，可以认为滤失过程是线性的，借助于达西公式推导出下面的静滤失方程：

$$V_f = A\sqrt{\frac{K(\frac{C_c}{C_m} - 1)\Delta pt \times 10}{\mu}} \tag{3.3}$$

式中　V_f—— 钻井液的滤失量，mL；

A—— 过滤面积，cm^2；

K—— 滤饼的渗透率；

C_c—— 滤饼中固相含量（以体积计），%；

C_m—— 钻井液中固相含量（以体积计），%；

Δp—— 压差，MPa；

t—— 滤失时间，min；

μ—— 钻井液滤液黏度，MPa·s。

根据公式(3.3)可以清楚地分析影响滤失量的各种因素。

（1）滤失时间

当其他因素不变时，钻井液的滤失量与滤失时间的平方根成正比，即 $V_f \propto \sqrt{t}$。于是我们可以推导出下面的数学公式：

$$V_{f2} = V_{f1}\sqrt{\frac{t_2}{t_1}} \tag{3.4}$$

式中　V_{f2}—— 时间 t_2 时的未知滤失量，mL；

V_{f1}—— 时间 t_1 时的未知滤失量，mL。

例如，如果 7.5 min 内的滤失量 V_{f1} 是 5 mL，那么在 30 min 内的滤失量将是

$$V_{f2}/\text{mL} = 5\sqrt{\frac{30}{7.5}} = 5 \times 2 = 10$$

(2) 压差

从公式(3.3)看,滤失量应该与压差的平方根成正比变化。但在泥饼的情况下并非如此,要根据所形成滤饼的性质决定。如果滤饼易于压缩,增大压差会使滤饼中的颗粒变形,或迫使其颗粒紧密结合,则渗透性就下降。如果滤饼不易压缩,则压差增大可能导致滤失量增大,所以过滤压差对滤失量的影响是滤饼压缩性的函数。

(3) 温度

温度升高引起滤液黏度下降,导致滤失速率增加。

(4) 固相含量及类型

从公式(3.3)看出,$V_f \propto \sqrt{\frac{C_c}{C_m} - 1}$,说明$\frac{C_c}{C_m}$比值下降就会降低滤失量。要降低$\frac{C_c}{C_m}$比值,可以使$C_m$增大,即钻井液中固相含量增加;但这是不希望的。有效措施是使C_m降低,即滤饼中的固相含量降低。滤饼中固相含量C_c是钻井液中黏土颗粒水化状态的一个指标。C_c越小,说明滤饼中固相含量越低;而水分含量越高,黏土颗粒的束缚水就多,在压差作用下易于变形,使滤饼渗透性降低,滤失量减少。

(5) 滤饼的渗透率

滤饼的渗透性是影响钻井液滤失量的主要因素。滤饼的渗透性取决于黏土类型及其颗粒的尺寸、级配、形状和水化程度。颗粒有适当的粒径分布,并且有较多的溶胶颗粒,水化膜厚,在压差作用下容易变形,则其渗透率低。控制滤失量最好的方法是控制滤饼的渗透性,降滤失剂可以起到降低滤饼的渗透性的作用。

4. 降滤失剂及其作用机理

降滤失剂主要通过以下几种途径达到降低滤饼渗透性的作用。

(1) 护胶作用

为了形成渗透率低的滤饼,要求固相颗粒在多级分布的同时还要有适当多的溶胶颗粒。降滤失剂的作用在于,一方面能吸附在黏土颗粒表面形成吸附层,以阻止黏土颗粒絮凝变粗;另一方面能把在钻井液循环搅拌作用下所拆散的细颗粒吸附在分子链上,不再黏结成大颗粒。这样就大大增加了细颗粒的比例,使钻井液形成薄而致密的滤饼,降低滤失量。这称为降滤失剂的护胶作用。

(2) 增加钻井液中黏土颗粒的水化膜厚度,降低滤失量

从静滤失公式可知,如果在其他条件不变的情况下,能增加钻井液中黏土颗粒的变形能力和降低滤饼中固相体积百分含量,则(C_c/C_m)减小,滤失量会降低。由于降滤失剂吸附在钻井液中的黏土颗粒上,使其水化程度增加,因此黏土颗粒周围的水化膜增厚,使形成的滤饼在压差作用下容易变形,滤饼的渗透率降低。

(3) 提高滤液黏度,降低滤失量

从静滤失公式可知,滤失量与钻井液滤液黏度的二分之一次方成反比。有机降滤失剂大多是长链化合物,加入钻井液中都使滤液黏度增加,有利于降低滤失量。

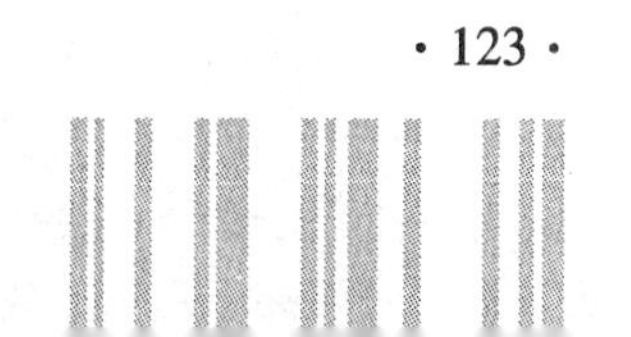

(4) 降滤失剂分子本身的堵孔作用

大部分有机聚合物降滤失剂的分子尺寸在胶体颗粒的范围内,加入这些处理剂就增加了钻井液中胶体颗粒的含量,它们对滤饼起堵孔作用。这些大分子以两种方式参加堵孔,一种方式是分子的长链楔入滤饼的孔隙中;另一种方式是长链分子卷曲呈球状,堵塞滤饼的微孔隙,使滤饼薄而致密,从而降低滤失量。

常用的降滤失剂有 Na - CMC(羧甲基纤维素钠盐)、SMP(磺化酚醛树脂)、NH_4HPAN(水解聚丙烯腈铵盐)、Na - HPAN(水解聚丙烯腈钠盐)、Ca - HPAN(水解聚丙烯腈钙盐)、SPNH(磺化褐煤树脂) 及 PAC 系列产品。

5. 滤失量的测量及要求

室内及现场测定滤失量通常有下面两种。

(1) 静滤失量

静滤失量即常称的API滤失量,用API滤失量仪测定,是在常温、0.7 MPa压差下测量30 min所得的滤液体积(mL)。为了节省时间,通常将7.5 min内测得的滤失量值乘以2即得API滤失量。

在钻井过程中,不同时期及不同地层对API滤失量的要求不同。对上部地层及坚固地层滤失量可以放宽些。对易坍塌地层,则滤失量控制低些。而钻油气层时,API滤失量不能高于5 mL。

(2) 高温高压滤失量

为了模拟地层的温度、压力条件,必须使用高温高压滤失量仪测量钻井液的高温高压滤失量。规程要求试验在150 ℃温度、3.5 MPa压差下30 min所测得的滤失量值乘以2即得高温高压滤失量。有时所钻的井比较浅,井底温度较低,只要测定井底温度、3.5 MPa压差下30 min的滤失量值乘以2即可。对高温高压滤失量要求的原则同API滤失量,在钻油气储层时,高温高压滤失量不得大于15 mL。

3.4 常用钻井液简介

3.4.1 钻井液体系的选择

钻井液设计是钻井工程设计的重要组成部分,也是钻井液现场施工的依据。钻井中出现的各种复杂情况都可能直接或间接与所用的钻井液有关,因此设计合理的钻井液体系是成功地进行钻井和降低钻井费用的关键。

1. 选择钻井液体系的基本准则

迄今为止,还不存在一种任何情况下均适用的钻井液。因此必须根据井的类别和地层等情况,在综合考虑各方面的因素之后,对一口井所使用的钻井液体系分段进行合理的选择。在选择体系应用于现场之前,应首先进行大量的室内试验,以充分验证其适用性和可行性。同时也应借鉴临井经验,主要应考虑的各种因素有:井下安全;是否钻遇岩盐、石膏层;井下温度和压力;环境保护;井漏;泥页岩层稳定性;井眼轨迹;压差卡钻;储层损害;测井要求;钻井液成本。

2. 根据油气井的类型选择体系

(1)区域探井和预探井

钻该类井的主要目的是及时发现油气层位。由于井下地质情况尚不完全清楚,必须选用不影响地质录井并有利于发现产层的钻井液体系,即要求钻井液的荧光度和密度要低,因此对这类井的钻井液一律不得混入原油和柴油。为维护这类井钻井液的低密度和低固相,应尽量使用不分散聚合物钻井液。

(2)生产井

生产井是用来开发油田的,以获取高产、稳产为目的。它是在已经掌握井下地质情况,并有其他参照井钻穿整个地层的成功经验的情况下进行施工的,因此对这类井钻井液的要求,主要是保护好油气层和提高钻速。固相含量及固相颗粒的分散程度是影响钻速的重要因素,因此,对于生产井,在上部地层多采用不分散聚合物钻井液,钻至油层时再换用相适应的完井液以保护产层。

(3)调整井

调整井的主要特点是地层压力高,其原因多是因油层长期注水导致地层的复杂性而造成的。因此,该类井的钻井液密度常需高达2 000 kg/m^3 以上,最高可达2 700 kg/m^3。这样高的密度给钻井液的配制和维护带来较大的困难,为了提高固相容量限,一般多选用分散钻井液体系,必要时也可选择油基钻井液。

(4)超深井

超深井的特点主要是高温和高压。因此,对其钻井液的基本要求是:热稳定性好,即经高温作用一定时间之后,性能不发生明显变化;高温对性能的影响较轻,即高温下的性能与常温性能的差别不宜过大;高压差下泥饼的可压缩性好等。为适应以上需要,必须使用抗温能力强的处理剂和钻井液体系。除选用油基钻井液最为理想外,目前国内对付超深井最有效的水基钻井液是分散型的三磺钻井液体系。近年来又进一步发展成聚磺钻井液体系,该类钻井液兼有聚合物钻井液和三磺钻井液的一般优点,用于该类井中既可显著提高钻井速度和井壁稳定性,又能有效地减少卡钻事故的发生。

(5)定向井和水平井

定向井和水平井的主要特点是井眼倾斜,甚至与地面平行。在钻进过程中钻具与井壁的接触面积大、摩阻高,极易发生卡钻。与直井相比,不平衡水平应力和井壁围岩应力对井壁的稳定性更加不利,并且由于井斜段岩屑床的形成,该类井的携屑问题比较难以解决。针对这些情况,必须采取比直井要求更高的防塌、防卡和携屑等技术措施。

近年来,我国钻定向井的数量大幅度增长,已研究成功多种适合各油田地质特点和不同井斜的防塌钻井液,如阳离子聚合物钻井液和钾石灰反絮凝钻井液等,较好地解决了因井斜而加剧的井塌问题。

3. 根据地层特点选择体系

(1)盐膏层

如钻遇很薄的盐膏层或盐膏夹层,常常因可溶性盐的侵入而引起钻井液性能发生不符合施工要求的变化。有两种处理方法:一种是选用抗盐、抗钙的添加剂及时进行维护处理,使钻井液维持设计所要求的各项性能;另一种办法是在进入盐膏层前将钻井液转化为盐水体系。

如果属厚的复杂盐膏层，此时极易发生缩径、卡、塌等一些严重问题。为了避免这些问题的发生，一项较有效的措施是选用油基钻井液；另一措施是选用饱和盐水钻井液，比如用加有磺化沥青、磺化酚醛树脂和聚合物的饱和盐水钻井液。钻进大段盐膏层和层理裂隙发育的含石膏泥页岩地层时，可较好地解决因盐溶或泥页岩夹层水化膨胀而引起的井塌和卡钻。

(2)易塌地层

易坍塌页岩地层的井壁稳定问题是至今尚未完全解决的一大技术难题。由于页岩类型和引起坍塌的原因差别较大，不能设想用某一种钻井液体系就能解决所有井塌问题，况且很多情况下主要是由于地层原始应力等力学因素引起井壁失稳，因此仅依靠钻井液的抑制性来解决井壁稳定问题的想法也是不现实的。解决该问题的正确途径是，首先从分析不稳定地层矿物组分与结构特征入手，找出井壁失稳的原因；然后通过认真分析各种钻井液体系及其处理剂与稳定井壁的关系，确定防塌的对策和具体措施。

近年来我国在防塌钻井液的研究方面取得了较大进展，不断加深了对井壁失稳机理的认识，初步解决了不稳定页岩层的钻井问题。对如何根据地层特点确定钻井液方案有如下认识：

①对于强分散高渗透性的砂泥岩地层，应采用强包被的聚合物钻井液。

②对于硬脆性页岩及微裂缝发育的易塌层，应选用沥青类处理剂以封堵层理和裂隙，并起降低高温高压(HTHP)滤失量和泥饼渗透性的作用。

③对于存在混层黏土矿物的易塌层，必须选择抑制性强的钻井液，如钾基(或钾胺基)聚合物钻井液、钾石灰钻井液和阳离子聚合物钻井液等，并最好加入封堵剂。

④对于用水基钻井液难以对付的易坍塌层，可使用平衡活度的油基钻井液。

⑤井塌常发生在有异常压力存在或构造应力发育的地带，因此应根据裸眼井段最高的地层压力系数确定钻井液密度，防止负压钻井。

(3)漏失地层

对于容易发生钻井液漏失的地层，应采取以防漏为主的措施。比如，当钻遇低压裂缝性易漏地层时，应根据地层压力系数的不同，分别选用密度小于1 000 kg/m^3 的泡沫钻井流体、充气钻井液和水包油乳化钻井液，以及密度小于1 100 kg/m^3 的水基钻井液，以避免因钻井液密度过大而引起漏失。如果我们预先知道在某一层位会发生较严重漏失，则应尽可能使用组成简单、成本低的钻井液，待钻穿漏失层后再及时采取堵漏措施。

(4)易卡钻地层

压差卡钻多发生在易形成较厚泥饼的高渗透性地层，如粗砂岩地层等。这类地层一般对钻井液有下述要求：

①减小压差是防卡的有效措施，因此要求钻井液要有合理的密度。

②固相含量应尽可能低，特别是无用低密度固相的体积分数不得超过0.06。

③应根据钻井液类型的不同，选择有效的润滑剂，对探井、资料井，应选择对地质录井资料没有影响的无荧光润滑剂。

④应储备足够的解卡剂，一旦发生卡钻，可及时浸泡解卡。

4. 根据储层性质选择体系

由于各种储层的性质相差很大，损害机理也各不相同，因此打开油气层的钻井完井液的设计工作，必须按照目前已经建立的评价储层损害的一套试验方法去进行，然后在此基础上优选出最有利于保护储层的体系和配方。

3.4.2 钙处理钻井液

钙处理钻井液是一类以钙离子提供抑制性化学环境的钻井液。常用的钙有三种，石灰、石膏和氯化钙，相应称为石灰钻井液、石膏钻井液和氯化钙钻井液。近年来为了克服石灰钻井液的弱点，采用石灰和 KOH 联合处理，形成了钾石灰钻井液（放在钾基钻井液里介绍）。

1. 原理

加入钻井液中的 Ca^{2+} 交换黏土表面的 Na^+，将钠土转变为钙土，钙土水化能力弱，分散度低，使黏土颗粒形成一定的絮凝状态。钠土转化为钙土的程度取决于吸附 Ca^{2+} 的数量、黏土的阳离子交换容量及滤液中的 Ca^{2+} 的浓度。

另一方面，Ca^{2+} 本身是一种无机絮凝剂，会压缩双电层，使黏土颗粒水化膜减薄，ζ 电位下降，从而引起黏土面-面连接和边-面连接，使黏土分散度下降。

钻井液中加入 Ca^{2+} 的同时，加入铁铬木质素磺酸盐等分散剂，这类分散剂吸附在土粒上会使土粒的水化膜增厚，ζ 电位上升，阻止分散度下降。

于是调节 Ca^{2+} 和分散剂的加量，就可将土粒的分散度控制在适度絮凝的粗分散状态。

2. 石灰钻井液

（1）主要处理剂

丹宁、石灰、烧碱，有时也加入褐煤碱液控制滤失量。此外，还经常使用铁铬木质素磺酸盐作为降黏剂，钠羧甲基纤维素、聚丙烯腈及淀粉作为降滤失剂。国内外将石灰钻井液按石灰含量高低分成高石灰、中石灰和低石灰钻井液，具体配方见有关手册或参考资料。

（2）维护

影响石灰钻井液性能的关键因素是 Ca^{2+} 浓度，可以计算出不同 pH 值的饱和石灰溶液中，游离的 Ca^{2+} 浓度。

调节滤液 pH 值可以大幅度改变滤液中 Ca^{2+} 的浓度，从而对钻井液性能产生显著的影响。实践中一般是加入 NaOH 来调节 pH 值，在饱和石灰水溶液中加入 5.706 g/L 就可以使钙含量由 800 mg/L 降到 70 mg/L，所以 pH 是该类钻井液的关键指标之一。

在维护上必须掌握好几个关键指标。其一是滤液含钙量，应控制在 75 ~ 200 mg/L 范围内。其二是含碱量及游离石灰含量，此指标是保证滤液含钙量的关键因素。游离石灰含量为 6 ~ 8 g/L，若钻井液滤液的酸酞碱度低而游离石灰含量高，则钻井液黏切大、滤失量高；反之则出现钻井液不稳定现象。一般都把石灰钻井液滤液的酸酞碱度控制在 1 ~ 12 mL 之间，以 5 mL 为最佳。其三是要特别注意高温固化问题，当井底温度超过 135 ℃ 时，就不能再使用此种钻井液，若继续使用必须降低石灰和烧碱含量。

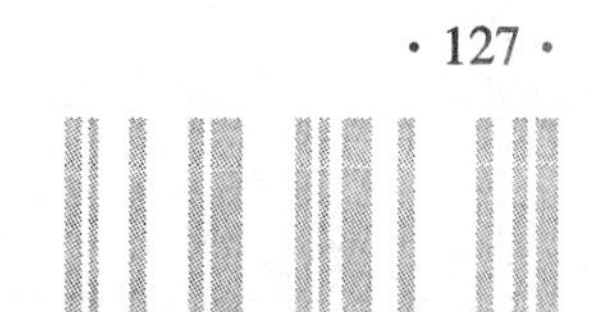

3. 石膏钻井液

(1)与石灰钻井液的区别

石膏钻井液与石灰钻井液的区别主要有：

①石膏的溶解度比石灰大得多,因此石膏钻井液比石灰钻井液含 Ca^{2+} 量高而碱度低,因而可以增加其对黏土的抑制效果。

②当钻遇大段石膏时,适合使用这种钻井液。因为它可以限制石膏层的溶解。

③只要固相含量控制在所要求的范围内,它比石灰钻井液的抗盐能力强。

④因为其碱度低,这种钻井液对高温固化的敏感性比其他钙处理钻井液低。

(2) 钻井液类型

石膏钻井液的主要类型有：

①混合剂-石膏钻井液。混合剂由褐煤、烧碱、丹宁、纯碱及水组成,比例为 5∶4∶1∶5∶25。

②FCLS-石膏钻井液。钻井液用铁铬木质素磺酸盐作为稀释剂,钠羧甲基纤维素作为降失水剂。

4. 褐煤-$CaCl_2$ 钻井液

(1)原理

这种钻井液在组成上有一个突出特点,就是褐煤加得多,约占整个钻井液体积的 50% 以上,大量的腐植酸与溶液中的 Ca^{2+} 发生不溶性腐植酸钙沉淀。这种沉淀物一方面使泥饼变得薄而致密、改善泥饼、降低失水,其作用与膨润土相似;另一方面,起 Ca^{2+} 储备库的作用,使滤液中的 Ca^{2+} 浓度一直维持在 200 mg/L 的水平。当滤液中 Ca^{2+} 消耗后,腐植酸钙分解释放出 Ca^{2+},随时补充 Ca^{2+},从而保证钻井液的抑制能力和流变性能保持稳定。

(2)维护

由于 $CaCl_2$ 的溶解度很大,此类钻井液中的 Ca^{2+} 浓度高达 3 000 ~ 4 000 mg/L,称为"高钙钻井液",这是与前面两种钙处理钻井液的不同之处。因此,它具有更强的稳定井壁及抑制泥页岩坍塌及造浆的能力,但性能控制的难度较大,可采用钠羧甲基纤维素控制滤失量,以铁铬木质素磺酸盐或褐煤降低黏切,以石灰调节钻井液 pH 值。

维护好此种钻井液的关键在于 $CaCl_2$ 与煤碱剂的比值,一般维持在(1 ~ 1.1)∶100 为最佳。

3.4.3 含盐钻井液

1. 定义和分类

凡含盐超过 1.0×10^4 mg/L(氯离子含量为 6 000 mg/L)的钻井液统称为含盐钻井液。它包括三种类型：

①盐水钻井液。其含盐量自 1% 开始直到饱和以前都属于此类。

②海水钻井液。它是一种由海水配成的含盐钻井液,不仅含有约 3×10^4 mg/L 的盐(NaCl),且含有一定量的 Ca^{2+} 及 Mg^{2+}。

③饱和盐水钻井液。其含盐量已达饱和,即浓度为 3.15×10^5 mg/L 左右(视温度而变化)。

2. NaCl 对钻井液性能的影响

氯化钠对水化膨润土钻井液的影响规律是:随着氯化钠的增加,黏度开始急剧上升,而后下降,最后黏土加到不同浓度的盐水溶液中配成钻井液时,又有所增加;滤失量则是连续增加。若把干黏土加到不同浓度的盐水溶液中配成钻井液时,黏度即随含盐量的增加开始持续下降,而后基本上保持不变;滤失量则大幅度地持续上升,这是由于膨润土在盐水中不水化分散而造成的。由此可以说明含盐钻井液能有效地抑制泥页岩的水化分散作用,具有良好的防塌效果,是抑制性较强的一种钻井液。

除此之外,NaCl 在钻井液中还会引起下述变化:

①降低钻井液的 pH 值。当钠盐增多时,黏土颗粒上的 H^+ 被 Na^+ 置换下来,引起钻井液 pH 值的降低。

②降低化学处理剂的溶解度和效能。

③引起钻具等设备的腐蚀。

④引起钻井液产生泡沫。

3. 处理剂的选择

(1)护胶剂的选择

试验表明,除了煤碱剂外,只要选用合适的碱比及足够的加量,采用钠羧甲基纤维素、聚丙烯腈、羟乙基皂角胶及铁铬盐,都可以成功配制滤失量符合实际使用要求的各种不同盐度、甚至饱和的盐水钻井液。

(2)配浆土选择

配浆土最好选用抗盐黏土(如海泡石、凹凸棒土),这类土在盐水中可以很好地分散而获得较高的黏度和切力。若采用膨润土就必须先在淡水中预水化,加入所需的处理剂后再加盐,用抗盐黏土配制盐水泥浆则比较简单。

4. 优点

①抗盐抗钙能力强,适用于钻含盐地层和深井。

②可有效地抑制泥页岩水化,防止井塌。

③有效地抑制地层造浆,钻井液性能稳定,流动性好。

④对油层损害小。

3.4.4 钾基钻井液

钾基钻井液是以各种钾盐为主处理剂的水基钻井液。国内外实践表明钾基钻井液可使井壁稳定、井下安全,具有明显的防塌效果。

1. 钾基钻井液类型与成分

(1)KCl-聚合物钻井液

这是最早使用的一类钾基钻井液。用 KCl 提供 K^+ 以抑制泥页岩水化,用聚合物和预水化膨润土作为增黏剂,以使钻井液具有一定的黏度和切力。许多高分子聚合物都可以与 KCl 配制钾基钻井液。常用的聚合物有 XC-多糖聚合物和聚丙烯酰胺及其衍生物,二者可分别使用,也可复配使用。在这类钻井液中,应加入一定数量的预水化膨润土,用淀粉或钠羧甲基纤维素控制失水量,控制 pH 值不使用 NaOH,而使用 KOH。

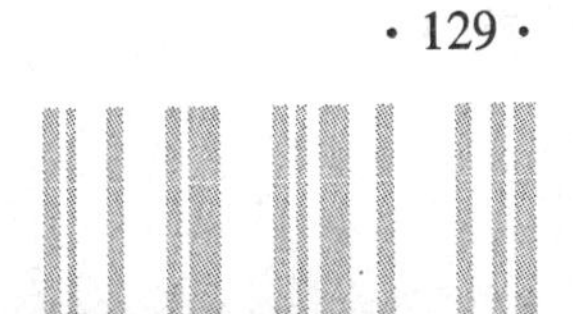

此类钻井液虽然具有较强的页岩保护作用，但也有一定的缺点，它的抗温能力仅150 ℃（KCl-生物聚合物钻井液抗温不超过120 ℃），抗黏土侵的能力较差，钻井液的流变性能和滤失量不好控制，因此，不适于高比重和超深井时使用。

（2）KCl分散型钻井液

它是一种具有中等pH值的钻井液，与前类相似，只是多使用了降黏剂以提高容量限，既可加重到更高的密度，而又具有良好的流变性能。一般使用木质素磺酸盐作为降黏剂以改善高固相含量下的流变特性及泥饼质量。这类钻井液由于增加了分散型降黏剂，降低了对页岩的包被作用及抑制水化的效能，故其防塌效果不如前者。另一个特点是可抗更高的温度及容许更高的Ca^{2+}、Mg^{2+}盐含量，更适合于钻含钙盐地层，如无水石膏及高浓度的盐水层等。

（3）KOH-褐煤钻井液

此种钻井液的特点是通过使用KOH，不但可提供K^+及调节pH值，而且使褐煤中不溶于水的腐植酸形成钾盐，便于溶解而起到应有的作用。其次，它的抗温能力更强，这是由于使用了耐温的腐植酸盐。它也属于分散型钻井液，可容纳更高的固相含量，可达到更高的钻井液密度，且具有较好的流变特性。

若需提高携带岩屑能力，可以使用聚合物以提高动切力和黏度以及更好地控制滤失量。由于KOH用量受钻井液pH值限制，只要Cl^-含量不超过要求，也可使用少量KCl以补充K^+的不足。

（4）KOH-木质磺酸盐钻井液

以KOH为K^+来源的防塌钻井液，它是由木质素磺酸盐抑制钻井液发展而成的。由于引入了K^+，其抑制能力很强。其特点是抗盐能力更强。若需要较低的滤失量或更好的携带岩屑能力，也可加入降滤失剂及流型调整剂。

用好该体系的关键是在体系内保持足够量的K^+，并保证在钻进过程中K^+及时与页岩作用。

（5）钾石灰钻井液

钾石灰钻井液是在石灰钻井液基础上发展起来的一种更有效的防塌钻井液。由于石灰钻井液存在着许多缺点，如高温固化、pH值过高以及过多的Na^+含量，特别使用了强降黏剂，对防塌十分不利。因此，国外通过研究与实践而形成了这种新的石灰防塌钻井液体系，其全名为钾-改性淀粉处理的石灰钻井液（KIM）。这种钻井液的关键在于：

①石灰-改性淀粉取代铁铬木质素磺酸盐，其功能有：对石灰钻井液具有降黏作用；与木质素磺酸盐相比，不易使黏土分散；增加来自石灰的钙溶解度；吸附在页岩上增加井眼稳定性，并可减少岩屑的分散；克服石灰钻井液的高温固化问题。

②用KOH取代NaOH，其优点在于：提高K^+的含量，有利于防塌；可进一步降低钻井液中的Na^+含量，消除其不利影响；褐煤也可起到类似聚合物促进页岩稳定的作用。

③保留Ca^{2+}有利于防塌。

2. 防塌机理

（1）K^+的作用

在易水化膨胀的蒙脱石黏土矿物中，每一个晶胞都是由两个硅氧四面体片夹一个铝氧八面体片组成。裸露在晶胞表面的是硅氧四面体的六角环形氧原子层,其内切圆直径为0.28 nm,K^+的直径是0.266 nm,而且K^+比其他可交换性阳离子有更强的吸附能力,所以,K^+极易把黏土表面的其他阳离子置换出来而吸附在黏土表面。

①K^+吸附能力强,但水化差,吸附在黏土表面后,嵌入黏土晶格,因而它比其他阳离子更靠近黏土负电荷中心,降低了黏土的负电位,而钾离子本身又是水化很差的离子,于是降低了黏土的水化能力。

②K^+嵌入黏土晶格,增强了晶层间的连接力,使黏土不易膨胀分解。

③K^+嵌入黏土晶格,使黏土层面形成封闭结构,防止黏土表面水化。

(2)聚合物的作用

钾盐钻井液中的聚合物是絮凝剂而不是分散剂,聚合物吸附在黏土表面,包住黏土颗粒,从而起到封闭隔水作用,抑制黏土的水化。钾褐煤还可提供K^+,使泥饼致密坚韧,降低钻井液滤失量,从而起到保护泥页岩、防止井塌的作用。

钾石灰钻井液主要用来对付非高度膨胀性页岩,其原理是:对于非膨胀性页岩,其水化程度较低的黏土片间距为1.5 nm,比水化了的Ca^{2+}小而比K^+大得多,因此Ca^{2+}不能进入土片之间,它优先吸附在黏土颗粒表面上,占去交换位置,减少K^+的消耗,使K^+能更多地进入黏土晶格内,而起到更好的防塌作用;其次Ca^{2+}可与页岩中的二氧化硅和铝反应而形成不能膨胀的钙铝硅酸盐。

3.4.5 聚合物钻井液

聚合物钻井液是20世纪60年代以后发展起来的钻井液体系。广义上讲,凡是使用线型水溶性聚合物做处理剂的钻井液体系都可称为聚合物钻井液。按照聚合物品种可分为单一丙烯酰胺类聚合物钻井液、多种大金属盐复配聚合物钻井液、阳离子聚合物钻井液和两性复合离子聚合物钻井液。

1. 不分散低固相聚合物钻井液

不分散低固相钻井液包括两个基本要求,即“不分散”和“低固相”。“不分散”是指钻井液中包含的各种固相粒子的粒度分布,一直保持在所需的范围内,不再进一步分散;钻井液对新钻出的岩屑也应起抑制其分散的作用。“低固相”则意味着钻井液中低密度固相,特别是活性固相的含量较低。

“不分散”的目的是要尽量减少小于1 μm颗粒的含量,以便保持优良的钻井液性能,减少细小颗粒对钻速的不良影响。“低固相”则要求“包被”所有的钻屑,阻止其分散变细,以便在地面清除,不至于因钻屑混入引起钻井液中低密度固相含量增加,使钻速降低。“不分散”是手段,“低固相”才是目的。

(1)性能指标

不分散低固相钻井液的性能要达到一定的标准才能达到钻速快和井眼净化等目的。

①固相含量(主要指低密度固体——膨润土和钻屑,不包括重晶石),一般不超过5%(体积比),大约相当于密度小于1 030 kg/m^3。这是不分散低固相的核心目标,是提高钻速的关键,因此,必须尽力做到。

②岩屑与膨润土含量之比(以亚甲蓝法测定数值为准)不超过2∶1。实践证明,虽然

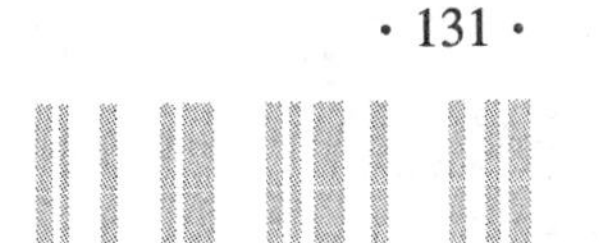

钻井液中的固相是越少越好，但是完全不要膨润土，则不能建立钻井液所必需的各种性能，特别是不能保证净化井眼所必需的流变性能，以及保护井壁和减轻油层污染所必需的造壁性能。

因此，必须有一定量的膨润土。其用量以保证建立上述各项钻井液所必需的性能为准，越低越好。一般认为，不能少于1%，1.3% ~1.5%比较合适。钻屑的量当然最好为零，但实践证明，在钻井过程中要做到钻屑绝对不分散、全部被清除并不现实。钻屑量不超过膨润土的2倍是实际中可以接受的范围。

③动切力(Pa)与塑性黏度(MPa·s)比值为0.48。这是为了满足低返速(如0.6 m/s)带砂的要求，保证钻井液在环空中实现平板型层流而规定的。

④对非加重钻井液来说，动切力应维持在1.5 ~3 Pa。动切力是钻井液携带岩屑的关键因素，为保证钻井液具有较强的携带能力，仅仅控制动塑比是不够的，首先必须满足动切力的要求才有意义。研究表明，动切力与岩屑输送速度，不是直线关系，在特定条件下，以维持在1.5 ~3 Pa最为合理。

⑤滤失控制应具体情况具体分析。在稳定地层，应适当放宽，以利提高钻速；在坍塌地层应当从严，钻入油层后，为减轻污染也应控制得尽量低些。

⑥优选流变参数，一般要求非结构黏度 $\mu_{\infty}=3\sim6$ MPa·s，剪切稀释指数 $I_{m}=300\sim600$，卡森(Casson)动切力 $\tau_{c}=0.3\sim1.5$ Pa，以便充分发挥喷嘴水马力，提高钻速。

(2)主要处理剂

配制和维护不分散低固相钻井液的关键是选好、用好合适的处理剂。目前国内外常用的主要处理剂有三大类：

①聚丙烯酰胺及其衍生物。80A系列是以丙烯酸 、丙烯酰胺为单体实施水溶液聚合，按自由基聚合的反应机理合成二元共聚物。通过调节单体配比，控制反应温度和引发剂用量以及改变体系pH值等方法，可合成一系列特征黏度不同的共聚物。

SK系列是由丙烯酰胺、丙烯酸、丙烯磺酸钠、羟甲基丙烯酰胺共聚而成。

PAC系列是具有不同取代基的乙烯基及其不同盐类的共聚物。分子链上含有不同数量的羧基、羧钠基、钾基、钙基、氨基、腈基、磺酸基等。

②醋酸乙烯酯-顺丁烯二酸酐的共聚物。

③生物聚合物。

(3)主要特点

①可以大幅度提高钻井速度。

②固相含量低，又对泥页岩和黏土具有不分散作用，可以保持井壁的稳定，并可防止泥浆黏土侵。

③密度低、固相含量低，对油、气层损害较轻。

④有剪切稀释效能，携带岩屑能力强。

⑤润滑性好，减少了黏附卡钻。

2. 阳离子聚合物钻井液

泥页岩中黏土矿物带负电荷是引起黏土矿物水化分散，进而引起井下复杂情况的一个重要原因，如果能中和或减小黏土负电荷量，黏土水化分散必然能得以控制。阳离子聚合物钻井液正是针对稳定黏土、防止黏土水化分散而设计的。其主要原理是:由于阳离子聚合物分子中带有大量的正电荷,能够中和黏土表面的负电荷,降低黏土的水化和运移;同时,大分子阳离子聚合物还能包被岩屑,防止其分散,从而抑制地层造浆。实践表明,阳离子聚合物稳定黏土能力强、加量少、效能高,适用于各种地层,具有良好的流变性和良好的稳定井壁作用。

这种钻井液主要处理剂有两个:

①黏土稳定剂(小阳离子)。目前使用较多的黏土稳定剂是环氧丙基三甲基氯化铵(简称小阳离子,代号NW-1)。小阳离子分子量小,并带有正电荷,易吸附于黏土表面,并进入到黏土晶层间,取代可交换性阳离子而吸附于其中。而其吸附分子处的表面是含有碳氢基团的憎水表面,有利于阻止水分子的进入,故能有效地抑制黏土的水化膨胀和分散。还因有机阳离子基团与黏土之间的静电吸附,其吸引力很强,不易被脱附,表现出比钾离子有更强的吸附作用。

②包被絮凝剂(大阳离子)。在阳离子聚合物中季铵盐产品较多,稳定性强,不受pH值的影响,目前常用聚胺甲基丙烯酰胺(简称大阳离子)作为黏土包被抑制剂。

由于大阳离子的大分子链上含有正电荷基团,在与黏土的作用中,除氢键作用外,主要为黏土表面的负电荷与聚合物分子链上的正电荷之间的静电作用,以及大分子的包被和桥接作用,因而显示出更强的包被抑制能力。

阴离子聚合物与钙、镁、铁等高价金属离子的污染很敏感,而阳离子聚合物则表现出对高价金属离子具有特殊的稳定性,这是阴离子聚合物无法比拟的一个特点。

目前,阳离子聚合物钻井液主要有无黏土体系和有黏土体系。

3. 两性复合离子聚合物钻井液

实践表明,配制出性能良好的不分散低固相钻井液并不难,但在造浆井段长时间维护低固相却很难。关键问题是常规稀释剂在降低结构黏度的同时,使其非结构黏度增加,同时使钻井液抑制能力削弱,黏土分散变细。为此,人们进行深入研究,按能有效降低钻井液结构黏度、能使非结构黏度也有所下降和能增强体系的抑制能力三点要求,研制出了两性复合离子聚合物,相应地设计出了两性复合离子聚合物钻井液体系。

两性复合离子聚合物降黏剂的分子结构特点是:分子量较小(小于10 000);分子链中同时具有阳离子基团(10% ~40%)、阴离子基团(20% ~60%)和非离子基团(0 ~40%),属线性两性复合离子聚合物。

一般降黏剂会促使岩屑分散,两性复合离子聚合物降黏剂,不仅对岩屑的水化分散作用有一定的抑制能力,而且由于其分子中含有阳离子基团,能与黏土发生离子型吸附。尽管其吸附基团比例较小,但却能有效吸附于黏土表面。因此,这类处理剂有更好的降黏效果,同时兼有降滤失作用。在低浓度时,效果更为突出,用量少而效能高,可以同时大幅度地降低结构黏度和非结构黏度。特别是非结构黏度很低,有利于流变参数优选,是一种比较理想的不分散钻井液处理剂。

3.4.6 油基钻井液

油基钻井液是指以油作为连续相的钻井液。早在20世纪20年代人们就曾使用原油

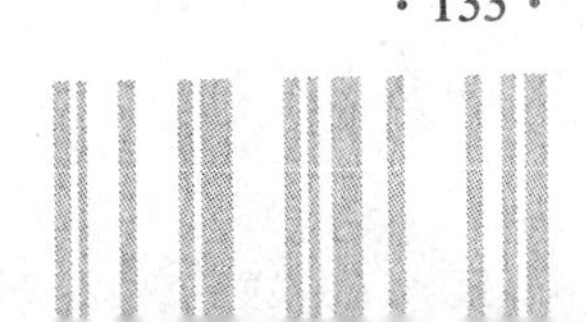

作为钻井液以避免和减少钻井中各种复杂情况的发生，但在实践中发现使用原油的缺点是:切力小，难以悬浮重晶石;滤失量较高;原油中的易挥发组分容易引起火灾等。于是后来逐渐发展成为以柴油为连续相的两种油基钻井液——真油基钻井液和油包水乳化钻井液。前者又称为普通油基钻井液，其中水是无用的组分，含水量不应超过10%;而后者的含水量一般在10% ~60%范围内，水作为必要组分均匀地分散在柴油中。

与水基钻井液相比较，油基钻井液具有能抗高温、抗盐侵、有利于井壁稳定、润滑性好和对油气层损害程度小等多种优点，目前已发展成为钻高难度的高温深井、大斜度定向井、水平井和各种复杂地层的重要手段，并且还可广泛地使用低胶质油包水乳化钻井液。为适应海洋钻探的需要，从20世纪80年代初开始，又逐步推广了低毒油包水乳化钻井液。

由于目前普通油基钻井液已较少使用，因此通常所说的油基钻井液主要指以柴油或低毒矿物油(白油)作为连续相的油包水乳化钻井液。

油包水乳化钻井液是以水滴为分散相，油为连续相，并添加适量的乳化剂、润湿剂、亲油胶体和加重材料等所形成的稳定的乳状液体系。

(1)基油

目前普遍使用的基油为柴油和各种低毒矿物油。

(2)水相

淡水、盐水或海水均可用做水相，但通常使用含一定量 $CaCl_2$ 或 NaCl 的盐水，其主要目的是为了控制水相的活度，以防止或减弱泥页岩的水化膨胀，保证井壁稳定。

(3)乳化剂

为了形成稳定的油包水乳状液，必须正确地选择和使用乳化剂。在乳化剂中，属于阴离子型表面活性剂的都是有机酸的多价金属盐(钙盐、镁盐等)，而不是单价的钠盐或钾盐。

一元金属皂的分子中只有一个烃链，这类分子在油水界面上的定向排列趋向于形成一个凹形油面，因此有利于形成O/W型乳状液;而二元金属皂的分子含有两个烃链，它们在界面上的排列趋向于形成一个凸形油面，有利于形成W/O型乳状液。这种由乳化剂分子的空间构型决定乳状液类型的观点在胶体化学中被称为定向楔型理论。

(4)润湿剂

大多数天然矿物是亲水的。当重晶石粉和钻屑等亲水的固体颗粒进入油包水型乳状液时，它们趋向于与水聚集，引起高黏度和沉降，从而破坏乳状液的稳定性。为了避免这些情况的发生，有必要在油相中添加润湿控制剂，简称润湿剂。润湿剂也是具有两亲结构的表面活性剂，分子的一端趋向于溶于油相，而另一端与固体表面有很强的亲和力。当这些分子聚集在油和固相的界面并将亲油端指向油相时，原来亲水的固体表面便转变为亲油，这一过程常被称为润湿反转。虽然用做乳化剂的皂类也能够在一定程度上起润湿剂的作用，但效果毕竟有限。

(5)有机土和氧化沥青

有机土和氧化沥青，以及亲油的褐煤粉、二氧化锰等分散在油包水乳化钻井液油相中的固体添加剂统称为亲油胶体，其主要作用是用做增黏剂、悬浮剂和降滤失剂。

(6)石灰

石灰是油基钻井液中的必要组分,其主要作用有:

①维持油基钻井液中的 pH 值在 8.5 ~ 10 范围内以利于防止钻具腐蚀。

②提供的 Ca^{2+} 有利于二元金属皂的生成,从而保证所添加的乳化剂可充分发挥其效能。

③可有效地防止 CO_2 和 H_2S 等酸性气体对钻井液的污染。在油基钻井液中,未溶 $Ca(OH)_2$ 的量应保持在 0.43 ~ 0.72 kg/m^3 范围内,或者将钻井液的甲基橙碱度控制在 0.5 ~ 1.0 mL/m^3,当遇到 H_2S 或 CO_2 污染时应提至 2.0 mL/m^3。

(7)加重材料

重晶石(硫酸钡)在水基和油基钻井液中,都是最常用的加重材料。对于密度小于 1 680 kg/m^3 的油基钻井液,也可用碳酸钙作为加重材料。虽然其密度比重晶石低得多,但它的优点是比重晶石更容易被油所润湿,而且具有酸溶性,可兼做油基完井液中的暂堵剂。

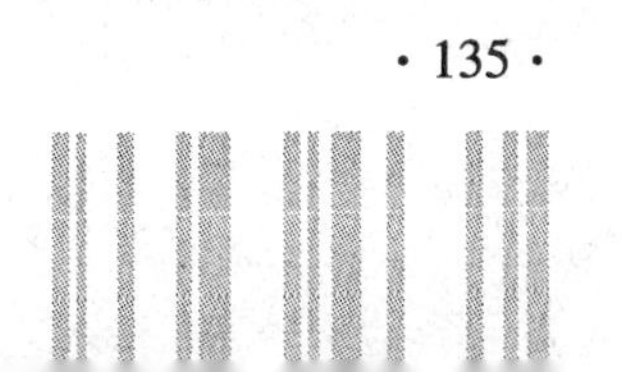

第4章 钻进参数优选

钻井的基本含义就是通过一定的设备、工具和技术手段形成一个从地表到地下某一深度处具有不同轨迹形状的孔道。在钻井施工中,大量的工作是破碎岩石和加深井眼。在钻进过程中,钻进的速度、成本和质量将会受到多种因素的影响和制约,这些影响和制约因素,可分为可控因素和不可控因素。不可控因素是指客观存在的因素,如所钻的地层岩性、储层埋藏深度以及地层压力等。可控因素是指通过一定的设备和技术手段可进行人为调节的因素,如地面机泵设备、钻头类型、钻井液性能、钻压、转速、泵压和排量等。所谓钻进参数就是指表征钻进过程中的可控因素所包含的设备、工具、钻井液以及操作条件的重要性质的量。钻进参数优选则是指在一定的客观条件下,根据不同参数配合时各因素对钻进速度的影响规律,采用最优化方法,选择合理的钻进参数配合,使钻进过程达到最优的技术和经济指标。

4.1 钻进过程中各参数间的基本关系

钻进过程中参数优选的前提是必须对影响钻进效率的主要因素以及钻进过程中的基本规律分析清楚,并建立相应的数学模型。

4.1.1 影响钻速的主要因素

除了前面已经介绍的岩石特性和钻头类型对钻速有重要影响外,钻进过程中的钻压、转速、水力因素、钻井液性能以及钻头的牙齿磨损等也是影响钻速的主要因素。

1. 钻压对钻速的影响

在钻进过程中,钻头牙齿在钻压的作用下吃入地层、破碎岩石,钻压的大小决定了牙齿吃入岩石的深度和岩石破碎体积的大小,因此钻压是影响钻速的最直接和最显著的因素之一。关于钻压对钻速的影响,人们进行了长期的研究工作。油田现场的大量钻进实践表明,在其他钻进条件保持不变的情况下,钻压与钻速的典型关系曲线如图4.1所示。

由图4.1可以看出,钻压在较大的变化范围内与钻速是近似于线性关系的。目前实际钻井中通用的钻压取值一般都在图中 *AB* 这一线性关系范围内变化,这主要是因为在 *A* 点之前,钻压太低,钻速很慢。在 *B* 点之后,钻压过大,岩屑量过多,甚至牙齿完全吃入地

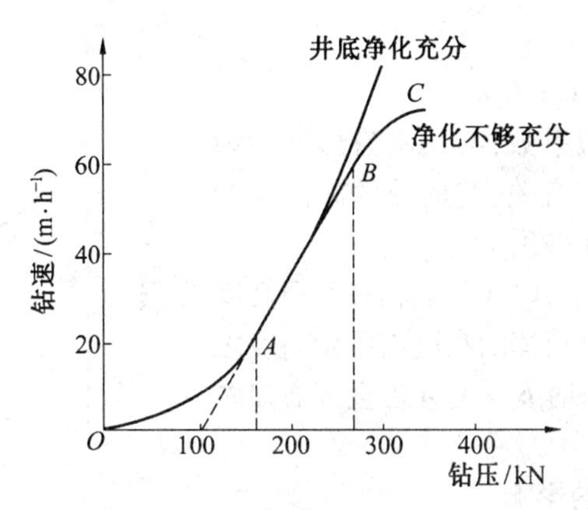

图4.1　钻压与钻速的典型关系曲线

层，井底净化条件难以改善，钻头磨损也会加剧，钻压增大，钻速改进效果并不明显，甚至使钻进效果变差。因而，实际应用中，以图4.1中的直线段为依据建立钻压(W)与钻速(v_{pc})的定量关系，即

$$v_{pc} \propto (W - M) \tag{4.1}$$

式中　v_{pc}——钻速，m/h；

W——钻压，kN；

M——门限钻压，kN。

门限钻压是AB线在钻压轴上的截距，相当于牙齿开始压入地层时的钻压，其值的大小主要取决于岩石性质，并具有较强的地区性。不同地区的门限钻压不可以相互引用。

2. 转速对钻速的影响

转速对钻速的影响是人们早就认识到，并已研究解决了的问题。随着转速的提高，钻速是以指数关系变化的，但指数一般都小于1。其原因主要是转速提高后，钻头工作刃与岩石接触时间缩短，每次接触时的岩石破碎深度减少。这反映了岩石破碎时的时间效应问题。在钻压和其他钻井参数保持不变的条件下，转速与钻速的关系曲线如图4.2所示。其关系表达式为

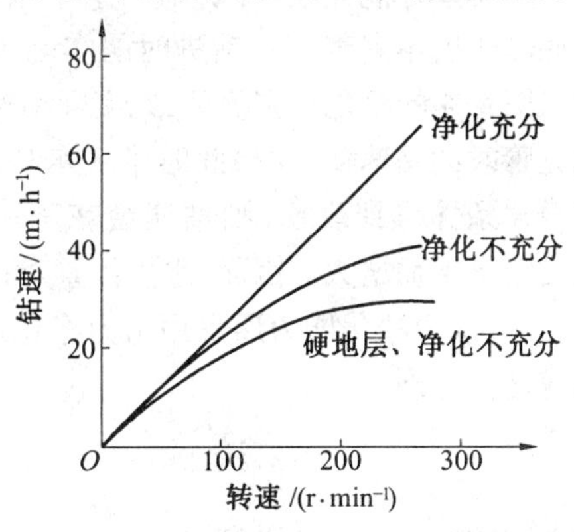

图4.2　转速与钻速的关系曲线

$$v_{pc} \propto n^{\lambda} \tag{4.2}$$

式中　λ——转速指数，一般小于1，数值大小与岩石性质有关；

v——转速，r/min。

3. 牙齿磨损对钻速的影响

钻进过程中钻头在破碎地层岩石的同时，其牙齿也受到地层的磨损。随着钻头牙齿的磨损，钻头工作效率将明显下降，钻进速度也将随之降低，若钻压、转速保持不变，则钻速与牙齿磨损量的关系曲线如图4.3所示。其数学表达式可写成

$$v_{pc} \propto \frac{1}{1 + C_2 h} \quad (4.3)$$

式中　C_2——牙齿磨损系数，与钻头齿形结构和岩石性质有关，它的数值需由现场数据统计得到；

h——牙齿磨损量，以牙齿的相对磨损高度表示，即磨损掉的高度与原始高度之比，新钻头时 $h=0$，牙齿全部磨损时 $h=1$。

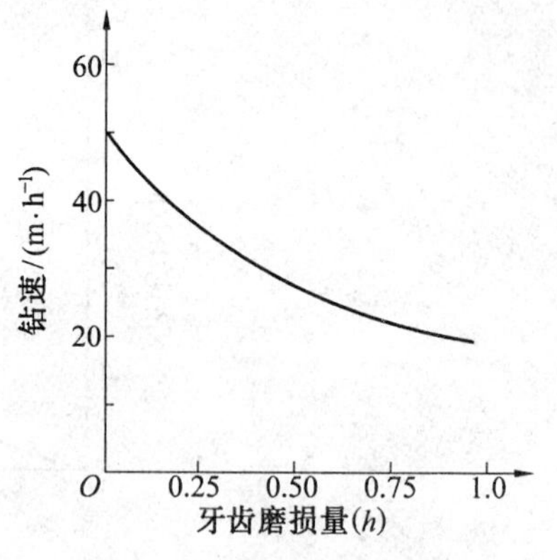

图 4.3　钻速与牙齿磨损量的关系曲线

4. 水力因素对钻速的影响

在钻进过程中，及时有效地把钻头破岩产生的岩屑清离井底，避免岩屑的重复破碎，是提高钻速的一项重要手段。井底岩屑的清洗是通过钻头喷嘴所产生的钻井液射流对井底的冲洗来完成的。表征钻头及射流水力特性的参数统称为水力因素。水力因素的总体指标通常用井底单位面积上的平均水功率（称为比水功率）来表示。1975 年，AMOCO 研究中心发表了钻速与井底比水功率的关系曲线（见图 4.4）。图 4.4 表明，一定的钻速，意味着单位时间内钻出的岩屑总量一定，而该数量的岩屑需要一定的水力功率才能完全清除，低于这个水功率值，井底净化就不完善。若钻进时的实际水力功率落入图 4.4 的净化不完善区，则实际钻速就比净化完善时的钻速低，如果此时增大水功率，使井底净化条件得到改善，则钻速会在其他条件不变的情况下而增大。因而，水力因素对钻速的影响，主要表现在井底水力净化能力对钻速的影响，水力净化能力通常用水力净化系数 C_H 表示，其含义为实际钻速与净化完善时的钻速之比。即

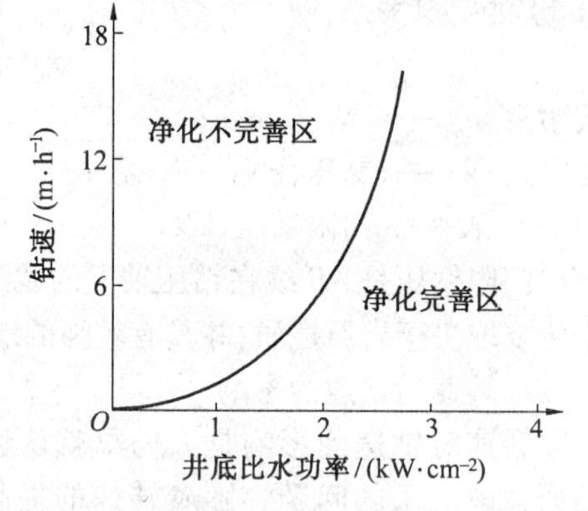

图 4.4　钻速与井底比水功率的关系曲线

$$C_H = \frac{v_{pc}}{v_{pcs}} = \frac{P}{P_s} \quad (4.4)$$

式中　v_{pcs}——净化完善时的钻速，m/h；

P——实际比水功率，kW/cm^2；

P_s——净化完善时所需的比水功率，kW/cm^2，P_s 的值可通过图 4.4 的曲线回归表达式得到，即

$$P_s = 9.72 \times 10^{-2} \times v^{0.31} \quad (4.5)$$

应引起注意的是，式(4.4)中的 C_H 值应小于等于 1，即当实际水功率大于净化所需的水功率时，仍取 $C_H = 1$。其原因是，井底达到完全净化，水功率的提高，不会再由于净化的原因而进一步提高钻速。

水力因素对钻速的影响还表现为另外一种形式，就是水力能量的破岩作用。当水力

功率超过井底净化所需的水功率后,机械钻速仍有可能增加。水力破岩作用对钻速的影响主要表现为使钻压与钻速关系中的门限钻压降低。

5. 钻井液性能对钻速的影响

钻井液性能对钻速的影响规律比较复杂,其复杂性不仅在于表征钻井液性能的各参数对钻速都有不同程度的影响,而且几乎不可能在改变钻井液某一性能参数时不影响其他性能参数的变化。因此要单独评价钻井液的某一性能对钻速的影响相当困难。大量的试验研究表明,钻井液的密度、黏度、失水量和固相含量及其分散性等,都对钻速有不同程度的影响。

(1) 钻井液密度对钻速的影响

钻井液密度的基本作用在于保持一定的液柱压力,用以控制地层流体进入井内。钻井液密度对钻速的影响,主要表现为由钻井液密度决定的井内液柱压力与地层孔隙压力之间的压差对钻速的影响。室内试验和钻井实践证明,压差增加将使钻速明显下降。其主要原因是井底压差对刚破碎的岩屑有压持作用,阻碍井底岩屑的及时清除,影响钻头的破岩效率。在低渗透性岩层内钻进时,压差对钻速的影响比在高渗透性岩层内的影响更大,这是由于钻井液更难以渗入低渗透性的岩层孔,不能及时平衡岩屑上下的压力差。图4.5是在现场钻页岩岩层时,井底压差对钻速的影响曲线。

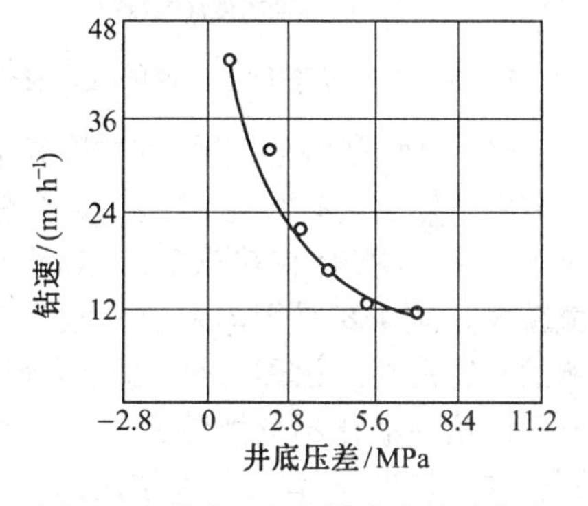

图4.5　井底压差与钻速的关系曲线

鲍格因(Bourgyne A. T) 等人通过对以往的大量试验数据进行分析、处理后指出,压差与钻速的关系在半对数坐标上可以用直线表示,其关系式为

$$v_{pc} = v_{pc0}\,e^{-\beta\Delta p} \tag{4.6}$$

式中　v_{pc}—— 实际钻速,m/h;

v_{pc0}—— 零压差时的钻速,m/h;

Δp—— 井内液柱压力与地层孔隙压力之差, MPa;

β—— 与岩石性质有关的系数。

实际钻速与零压差条件下的钻速之比称为压差影响系数,用 C_p 表示,即

$$C_p = \frac{v_{pc}}{v_{pc0}} = e^{-\beta\Delta P} \tag{4.7}$$

(2) 钻井液黏度对钻速的影响

钻井液的黏度并不直接影响钻速,它是通过对井底压差和井底净化作用的影响而间接影响钻速的。在一定的地面功率条件下,钻井液黏度的增大,将会增大钻柱内和环空的压降,使得井底压差增大和井底钻头获得的水功率降低,从而使钻速减小。由实验得出的钻速随钻井液运动黏度增加而下降的关系曲线如图4.6所示。

(3) 钻井液固相含量及其分散性对钻速的影响

钻井液固相含量的多少,固相的类型及颗粒大小对钻速有很大影响,图4.7是由100

多口实验井的统计资料得到的固相含量对钻井指标的影响曲线。由图可见,钻井液固相含量对钻进速度和钻头消耗量都有严重的影响。因此,应严格控制固相含量,一般应采用固相含量低于4% 的低固相钻井液。

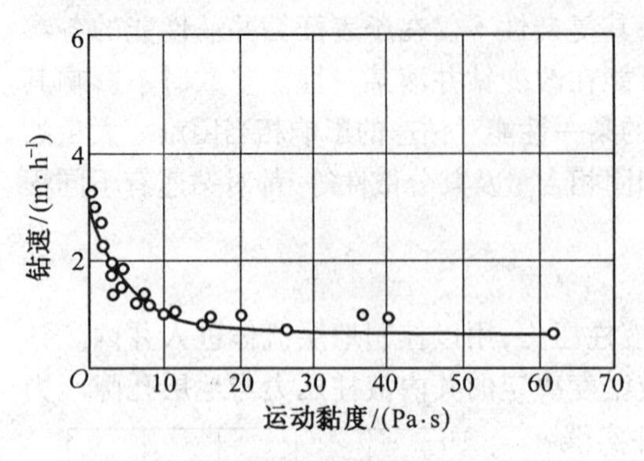

图 4.6　钻井液黏度与钻速的关系曲线

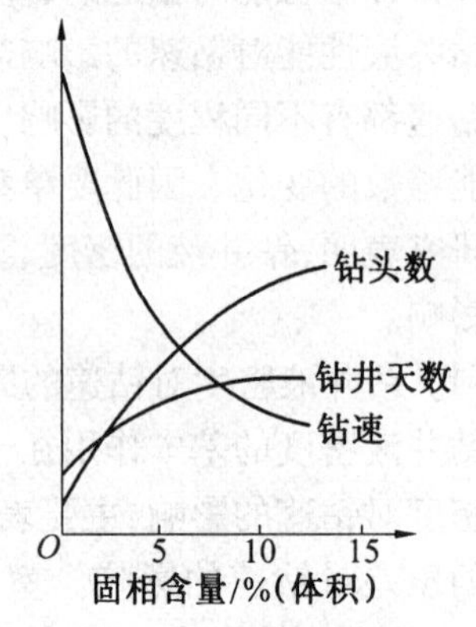

图 4.7　钻井液固相含量对钻井指标的影响

进一步的研究还表明,固体颗粒的大小和分散度也对钻速有影响。实验证明,钻井液内小于 1 μm 的胶体颗粒越多,它对钻速的影响就越大。图 4.8 是固体颗粒分散性对钻速影响的对比曲线。由图可见,固相含量相同时,分散性钻井液比不分散性钻井液的钻速低。固相含量越少,两者的差别越大。为了提高钻速,应尽量采用低固相不分散钻井液。

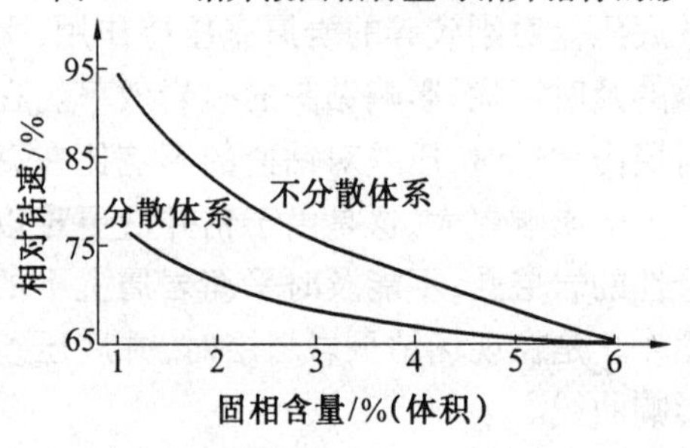

图 4.8　固相含量和分散性对钻速的影响

钻井实践证明,钻井液性能是影响钻速的极其重要的因素。但由于其对钻速的影响机理十分复杂,且钻井液性能常受井下工作条件的影响,难以严格控制,因此,至今没有一个能够确切反映钻井液性能对钻速影响规律的数学模式,作为优选钻井液性能的客观依据。

4.1.2　钻速方程

在以上分析各因素对钻速影响规律的基础上,可以把各影响因素归纳在一起,建立钻速与钻压、转速、牙齿磨损、压差和水力因素之间的综合关系式,即

$$v_{pc} \propto (W - M)\, n^{\lambda} \frac{1}{1 + C_2 h} C_p\, C_h \tag{4.8}$$

引入一个比例系数 K_R,可将式(4.8) 写成等式形式的钻速方程

$$v_{pc} = K_R (W - M)\, n^{\lambda} \frac{1}{1 + C_2 h} C_p\, C_h \tag{4.9}$$

式中　v_{pc}—— 钻速,m/h;

W—— 钻压,kN;

M—— 门限钻压,kN;

n—— 转速,r/min;

K_r,λ,C_2,C_h,C_p,h 为无因次量。

式(4.9) 就是人们常说的修正的杨格(Young F. S.) 模式。1969 年杨格在考虑了钻压、转速和牙齿磨损对钻速影响的基础上,曾提出过一个与上式形式相同,但没有将水力净化系数 C_h 和压差影响系数 C_p 考虑进去的杨格钻速模式。

式(4.9) 中的比例系数 K_R 通称为地层可钻性系数。实际上 K_R 值包含了除钻压、转速、牙齿磨损、压差和水力因素以外其他因素对钻速的影响,它与地层岩石的机械性质、钻头类型以及钻井液性能等因素有关。在岩石特性、钻头类型、钻井液性能和水力参数一定时,式(4.9) 中的 K_R, M, λ, C_2 都是固定不变的常量,可通过现场的钻进试验和钻头资料确定。

4.1.3　钻头磨损方程

钻进过程中,钻头在破碎岩石的同时,本身也在逐渐地磨损、失效。分析研究影响钻头磨损的因素以及钻头的磨损规律,对优选钻进参数、预测钻进指标和钻头工况具有重要意义。对牙轮钻头而言,其磨损形式主要包括牙齿磨损、轴承磨损和直径磨损。以下主要介绍牙轮钻头牙齿磨损和轴承磨损的影响因素及磨损规律。

1. 牙齿磨损速度方程

钻头牙齿的磨损主要与钻压、转速、地层以及牙齿自身的状况等因素有关。钻头牙齿的磨损速度可以用牙齿磨损量对时间的微分 $\mathrm{d}h/\mathrm{d}t$ 来表示。

(1) 钻压对牙齿磨损速度的影响

不同直径钻头牙齿磨损速度与钻压的关系曲线如图 4.9 所示,其关系式为

$$\frac{\mathrm{d}h}{\mathrm{d}t} \propto \frac{1}{Z_2 - Z_1 W} \qquad (4.10)$$

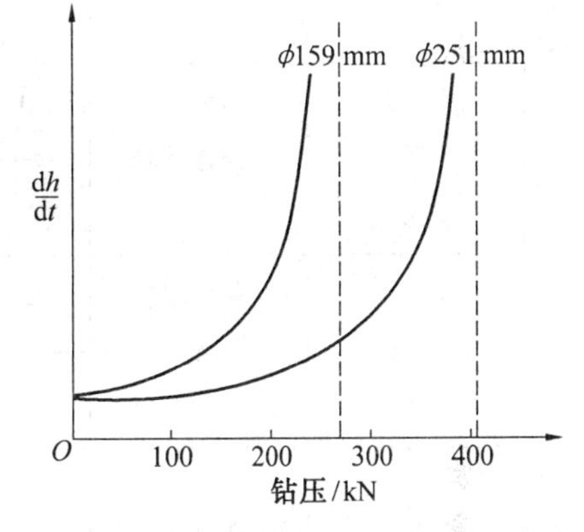

图 4.9　牙齿磨损速度与钻压的关系曲线

式(4.10) 中的 Z_1 与 Z_2 称为钻压影响系数,其值与牙轮钻头尺寸有关。当钻压等于 Z_2/Z_1 时,牙齿的磨损速度无限大,说明 Z_2/Z_1 的值是该尺寸钻头的极限钻压。根据美国休斯公司(Hughes Tool Co.) 的实验数据确定的 Z_1 和 Z_2 的值见表 4.1。

表 4.1　钻压影响系数

钻头直径/mm	Z_1	Z_2
159	0.019 8	5.5
171	0.018 7	5.6
200	0.016 7	5.94
220	0.016 0	6.11
244	0.014 8	6.38
251	0.014 6	6.44
270	0.013 9	6.68
311	0.013 1	7.15
350	0.012 4	7.56

（2）转速对牙齿磨损速度的影响

钻压一定时，增大转速，牙齿的磨损速度也将加快。转速对牙齿磨损速度的影响关系如图 4.10 所示，其关系表达式为

$$\frac{\mathrm{d}h}{\mathrm{d}t} \propto (a_1 n + a_2 n^3) \tag{4.11}$$

式中的 a_1 和 a_2 是由钻头类型决定的系数。不同钻头类型时的 a_1 和 a_2 值见表 4.2。

表 4.2　转速影响系数

<table>
<tr><th>齿形</th><th>适用地层</th><th>系列号</th><th>类型</th><th>a_1</th><th>a_2</th><th>C_1</th></tr>
<tr><td rowspan="12">铣齿钻头</td><td rowspan="4">软</td><td rowspan="4">1</td><td>1</td><td rowspan="2">2.5</td><td rowspan="2">1.88×10^{-4}</td><td rowspan="2">7</td></tr>
<tr><td>2</td></tr>
<tr><td>3</td><td rowspan="2">2.0</td><td rowspan="2">0.870×10^{-4}</td><td rowspan="2">6</td></tr>
<tr><td>4</td></tr>
<tr><td rowspan="4">中</td><td rowspan="4">2</td><td>1</td><td>1.5</td><td>0.653×10^{-4}</td><td>5</td></tr>
<tr><td>2</td><td rowspan="2">1.2</td><td rowspan="2">0.522×10^{-4}</td><td rowspan="2">4</td></tr>
<tr><td>3</td></tr>
<tr><td>4</td><td>0.9</td><td>0.392×10^{-4}</td><td>3</td></tr>
<tr><td rowspan="4">硬</td><td rowspan="4">3</td><td>1</td><td>0.65</td><td>0.283×10^{-4}</td><td>2</td></tr>
<tr><td>2</td><td rowspan="3">0.5</td><td rowspan="3">0.281×10^{-4}</td><td rowspan="3">2</td></tr>
<tr><td>3</td></tr>
<tr><td>4</td></tr>
<tr><td rowspan="20">镶齿钻头</td><td rowspan="4">特软</td><td rowspan="4">4</td><td>1</td><td rowspan="20">0.5</td><td rowspan="20">0.281×10^{-4}</td><td rowspan="20">2</td></tr>
<tr><td>2</td></tr>
<tr><td>3</td></tr>
<tr><td>4</td></tr>
<tr><td rowspan="4">软</td><td rowspan="4">5</td><td>1</td></tr>
<tr><td>2</td></tr>
<tr><td>3</td></tr>
<tr><td>4</td></tr>
<tr><td rowspan="4">中</td><td rowspan="4">6</td><td>1</td></tr>
<tr><td>2</td></tr>
<tr><td>3</td></tr>
<tr><td>4</td></tr>
<tr><td rowspan="4">硬</td><td rowspan="4">7</td><td>1</td></tr>
<tr><td>2</td></tr>
<tr><td>3</td></tr>
<tr><td>4</td></tr>
<tr><td rowspan="4">坚硬</td><td rowspan="4">8</td><td>1</td></tr>
<tr><td>2</td></tr>
<tr><td>3</td></tr>
<tr><td>4</td></tr>
</table>

（3）牙齿磨损状况对牙齿磨损速度的影响

钻头牙齿一般都是顶面积小、底面积大的梯形、锥形或球形齿。牙齿的工作面积随着

齿高的磨损将不断增加，因此当各种钻进参数不变时，牙齿的磨损速度也将随着齿高的磨损而下降。牙齿磨损量与牙齿磨损速度的关系曲线如图4.11所示，其关系式为

$$\frac{\mathrm{d}h}{\mathrm{d}t} \propto \frac{1}{1 + C_1 h} \tag{4.12}$$

式中　C_1—— 牙齿磨损减慢系数，与钻头类型有关，其数值见表4.2。

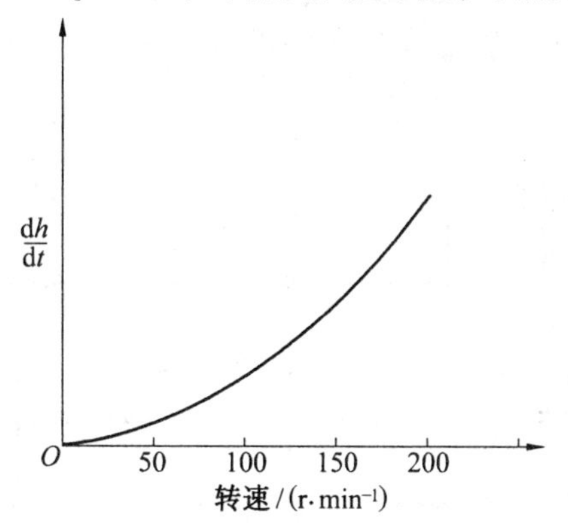

图4.10　转速与牙齿磨损速度的关系曲线

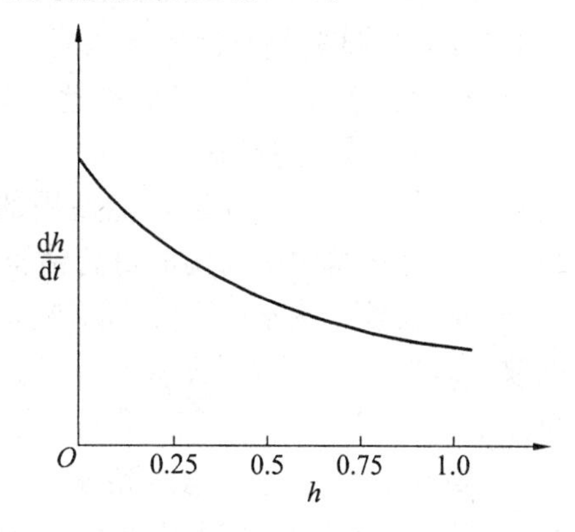

图4.11　牙齿磨损量与牙齿磨损速度的关系曲线

根据上述各关系式，可建立牙齿磨损速度与各影响因素的综合关系式为

$$\frac{\mathrm{d}h}{\mathrm{d}t} \propto \frac{a_1 n + a_2 n^3}{(Z_2 - Z_1 w)(1 + C_1 h)} \tag{4.13}$$

在上式中引入一个比例系数 A_f，可将式(4.13)写成等式形式的牙齿磨损速度方程

$$\frac{\mathrm{d}h}{\mathrm{d}t} = \frac{A_f(a_1 n + a_2 n^3)}{(Z_2 - Z_1 w)(1 + C_1 h)} \tag{4.14}$$

式中　A_f—— 地层研磨性系数，需要根据现场钻头资料统计计算确定。

2. 轴承磨损速度方程

牙轮钻头轴承的磨损量用 B 表示，新钻头时，$B = 0$，轴承全部磨损时，$B = 1$。轴承磨损速度用轴承磨损量对时间的微分 $\mathrm{d}B/\mathrm{d}t$ 表示。

钻头轴承的磨损速度主要受到钻压、转速等因素的影响，根据格雷姆(Graham J. W.)等人的大量现场和室内实验研究，轴承的磨损速度与钻压的1.5次幂成正比关系，与转速呈线性关系。轴承的磨损速度方程可表示为

$$\frac{\mathrm{d}B}{\mathrm{d}t} = \frac{1}{b} W^{1.5} n \tag{4.15}$$

式中　b—— 轴承工作系数，它与钻头类型和钻井液性能有关，应由现场实际资料确定。

4.1.4　钻进方程中有关系数的确定

描述钻进过程基本规律的钻速方程和钻头磨损方程，是在一定条件下通过实验和数学分析处理而得到的。方程中的地层可钻性系数 K_R、门限钻压 M、转速指数 λ、牙齿磨损系数 C_2 以及岩石研磨性系数 A_t 和轴承工作系数 b 与钻井的实际条件和环境有密切关系，需要根据实际钻井资料分析确定。确定各参数的基本步骤是：首先根据新钻头开始钻进时的钻速试验资料求门限钻压、转速指数和地层可钻性系数，然后根据该钻头的工作记录

确定该钻头所钻岩层的岩石研磨性系数、牙齿磨损系数和轴承工作系数。

1. 门限钻压 M 和转速指数 λ 的确定

求取门限钻压和转速指数的基本方法是五点法钻速试验。试验条件为：

① 试验中钻井液性能不变，水力参数恒定，且维持在本地区的通用水平上，以保证试验中 C_p 和 C_h 不变，同时避免水力破岩条件变化对 M 值的影响。

② 在不影响试验精确性的条件下，尽可能使试验井段短一些或试验时间短一些，以保证试验开始和结束时的牙齿磨损量相差很小。

五点法钻速试验的步骤如下：

(1) 根据本地区、本井段可能使用的钻压和转速范围，确定试验中所采用的最高钻压 W_{max} 和最低钻压 W_{min}、最高转速 n_{max} 和最低转速 n_{min}。同时，选取一对近似于平均钻压和平均转速的钻压 W_0 和转速 n_0。

(2) 按照图 4.12 上各点的钻压、转速配合，从第一点(W_0,n_0) 开始，按图中所示的方向，依点的序号进行钻进试验，每点钻进 1 m 或 0.5 m，并记录下各点的钻时，直至钻完第 6 点，完成试验。

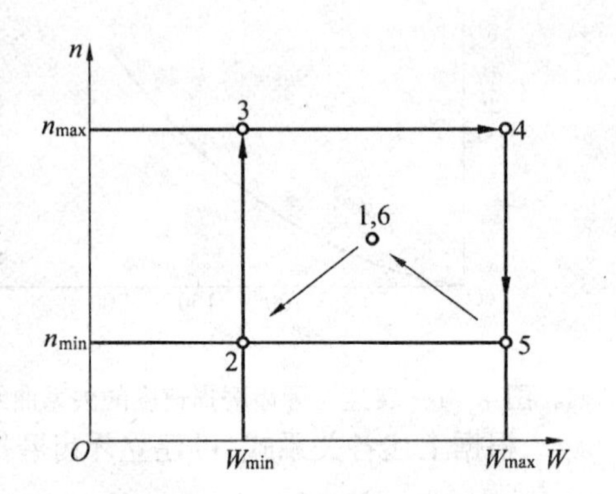

图 4.12　五点法钻速实验

(3) 将试验数据填入表 4.3 中，同时将钻时转换为钻速。

试验中设置同一钻压、转速配合的第 1 和第 6 点，目的在于求取试验的相对误差。试验的相对误差 $\frac{|v_{pc1} - v_{pc6}|}{v_{pc1}}$ 应小于 15%，试验才算成功。

根据试验记录中恒转速下 2,5 两点的试验数据，设置该转速下的门限钻压为 M，由转速方程可得

表 4.3　五点钻速试验记录

实测序列号	钻压	转速 /(r · min^{-1})	钻时 /(s · m^{-1})	钻速 /(m · h^{-1})
1	W_0	n_0	Δt_1	v_{pc_1}
2	W_{min}	n_{min}	Δt_2	v_{pc_2}
3	W_{min}	n_{max}	Δt_3	v_{pc_3}
4	W_{max}	n_{max}	Δt_4	v_{pc_4}
5	W_{max}	n_{min}	Δt_5	v_{pc_5}
6	W_0	n_0	Δt_6	v_{pc_6}

$$v_{pc2} = K_R C_p C_h (W_{min} - M_1) n_{min}^{\lambda} \frac{1}{1 + C_2 h} \tag{4.16}$$

$$v_{pc5} = K_R C_p C_h (W_{max} - M_1) n_{min}^{\lambda} \frac{1}{1 + C_2 h} \tag{4.17}$$

由式(4.16) 除式(4.17) 可消去方程中的不变量，整理可得

$$M_1 = W_{min} - \frac{W_{max} - W_{min}}{v_{pc5} - v_{pc2}} v_{pc2} \tag{4.18}$$

同理,由3,4两点的试验数据,可得该试验转速下的门限钻压 M_2 为

$$M_2 = W_{min} - \frac{W_{max} - W_{min}}{v_{pc4} - v_{pc3}} v_{pc3} \tag{4.19}$$

取 M_1,M_2 的平均值,即为该地层的门限钻压值 M

$$M = \frac{1}{2}(M_1 + M_2) \tag{4.20}$$

同样,根据试验记录中恒钻压条件下的两对试验点,将2,3两点和4,5两点的试验数据,分别代入钻速方程,并消去方程中的不变量。则可获得两个钻压下的转速指数 λ_1 和 λ_2 为

$$\lambda_1 = \frac{\lg(v_{pc2}/v_{pc3})}{\lg(n_{min}/n_{max})} \tag{4.21}$$

$$\lambda_2 = \frac{\lg(v_{pc5}/v_{pc4})}{\lg(n_{min}/n_{max})} \tag{4.22}$$

取 λ_1 和 λ_2 的平均值,即为试验地层的转速指数 λ

$$\lambda = \frac{1}{2}(\lambda_1 + \lambda_2) \tag{4.23}$$

五点法钻进试验求门限钻压和转速指数较适用于钻速较快的地层。对于钻速极慢的地层,可以参考有关资料,采用释放钻压法求门限钻压和转速指数。

2. 地层可钻性系数的确定

根据新钻头的试钻资料,此时牙齿磨损量 $h = 0$,由钻速方程式(4.9)可得

$$K_R = \frac{v_{pc}}{C_h C_p (W - M) n^{\lambda}} \tag{4.24}$$

3. 牙齿磨损系数 C_2 的确定

假定在钻进过程中岩石性质基本不变,各项钻进参数又基本保持一致,起出钻头的牙齿磨损量为 h_f,开始钻进和起钻时的钻速分别为 v_{pc0} 和 v_{pcf},则由钻速方程式(4.9)得

$$\frac{v_{pc0}}{v_{pcf}} = \frac{1 + C_2 h_f}{1 + C_2 h_0} \tag{4.25}$$

因开始钻进时的牙齿磨损量 $h_0 = 0$,则

$$v_{pc0} = v_{pcf}(1 + C_2 h_f)$$

$$C_2 = \frac{v_{pc0} - v_{pcf}}{v_{pcf} h_f} \tag{4.26}$$

4. 岩石研磨性系数 A_f 的确定

由牙齿磨损速度方程式(4.14)积分得

$$t_f = \frac{Z_2 - Z_1 W}{A_f(a_1 n + a_2 n^3)}\left(h_f + \frac{C_1}{2} h_f^2\right)$$

$$A_f = \frac{Z_2 - Z_1 W}{t_f(a_1 n + a_2 n^3)}\left(h_f + \frac{C_1}{2} h_f^2\right) \tag{4.27}$$

根据钻头类型及其影响系数,钻进过程中的平均钻压、转速和钻头工作时间,以及起

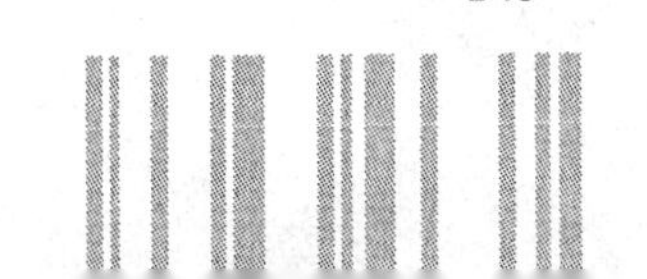

出钻头的牙齿磨损量,便可求出该钻进过程内的岩石研磨性系数 A_f。

4.2 机械破岩钻进参数优选

钻进过程中的机械破岩参数主要包括钻压和转速。机械破岩参数优选的目的是寻求一定的钻压、转速参数配合,使钻进过程达到最佳的技术经济效果。为达到这一目的,首先需要确定一个衡量钻进技术经济效果的标准,并将各参数对钻进过程影响的基本规律与这一标准结合起来,建立钻进目标函数。然后,运用最优化数学理论,在各种约束条件下,寻求目标函数的极值点。满足极值点条件的参数组合,即为钻进过程的最优机械破岩参数。

4.2.1 目标函数的建立

衡量钻井整体技术经济效果的标准有多种类型。目前,一般都以单位进尺成本作为标准,其表达式为

$$C_{pm} = \frac{C_b + C_r(t_f + t)}{H} \tag{4.28}$$

式中 C_{pm}—— 单位进尺成本,元每米;

C_b—— 钻头成本,元每只;

C_r—— 钻机作业费,元每小时;

t_f—— 起下钻、接单根时间,h;

t—— 钻头工作时间,h;

H—— 钻头进尺,m。

式(4.28)中的钻头进尺和钻头工作时间与钻进过程中所采用的各参数有关。建立各参数与 H 和 t 的关系,并代入进尺成本表达式,即形成以每米钻井成本表示的钻进目标函数。

钻速方程式(4.9)可写为

$$v_{pc} = \frac{dH}{dt} = C_h C_p C_R(W - M) n^{\lambda} \frac{1}{1 + C_2 h}$$

从而得到

$$dH = C_h C_p K_R(W - M) n^{\lambda} \frac{1}{1 + C_2 h} dt \tag{4.29}$$

由钻头牙齿磨损速度方程式(4.14)可得

$$dt = \frac{Z_2 - Z_1 W}{A_f(a_1 n + a_2 n^3)}(1 + C_1 h) dh \tag{4.30}$$

将式(4.30)代入式(4.29)得

$$dH = \frac{C_h C_p K_R(W - M) n^{\lambda}(Z_2 - Z_1 W)}{A_f(a_1 n + a_2 n^3)} \cdot \frac{1 + C_1 h}{1 + C_2 h} dh \tag{4.31}$$

在钻压、转速恒定的条件下,可对式(4.31)进行积分,并以 h_f 表示牙齿的最终磨损

量,则

$$\int_0^{h_f} \mathrm{d}H = \frac{C_h\, C_p\, K_R(W - M)\, n^{\lambda}(Z_2 - Z_1 W)}{A_f(a_1 n + a_2 n^3)} \int_0^{h_f} \left(\frac{1 + C_1 h}{1 + C_2 h}\right) \mathrm{d}h$$

$$H_f = \frac{C_h\, C_p\, K_R(W - M)\, n^{\lambda}(Z_2 - Z_1 W)}{A_f(a_1 n + a_2 n^3)} \left[\frac{C_1}{C_2} h_f + \frac{C_2 - C_1}{C_2^2} \ln(1 + C_2 h_f)\right] \tag{4.32}$$

在式(4.32)中,令

$$J = C_H\, C_P\, K_R(W - M)\, n^{\lambda} \tag{4.33}$$

$$S = \frac{A_f(a_1 n + a_2 n^3)}{Z_2 - Z_1 W} \tag{4.34}$$

$$E = \frac{C_1}{C_2} h_f + \frac{C_2 - C_1}{C_2^2} \ln(1 + C_2 h_f) \tag{4.35}$$

则钻头进尺表达式(4.32)可写成

$$h_f = \frac{J}{S} \cdot E \tag{4.36}$$

在上列各式中,J 的物理意义是该钻头在式中各钻进参数作用下的初始钻速,即当牙齿磨损量 $h = 0$ 时的初始钻速。S 的物理意义是钻头牙齿在该钻进参数作用下的初始磨损速度,即当牙齿磨损量 $h = 0$ 时牙齿的磨损速度。它的倒数相当于不考虑牙齿磨损影响时的钻头理论寿命 J/S 的含义,即为不考虑牙齿磨损影响时的钻头理论进尺。E 的物理意义是考虑牙齿磨损对钻速和磨速影响后的进尺系数,它是牙齿最终磨损量的函数。

将式(4.30)对牙齿最终磨损量 h_f 积分,便可得到牙齿最终磨损量为 h_f 时的钻头工作时间,即

$$\int_0^{t_f} \mathrm{d}t = \frac{Z_2 - Z_1 W}{A_f(a_1 n + a_2 n^3)} \int_0^{h_f} (1 + C_1 h)\, \mathrm{d}h$$

$$t_f = \frac{Z_2 - Z_1 W}{A_f(a_1 n + a_2 n^3)} \left(h_f + \frac{C_1}{2} h_f^2\right) \tag{4.37}$$

将式(4.34)的 S 代入式(4.37),并且令

$$F = h_f + \frac{C_1}{2} h_f^2 \tag{4.38}$$

得

$$t_f = \frac{F}{S} \tag{4.39}$$

分析式(4.38)可以看出,F 与进尺系数 E 相似,它的物理意义是考虑到牙齿磨损时钻速和磨速影响后的钻头寿命系数。它也是牙齿最终磨损量的函数。

将进尺表达式(4.36)和钻头工作时间表达式(4.39)代入成本表达式(4.28),则可求得包含各项钻进参数的目标函数表达式

$$C_{pm} = \frac{C_b S + C_r(t_f S + F)}{JE}$$

令

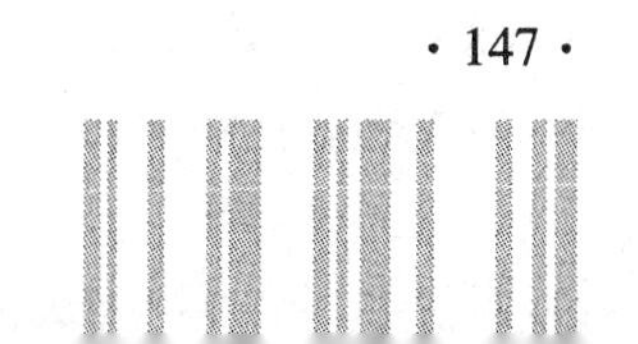

$$t_E = \frac{C_b}{C_r} + t_f$$

得

$$C_{pm} = \frac{C_r}{JE}(t_E S + F) \tag{4.40}$$

式中　t_E—— 钻头与起下钻成本的折算时间。当钻头成本和钻机作业费一定时,它仅与起下钻时间有关,而与各钻进参数无关。若把 J,E,S,F 的各项参数代入式(4.40),则可获得含有五个变量(W,n,h_f,C_h,C_p) 的目标函数。即

$$C_{pm} = \frac{C_r\left[\frac{t_E A_f(a_1 n + a_2 n^3)}{Z_2 - Z_1 W} + h_f + \frac{C_1}{2} h_f\right]}{C_h C_p K_R^2\left[\frac{C_1}{C_2} h_f + \frac{C_2 - C_1}{C_2^2}\ln(1 + C_2 h_f)\right]} \tag{4.41}$$

4.2.2　目标函数的极值条件和约束条件

钻进参数优选的目的是确定使进尺成本最低的各有关参数,也就是要寻求目标函数式(4.41) 为极小值时的最优参数配合。根据经典的最优化理论,某一函数取得极值的必要条件是:在其定义域内,函数对各变量的偏导数分别等于零。通过大量数学运算证明,对钻进成本函数来讲,符合钻进目标函数极值条件的点就是该函数的极小值点。

在钻进目标函数中包括五个变量,即 W,n,h_f 和 C_h,C_p。首先分析 C_p 和 C_h 在函数表达式中所处的位置可以发现,为使钻进成本最低,C_p 和 C_h 的值应尽量增大。但按这两个系数的定义,其最大值只能取1,故在钻井实践中,为使成本最低,C_h 和 C_p 的值应尽量等于1。在确定了 C_h 和 C_p 的最优取值以后,目标函数的极小值条件即为

$$\frac{\partial C_{pm}}{\partial W} = 0,\quad \frac{\partial C_{pm}}{\partial n} = 0,\quad \frac{\partial C_{pm}}{\partial h_f} = 0 \tag{4.42}$$

上式中 W,n 和 h_f 三个变量在实际工况限制下所确定的取值范围,即为目标函数的约束条件,归纳起来可用四组不等式描述。

① 牙齿磨损量 h　　$0 \leqslant h \leqslant 1$

② 轴承磨损量 B　　$0 \leqslant B \leqslant 1$

③ 钻压 W $M > 0$ 时　　$M < W < Z_2/Z_1$　　(4.43)

$M < 0$ 时　　$0 < W < Z_2/Z_1$

④ 转速 n　　$n > 0$

凡不能同时满足以上约束条件的钻进参数组合,都是不可行的。另外上面四组不等式中,有关轴承磨损量的不等式似乎不直接与目标函数有关。但对于同一个钻头,钻头的工作寿命同时是轴承磨损量和牙齿磨损量的函数。轴承磨损的约束条件可由相对应的牙齿磨损量表示。令轴承的最后磨损量为 B_f,由于

$$t_f = \frac{Z_2 - Z_1 W}{A_f(a_1 n + a_2 n^3)}\left(h_f + \frac{1}{2} h_f^2\right)$$

$$t_f = \frac{b B_f}{n W^{1.5}}$$

对同一个钻头，牙齿和轴承的工作时间相同，因此，由上两式可得

$$B_f = \frac{(Z_2 - Z_1 W) n W^{1.5}}{A_f(a_1 n + a_2 n^3) b}\left(h_f + \frac{C_1}{2} h_f^2\right) \tag{4.44}$$

4.2.3　钻头最优磨损量、最优钻压和最优钻速

目标函数、极值条件和约束条件确定后，就可以通过最优化数学方法，求解出在约束条件限定范围内使钻井成本最低的一组最优钻压、最优转速和最优钻头磨损量组合。但由于其数学推导和计算过程十分复杂，这里从略。需要时可查阅有关参考书。

下面介绍在一定参数组合条件下的最优磨损量、最优转速和最优钻压。

1. 钻头最优磨损量

对于一只在一定钻压、转速条件下工作的钻头，当钻头磨损到什么程度时起钻，钻井成本最低，这就是求最优磨损量的问题。根据成本函数表达式(4.41)和决定最优磨损量的必要条件可以导出最优磨损量的表达式，即

$$\frac{C_1}{2} h_f^2 + \left(\frac{C_1}{C_2} - 1\right) h_f - \frac{C_1 - C_2}{C_2^2}(1 + C_2 h_f)\ln(1 + C_2 h_f) - \frac{A_f t_E(a_1 n + a_2 n^3)}{Z_2 - Z_1 W} = 0 \tag{4.45}$$

式(4.45)是一个三维非线性方程式，它在 $W - n - h_f$ 的三维空间中组成一个曲面，称为最优磨损面。从理论上讲，每一组 W, n 的数值，都可以在最优磨损面上找到一个对应点，即把每一组 W, n 的数值代入式(4.45)都可以解出一个最优磨损量 h_f，但因钻进成本函数要受到约束条件式(4.43)和式(4.44)的限制，凡超出约束范围的最优磨损量是不可取的，这时只能用钻头牙齿或轴承的极限磨损量作为最优磨损量。

2. 最优转速

在 $W - n - h_f$ 三维空间中的约束条件范围内，任取一对钻压和磨损量的值，都可找到一个使钻进成本最低的转速，此转速即为所取钻压和磨损量时的最优转速，由成本函数表达式(4.41)，并令 $\frac{\partial C_{pm}}{\partial n} = 0$，则可以导出最优转速曲面方程

$$n^3 + \frac{(1 - \lambda) a_1}{(3 - \lambda) a_2} n - \frac{1}{3 - \lambda} \cdot \frac{F(Z_2 - Z_1 W)}{t_E A_f a_2} = 0 \tag{4.46}$$

式(4.46)共有三个解，只有实数解对钻进参数才有意义。其实数解为

$$n_{opt} = \sqrt[3]{\frac{V}{2} + \sqrt{\left(\frac{V}{2}\right)^2 + \left(\frac{U}{3}\right)^2}} + \sqrt[3]{\frac{V}{2} - \sqrt{\frac{V}{2} + \left(\frac{U}{3}\right)^2}} \tag{4.47}$$

式中

$$V = \frac{F(Z_2 - Z_1 W)\lambda}{t_E A_f a_2 (3 - \lambda)}$$

$$U = \frac{(1 - \lambda) a_1}{(3 - \lambda) a_2}$$

式(4.47)就是根据给定钻压 W 和钻头磨损量 h_f 求最优转速的通式。

3. 最优钻压

与最优转速的特点相似,在 $W-n-h_f$ 三维空间中,在约束条件范围内,任取一对转速和磨损量值,都可以求得一个使钻进成本最低的最优钻压。由成本函数表达式(4.41)和确定最优钻压的极值条件 $\frac{\partial C_{pm}}{\partial W}=0$,可以导出最优钻压方程为

$$W_2-2\left[\frac{Z_2}{Z_1}+\frac{t_E A_f(a_1 n+a_2 n^3)}{Z_1 F}\right]W+t_E A_f\frac{a_1 n+a_2 n^3}{Z_1 F}\left(\frac{Z_2}{Z_1}+M\right)+\left(\frac{Z_2}{Z_1}\right)^2=0 \tag{4.48}$$

求解式(4.48)可得到钻压的两个解,一个大于 Z_2/Z_1,另一个小于 Z_2/Z_1。取钻压值小于 Z_2/Z_1 的解得

$$W_{opt}=\frac{Z_2}{Z_1}+\frac{R}{F}-\sqrt{\frac{R}{F}\left(\frac{R}{F}+\frac{Z_2}{Z_1}-M\right)} \tag{4.49}$$

式中,$R=\frac{t_E A_f(a_1 n+a_2 n^3)}{Z_1}$。

式(4.49)就是给定 n 和 h_f 值时,求最优钻压的通用公式。

在实际工作中,一般都是根据邻井或同一口井上一个钻头的资料,先确定牙齿或轴承的合理磨损量,然后根据钻机设备条件,确定转速的允许范围,最后求出不同钻压、转速配合时的钻进成本,从中找出最低的最优钻压、转速配合。

【例4.1】 某井段的地层可钻性系数 $K_R=0.0023$,研磨性系数 $A_f=2.28\times10^{-3}$,门限钻压 $M=10$ kN,转速指数 $\gamma=0.68$。用 ϕ251 mm 适合于中硬地层的21型钻头钻进,$C_2=3.68$,$C_h=1$,$C_p=1$,钻头成本 $C_b=900$ 元/只,钻机作业费 $C_r=250$ 元/小时,起下钻时间 $t_f=5.75$ h;所用钻机的转盘转速只有三挡,分别为 $n_1=60$ r/min,$n_2=120$ r/min,$n_3=180$ r/min,根据邻井资料,所选钻头在该井段的牙齿磨损量一般为T6级($h_f=0.75$),试求最优的钻压、转速组合及其工作指标。

解 查表4.1和表4.2可得 ϕ251 mm 适合于中硬地层的21型钻头参数为

$$Z_2=6.44,\quad Z_1=0.0146,\quad a_1=1.5,\quad a_2=6.53\times10^{-5},\quad C_1=5$$

$$t_E/\mathrm{h}=\frac{C_b}{C_r}+t_f=9.35$$

$$E=\frac{C_1}{C_2}-\frac{C_1-C_2}{C_2^2}\ln(1+C_2 h_f)=0.89$$

$$F=h_f+\frac{C_1}{2}h_f^2=2.156$$

不同转速时的最优钻压可由式(4.49)求得,即

$$W_{opt}=\frac{Z_2}{Z_1}+\frac{R}{F}-\sqrt{\frac{R}{F}\left(\frac{R}{F}+\frac{Z_2}{Z_1}-M\right)}$$

$$R=\frac{t_E A_f(a_1 n+a_2 n^3)}{Z_1}$$

计算结果见表4.4。

表4.4　不同转速时的最优钻压及其工作指标

$n/(\mathrm{r \cdot min^{-1}})$	60	120	180
$a_1 n + a_2 n^3$	104.105	292.838	650.830
R	15.487	43.563	96.817
R/F	7.183	20.205	44.906
W_{opt}/kN	323.34	285.96	261.73
S	0.1383	0.2951	0.5671
t_f/h	15.59	7.31	3.80
J	11.898	16.790	20.179
h_f/m	76.57	50.64	31.67
C_{pm}/元每小时	81.43	82.23	103.73

由表4.4可见，转速为120 r/min和180 r/min时的最优钻压都是局部最优值，只有$n = 60$ r/min时的最优钻压才是该设备条件下钻进成本最低的最优转速和最优钻压组合。同时，所确定的钻压还应符合井眼轨迹控制的要求。

4.3　水力参数优化设计

在钻进过程中，及时地把岩屑携带出来是安全快速钻进的重要条件之一。把岩屑携带出来要经过两个过程，第一个过程是使岩屑离开井底，进入环形空间；第二个过程是依靠钻井液上返将岩屑带出地面。过去，人们认为第一个过程比较容易实现，第二个过程比较困难。所以，人们的注意力集中在第二个过程上，采取了“大排量洗井”的技术措施，以便加快岩屑的上返速度。这样钻速也确实有一定的提高，但大排量洗井受到了井壁冲刷问题和地面机泵条件的限制。另外，在钻井实践中人们还注意到了一种现象，即钻头水眼被刺坏后，排量并没有减少，而钻速却有明显下降。这一现象提醒人们重新认识这两个过程。经过多年的研究和理论分析，人们认识到第二个过程并不很困难，而困难的恰恰是第一个过程。也就是说，把岩屑冲离井底不是容易的事。岩屑不能及时离开井底，这正是影响钻进速度的主要因素之一。为了解决将岩屑及时冲离井底的问题，人们研究出了一种新的工艺技术，即在钻头水眼处安放可以产生高速射流的喷嘴，使钻井液通过钻头喷嘴后以高速射流的方式作用于井底，给予井底岩屑一个很大的冲击力，使其快速离开井底，保持井底干净。同时，在一定条件下，钻头喷嘴所产生的高速射流还可以直接破碎岩石。这就是钻井工程中经常提到的喷射式钻头和喷射钻井技术。

水力参数优化设计的概念是随着喷射式钻头的使用而提出来的。钻井水力参数是表征钻头水力特性、射流水力特性以及地面水力设备性质的量，主要包括钻井泵的功率、排量、泵压以及钻头水功率、钻头水力压降、钻头喷嘴直径、射流冲击力、射流喷速和环空钻井液上返速度等。水力参数优化设计的目的就是寻求合理的水力参数配合，使井底获得最优的水力能量分配，从而达到最优的井底净化效果，提高机械钻速。然而，井底水力能量的分配，要受到钻头喷嘴选择、循环系统水力能量损耗和地面机泵条件的制约。因此，水力参数优化设计是在了解钻头水力特性、循环系统能量损耗规律、地面机泵水力特性的基础上进行的。

4.3.1 喷射式钻头的水力特性

喷射式钻头的主要水力结构特点就是在钻头上安放具有一定结构特点的喷嘴。钻井液通过喷嘴以后，能形成具有一定水力能量的高速射流，以射流冲击的形式作用于井底，从而清除井底岩屑或破碎井底岩石。

1. 射流及其对井底的作用

(1) 射流特性

射流是指通过管嘴或孔口过水断面周界不与固体壁接触的液流。按射流流体与周围流体介质的关系划分，可分为淹没射流（射流流体的密度小于或等于周围流体的密度）和非淹没射流（射流流体密度大于周围流体密度）；按射流的运动和发展是否受到固壁限制，可分为自由射流（不受固壁限制）和非自由射流（受到固壁限制）；按射流压力是否稳定划分，又可分为连续射流（射流内某一点的压力保持稳定）和脉冲射流（射流流束内的压力不稳定）等。在喷射式钻头的井底条件下，钻井液从普通喷嘴喷出形成射流后，被井筒内的钻井液所淹没，并且其运动和发展受到井底和井壁的限制，因而属淹没非自由射流。

射流出喷嘴后，由于摩擦作用，射流流体与周围流体产生动量交换，带动周围流体一起运动，使射流的周界直径不断扩大。射流纵剖面上周界母线的夹角称为射流扩散角（如图 4.13 中的 α）。射流扩散角 α 表示了射流的密集程度。显然，α 越小，则射流的密集性越高，能量就越集中。

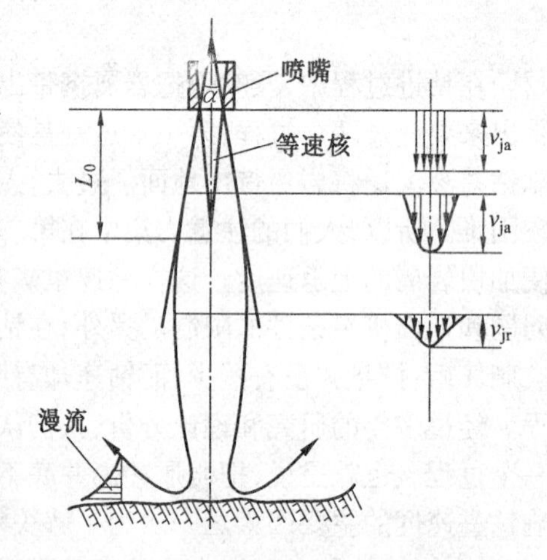

图 4.13　喷射式钻头的井底射流特性

射流在喷嘴出口断面，各点的速度基本相等，为初始速度。随着射流的运动和向前发展，由于动量交换并带动周围介质运动，首先射流周边的速度分布受到影响，且影响范围不断向射流中心推进，使原来保持初始速度运动的流束直径逐渐减小，直至射流中心的速度小于初始速度。射流中心这一部分保持初始速度流动的流束，称为射流等速核（见图 4.13）。射流等速核的长度主要受喷嘴直径和喷嘴内流道的影响。由于周围介质是由外向里逐渐影响射流的，在射流的任一横截面上，射流轴心上的速度最高，自射流中心向外速度很快降低，到射流边界上速度为零（射流各截面上的速度分布见图 4.13）。在等速核以内，射流轴线上的速度等于出口速度；超过等速核以后，射流轴线上的速度迅速降低。射流轴线上的速度衰减规律如图 4.14 所示。图中 d_n 为喷嘴直径；L 为射流轴线上某点距出口的距离；v_{jo} 为射流出口流速；v_{jm} 为距出口 L 处的最大流速。

射流撞击井底后，射流的动能转换成对井底的压能，形成井底冲击压力波，且射流流体在井底限制下沿井底方向流动，形成一层沿井底高速流动的漫流。

射流具有等速核和扩散角；在射流横截面上中心速度最大；在射流轴线上，超过等速核以后射流轴线上的速度迅速降低；撞击井底后，形成井底冲击压力波和井底漫流，这是淹没非自由连续射流的基本特征。

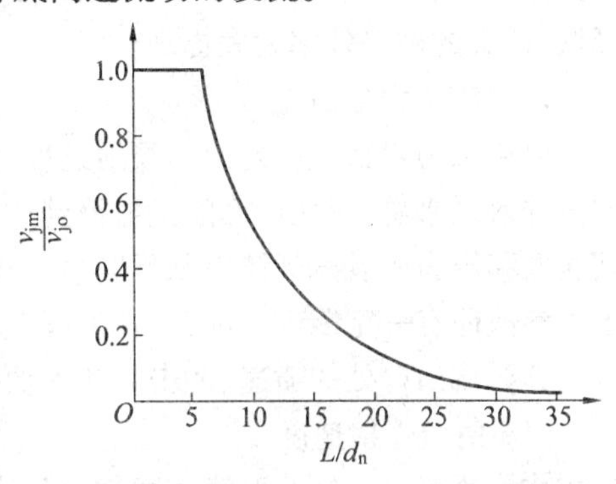

图4.14　射流轴线上速度衰减规律

(2) 射流对井底的清洗作用

射流撞击井底后形成的井底冲击压力波和井底漫流是射流对井底清洗的两个主要作用形式。

① 射流的冲击压力作用。射流撞击井底后形成的冲击压力波并不是作用在整个井底，而是作用在如图4.15所示的小圆面积上。就整个井底而言，射流作用的面积内压力较高，而射流作用的面积以外压力较低。在射流的冲击范围内，冲击压力也极不均匀，射流作用的中心压力最高，离开中心则压力急剧下降。另外，由于钻头的旋转，射流作用的小面积在迅速移动，本来不均匀的压力分布又在迅速变化。由于这两个原因，使作用在井底岩屑上的冲击压力极不均匀，如图4.16所示。极不均匀的冲击压力使岩屑产生一个翻转力矩，从而离开井底。这就是射流对井底岩屑的冲击翻转作用。

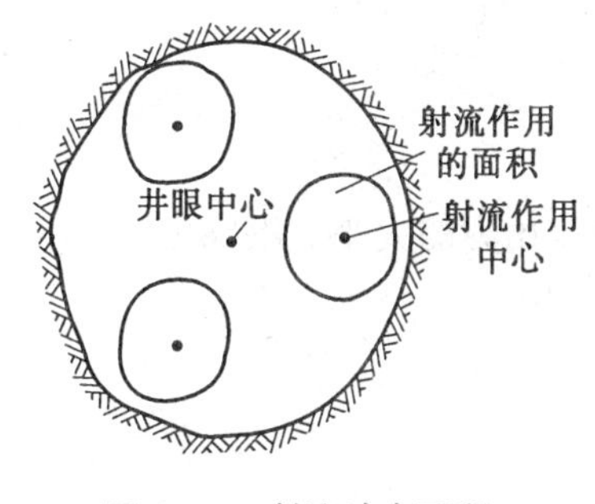

图4.15　射流冲击面积

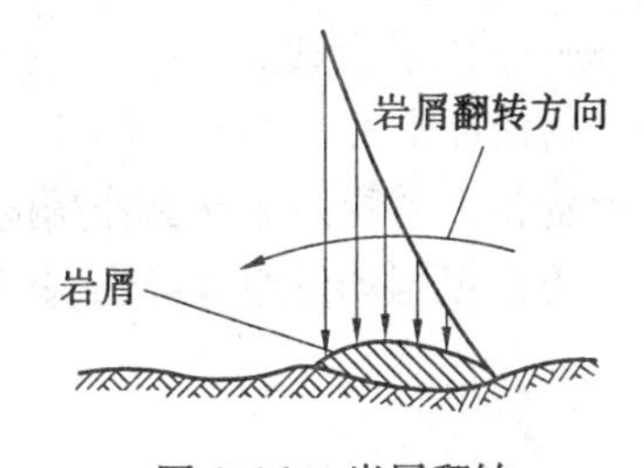

图4.16　岩屑翻转

② 漫流的横推作用。射流撞击井底后形成的漫流是一层很薄的高速液流层，具有附面射流的性质。研究表明，在表面光滑的井底条件下，最大漫流速度出现在距井底小于0.5 mm的高度范围内，最大漫流速度值可达到射流喷嘴出口速度的50% ~ 80%。喷嘴出口距井底越近，井底漫流速度越高。正是这层具有很高速度的井底漫流，对井底岩屑产生一个横向推力，使其离开原来的位置，而处于被钻井液携带并随钻井液一起运动的状态。因而，井底漫流对井底清洗有非常重要的作用。

(3) 射流对井底的破岩作用

多年来的研究和喷射钻井实践表明，当射流的水功率足够大时，射流不但有清洗井底的作用，而且还有直接或辅助破碎岩石的作用。在岩石强度较低的地层中，射流的冲击压力超过地层岩石的破碎压力时，射流将直接破碎岩石。这种破岩形式在一口井的表层钻进中经常遇到。如有些地区钻鼠洞，只开泵不用旋转钻头就可完成。在岩石强度较高的

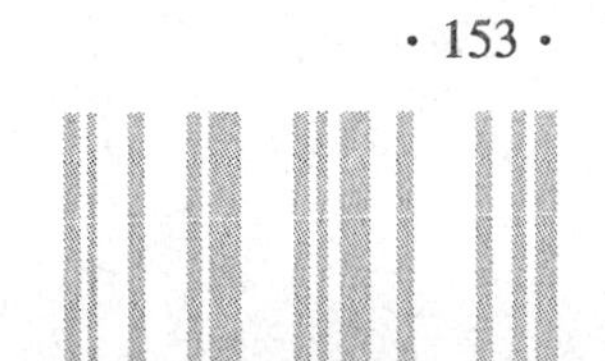

地层中，钻头破碎井底岩石时，在机械力的作用下，在岩石中形成微裂纹和裂缝。高压射流流体挤入岩石微裂纹或裂缝，形成“水楔”，使微裂纹和裂缝扩大，从而使岩石强度大大降低，钻头的破碎效率大大提高。

2. 射流水力参数

射流水力参数包括射流的喷射速度、射流冲击力和射流水功率。从衡量射流对井底的清洗效果来看，应该计算的是射流到达井底时的水力参数。但由于射流在不同条件下其速度和压力的衰减规律以及不同射流横截面上的分布规律不同，直接计算井底的射流水力参数还有一定困难。因此，在工程上，选择射流出口断面作为水力参数的计算位置，即计算射流出口处的喷速、冲击力和水功率。

(1) 射流喷射速度

钻头喷嘴出口处的射流速度称为射流喷射速度，习惯上称为喷速。其计算式为

$$v_j = \frac{10Q}{A_o} \tag{4.50}$$

其中

$$A_o = \frac{\pi}{4}\sum_{i=1}^{z} d_i^2$$

式中 v_j—— 射流喷速，m/s；

Q—— 通过钻头喷嘴的钻井液流量，L/s；

A_o—— 喷嘴出口截面积，cm^2；

d_i—— 喷嘴直径($i = 1,2,\cdots,z$)，cm；

z—— 喷嘴个数。

(2) 射流冲击力

射流冲击力是指射流在其作用的面积上的总作用力的大小。喷嘴出口处的射流冲击力表达式可以根据动量原理导出，其形式为

$$F_j = \frac{\rho_d Q^2}{100 A_o} \tag{4.51}$$

式中 F_j—— 射流冲击力，kN；

ρ_d—— 钻井液密度，g/cm^3。

(3) 射流水功率

射流在冲离岩屑、清洗井底和协助钻头破碎岩石的过程中，实质上是射流不断地对井底和岩屑做功。单位时间内射流所具有的做功能量越多，其清洗井底和破碎岩石的能力就越强。单位时间内射流所具有的做功能量，就是射流水功率，其表达式为

$$P_j = \frac{0.05 \rho_d Q^3}{A_o^2} \tag{4.52}$$

式中 P_j—— 射流水功率，kW。

3. 钻头水力参数

对井底清洗有实际意义的是射流水力参数。但射流是钻井液通过钻头喷嘴以后产生的。由于喷嘴对钻井液有阻力，要损耗一部分能量。因而，在水力参数设计中，不仅要计

算射流的能量,而且还要考虑喷嘴损耗的能量。能反映这两部分能量的,就是钻头的水力参数。钻头水力参数包括钻头压力降和钻头水功率。

(1) 钻头压力降

钻头压力降是指钻井液流过钻头喷嘴以后钻井液压力降低的值。当钻井液排量和喷嘴尺寸一定时,根据流体力学中的能量方程,可以得到钻头压力降的计算式为

$$\Delta p_b = \frac{0.05\rho_d Q^2}{C^2 A_o^2} \tag{4.53}$$

式中　Δp_b—— 钻头压力降,MPa;

C—— 喷嘴流量系数,无因次,与喷嘴的阻力系数有关,C 的值总是小于1。

如果喷嘴出口面积用喷嘴当量直径表示,则钻头压力降计算式为

$$\Delta p_b = \frac{0.081\rho_d Q^2}{C^2 d_{ne}^4} \tag{4.54}$$

$$d_{ne} = \sqrt{\sum_{i=1}^{z} d_i^2}$$

式中　d_{ne}—— 喷嘴当量直径,cm;

d_i—— 喷嘴直径($i=1,2,\cdots,z$),cm;

z—— 喷嘴个数。

(2) 钻头水功率

钻头水功率是指钻井液流过钻头时所消耗的水力功率。钻头水功率的大部分变成射流水功率,少部分则用于克服喷嘴阻力而做功。根据水力学原理,钻头水功率可用下式表示:

$$P_b = \frac{0.05\rho_d Q^3}{C^2 A_o^2} \tag{4.55}$$

或

$$P_b = \frac{0.081\rho_d Q^3}{C^2 d_{ne}^4} \tag{4.56}$$

式中　P_b—— 钻头水功率,kW。

对比式(4.52) 与式(4.55) 可以得出

$$P_j = C^2 P_b \tag{4.57}$$

由式(4.57) 可以看出,钻头水功率与射流水功率之间只相差一个系数 C^2。C^2 实际上表示了喷嘴的能量转换效率。射流水功率是钻头水功率的一部分,是由钻头水功率转换而来的。为了提高射流的水功率,必须选择流量系数高的喷嘴。

射流的另两个水力参数也可以用钻头水力参数来表示,即

$$v_j = 10C\sqrt{\frac{20}{\rho_d}}\cdot\sqrt{\Delta P_b} \tag{4.58}$$

$$F_j = 0.2A_o C^2 \Delta P_b \tag{4.59}$$

由以上二式可以看出,要提高射流喷速和射流冲击力,必须提高钻头压力降和选择流量系数高的喷嘴。

4.3.2 水功率传递的基本关系

钻头水功率是由钻井泵提供的。钻井液从钻井泵排出时,具有一定的水功率,称为钻井泵输出功率或简称泵功率。水功率从钻井泵传递到钻头上,是通过钻井液在循环系统中流动实现的。钻井液循环系统总体上可分为地面管汇、钻柱内、钻头喷嘴和环形空间四部分。钻井液流过这四部分时,都要消耗部分能量,使压力降低。当钻井液返至地面出口管时,其压力变为零。因而,泵压传递的基本关系式可表示为

$$p_s = p_g + p_{st} + p_{an} + p_b \tag{4.60}$$

式中 p_s—— 钻井泵压力, MPa;

p_g—— 地面管汇压耗, MPa;

p_{st}—— 钻柱内压耗, MPa;

p_{an}—— 环空压耗, MPa;

p_b—— 钻头压降, MPa。

根据水力学原理,水功率是压力和排量的乘积,钻井泵功率可用下式计算

$$P_s = p_s Q \tag{4.61}$$

式中 P_s—— 钻井泵输出功率,kW;

Q—— 钻井泵排量,L/S。

由于整个循环系统是单一管路,系统各处的排量应相等。因此,由式(4.60),泵功率传递的基本关系式可表示为

$$P_s = P_g + P_{st} + P_{an} + P_b \tag{4.62}$$

式中 P_g—— 地面管汇损耗功率, kW;

P_{st}—— 钻柱内损耗功率, kW;

P_{an}—— 环空损耗功率, kW;

P_b—— 钻头水功率, kW。

按水力参数优选的目的,希望获得较高的钻头压降和钻头水功率。由式(4.60)和式(4.62)可以看出,在泵压或泵功率一定的条件下,要提高钻头压降或钻头水功率,就必须降低地面管汇、钻柱内和环形空间这三部分的压力损耗。习惯上将钻井液在这三部分流动时所造成的压力损耗统称为循环系统压耗。

4.3.3 循环系统压耗的计算

钻井液在循环系统的流动,主要是在钻柱内的管内流动和钻柱外的环空流动。对流动介质钻井液本身,根据其流变性不同,又可分为宾汉流体、幂律流体和卡森流体等不同流型。根据钻井液在管内和环空的流动状态,又分为层流流动和紊流流动。根据流体力学的基本理论,不同流型的流体介质在不同的几何空间流动,其流态的判别方法不同,且不同流型的流体介质在不同的几何空间以不同的流态流动时,其压力损耗的计算方法也不同。对循环系统的压力损耗,如果按严格的流体力学理论计算,必须首先测定钻井液的流型及性能;再判断钻井液在循环系统的各个部分流动时的流态;然后根据不同流型和不同流态下的管内流或环空流的压耗计算公式,计算循环系统各部分的压耗;最后合并求出

循环系统总的压耗。

从以上的分析可以看出,循环系统压力损耗的计算是一个非常复杂的问题。这是因为,一方面钻井液是一种非牛顿流体,其流变性变化较大,有多种流型;另一方面钻井循环系统各部分的几何形状不同,在同一排量下,各部分的流态也不相同;且钻井过程中钻柱在井内是旋转的,钻井液在钻柱井内和环空的流动并不是纯粹的轴向流动,有些问题在理论上还没有彻底解决。因此,在工程计算上,为应用方便,需在精度允许的范围内对循环系统的流动问题进行适当简化。实际上,在钻井条件下,钻井液在管内的流动总是紊流,环空流动则可能是层流也可能是紊流,但考虑到循环系统压耗的主要组成部分是管内压耗,而环空压耗在数值上较小,整个循环系统全按紊流流态计算,在工程上是可以保证足够精度的。另外,在紊流流态下,钻井液流动的剪切速率较高,高剪切速率条件下不同流型钻井液的流变性比较接近,将钻井液都看做宾汉流体,在工程计算中也可以达到足够的精度。因此,在循环系统压耗的实际工程计算中,进行了以下假设:

① 钻井液为宾汉流体。

② 钻井液在循环系统各部分的流动均为等温紊流流动。

③ 钻柱处于与井眼同心的位置。

④ 不考虑钻柱旋转。

⑤ 井眼为已知直径的圆形井眼。

⑥ 钻井液是不可压缩流体。

1. 压耗计算的基本公式

在以上六项假设的条件下,根据水力学的基本方程,对如图4.17所示的钻井液在管内流动的沿程水头损失 Δh 可表示为

$$\Delta h = \frac{p_1 - p_2}{\gamma} = \xi \frac{v^2}{2g}$$

式中　γ——流体重度,N/m^3;

ξ——水头损失系数,无因次,

g——重力加速度,m/s^2。

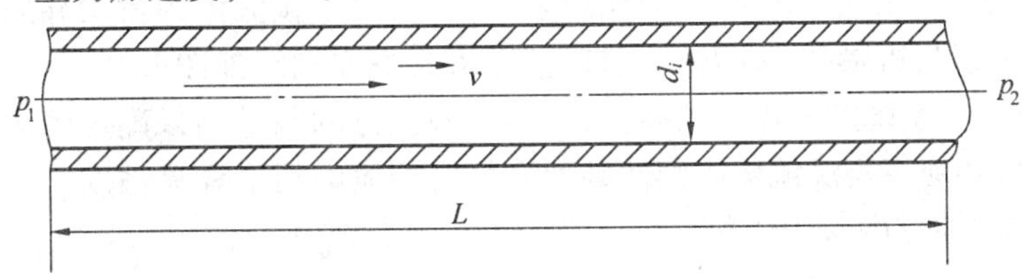

图4.17　管流示意图

在上式中,$p_1 - p_2$ 就是钻井液在该管路内的流动压耗。因而,钻井液在循环管路中的流动压耗 Δp_L 为

$$\Delta p_L = p_1 - p_2 = \xi \frac{\gamma v^2}{2g} = \xi \frac{\rho v^2}{2}$$

实验证明,ξ 与管路长度 L 成正比,与管路的水力半径 r_w 成反比,与管壁的摩阻系数 f

成正比,即 $\xi = f\frac{L}{r_w}$,于是可得

$$\Delta p_L = f\frac{\rho_d L v^2}{2r_w} \tag{4.63}$$

根据水力半径的定义,水力半径等于过流截面积除以湿周。因而,对管内流,其中,d_i 为管路内径,d_h 为井眼直径,d_p 为钻柱外径。将水力半径 r_w 代入式(4.63),并对各物理量选择合适的单位,可得循环系统管内流动和环空流动的压耗计算公式:

对管内流
$$\Delta p_L = \frac{0.2f\rho_d L v^2}{d_i} \tag{4.64}$$

对环空流
$$\Delta p_L = \frac{0.2f\rho_d L v^2}{d_h - d_p} \tag{4.65}$$

上两式中 Δp_L—— 压力损耗,MPa;
f—— 管路的水力摩阻系数,无因次;
ρ_d—— 钻井液密度,g/cm^3;
L—— 管路长度,m;
v—— 钻井液在管路的平均流速,m/s;
d_i—— 管路内径,m;
d_h—— 井眼直径,m;
d_p—— 钻柱外径,m。

2. 摩阻系数的确定

分析式(4.64)和式(4.65)可以看出,式中钻井液的密度、平均流速以及管路的几何尺寸都是容易确定的参数,计算管路压耗的关键在于确定管路的水力摩阻系数f。确定摩阻系数f是一件非常麻烦的事情,许多人对不同流动条件下的摩阻系数进行了大量的理论和实验研究。研究表明,流体流动的摩阻系数与流体的流型、流态、管壁粗糙度以及流体雷诺数等因素有关。但到目前为止,还没有适合于各种流动条件下精确计算摩阻系数的方法,摩阻系数仍然是通过实验测定或根据由实验所得到的经验公式进行计算。

关于钻井条件下循环系统的水力摩阻系数,有人以牛顿流体为流动介质测定了紊流条件下摩阻系数f与雷诺数Re的关系数据,f与Re的关系曲线如图4.18所示。研究表明,对宾汉流体在循环系统的紊流流动,可以借鉴牛顿流体的测量结果确定摩阻系数。但在计算雷诺数时,必须将宾汉流体的塑性黏度换算成相应的当量紊流黏度。当量紊流黏度 μ_e 与宾汉流体塑性黏度 μ_{pv} 的关系为

$$\mu_e = \frac{\mu_{pv}}{3.2} \tag{4.66}$$

将式(4.66)代入雷诺数计算公式并注意到各物理量的量纲变化,即可得到适合于宾汉流体利用图4.18确定摩阻系数的雷诺数计算公式,即

对管内流
$$Re = \frac{32\rho_d d_i v}{\mu_{pv}} \tag{4.67}$$

对环空流
$$Re = \frac{32\rho_d (d_h - d_p) v}{\mu_{pv}} \tag{4.68}$$

式中　μ_{pv}——宾汉流体的塑性黏度，Pa·s；

ρ_d——钻井液密度，g/cm^3；

v——管路平均流速，m/s；

d_i, d_h, d_p——分别为管路内径、井眼直径和钻柱外径，cm。

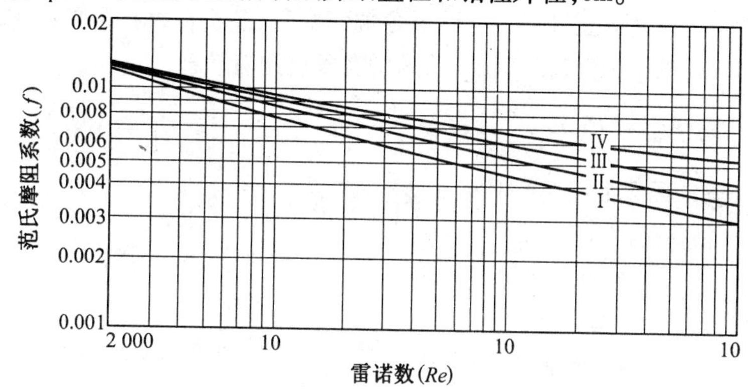

图4.18　紊流流态下f与Re的关系曲线

Ⅰ——冷轧黄铜管或玻璃管的最小值；Ⅱ——接头处断面不变的新管子（内平管）；

Ⅲ——具有贯眼接头的钻杆或下套管井的环形空间；Ⅳ——未下套管裸眼井的环形空间

为应用方便，可将图4.18中的四条曲线用一个关系式近似表示为

$$f = \frac{k}{Re^{0.2}} \tag{4.69}$$

式中的k为计算系数，对于各条曲线的k值可由表4.5查得。

表4.5　不同管路条件下的k值

曲线编号	k
Ⅰ	0.046
Ⅱ	0.053
Ⅲ	0.059
Ⅳ	0.062

根据式(4.67)、式(4.68)和式(4.69)以及表4.5中的k值即可求出不同管路条件下的摩阻系数f。

(1)对于内平钻杆内部和钻铤内部

$$f = 0.026\ 5\left(\frac{\mu_{pv}}{\rho_d d_i v}\right)^{0.2} \tag{4.70}$$

(2)对于贯眼接头的钻杆内部

$$f = 0.029\ 5\left(\frac{\mu_{pv}}{\rho_d d_i v}\right)^{0.2} \tag{4.71}$$

(3)对于环形空间

$$f = 0.029\ 5\left(\frac{\mu_{pv}}{\rho_d (d_h - d_p) v}\right)^{0.2} \tag{4.72}$$

3. 循环系统压耗的计算公式

根据循环系统的实际情况，分别将式(4.70)、式(4.71)和式(4.72)有选择地代入管路压耗计算公式(4.64)或式(4.65)，就可导出循环系统各部分的压耗计算公式。

(1) 地面管汇

地面管汇包括地面高压管线、立管、水龙带(包括水龙头在内)、方钻杆等的压耗。整个地面管汇的压耗可用一个公式表示(认为所有管路为内平管子)

$$\Delta p_g = 0.516\,55\,\rho_d^{\ 0.8}\,\mu_{pv}^{\ 0.2}\left(\frac{L_1}{d_1^{\ 4.8}} + \frac{L_2}{d_2^{\ 4.8}} + \frac{L_3}{d_3^{\ 4.8}} + \frac{L_4}{d_4^{\ 4.8}}\right) Q^{1.8} \tag{4.73}$$

式中 Δp_g—— 地面管汇压耗，MPa；

ρ_d—— 钻井液密度，g/cm^3；

μ_{pv}—— 钻井液塑性黏度，Pa · m；

Q—— 钻井液排量，L/s。

L_1, L_2, L_3, L_4 和 d_1, d_2, d_3, d_4 分别为地面高压管线、立管、水龙带(头)、方钻杆的长度和内径，长度单位为 m，内径单位为 cm。

(2) 钻杆内压耗

$$\Delta p_{pi} = \frac{B\,\mu_{pv}^{\ 0.2}\,\rho_d^{\ 0.8}\,L_p\,Q^{1.8}}{d_{pi}^{\ 4.8}} \tag{4.74}$$

式中 Δp_{pi}—— 钻杆内压耗，MPa；

d_{pi}—— 钻杆内径，cm；

B—— 常数，内平钻杆 $B = 0.516\,55$，贯眼钻杆 $B = 0.575\,03$；

L_p—— 钻杆总长度，m。

(3) 钻杆外环空压耗

$$\Delta p_{pa} = \frac{0.575\,03\,\rho_d^{\ 0.8}\,\mu_{pv}^{\ 0.2}\,L_p\,Q^{1.8}}{(d_h - d_p)^3\,(d_h + d_p)^{1.8}} \tag{4.75}$$

式中 Δp_{pa}—— 钻杆外环空压耗，MPa；

d_h—— 井眼直径，cm；

d_p—— 钻杆外径，cm。

(4) 钻铤内压耗

$$\Delta p_{ci} = \frac{0.516\,05\,\rho_d^{\ 0.8}\,\mu_{pv}^{\ 0.2}\,L_c\,Q^{1.8}}{d_{ci}^{\ 4.8}} \tag{4.76}$$

式中 Δp_{ci}—— 钻铤内压耗，MPa；

L_c—— 钻铤长度，m；

d_{ci}—— 钻铤内径，cm。

(5) 钻铤外环空压耗

$$\Delta p_{ca} = \frac{0.575\,03\,\rho_d^{\ 0.8}\,\mu_{pv}^{\ 0.2}\,L_c\,Q^{1.8}}{(d_h - d_c)^3\,(d_h + d_c)^{1.8}} \tag{4.77}$$

式中 Δp_{ca}—— 钻铤外环空压耗，MPa；

d_c—— 钻铤外径，cm。

为使计算进一步简化，可将以上公式进行适当合并得：

钻杆内外压耗

$$\Delta p_p = \left[\frac{B}{d_{ci}^{4.8}} + \frac{0.57503}{(d_h - d_c)^3 (d_h + d_c)^{1.8}}\right] \rho_d^{0.8} \mu_{pv}^{0.2} L_p Q^{1.8} \tag{4.78}$$

钻铤内外压耗

$$\Delta p_c = \left[\frac{0.51655}{d_{ci}^{4.8}} + \frac{0.57503}{(d_h - d_c)^3 (d_h + d_c)^{1.8}}\right] \rho_d^{0.8} \mu_{pv}^{0.2} L_c Q^{1.8} \tag{4.79}$$

在式(4.73)、式(4.78)和式(4.79)中，分别令k_g，k_p和k_c为地面管汇、钻杆内外和钻铤内外的压耗系数，即

$$k_g = 0.51655 \rho_d^{0.8} \mu_{pv}^{0.2} \left(\frac{L_1}{d_1^{4.8}} + \frac{L_2}{d_2^{4.8}} + \frac{L_3}{d_3^{4.8}} + \frac{L_4}{d_4^{4.8}}\right) \tag{4.80}$$

$$k_p = \rho_d^{0.8} \mu_{pv}^{0.2} L_p \left[\frac{B}{d_{pi}^{4.8}} + \frac{0.57503}{(d_h - d_c)^3 (d_h + d_c)^{1.8}}\right] \tag{4.81}$$

$$k_c = \rho_d^{0.8} \mu_{pv}^{0.2} L_c \left[\frac{0.51655}{d_{ci}^{4.8}} + \frac{0.57503}{(d_h - d_c)^3 (d_h + d_c)^{1.8}}\right] \tag{4.82}$$

则整个循环系统的压耗公式为

$$\Delta p_l = \Delta p_g + \Delta p_p + \Delta p_c = (k_g + k_p + k_c) Q^{1.8} = K_L Q^{1.8}$$

其中$K_L = k_g + k_p + k_c$称为整个循环系统的压耗系数。

将压耗系数K_L作进一步变化，设井深为D，单位为M，并令

$$m = \rho_d^{0.8} \mu_{pv}^{0.2} \left[\frac{B}{d_{pi}^{4.8}} + \frac{0.57503}{(d_h - d_p)^3 (d_h + d_p)^{1.8}}\right]$$

得

$$k_p = mL_p$$

则

$$K_L = k_g + k_p + k_c = mL_p + k_g + k_c = m(L - L_c) + k_g + k_c = mL + k_g + k_c - mL_c$$

令

$$a = k_g + k_c - mL_c$$

则得到

$$K_L = mD + a$$

分析m和a可以看出，当地面管汇、钻具结构、井深结构和钻井液性能确定以后，m和a基本上可以看做是常数。循环系统的压耗系数K_L随井深的增加而增大。

最终得到管路循环系统压耗的计算公式为

$$\Delta p_l = K_L Q^{1.8} = (k_g + k_p + k_c) Q^{1.8} = (mD + a) Q^{1.8} \tag{4.83}$$

4. 提高钻头水力参数的途径

从前面所述的水功率传递关系可知，地面机泵提供的钻井液压力和水功率主要消耗在钻头和循环系统两部分。因而，提高钻头水力参数的问题，也就是采取怎样的手段使地面机泵提供的能量尽量多地传递给钻头，尽量少地消耗在循环系统的问题。

仿照式(4.83)的形式，可以将式(4.53)改写为

$$\Delta p_b = \frac{0.05\rho_d Q^2}{C^2 A_o^2} = K_b Q^2 \tag{4.84}$$

式中　$K_b = \dfrac{0.05\rho_d}{C^2 A_o^2}$ 称为钻头压降系数。

根据泵压和泵功率的传递关系,可以得到

$$\begin{aligned} p_s &= \Delta p_b + \Delta p_l = K_b Q^2 + K_L Q^{1.8} \\ \Delta p_b &= K_b Q^2 = p_s - K_L Q^{1.8} \end{aligned} \tag{4.85}$$

$$\begin{aligned} P_s &= P_b + P_l = K_b Q^3 + K_L Q^{2.8} \\ P_b &= K_b Q^3 = P_s - K_L Q^{2.8} \end{aligned} \tag{4.86}$$

对式(4.85)和式(4.86)进行分析,可以看出提高钻头水力参数(Δp_b 和 P_b)的主要途径。

(1) 提高泵压 p_s 和泵功率 P_s

提高泵压和泵功率,可以提高水力能量的总体水平。但提高泵压和泵功率要受到井队设备配置和物资基础条件的限制。我国喷射钻井的发展,大体上可以分为三个阶段,又称为三个台阶。第一阶段 p_s = 13 ~ 15 MPa,第二阶段 p_s = 17 ~ 18 MPa,第三阶段 p_s = 20 ~ 22 MPa。随着阶段的上升,所用钻井泵的额定泵压和额定功率都在增加,这为提高钻头压降和钻头水功率提供了物质基础。

(2) 降低循环系统压耗系数 K_L

由于 $K_L = k_g + k_p + k_c$,由式(4.80)、式(4.81)和式(4.82)可以看出,压耗系数与钻井液密度 ρ_d、钻井液黏度 μ_{pv} 以及管路直径有关。所以降低 K_L 的途径是:使用低密度钻井液;减小钻井液黏度;适当增大管路内径。对压耗系数影响最显著的是管路内径。在可能的条件下应使用较大直径的或内平的钻杆。比较可知,ϕ114 钻杆与 ϕ127 钻杆比较,虽然前者比后者直径只小了 13 mm,可压耗系数的差别很大。在其他条件相同的条件下,ϕ114 钻杆的压耗系数比 ϕ127 钻杆高出 66%。

(3) 增大钻头压降系数 K_b

由式(4.84)可知,增大 K_b 的途径可能是增大 ρ_d 减小 C 和 A_o。但实际上增大 ρ_d 和减小 C 都是不可取的。ρ_d 增大则 K_L 相应增大,也增大了对井底的压力,这对提高钻速是不利的。C 的减小实际上增大了喷嘴处的能量损耗。所以,唯一有效的办法是缩小喷嘴直径。喷嘴直径的缩小,对提高 K_b 很显著。例如,当喷嘴直径由 ϕ12 缩小到 ϕ11 时,K_b 可以增加 42%。

(4) 优选排量 Q

由式(4.85)和式(4.86)可以看出,排量 Q 的增大将使钻头压降和钻头水功率增大,但也使循环系统压耗和循环系统损耗功率同时增大。因而,必须在一定的优选目标下,优选排量,使钻头和循环系统的水力能量分配达到最合理。

4.3.4　钻井泵的工作特性

提高地面机泵的泵压和泵功率是提高钻头水力参数的一个重要途径。但钻井现场不可能为了提高泵功率而经常更换地面机泵。因而,进行水力参数优选应该是在现有机泵条件的基础上，考虑怎样充分发挥地面机泵的能力，使钻井泵得到最合理的应用。这就要求对钻井泵的工作特性有所了解。

每一种钻井泵都有一个最大输出功率，称为泵的额定功率；每一种钻井泵都有几种直径不同的缸套，每种缸套都有一定的允许压力，称为使用该缸套时的额定泵压；在额定泵功率和额定泵压时的排量，称为泵的额定排量；额定排量时的泵冲数为泵的额定冲数。钻井现场经常用到的3NB1000和3NB1300泵的性能参数见表4.6和表4.7。

表4.6　3NB1000钻井泵性能表

缸套直径/mm	额定泵冲/次每分	额定排量/($L\cdot s^{-1}$)	额定泵压/MPa
120	150	19.9	33.1
130	150	23.4	28.2
140	150	27.1	24.3
150	150	31.1	21.2
160	150	35.4	18.6
170	150	40.0	16.5

表4.7　3NB1300钻井泵性能表

缸套直径/mm	额定泵冲/次每分	额定排量/($L\cdot s^{-1}$)	额定泵压/MPa
130	140	23.6	34.3
140	140	27.4	31.4
150	140	31.4	27.3
160	140	35.7	24.0
170	140	40.4	21.3

泵的额定功率、额定泵压和额定排量的关系为

$$P_r = p_r Q_r$$

式中　P_r——额定泵功率，kW；

p_r——额定泵压，MPa；

Q_r——额定排量，L/s。

随着排量的变化，可将钻井泵的工作分为两种工作状态，如图4.19所示。

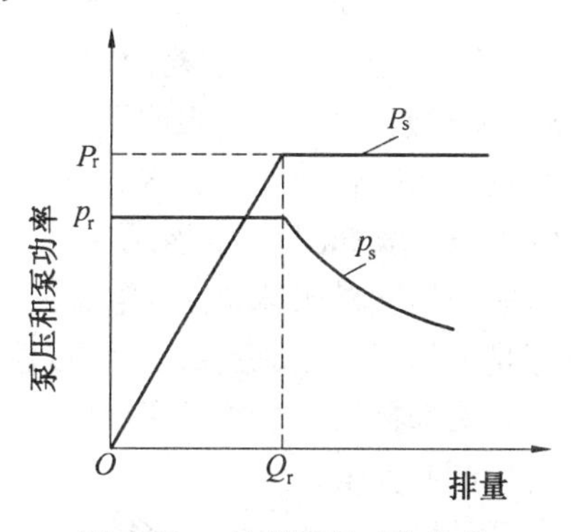

图4.19　钻井泵的工作状态

当$Q < Q_r$时，由于泵压受到缸套允许压力的限制，即泵压最大只能等于额定泵压p_r，因此泵功率要小于额定泵功率。随着排量的减小，泵功率将下降。泵的这种工作状态称为额定泵压工作状态。当$Q > Q_r$时，由于泵功率受到额定泵功率的限制，即泵功率最大只能等于额定泵功率P_r，因此泵压要小于额定泵压。随着排量的增加，泵的实际工作压

力要降低。泵的这种工作状态称为额定功率工作状态。从泵的两种工作状态可以看出，只有当泵排量等于额定排量时，钻井泵才有可能同时达到额定输出功率和缸套的最大许用压力。因此，在选择缸套时，应尽可能选择额定排量与实用排量相近的缸套，这样才能充分发挥泵的能力。

4.3.5 水力参数优选的标准

前面已经讲述了射流与钻头的五个水力参数，即射流喷速 v_j、射流冲击力 F_j、射流水功率 P_j、钻头压降 Δp_b 和钻头水功率 P_b。由于 P_b 和 P_j 之间仅差一个系数 C_2，本质上是一个参数，因此在实际工作中只计算 P_b，而不计算 P_j。将所剩下的四个水力参数与地面机泵的工作参数以及循环系统的损耗联系起来，其计算公式可转换为

$$\Delta p_b = p_s - K_L Q^{1.8} \tag{4.87}$$

$$v_j = K_v \sqrt{p_s - K_L Q^{1.8}} \tag{4.88}$$

$$F_j = K_F Q \sqrt{p_s - K_L Q^{1.8}} \tag{4.89}$$

$$P_b = Q(p_s - K_L Q^{1.8}) \tag{4.90}$$

其中

$$K_V = 10C\sqrt{\frac{20}{\rho_d}}$$

$$K_F = \frac{C\sqrt{20\rho_d}}{100}$$

式中 $\Delta p_b, p_s$—— 钻头压降和泵压，MPa；

v_j—— 射流喷速，m/s；

F_j—— 射流冲击力，kN；

P_b—— 钻头水功率，kW；

ρ_d—— 钻井液密度，g/cm³；

Q—— 排量，L/s；

C—— 喷嘴流量系数，无因次。

式(4.87) ~ (4.90) 表明了四个水力参数随排量 Q 的变化情况。各水力参数随排量变化的关系曲线如图 4.20 所示。

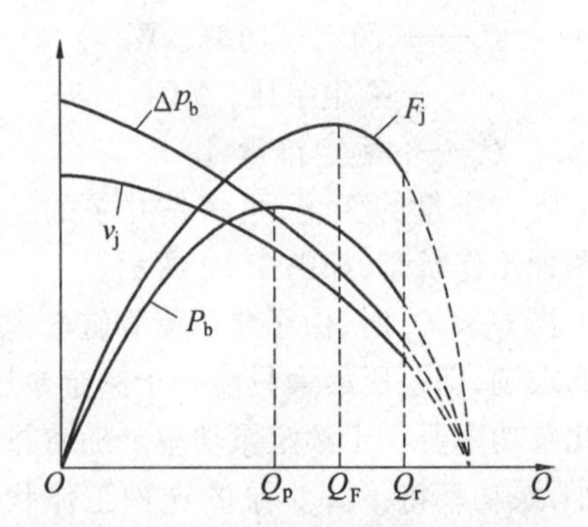

图 4.20 各水力参数随排量的变化规律

从井底清洗的要求看，希望这四个水力参数都越大越好。但从图 4.20 可以看出，根本没有办法选择同一个排量使这四个水力参数同时达到最大值。因而，这就存在着一个在确定泵的操作参数以及选择喷嘴直径和排量时以哪一个水力参数达到最大为标准的问题。由于人们在水力作用对井底清洗机理认识上的差异，通常有最大钻头水功率、最大射流冲击力和最大射流喷速三个标准。目前钻

井现场常用的是最大钻头水功率和最大射流冲击力标准。

4.3.6　最大钻头水功率

最大钻头水功率标准认为，水力作用清洗井底或辅助破岩是射流对井底做功。因此，要求在机泵允许的条件下钻头获得的水功率越大越好。

1. 获得最大钻头水功率的条件

当钻井泵处在额定泵功率状态时，泵功率 $P_s = P_r$。由水功率的传递关系可得钻头水功率的表达式为

$$P_b = P_s - P_L = P_r - K_L Q^{2.8} \tag{4.91}$$

由式(4.91)可知，随着 Q 的增大，P_b 总是减小；随着 Q 的减小，P_b 总是增大。所以在额定功率工作状态下，获得最大钻头水功率的条件应是 Q 尽可能小。由于在额定泵功率状态下，排量不可能比 Q_r 更小，所以实际获得最大钻头水功率的条件是 $Q_{opt} = Q_r$。

当钻井泵处在额定泵压状态时，$p_s = p_r$，则钻头水功率可表示为

$$P_b = P_s - P_L = p_r Q - K_L Q^{2.8}$$

令$\frac{dP_b}{dQ} = 0$，可得

$$\frac{dP_b}{dQ} = p_r - 2.8\,K_L\,Q^{1.8} = 0$$

求得最优排量为

$$Q_{opt} = \left(\frac{p_r}{2.8\,K_L}\right)^{\frac{1}{1.8}} = \left[\frac{p_r}{2.8(a + mL)}\right]^{\frac{1}{1.8}} \tag{4.92}$$

由于该最优排量时的$\frac{d^2 P_b}{d Q^2} = -5.04\,K_L\left(\frac{p_r}{2.8\,K_L}\right)^{\frac{0.8}{1.8}} < 0$，所以该最优排量对应的就是钻头水功率的最大值。进一步变化式(4.92)可得

$$p_r = 2.8 K_L Q^{1.8} = 2.8 \Delta p_l$$

$$\Delta p_l = \frac{p_r}{2.8} = 0.357 p_r \tag{4.93}$$

式(4.92)或式(4.93)就是额定泵压状态下获得最大钻头水功率的条件。

2. 钻头水功率随排量和井深的变化规律

由整个循环系统的水功率分配关系，有

$$P_b = P_s - P_L = P_s - K_L Q^{2.8} = P_s - (a + mD) Q^{2.8} \tag{4.94}$$

当 $Q > Q_r$ 时

$$P_b = P_r - (a + mD) Q^{2.8} \tag{4.95}$$

当 $Q < Q_r$ 时

$$P_b = p_r Q - (a + mD) Q^{2.8} \tag{4.96}$$

对不同的井深 D，分别按式(4.94)和式(4.95)作钻头水功率 P_b 随排量 Q 变化的关系曲线，可得到不同井深和排量下钻头水功率的变化规律，如图4.21所示。其中，$D_0 < D_1 < D_2 < D_3 < D_{Pc} < D_5 < D_{Pa} < D_7$。由图中可以看出，当井深 $D \leqslant D_{Pc}$ 时，钻头水功率

最高时的排量为额定排量,即 $Q_{opt}=Q_r$。此时,泵处于额定功率工作状态。当井深 $D>D_{Pc}$ 时,钻头水功率最高时的排量为式(4.92)所表示的最优排量。此时,泵处于额定泵压工作状态。当井深 $D>D_{Pa}$ 时,获得最大钻头水功率时的排量小于携带岩屑所需要的排量 Q_a,此时,只能用携岩所需的最小排量 Q_a 继续钻进。由此可以看出,井深 D_{Pc} 和 D_{Pa} 在选择排量时具有非常特殊的意义。通常将 D_{Pc} 和 D_{Pa} 分别称为第一临界井深和第二临界井深。

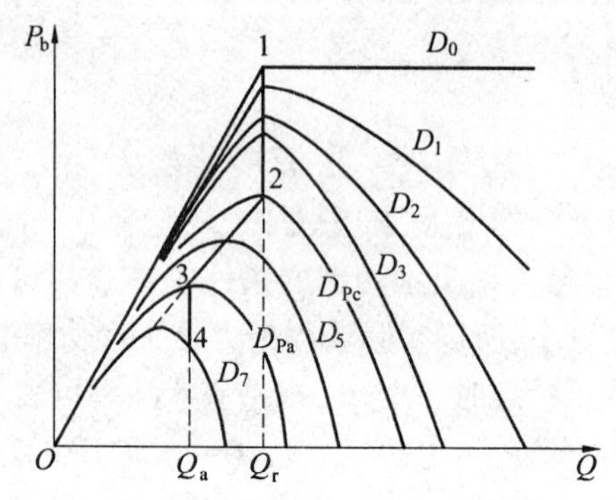

图 4.21 钻头水功率随排量和井深变化

由于当 $D=D_{Pc}$ 时,最优排量 $Q_{opt}=Q_r$,同时还应满足式(4.92),因而可求得第一临界井深为

$$D_{Pc}=\frac{P_r}{2.8mQ_r^{1.8}}-\frac{a}{m}$$

当井深 $D=D_{Pa}$ 时,最优排量 $Q_{opt}=Q_a$,同时也应满足式(4.92),由此可求得第二临界井深为

$$D_{Pa}=\frac{P_r}{2.8m\,Q_a^{1.8}}-\frac{a}{m} \tag{4.97}$$

3. 最优喷嘴直径的确定

以上所说的最大钻头水功率只是最优排量下钻头所可能获得的水功率。然而,钻头实际上是否能得到这样大的水功率,还要取决于所选择的喷嘴直径是否合适。

当最优排量确定以后,最优喷嘴直径的确定取决于最大钻头水功率条件下的钻头压降 Δp_b。由式(4.54)得

$$d_e=\sqrt[4]{\frac{0.081\,\rho_d\,Q^2}{C^2\Delta p_b}}$$

当 $D\leqslant D_{Pc}$ 时,则 $\Delta p_b=p_s-\Delta p_L=p_r-(a+mD)Q^{1.8}$,则

$$d_e=\sqrt[4]{\frac{0.081\,\rho_d\,Q_r^2}{C^2[p_r-(a+mD)\,Q_r^{1.8}]}} \tag{4.98}$$

当 $D_{Pc}<D\leqslant D_{Pa}$ 时,$\Delta p_b=p_r-\Delta p_L=p_r-0.357\,p_r=0.643\,p_r$,则

$$d_e=\sqrt[4]{\frac{0.126\,\rho_d\,Q_{out}^2}{p_r\,C^2}} \tag{4.99}$$

当 $D>D_{Pa}$ 时,则 $\Delta p_b=p_s-\Delta p_L=p_r-(a+mD)Q_a^{\,1.8}$,则

$$d_e = \sqrt[4]{\frac{0.081\rho_d Q_a^2}{C^2[p_r - (a + mD)Q_a^{1.8}]}} \tag{4.100}$$

式(4.98)～(4.100)中　d_e——钻头喷嘴的当量直径,cm;

ρ_d——钻井液密度,g/cm³;

D——井深,m;

Q_r——泵的额定排量,L/s;

Q_a——携岩所需的最小排量,L/s;

p_r——额定泵压,MPa。

由以上各式可以看出,当$D \leqslant D_{Pc}$时,喷嘴直径应随井深的增加而逐渐增大;当$D_{Pc} < D \leqslant D_{Pa}$时,喷嘴直径应随井深的增加而逐渐减小;当$D > D_{Pa}$时,喷嘴直径则又随井深的增加而逐渐增大。

4.3.7　最大射流冲击力

最大射流冲击力标准认为射流冲击力是井底清洗的主要因素,射流冲击力越大,井底清洗的效果越好。

1. 获得最大射流冲击力的条件

在额定功率工作状态下,式(4.89)可变为

$$F_j = K_F\sqrt{p_r Q - K_L Q^{3.8}} \tag{4.101}$$

在式(4.101)中,F_j达到最大值时,必然有条件$\frac{dF_j}{dQ} = 0$,则可得$p_L = \frac{p_j}{3.8}$。这是在理论上推出的额定功率状态下获得最大射流冲击力的条件。但在实际工作中,要求$Q > Q_r$是不合适的,因为要求泵冲数超过额定冲数,这对泵的工作是不利的。因此,在额定泵功率状态下,实际上是以$Q = Q_r$作为最优条件的。

在额定泵压工作状态下,式(4.89)可变为

$$F_j = K_F\sqrt{p_r Q^2 - K_L Q^{3.8}} \tag{4.102}$$

由$\frac{dF_j}{dQ} = 0$,可求得获取最大射流冲击力的条件为

$$\Delta p_L = \frac{p_r}{1.9} = 0.526 p_r \tag{4.103}$$

$$Q_{opt} = \left(\frac{p_r}{1.9 K_L}\right)^{\frac{1}{1.8}} = \left[\frac{p_r}{1.9(a + mD)}\right]^{\frac{1}{1.8}} \tag{4.104}$$

2. 最大射流冲击力随排量和井深的变化规律

将$K_L = a + mD$代入式(4.101)和式(4.102)可得

当$Q > Q_r$时

$$F_j = K_F\sqrt{p_r Q - (a + mD)Q^{3.8}} \tag{4.105}$$

当$Q < Q_r$时

$$F_j = K_F\sqrt{p_r Q^2 - (a + mD)Q^{3.8}} \tag{4.106}$$

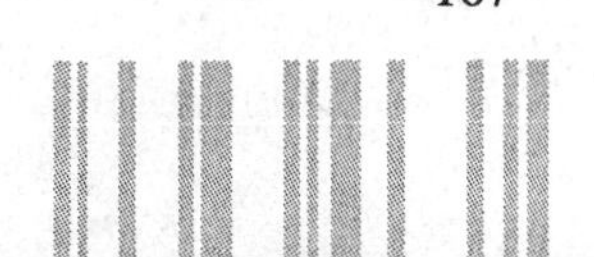

对不同的井深D,分别按式(4.105)和式(4.106)作射流冲击力F_j随排量Q变化的关系曲线,可得到不同井深和排量下射流冲击力的变化规律,如图4.22所示。由图可知,从理论上推出的获得最大射流冲击力的工作路线为$1'\rightarrow2\rightarrow3\rightarrow4\rightarrow5$。由于$1'\rightarrow2$段$Q>Q_r$,这对泵的工作不利,所以实际工作中取$1\rightarrow2\rightarrow3\rightarrow4\rightarrow5$这条路线。从图中同样可以看出,井深$D_{Fc}$和$D_{Fa}$在选择排量时具有非常特殊的意义。因而,将$D_{Fc}$和$D_{Fa}$分别称为最大射流冲击力标准下的第一临界井深和第二临界井深,有

$$D_{FC}=\frac{p_r}{1.9m\,Q_r^{1.8}}-\frac{a}{m} \tag{4.107}$$

$$D_{Fa}=\frac{p_r}{1.9m\,Q_c^{1.8}}-\frac{a}{m} \tag{4.108}$$

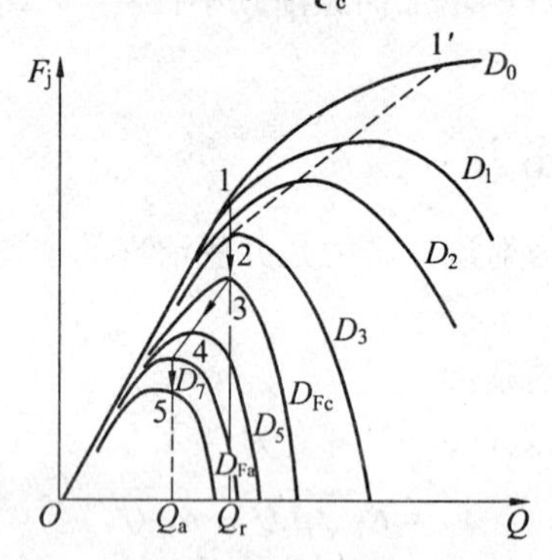

图4.22　射流冲击力随排量和井深的变化规律

3. 最优喷嘴直径的确定

与最大钻头水功率标准确定最优喷嘴直径的方法相同,也是根据获得最大射流冲击力时的最优排量以及应获得的钻头压降计算喷嘴直径。

当$D\leqslant D_{Fc}$时,$\Delta p_b=p_s-\Delta p_L=p_r-(a+mD)Q^{1.8}$,则

$$d_e=\sqrt[4]{\frac{0.081\,\rho_d\,Q_r^2}{C^2[p_r-(a+mD)\,Q_r^{1.8}]}} \tag{4.109}$$

当$D_{Fc}<D\leqslant D_{Fa}$时,则

$$\Delta p_b=p_r-\Delta p_L=p_r-0.526\,p_r=0.474p_r$$

则

$$d_e=\sqrt[4]{\frac{0.171\,\rho_d\,Q_{out}^2}{p_r\,C^2}} \tag{4.110}$$

当$D>D_{Fa}$时,则$\Delta p_b=p_s-\Delta p_L=p_r-(a+mD)Q_a{}^{1.8}$,则

$$d_e=\sqrt[4]{\frac{0.081\,\rho_d\,Q_a^2}{C^2[p_r-(a+mD)\,Q_a^{1.8}]}} \tag{4.111}$$

由以上各式可以看出,喷嘴直径随井深的变化与最大钻头水功率标准时喷嘴直径变化的规律相同。

4.3.8　水力参数优化设计

水力参数优化设计，是指在一口井施工以前，根据水力参数优选的目标，对钻进每个井段时所采取的钻井泵工作参数（排量、泵压、泵功率等）、钻头和射流水力参数（喷速、射流冲击力、钻头水功率等）进行设计和安排。分析钻井过程中与水力因素有关的各变量可以看出，当地面机泵设备、钻具结构、井身结构、钻井液性能和钻头类型确定以后，真正对各水力参数大小有影响的可控制参数就是钻井液排量和喷嘴直径。因此，水力参数优化设计的主要任务也就是确定钻井液排量和选择喷嘴直径。

进行水力参数优化设计，要进行以下几个方面的工作。

1. 确定最小排量 Q_a

最小排量是指钻井液携带岩屑所需要的最低排量。只要确定了携岩所需的最低钻井液环空返速，也就确定了最小排量。确定最小环空返速的方法有多种。一种方法是根据现场工作经验来确定；另一种方法是用经验公式计算。通常使用的经验公式为

$$v_a = \frac{18.24}{\rho_d d_h} \tag{4.112}$$

式中　v_a—— 最低环空返速，m/s；

ρ_d—— 钻井液密度，g/cm^3；

d_h—— 井径，cm。

实质上，最低环空返速与钻井液的环空携岩能力有关，钻井液的携岩能力通常用岩屑举升效率（或称为岩屑运载比）来表示。岩屑举升效率是指岩屑在环空的实际上返速度与钻井液在环空的上返速度之比，即

$$K_s = v_s / v_a \tag{4.113}$$

式中　K_s—— 岩屑举升效率，无因次；

v_a—— 钻井液在环空的平均上返速度，m/s；

v_s—— 岩屑在环空的实际上返速度，m/s。

在工程上为了保持钻进过程中产生的岩屑量与井口返出量相平衡，一般要求 $K_s \geqslant 0.5$。因此，在用经验公式确定了最低环空返速以后，还应对岩屑举升效率进行计算，以确信 $K_s \geqslant 0.5$。

为计算 K_s，需求出岩屑的实际上返速度 v_s。设岩屑在钻井液中的下滑速度为 v_{s1}，则 $v_s = v_a - v_{s1}$。岩屑的下滑速度与钻井液的性能有关，其计算公式为

$$v_{s1} = \frac{0.0707\, d_s (\rho_s - \rho_d)^{\frac{2}{3}}}{\rho_d^{\frac{1}{3}} \mu_e^{\frac{1}{3}}} \tag{4.114}$$

式中　v_{s1}—— 岩屑在钻井液中的下滑速度，m/s；

d_s—— 岩屑直径，cm；

ρ_s，ρ_d—— 分别为岩屑和钻井液密度，g/cm^3；

μ_e—— 钻井液有效黏度，Pa · s。

μ_e 可按下式计算

$$\mu_e = K\left(\frac{d_h - d_p}{1\ 200\ v_a}\right)^{1-n}\left(\frac{2n+1}{3n}\right)^n \tag{4.115}$$

式中 d_h, d_p——分别为井径和钻柱外径,cm;

K——钻井液稠度系数,Pa·s^n;

n——钻井液流性指数,无因次。

根据以上各式求出的K_s若大于0.5,则所确定的环空最低返速可用。若$K_s < 0.5$,则需要适当调整钻井液性能或适当调整最低环空返速的值,以确保$K_s \geqslant 0.5$。

最低返速确定以后,即可根据下式确定携岩所需的最小排量

$$Q_a = \frac{\pi}{40}(d_h^2 - d_p^2)\ v_a \tag{4.116}$$

式中 Q_a——最小排量,L/s。

2. 计算不同井深时的循环系统压耗系数

将全井分为若干个井段,用每个井段最下端处的井深作为计算井深。根据前面所讲的公式,分别计算K_g, K_p, K_c, m, a,最后计算不同井深时的循环系统压耗系数$K_L = a + m$。

3. 选择缸套直径

钻井泵的每一级缸套都有一个额定排量,在所选缸套的额定排量Q_r大于携带岩屑所需的最小排量Q_a的前提下,尽量选用小尺寸缸套。缸套直径确定以后,P_r, Q_r, p_r三个额定参数就确定了。需要注意的是,应根据所选用缸套的允许压力和整个循环系统(包括地面管汇、水龙带、水龙头等)耐压能力的最小值,确定钻井过程中钻井泵的最大许用压力p_r。

4. 排量、喷嘴直径及各项水力参数的计算和确定

在确定排量之前先要选择水力参数优选的标准;根据所选择的优选标准计算第一和第二临界井深;根据优选标准、临界井深和获得最大水力参数的条件,计算各井段所用的排量和喷嘴直径;同时,计算出不同井段可获得的射流参数和钻头水力参数$v_j, F_j, \Delta p_b, P_b$。

思考题与习题

1. 某井用直径ϕ200 mm 241 型钻头钻进,钻压W=196 kN,转速n=70 r/min,井底净化条件较好,钻头工作 14 h 以后起钻,已知$A_f = 2.33\times10^{-3}$。求牙齿磨损量h_f。

2. 某井用直径ϕ200 mm 211 型钻头钻进,钻压W=196 kN,转速n=80 r/min,钻头工作 14 h 以后起钻,轴承磨损到 B6 级,求轴承工作系数b。

3. 已知某井五点法钻进试验的结果如下表所示:

实验点	1	2	3	4	5	6
钻压/kN	225	254	254	196	196	225
转速/(r·min^{-1})	70	60	120	120	60	70
钻速/(m·h^{-1})	31	32.5	46	34	24	30

求该地区的门限钻压M和转速指数λ。

4. 某井使用215.9 mm钻头钻进，喷嘴流量系数 C=0.96，井内钻井液密度为1.42 g/cm^3，排量为16 L/s。若要求井底比水功率为0.418 kW/cm^2，且三个喷嘴中拟采用一个直径为9 mm，另两个为等径。试求另两个喷嘴的直径，并计算射流水力参数和钻头水力参数。

5. 某井钻进215.9 mm井眼，使用127 mm内平钻杆(内径108.6 mm)，177.8 mm钻铤(内径71.4 mm)100 mm。测得钻井液性能 $\rho_d=1.2$ g/cm^3，$\mu_{pv}=0.022$ Pa·s，p_g = 0.34 MPa，Q=22 L/s。试求 m，a 值及井深2 000 m时循环系统的压力损耗。

6. 条件同题5，求允许泵压分别为17.3 MPa，14.2 MPa时钻头所可能获得的压降及相应的喷嘴当量直径(喷嘴流量系数 C=0.96)和射流水力参数。

7. 已知某井用215.9 mm钻头钻进，井眼扩大处井径310 mm，钻杆外径127 mm，排量21 L/s。钻井液密度1.16 g/cm^3，其范氏黏度计600 r/min、300 r/min的读数分别为65、39。岩屑密度2.52 g/cm^3，平均粒径6 mm。试校核岩屑举升效率。

8. 某井采用215.9 mm钻头钻进(喷嘴流量系数 C=0.98)，177.8 mm钻铤(内径71.4 mm)120 m，所用钻杆为127 mm内平钻杆(内径108.6 mm)。井队配备有两台NB—1000钻井泵，根据经验，对整个循环系统而言，地面泵压以不超过18 MPa较合适；K_g取值 1.07×10^{-3} MPa·s$^{1.8}$·L$^{-1.8}$。预计钻进到4 000 m处钻井液密度为1.64 g/cm^3，塑性黏度为0.004 7 Pa·s。试按最大钻头水功率方式对该井深处进行水力参数设计。要求环空返速不低于0.7 m/s。

第5章 井眼轨道设计与轨迹控制

井眼轨道，是指在一口井钻进之前人们预想的该井井眼轴线形状。井眼轨迹是指一口已钻成的井的实际井眼轴线形状。

自19世纪末旋转钻井诞生以来，初期都是打直井，人们预想的井眼轨道是一条铅垂直线。并且认为旋转钻的实钻井眼轨迹也和顿钻一样，是一条铅锤直线。直到大约20世纪20年代末，人们意外地发现一口新钻井把旁边的一口老井的套管钻穿了，还发现相邻两口井的井深不同却钻到了同一油层。于是认识到井是会斜的，需要采取有效措施控制井眼轨迹，才能减小井斜。于是出现了“直井防斜技术”。20世纪30年代初，在海边向海里打定向井开采海上油田的尝试成功之后，定向井得到广泛的应用，其应用领域大体有以下三种情况：

（1）地面环境条件的限制

当地面是高山、湖泊、沼泽、河流、沟壑、海洋、农田或重要的建筑物等，难以安装钻机，进行钻井作业时或者安装钻机和钻井作业费用很高时，为了勘探和开发它们下面的油田，最好是钻定向井。

（2）地下地质条件的要求

对于断层遮挡油藏，定向井比直井可发现和钻穿更多的油层；对于薄油层，定向井和水平井比直井的油层裸露面积要大得多。另外，侧钻井、多底井、分支井、大位移井、侧钻水平井、径向水平井等定向井的新种类，显著地扩大了勘探效果，增加了原油产量，提高了油藏的采收率。

（3）处理井下事故的特殊手段

当井下落物或断钻事故最终无法捞出时，可从上部井段侧钻打定向井；特别是遇到井喷着火常规方法难以处理时，在事故井附近打定向井（称为救援井），与事故井贯通，进行引流或压井，从而可处理井喷着火事故。

目前，定向钻井已经成为油田勘探开发的极为总要手段，井眼轨道设计和井眼轨迹控制是定向钻井技术的基本内容。事实上，直井可以看做是定向井的特例，其设计的轨道为一条铅垂线。直井防斜和定向井井眼轨迹控制，在技术原理上是一致的，只是应用方向不同而已。井眼轨迹控制技术经历了从经验到科学、从定性到定量的发展过程，现在正处在向井眼轨迹自动控制阶段发展。

5.1　井眼轨迹的基本概念

搞清井眼轨迹的有关参数的概念及这些参数之间的关系，对于井眼的轨道设计、轨迹测量和计算、轨迹控制，都是至关重要的。

5.1.1　轨迹的基本参数

所谓井眼轨迹，实指井眼轴线。一口实钻井的井眼轴线是一条空间曲线。为了进行轨迹控制，就要了解这条空间曲线的形状，就要进行轨迹测量，这就是测斜。目前常用的测斜方法并不是连续测斜，而是每隔一定长度的井段测一个点。这些井段被称为测段，这些点被称为测点。测斜仪器在每个点上测得的参数有三个，即井深、井斜角和井斜方位角。这三个参数就是轨迹的基本参数。

(1) 井深

井深指井口(通常以转盘面为基准)至测点的井眼长度，也有人称之为斜深，国外称为测量井深(Measure Depth)。井深是以钻柱或电缆的长度来测量，它既是测点的基本参数之一，又是表明测点位置的标志。

井深常以字母D_m表示，单位为m。井深的增量称为井段，以ΔD_m表示。二测点之间的井段称为测段。一个测段的两个测点中，井深小的称为上测点，井深大的称为下测点。井深的增量总是下测点井深减去上测点井深。

(2) 井斜角

过井眼轴线上某测点作井眼轴线的切线，该切线向井眼前进方向延伸的部分称为井眼方向线。井眼方向线与重力线之间的夹角就是井斜角。显然，井眼方向线与重力线都是有向线段，井斜角表示了井眼轨迹在该测点处倾斜大小。

井斜角常以字母α表示，单位为(°)。一个测段内井斜角的增量总是下测点井斜角减去上测点井斜角，以$\Delta\alpha$表示。

如图5.1所示，A点的井斜角为α_A，B点的井斜角为α_B，AB井段的井斜角增量为$\Delta\alpha=\alpha_B-\alpha_A$。

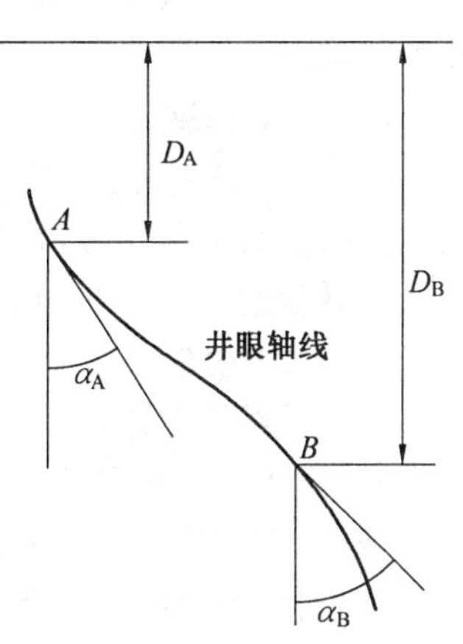

图5.1　井斜角示意图

(3) 井斜方位角

某测点处的井斜方位线投影到水平面上，称为井眼方位线，或井斜方位线。以正北方位线为始边，顺时针方向旋转到井眼方位线上所转过的角度，即井眼方位角。注意，正北方位线是指地理子午线沿正北方向延伸的线段。所以正北方位线和井眼方位线也都是有向线段，都可以用矢量表示。

注意　“方向”和“方位”的区别。方位线是水平面上的矢量，而方向线则是空间的矢量。只要讲到方位、方位线、方位角，都是在某个水平面上；而方向和方向线则是三维空间内(当然也可能在水平面上)。井眼方向线是指井眼轴线上某一点处井眼前景的方向线。该点的井眼方位线则指该点井眼方向线在水平面上的投影，在学习本章 5.3 节的扭方位计算时，也要特别注意这个区别。

井斜方位角常以字母 Φ 表示，单位为(°)。井斜方位角的增量是下测点的井斜方位角减去上测点的井斜方位角，以 $\Delta\Phi$ 表示。井斜方位角的值可以在 0 ～ 360° 范围内变化。

如图 5.2 所示，A 点的井斜方位角为Φ_A，B 点的井斜方位角为Φ_B，AB 井段的井斜方位角增量为 $\Delta\Phi = \Phi_B - \Phi_A$。

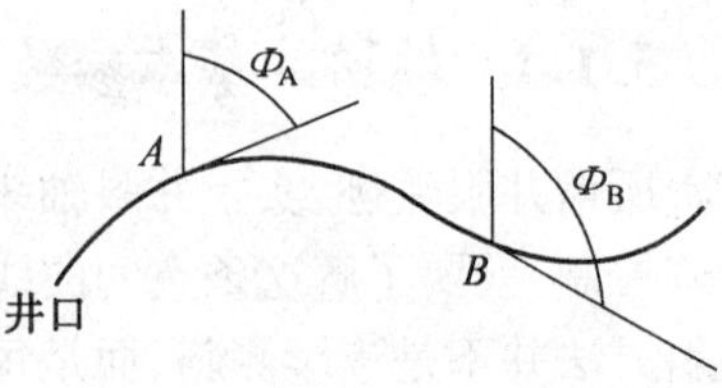

图 5.2　井斜方位角示意图

需要注意的是，目前广泛使用的磁性测斜仪是以地球磁北方位为基准的。磁北方位与正北方位并不重合而是有个夹角，称为磁偏角。磁偏角又分为东磁偏角和西磁偏角。东磁偏角是指北方位线在正北方位线的东面，西磁偏角指磁北方位线在正北方位线的西面。用磁性测斜仪测得的井斜方位角称为磁方位角，并不是真方位角，需要经过换算求得真方位角，这种换算称为磁偏角校正。换算的方法如下：

真方位角 = 磁方位角 + 东磁偏角

真方位角 = 磁方位角 − 西磁偏角

井斜方位角还有另一种表示方式，称为象限角，如图 5.3 所示。它是指经斜方位线与正北方位线或正南方位线之间的夹角。象限角在 0 ～ 90° 之间。书写时需注明所在的象限，如 N67.5°W。

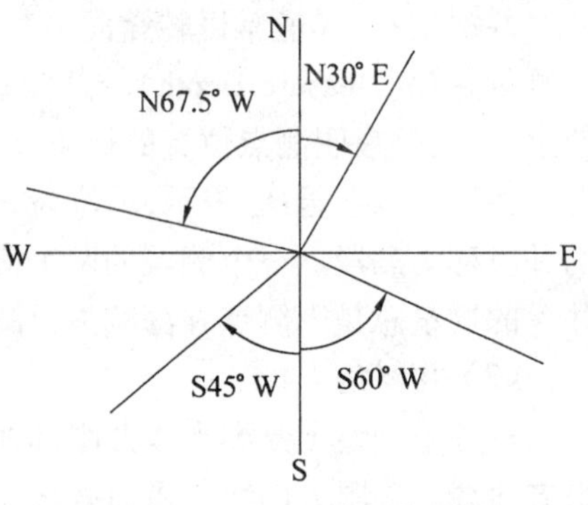

图 5.3　井斜方位角示意图

5.1.2　轨迹的计算参数

所谓计算参数是指根据基本参数计算出来的参数。轨迹的计算参数可用于描述轨迹的形状和位置，也可用于轨迹绘图。

(1) 垂直深度

垂直深度简称垂深，是指轨迹上某点至井口所在水平面的距离。垂深的增量称为垂增。垂深常以字母 D 表示，垂增以 ΔD 表示。如图 5.1 所示，A，B 两点的垂深分别为D_A，D_B，AB 井段的垂增 $\Delta D = D_B - D_A$。

(2) 水平投影长度

水平投影长度简称水平长度或平长，是指井眼轨迹上某点至井口的长度在水平面上的投影，即井深在水平面上的投影长度。水平长度的增量称为平增。平长以字母L_P 表示，平增以 ΔL_P 表示。平长和平增在图 5.4 中时指曲线的长度。

(3) 水平位移

水平位移简称平移，指轨迹上某点至井口所在铅垂线的距离，或指轨迹上某点至井口的距离在水平上的投影。此投影线称为平移方位线。水平位移常以字母 S 表示。如图 5.5 所示 A，B 两点的水平位移分别为S_A，S_B。在国外将水平位移称为闭合距，而我国油田现场常特指完钻时的水平位移为闭合距。

请注意,水平位移和水平长度是完全不同的概念。在实钻的井眼轨迹上,而者的区别是明显的。但在二维设计轨迹上二者是完全相同的。

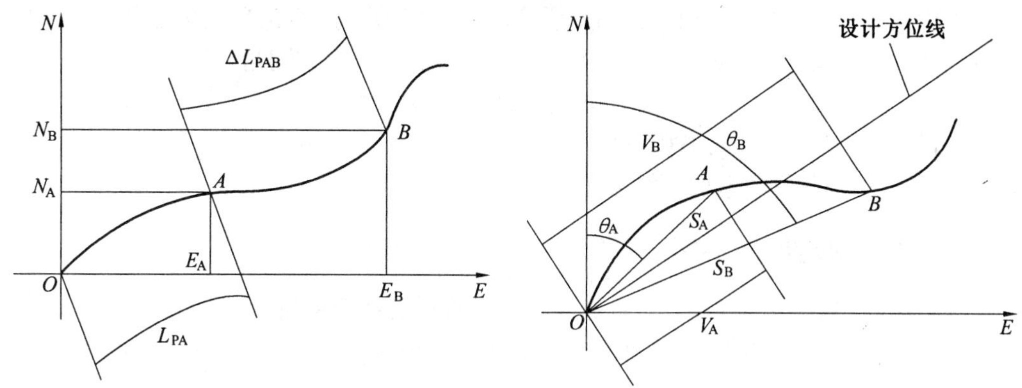

图 5.4　水平投影长度和水平坐标示意图　　　　图 5.5　平移与视平移示意图

(4) 平移方位角

平移方位角指平移方位线所在的方位角,即以正北方位为始边顺时针转至平移线上所经过的角度,常以字母 θ 表示。如图 5.5 所示,A,B 两点的方位角分别为θ_A和θ_B。

在国外将平移方位角称为闭合方位角,而我国油田现场特指完钻时的平移方位角为闭合方位角。

(5)N 坐标和 E 坐标

N 坐标和 E 坐标是指轨迹上某点在以井口为原点的水平面系里的坐标值。此水平面坐标系里有两个坐标轴,一是南北坐标轴,以正北方向为正方向;一是东西坐标抽,以正东方向为正方向。如图 5.4 所示,A,B 两点的水平坐标分别为N_A,E_A 和N_B,E_B。水平坐标可以有增量,以 ΔN,ΔE 表示。

(6) 视平移

视平移也称投影位移,是水平位移在设计方位线上的投影长度,以字母 V 表示。如图 5.5 所示,A,B 两点的视平移分别为V_A,V_B。显然,当实钻轨迹与设计轨迹偏差很大时甚至背道而驰时,视平移可能成为负值。

(7) 井眼曲率

井眼曲率指井眼轨迹曲线的曲率。由于实钻井眼轨迹是任意的空间曲线,其曲率是不断变化的,所以在工程上常常计算井段的平均曲率。也有人井眼曲率称为“狗腿严重度”、“全角变化率”,其实质是一样的,只是叫法不同而已。

对一个测段(或井段) 来说,上、下二测点处的井眼方向线是不同的,两条方向线之间的夹角(注意是在空间的夹角) 称为“狗腿角”,也有人称之为“全角变化”。狗腿角被测段(或井段) 除即可得到该段的井眼平均率。显然,所取测(井) 段越短,平均曲率就越接近实际曲率。

在国外,先用下式计算狗腿角,然后代入下式求得井眼曲率:

$$\cos\gamma = \cos\alpha_A \cdot \cos\alpha_B + \sin\alpha_A \cdot \sin\alpha_B \cdot \cos(\Phi_B - \Phi_A) \tag{5.1}$$

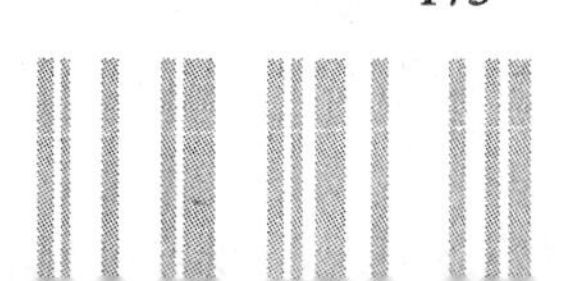

$$K = 30\gamma / \Delta D_{\mathrm{m}} \tag{5.2}$$

式中　γ—— 该测段的狗腿角，(°)；

　　　K—— 该测段的平均井眼曲率，(°)/30 m。

由于式(5.1)是根据平面圆弧曲线假设而推导的，所以计算的狗腿角是最小狗腿角，所以计算的井眼曲率也是最小曲率。我国钻井行业标准规定狗腿角用下式计算：

$$\gamma = (\Delta\alpha^2 + \Delta\Phi^2 \cdot \sin^2 \alpha_{\mathrm{c}})^{0.5} \tag{5.3}$$

然后再代入式(5.2)中求得井眼曲率。

式中　α_{c}—— 该测段的平均井斜角，(°)。

5.1.3　轨迹的图示法

井眼轨迹的图示法有两种：一种是垂直投影图与水平投影图相配合，如图5.6(a)所示；一种是垂直剖面图与水平投影图相配合，如图5.6(b)所示。不管哪种都必须有水平投影图。

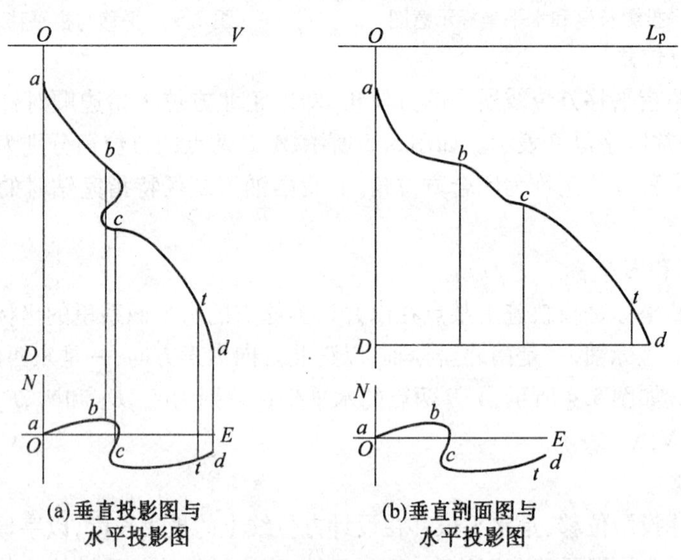

图5.6　定向井轨迹设计方法

1. 水平投影图

水平投影图相当于机械制图中的俯视图，也相当于将井眼轨迹这条空间曲线投影到井口所在的水平面上。图中坐标为 N 坐标和 E 坐标，以井口为坐标原点。所以只要知道一口井轨迹上所有各点的 N,E 坐标值就可以很容易地画出该井的水平投影图。

2. 垂直投影图

垂直投影图相当于机械制图中的侧视图，即将井眼轨迹这条空间曲线投影到铅垂平面上，图中的坐标为垂深 D 和视平移 V，也是以井口为坐标原点。但是经过井口的铅垂平面有无数个，应该选择哪个呢？我国钻井行业标准规定，选择设计方位线所在的那个铅垂平面。这样的垂直投影图与设计的垂直投影图进行比较，可以看出实钻井眼轨迹与设计井眼轨迹的差别，便于指导施工中的轨迹控制。

显然，只要计算出一口井轨迹上所有各点的垂深和视平移就可以很容易地画出该井轨迹的垂直投影图。

3.垂直剖面图

可以这样理解垂直剖面图的形式原理：参看图5.7，设想经过井眼轨迹上每一个点作一条铅垂线，这些铅垂线构成了一个曲面。此曲面有个显著的特点，就是可以展开到一个平面上，当此柱面展开时就形成了垂直剖面图。

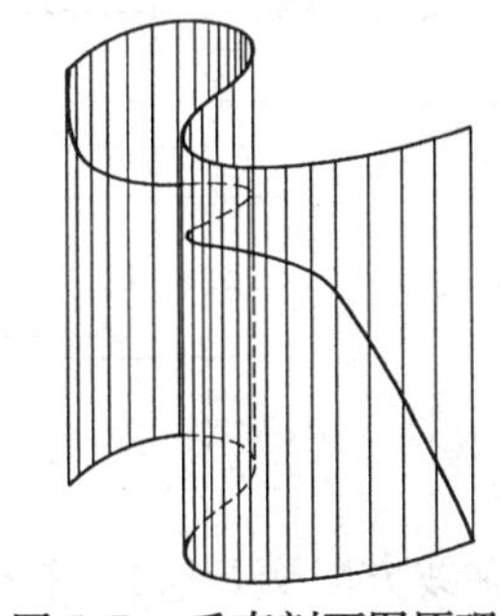

图5.7 垂直剖面图原理

实际的垂直剖面图并不是按照先作柱面然后展开的方法办到。垂直剖面图的两个坐标是垂深 D 和水平长度 L_p。实际上，只要计算出一口井轨迹上所有各点的垂深和水平长度就可以很容易地画出该井轨迹的垂直剖面图。

5.2 直井防斜技术

按照设计轨道的不同，井可以分为两大类：直井和定向井。对于直井来说，设计轨道都是一条铅垂线，不需要进行特殊的设计。但钻井历史表明，直井的轨迹控制难度很大，甚至比定向井的轨迹控制难度还大。

直井的轨迹控制，就是要防止实钻轨迹偏离设计的铅垂直线。在工程术语中，人们常常把直井的轨迹控制称为直井防斜技术。

一般来说，实钻轨迹总是要偏离设计轨道的，所以实钻的直井总是会发生井斜的。要想控制直井井眼绝对不斜，是不可能的。问题在于能否控制井斜的度数或井眼的曲率在一定范围之内。

5.2.1 井斜的原因分析

井为什么会斜？找到井斜的原因，就可以提出防斜的措施。影响井斜的因素很多，但概括起来可分为两大类：一类是地质因素，一类是钻具因素。

1.地质因素

人们提出了许多理论，来解释地质因素导致井斜的原因。其中，最本质的是地层可钻性的不均匀性和地层的倾斜两个因素。这种地层可钻性的不均匀性表现在许多方面，再与地层倾斜相结合，导致井眼倾斜。

①地层可钻性的各向异性，即地层可钻性在不同方向上的不均匀性。如图5.8所示，沉积岩都有这样的特性：垂直层面方向的可钻性高，平行层面方向的可钻性低。钻头总是有向着容易钻进的方向前进的趋势。在地层倾斜的情况下，当地层倾角小于45°时，钻头前进方向偏向垂直地层层面的方向，于是偏离垂线。在地层倾角超过60°以后，钻头前进方向则是沿着平行地层层面方向下滑，也要偏离铅垂线。当地层倾角在45°到60°之间时，井斜方向属不稳定状态。

②地层可钻性的纵向变化。地层在沉积过程中，由于沉积环境的不同和变化，形成了沿垂直于地层层面方向可钻性的变化，俗称“软硬交错”。这里的“纵向变化”是指沿钻头

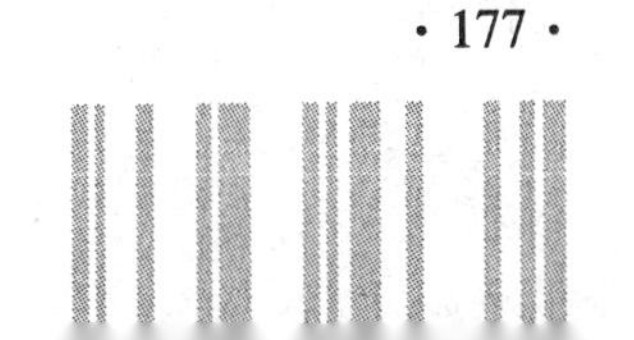

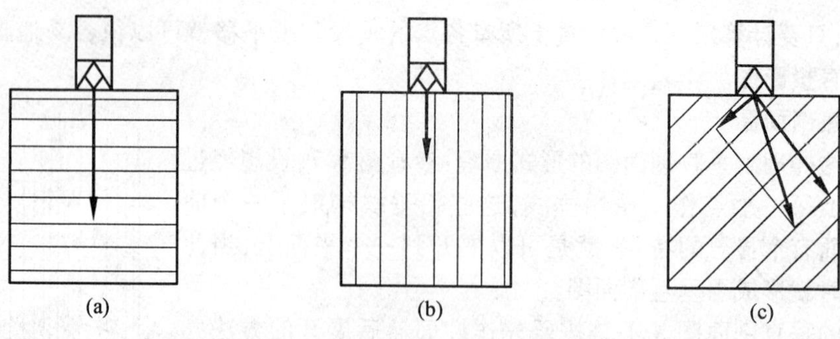

图 5.8　地层可钻性的各向异性导致井斜

轴线方向遇到这种“软硬交错”。如图 5.9 所示，由于地层倾斜，钻头底面上遇到“软”地层的一侧容易钻，该侧的钻速高；而另一侧遇到“硬”地层则钻速低。于是井眼轴线偏离，发生井斜。

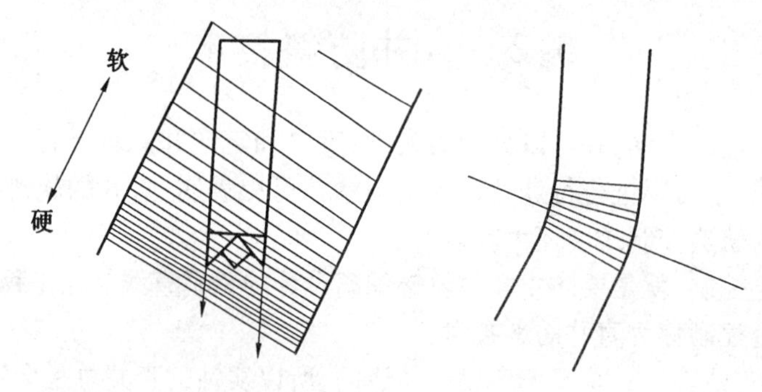

图 5.9　地层可钻性纵性变化引起井斜

③地层可钻性的横向变化。地层可钻性不仅沿垂直于地层层面方向有变化，而且在平行于地层层面方向也有变化。这里的“横向变化”是指垂直于钻头轴线方向上可钻性的变化。如图 5.10 所示，在钻头的一侧下面钻遇溶洞或较疏松的地层，而另一侧则钻遇较致密的地层。于是钻头前进方向发生偏离。

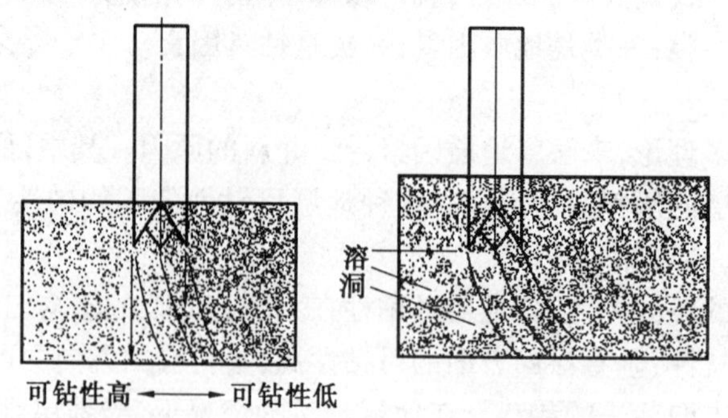

图 5.10　地层可钻性的横向变化引起井斜

从以上分析可知，地层可钻性的各种不均匀性和地层倾斜引起井斜的机理，最终体现在钻头对井底的不对称切削，使钻头轴线相对于井眼轴线发生倾斜，从而使新钻的井眼偏离原井眼。

2. 钻具原因

钻具导致井斜的主要因素是钻具的倾斜和弯曲。影响最大的是靠近钻头的那部分钻具，称为底部钻具组合（Bottom Hole Assembly，BHA）。钻具的倾斜和弯曲将产生两个后果：一是引起钻头倾斜，在井底形成不对称切削，如图5.11所示，新钻的井眼将不断地偏离原井眼方向；一是使钻头受到侧向力的作用，迫使钻头进行侧向切削，如图5.12所示，这样也将使新钻的井眼不断地偏离原井眼方向。

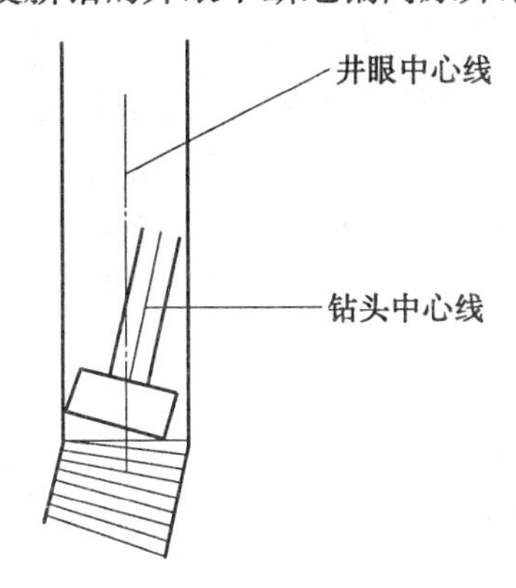

图5.11　钻头不对称切削导致井斜

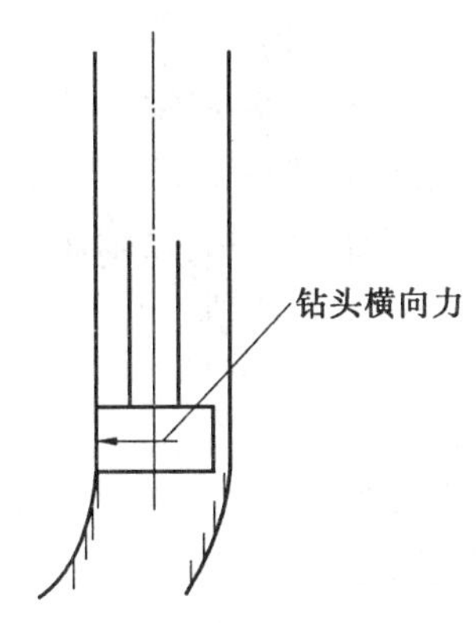

图5.12　钻头侧向切削导致井斜

那么是什么原因导致钻具的倾斜和弯曲呢？

首先，由于钻具直径小于井眼直径，钻具和井眼之间有一定的间隙，所以钻具在井眼内活动余地很大，这就给钻具的倾斜和弯曲创造了空间条件。

其次，由于钻压的作用，下部钻具受压后必将靠向井壁一侧而倾斜。当压力超过一定值后，钻柱将发生弯曲。弯曲钻柱将使靠近钻头的钻具倾斜更大。还有一些原因也会导致钻具倾斜和弯曲，如下入井内的钻具本来就是弯曲的；在安装设备时，天车、游车和转盘三点不在一条铅垂线上；转盘安装不平而引起钻具一开始就倾斜等。

3. 井眼扩大

除上述地质和钻具原因外，井眼扩大也是井斜的重要原因。井眼扩大后，钻头可在井眼内左右移动，靠向一侧，也可使受压弯曲的钻柱挠度加大，于是钻头轴线与井眼轴线不重合，导致井斜。

上述三方面的原因中，地质原因是客观存在的，是无法改变的。钻具原因则可以人为地控制。在这方面人们进行了大量的研究，设计了许多种防斜钻具组合，最常见的两种是满眼钻具组合和钟摆钻具组合。井眼扩大总是有个过程，不会刚一钻成就马上扩大，所以可以利用这个过程防斜。

5.2.2　满眼钻具组合控制井斜

从上述对井斜原因的分析可知，井斜的原因可归结为：钻头对井底的不对称切削；钻头轴线相对于井眼轴线发生倾斜；钻头上侧向力导致对井底的侧向切削。我们防斜的措施就是要想办法克服这几个原因，满眼钻具组合就是这样设计的。

设想，如果钻具的直径与钻头的直径完全相等，上述几个井斜原因就都会被克服。但这样做将无法循环钻井液，而且会引起一系列其他问题，在工程上是行不通的。实际上是采用扶正器组合的办法来解决。

满眼钻具组合的结构,是在靠近钻头大约 20 m 长的钻铤上适当安置扶正器,以此来达到防斜的目的。所谓“适当安置”,包括扶正器的数量、位置和直径。国内外学者已经提出的满眼钻具组合设计方法很多,设计思想虽有不同,设计结果却差别不大。这里介绍的是我国著名石油钻井专家杨勋尧提出的满眼钻具组合,简称 YXY 组合。

1. YXY 组合的结构(见图 5.13)

(1)近钻头扶正器

近钻头扶正器紧装在钻头之上,简称近扶。近扶直径较大,与钻头直径仅差 1 ~ 2 mm。在易斜地区,近扶的长度可加长;在特别易斜的地层,可将两个扶正器串联起来,作为近扶。近扶的主要作用,是依靠其支承在尚未扩大的井壁上,抵抗钻头所受的侧向力,有效地防止钻头侧向切削。同时,近扶由于直径大,长度长,刚性大,也可有效地防止钻头倾斜,从而阻止钻头的不对称切削。

(2)中扶正器

中扶正器简称中扶或二扶。中扶的位置需要经过严格计算,其直径与近扶相同。中扶的主要作用是保证中扶与钻头之间的钻柱不发生弯曲,使这段钻柱不发生倾斜,从而防止钻头对井底的不对称切削。

(3)上扶正器

上扶正器简称上扶或三扶,其安置位置在中扶之上一个钻铤单根处。上扶的直径一般与近扶和中扶相同,但要求可以稍松。

(4)第四扶正器

第四扶正器简称四扶,一般情况下可不装,仅在特别易斜的地层才装。其安置位置在上扶之上一个钻铤单根处,直径要求与上扶相同。上扶与四扶的作用在于增大下部钻柱的刚度,协助中扶防止下部钻柱轴线发生倾斜。

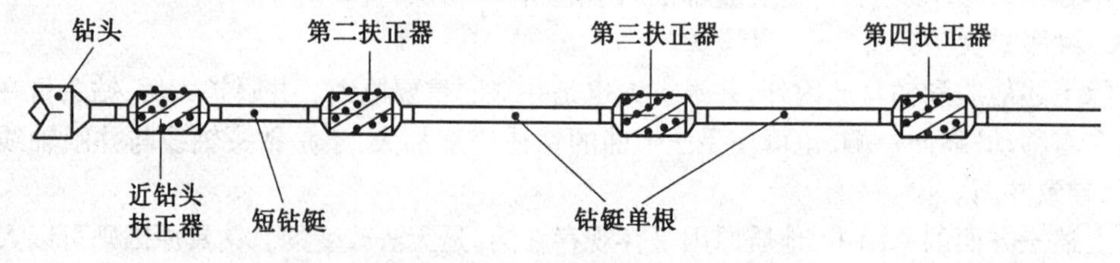

图 5.13　YXY 满眼钻具组合结构

2. YXY 组合中扶位置的计算

中扶位置的计算是满眼钻具组合设计的核心。中扶距钻头的最优长度,以L_p 表示。图 5.14 是杨勋尧建立的下部钻具受力的力学模型。图中先不考虑近钻头扶正器的存在。由图可知,钻头相对于井眼中心线的偏移角 $\theta = \theta_c + \theta_q$。中扶距钻头的距离增大,则 θ_c 减小,但θ_q 增大;中扶距钻头的距离减小,则θ_c 增大,但θ_q 减小。所以,存在着一个最优距离可使 θ 减小。根据力学模型建立数学模型,然后求解,即可得到L_p 的计算公式;最后对公式进行简化,得到如下计算式:

$$L_p = [(16C \cdot EJ)/(q_m \cdot \sin \alpha)]^{0.25} \tag{5.4}$$

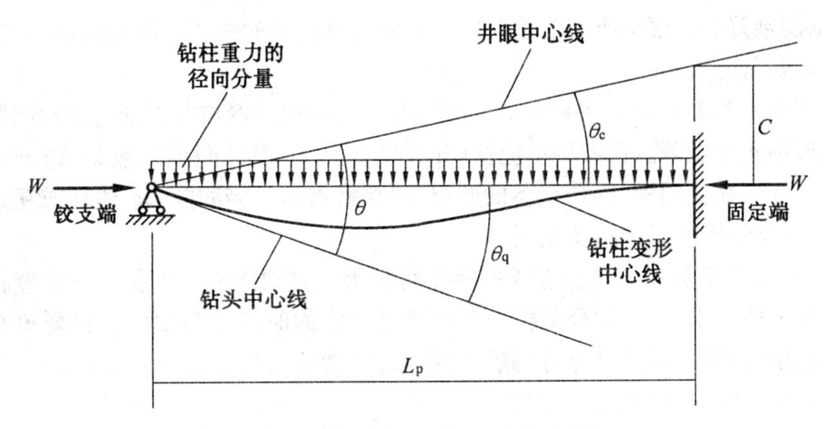

图5.14　杨勋尧满眼组合力学模型图

式中　L_p—— 中扶距钻头的最优长度,m;

C—— 扶正器与井眼的半间隙,$C=(d_h-d_s)/2$,m;

d_h—— 井眼直径,m;

d_s—— 扶正器外径,m;

E—— 钻铤钢材的杨氏模量,kN/ m²;

J—— 钻铤截面的轴惯性矩,m⁴;

q_m—— 钻铤在钻井液中的线重,kN/m;

α—— 允许的最大井斜角,(°)。

【例5.1】　已知钻头直径216 mm,扶正器直径215 mm,钻铤钢材的杨氏模量为 $E=205.94$ GPa,钻铤外径 178 mm,内径 71.4 mm,钻井液密度 1.25 kg/L,钻铤线重 $Q=1.6$ kN/m,允许的最大井斜角3°,求中扶距钻头的最优长度。

解　根据给定条件,可求得

$$J/\text{m}^4=\frac{\pi}{64}(d_c^4-d_{ci}^4)=0.48\times10^{-4}$$

$$q_m/(\text{kN}\cdot\text{m}^{-1})=q\cdot(1-\frac{\rho_d}{\rho_s})=1.34$$

$$C=0.000\ 5\ \text{m}$$

代入式(5.4)中,可求得$L_p=5.789$ m。

【例5.2】　已知钻头直径311 mm,扶正器直径309.5 mm,钻铤钢材的杨氏模量为205.94 GPa,钻铤外径 203.2 mm,内径 71.4 mm,钻井液密度 1.25 kg/L,钻铤线重1.836 7 kN/M,允许最大井斜角3°,求中扶距钻头的最优长度。

解　根据给定条件,可求得

$$J=0.824\ 1\times10^{-4}\ \text{m}^4,\quad q_m=1.544\ 2\ \text{kN/m},\quad C=0.000\ 75\ \text{m}$$

代入式(5.4)中,可求得$L_p=7.085$ m。

3.满眼钻具组合的使用

满眼钻具组合的使用要注意以下问题:

① 在已经发生井斜的井内使用满眼钻具组合并不能减小井斜角,只能做到使井斜角

的变化(增斜或降斜)很小或不变化。所以满眼钻具组合的主要功能是控制井眼曲率,而不能控制井斜角的大小。

②使用满眼钻具组合的关键在于一个“满”字,即扶正器与井眼的间隙对满眼钻具组合的性能影响非常显著。在使用中应使间隙尽可能小。设计间隙一般为 $\Delta d = d_h - d_s = 0.8 \sim 1.6$ mm。在使用中,因扶正器的磨损,间隙将增大。当间隙 Δd 达到或超过两倍的设计值时,应及时更换或修复扶正器。

③保持“满”的另一个关键在于井径不得扩大。这要求有好的钻井液护壁技术。但即使钻井液护壁技术不好,井径的扩大总要经过一定的时间才会发生。只要抢在井径扩大以前钻出新的井眼,则仍可保持“满”的效果,这就要求加快钻速。我国现场技术人员将此概念总结为“以快保满,以满保直”。

④在钻进软硬交错,或倾角较大的地层时,要注意适当减小钻压,并要勤划眼,以便消除可能出现的“狗腿”。

5.2.3 钟摆钻具组合控制井斜

1. 钟摆钻具组合的原理

钟摆钻具原理如图5.15所示。当钟摆摆过一定角度时,在钟摆上会产生一个向回摆的力G_C,称为钟摆力,$G_C = G\sin\alpha$。显然,钟摆摆过的角度越大,钟摆力就越大。如果在钻柱的下部适当位置加一个扶正器,该扶正器支承在井壁上,使下部钻柱悬空,则该扶正器以下的钻柱就好像一个钟摆,也要产生一个钟摆力。此钟摆力的作用是使钻头切削井壁的下侧,从而使新钻的井眼不断降斜。

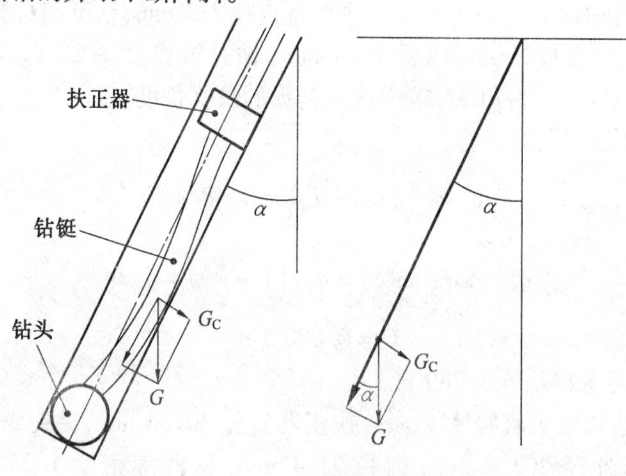

图5.15 钟摆钻具原理图

2. 钟摆钻具组合的设计

钟摆钻具组合最早是美国人Lubinski提出的,但Lubinski的设计方法是图表设计法,查算太复杂。尔后,国内外许多学者从研究力学模型入手,经过数学求解,提出了钟摆钻具组合的计算方法。这里,我们介绍我国著名石油钻井专家杨勋尧提出的设计方法,这是一种简单实用的方法。

钟摆钻具组合设计的关键在于计算扶正器至钻头的距离L_Z,此距离太小则钟摆力小;

此距离太大则扶正器和钻头间的钻柱与井壁会产生新的接触点，所以L_Z称为最优距离。杨勋尧提出的L_Z计算公式如下：

$$L_Z = \sqrt{\frac{\sqrt{B^2 + 4AC} - B}{2A}} \tag{5.5}$$

式中　$A = \pi^2 q_m \sin\alpha$；

$B = 82.04Wr$；

$C = 184.6\pi^2 EJr$；

$r = \frac{d_h - d_c}{2}$，m；

W——钻压，kN；

d_h——井径，m；

d_c——钻铤直径，m。

考虑到扶正器的磨损和井径的扩大，在实际使用时，扶正器至钻头的距离可比计算的L_Z降低5%～10%。

3. 钟摆钻具组合的使用

①钟摆钻具组合的钟摆力随井斜角的大小而变化。井斜角大则钟摆力大，井斜角等于零，则钟摆力也等于零。所以，钟摆钻具组合多数用于对井斜角已经较大的井进行纠斜。

②钟摆钻具组合的性能对钻压特别敏感。钻压加大，则增斜力增大，钟摆力减小。钻压再增大，还会将扶正器以下的钻柱压弯，甚至出现新的接触点，从而完全失去钟摆组合的作用。所以钟摆钻具组合在使用中必须严格控制钻压。

③在井尚未斜或井斜角很小时，要想继续钻进而保持不斜，只能减小钻压进行“吊打”。由于“吊打”钻速很慢，所以这时多使用满眼钻具组合，仅在对轨迹要求特别严的直井(段)中，才使用钟摆钻具组合进行“吊打”。

④扶正器与井眼间的间隙对钟摆钻具组合性能的影响特别明显，当扶正器直径因磨损而减小时应及时更换或修复。

⑤使用多扶正器的钟摆钻具组合，需要进行较复杂的设计和计算。

5.3　定向井造斜工具

在5.2节中，我们介绍了直井防斜技术，论述了井斜发生的原因，防斜和纠斜钻具组合的原理、结构和使用问题。这些论述对于正确理解和使用定向井造斜工具，进行定向井轨迹控制，是很有帮助的。

5.3.1　动力钻具造斜工具

动力钻具又称井下马达，包括涡轮钻具、螺杆钻具、电动钻具三种。目前我国常用的是前两种。动力钻具接在钻铤之下，钻头之上。在钻井液循环通过动力钻具时，驱动动力钻具转动并带动钻头旋转破碎岩石。动力钻具以上的整个钻柱都可以不旋转。这种特点对于定向造斜是非常有利的。

1. 动力钻具造斜工具的形式

如图 5.16 所示动力钻具造斜工具的形式有三种：

(1)弯接头

在动力钻具和钻铤之间接一个弯接头(又称斜接头),使此部位形成一个弯曲角。这种结构一方面迫使钻头倾斜,造成对井底的不对称切削,从而改变井眼方向;另一方面井壁迫使弯曲部分伸直,使钻头受到钻柱的弹性力的作用,从而产生侧向切削,改变井眼方向。

造斜率的大小与以下因素有关:弯接头弯角越大,造斜率越大;弯曲点以上钻柱的刚度越大,造斜率越大;弯曲点至钻头的距离越小,造斜率越大;钻进速度越小造斜率越高。此外,造斜率大小还与井眼间隙、地层因素、钻头结构有关。

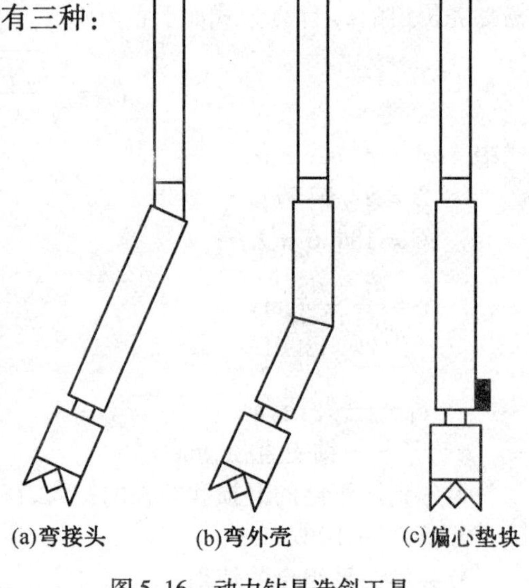

图 5.16　动力钻具造斜工具

(2)弯外壳

将动力钻具的外壳做成弯曲形状,称为弯外壳马达。其造斜原理与弯接头类似,而且比弯接头的造斜能力更大。

(3)偏心垫块

在动力钻具壳体的下端一侧加焊一个“垫块”。在井斜角较大的倾斜井眼内,通过定向使此垫块处在井壁下侧,形成一个支点,在上部钻柱重力作用下使钻头受到一个杠杆力,从而产生侧向切削,改变井眼方向。显然,垫块的偏心高度越大,则造斜率越大。需要注意,工具的造斜率越高,下入井内就越困难。

2. 涡轮钻具的结构与特性

涡轮钻具的结构如图 5.17 所示,包括上端带大小头的外壳,被压紧短节压紧而安装在外壳内的定子,下端带有下部短节并与钻头相连接的主轴,套装在主轴上的转子,以及止推轴承和扶正轴承等。定子和转子由特殊的叶片组成。

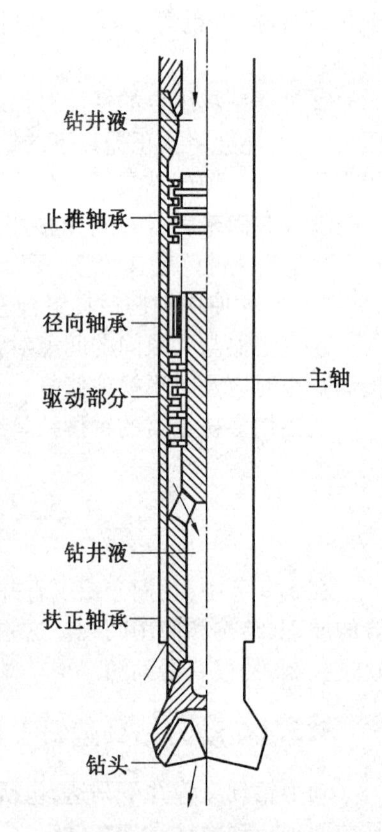

图 5.17　涡轮钻具结构图

涡轮钻具的工作特性曲线如图 5.18 所示。图中的横坐标为涡轮转数,纵坐标为功率和扭矩。图中三组曲线表示不同的钻井液流量。每组曲线有一个最优转数(n_0)。涡轮钻具各参数之间有以下关系:

①钻数(n)与流量(Q)成正比,扭矩(M)与流量的平方成正比,压力降(ΔP)与流量

的平方成正比，功率与流量的三次方成正比，即

$$n_1 / n_2 = Q_1 / Q_2 \tag{5.6}$$

$$M_1 / M_2 = (Q_1 / Q_2)^2 \tag{5.7}$$

$$\Delta p_1 / \Delta p_2 = (Q_1 / Q_2)^2 \tag{5.8}$$

$$P_1 / P_2 = (Q_1 / Q_2)^3 \tag{5.9}$$

显然，足够的流量是涡轮钻具发出足够功率和扭矩的前提。

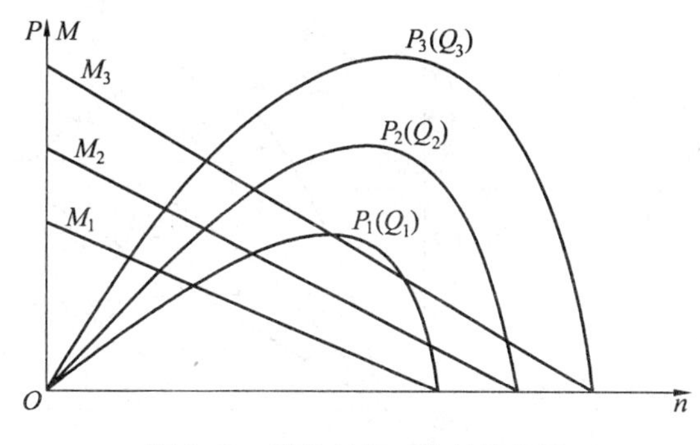

图 5.18　涡轮钻具工作特性曲线

②在一定流量下，涡轮钻具的转速随扭矩的减小而增大，在空转时，转速达到最高，所以不应当用涡轮钻具进行划眼。

3. 螺杆钻具的结构与特性

螺杆钻具的结构如图 5.19 所示，包括与外壳做成一体的定子，与主轴做成一体的转子。定子的上部与钻柱相连，转子的下部通过万向轴与钻头相接。显然，螺杆钻具的结构要简单得多。

螺杆钻具的工作特性曲线如图 5.20 所示。由图可以看出：

①螺杆钻具的转数、扭矩、压力降、功率与流量之间的关系，与涡轮钻具相同。

②螺杆钻具的扭矩与压力降成正比。从图上看，转速也要随压力降而变化，但在范围内转速变化很小。压力降可从泵压表上读出，扭矩则反映所加钻压的大小，所以可以看着泵压表打钻。在定向井和水平井中，钻柱摩擦阻力很大，很难从指重表上看出钻压大小。能够看着泵压表打钻就显出巨大的优越性。根据泵压表上的压力降还可以换算出钻头上的扭矩，从而可以较为准确地求得反扭角。

这是螺杆钻具在定向钻井应用中的突出优点。

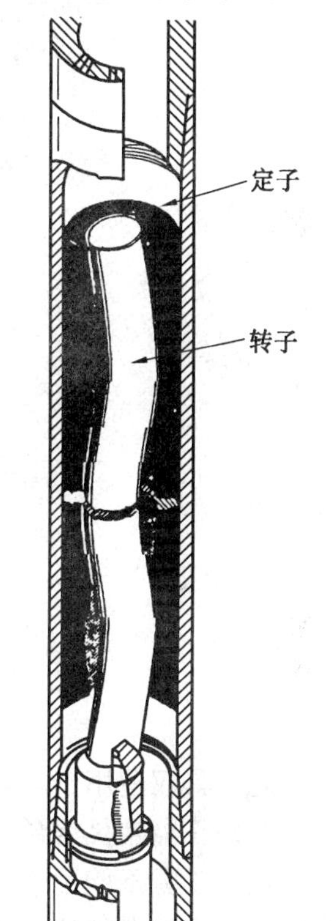

图 5.19　螺杆钻具的结构示意曲线

5.3.2　转盘钻造斜工具

转盘钻造斜工具包括变向器、射流钻头和扶正器组合。变向器和射流钻头可用于造斜，现由于动力钻具造斜工具的巨大优点而很少应用，仅作简单介绍。

1. 变向器

变向器的结构如图 5.21 所示，这是最早使用的造斜工具。由于工艺繁杂，现在仅用于套管内开窗侧钻，或不适宜用动力钻具的井内。

2. 射流钻头

射流钻头的结构如图 5.22 所示。从外形上看，它与普通钻头没有什么区别，只是使用一个大喷嘴、两个小喷嘴。利用这种钻头造斜时，先要定向，开泵循环，则大喷嘴中喷出的强大射流会冲出一个斜井眼来，然后启动转盘，修整并扩大此斜井眼。如此反复即可不断造斜。

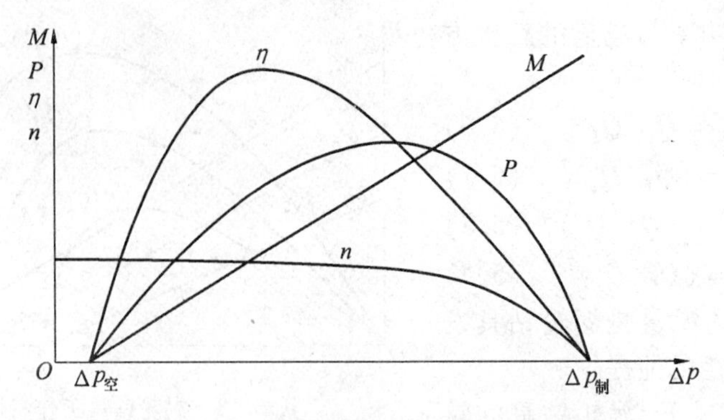

图 5.20　螺杆钻具工作特性曲线图

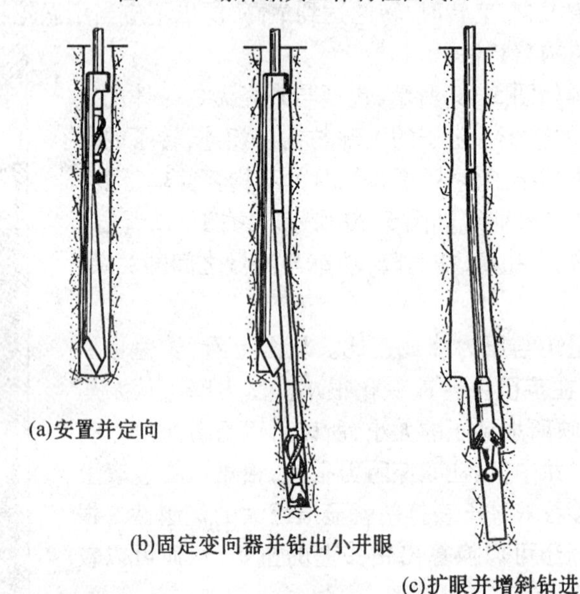

图 5.21　变向器结构曲线图

此工具仅适用于较软的地层,现在也仅用于缺少动力钻具的情况。

3. 扶正器钻具组合

此类工具不能用于造斜,仅能用于已有一定斜度的井眼内进行增斜、降斜或稳斜。此类工具是在转盘钻的基础上,利用靠近钻头的钻铤部分,巧妙地使用扶正器,得到各种性能的组合。

20 世纪 80 年代以来,国内外对扶正器钻具组合的研究逐步深入。研究出了微分方程法、有限元法、纵横连续梁法、加权余量法等方法,且都需要使用较复杂的计算机程序。在没有计算机软件的情况下,可使用表 5.1,5.2,5.3 所列的现场常用的经验数据。表中数据有的有范围,使用者可根据经验进行调整。

(1)增斜组合

按照增斜能力的大小分为强、中、弱三种。其结构如图 5.23 所示,配合尺寸见表5.1。在使用中要注意:钻压越大,增斜能力越大;L_1 越长,增斜能力越小;近钻头扶正器直径减小,增斜能力也减小。使用时应保持低转速。

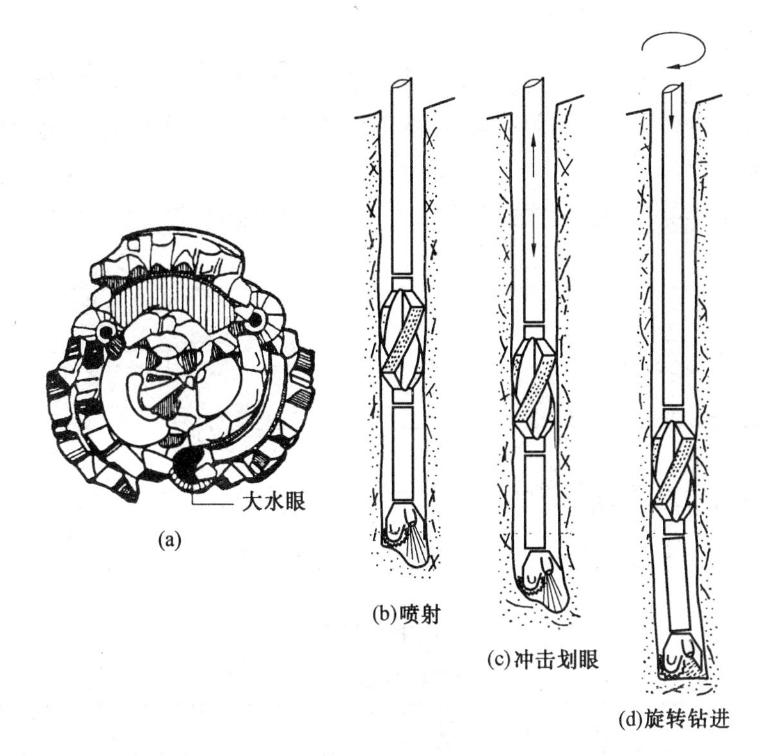

图5.22 射流钻头进行造斜

表5.1 增斜钻具组合的配合尺寸

类型	L_1	L_2	L_3
强增斜组合	1.0~1.8	—	—
中增斜组合	1.0~1.8	18.0~27.0	—
弱增斜组合	1.0~1.8	9.0~18.0	9.0

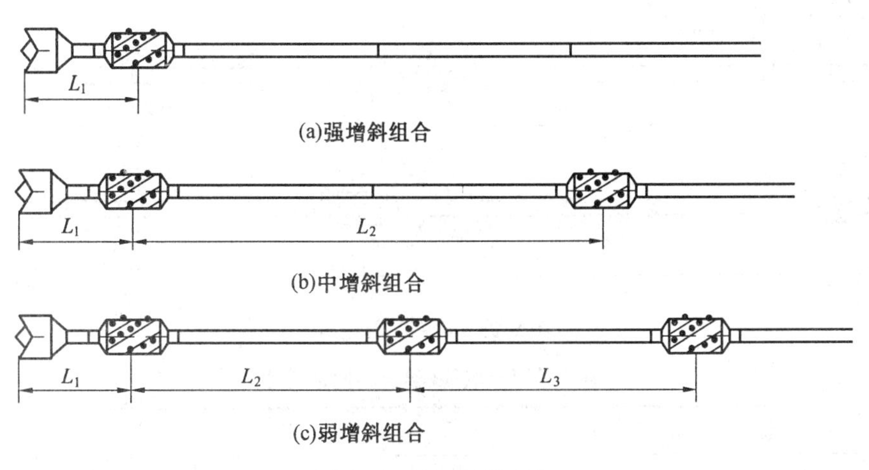

图5.23 增斜钻具组合

(2)稳斜组合

按照稳斜能力的大小分为强、中、弱三种。其结构如图 5.24 所示,配合尺寸见表5.2。在使用中要注意保持正常钻压和较高转速。若需要更强的稳斜组合,可使用双扶正器串联起来作为近钻头扶正器。

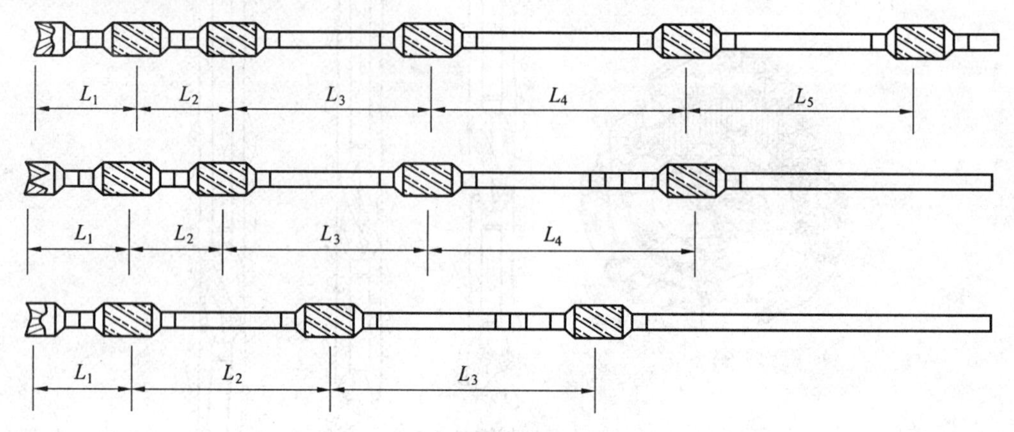

图 5.24　稳斜钻具组合

表 5.2　稳斜钻具组合的配合尺寸

类型	L_1	L_2	L_3	L_4	L_5
强稳斜组合	0.8 ~ 1.2	4.5 ~ 6.0	9.0	9.0	9.0
中稳斜组合	1.0 ~ 1.8	3.0 ~ 6.0	9.0 ~ 18.0	9.0 ~ 27.0	—
弱稳斜组合	1.0 ~ 1.8	4.5	9.0	—	—

(3)降斜组合

按照降斜能力的大小分为强、弱两种。其结构如图 5.25 所示,配合尺寸见表 5.3。在使用中要注意保持小钻压和较低转速。对于强降斜组合来说,L_1 越长则降斜能力越强,但不得与井壁有新的接触点。

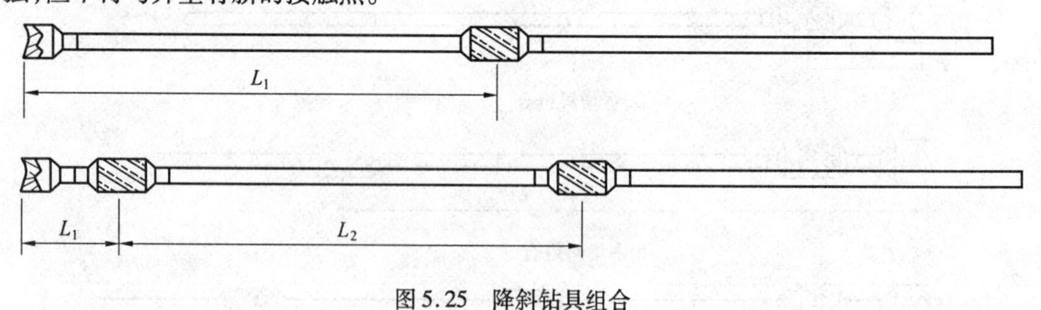

图 5.25　降斜钻具组合

表 5.3　降斜钻具组合的配合尺寸

类型	L_1	L_2
强降斜组合	9.0 ~ 27.0	—
弱降斜组合	0.8	18.0 ~ 27.0

5.3.3 造斜工具的定向

在扭力方位计算中,我们可以算出造斜工具的定向方位角φ_s。现在要问,人们在地面上,怎样知道造斜工具在井下的状况呢?人们又是如何使造斜工具的工具面正好处在预定的定向方位角呢?这需要一套定向工艺技术。定向就是把造斜工具的工具面摆在预定的定向方位线上。

不仅扭方位需要给造斜工具定向,而且在使用动力钻具造斜工具进行造斜、增斜和使用转盘钻造斜工具中的变向器和射流钻头进行造斜时,也要先进行定向。

定向方法可分为两大类:地面定向法和井下定向法。地面定向法是在井口将造斜工具的工具面摆到预定的方位线上,然后通过定向下钻,始终知道造斜工具的工具面在下钻过程中的实际方位,因而也知道下钻到底时的实际方位。如果实际方位与预定方位不符,则可在地面上通过转盘将工具面扭到预定的定向方位上。这种方法由于工序复杂,准确性差,目前已经很少用了。井下定向法是先用正常下钻法将造斜工具下到井底,然后从钻柱内下入仪器测量工具面在井下的实际方位;如果实际方位与预定方位不符,也可在地面上通过转盘将工具面扭到预定的定向方位上。这种方法工序简单,准确性高,但需要一套先进的定向测量仪器。下面着重介绍井下定向法。

1. 工具面的标记方法

要把仪器下到造斜工具内部测量工具面的方位,必须在造斜工具的内部给工具面做个标记,这种标记方法有三种:

(1)定向齿刀法

定向齿刀法是使用氟氢酸测斜仪进行定向的标记方法。如图5.26所示,齿刀上的齿尖所指方位,标志着造斜工具的工具面方位。测量时仪器最下面的铅模压在定向齿刀上,留下齿刀的印痕,于是可知道造斜工具的工具面方位;同时,氟氢酸液瓶的液面倾斜方位代表着井斜方位。这样就知道了造斜工具的工具面方位与井斜方位的关系。若下钻前在裸眼内测得井斜方位,就可知造斜工具的工具面在井下的实际方位。

(2)定向磁铁法

定向磁铁法是使用磁性测斜仪进行定向的标记方法。如图5.27所示,在造斜工具上面接着一根专用的无磁钻铤,在该无磁钻铤的体部装三对小磁铁(从原理上讲一对就行了,装三对的目的是加强磁场强度),磁铁的N极方向与造斜工具的工具面方向之间的关系是已知的。测量仪器中有两个磁性罗盘,下到井底后,上罗盘处在三个定向磁铁位置,指针标志工具面方位;下罗盘则远离定向磁铁,在无磁钻铤内指针指向正北方位。照相时两个罗盘面同时照在一张底片上,于是可知造斜工具的工具面在井下的实际方位。

(3)定向键法

定向键法是一种用途广泛的标记方法,既可用于磁性测斜仪定向,也可用于陀螺测斜仪定向。原理上讲也可用于氟氢酸测斜仪定向。如图5.28示,定向键所在的母线就标志着造斜工具的工具面方位。测量时设法测到定向键的方位,就可以知道造斜工具的工具面方位了。在测量仪器的罗盘面上有一个发线,在测量仪器的最下面有一个定向鞋,定向

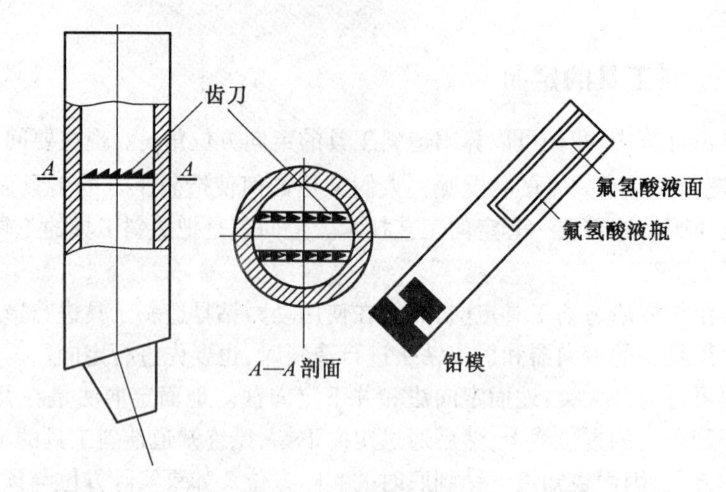

图 5.26　定向齿刀标记法

鞋上有一个定向槽，在仪器安装时使发线与定向槽在同一个母线上对齐。当仪器下到井底时，定向鞋的特殊曲线将使定向槽自动卡在定向键上，从而使罗盘面上的发线方位能表示造斜工具的工具面方位。在照相底片上罗盘的指针标志着井斜方位，由此可以求得造斜工具的工具面方位。

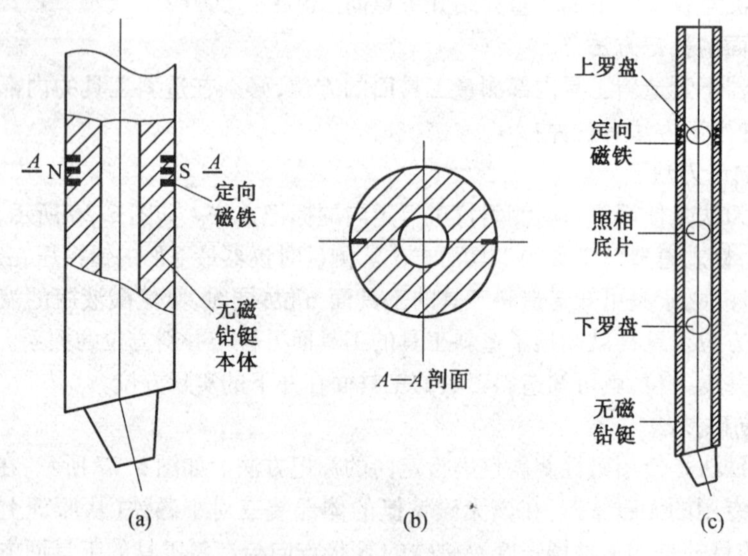

图 5.27　定向磁铁标记法

2. 各种定向方法及其使用场合

(1)双罗盘定向仪+定向磁铁标记

这种方法常用于垂直井眼内定向。在垂直井眼内开始造斜，井眼没有斜度，无法进行测斜定向。这种方法，一个罗盘指示正北方位，一个罗盘指示工具面方位，无需测井斜方位。显然这种方法也可用于倾斜井眼内定向。

(2)陀螺仪+定向键标记

这种方法在钻柱上无需接专用的无磁钻铤，所以在缺乏专用无磁钻铤时可以应用此

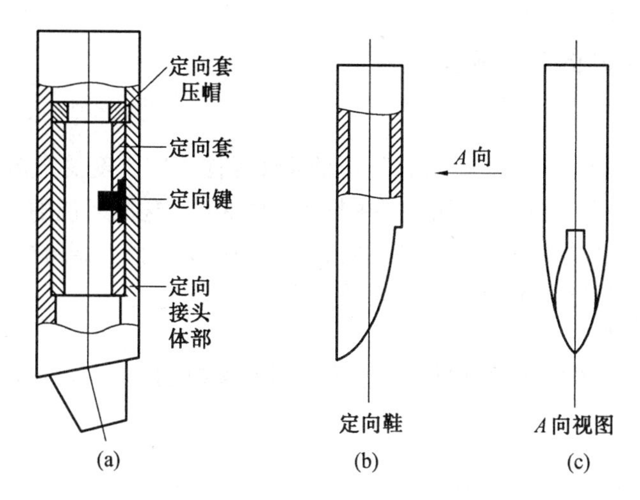

图5.28　定向键标记法

法。特别是在磁性异常地区或丛式井间磁性干扰严重的情况下，不管是直井定向还是斜井定向，都可使用。但由于陀螺仪较为“娇贵”，操作较复杂，使用费用也较高。

(3)磁罗盘测斜仪+定向键标记

这是目前用得最多的定向方法。从原理上讲，此法既可用于直井内定向，也可用于斜井内定向。在磁异常或磁干扰严重的地区，此法定向不够准确。由于磁罗盘的缘故，此法必须使用无磁钻铤。但若确实没有无磁钻铤，还想使用此法，可以采取间接定向法，即在下钻之前先在裸眼内用磁罗盘测斜仪测得井底的井斜方位角，然后再使用此法。这样在照相底片上，只能看到井斜方位与工具面方位之间的关系，再根据下钻前测的井斜方位角，就可以算出工具面的实际方位角。

(4)氟氢酸测斜仪+定向齿刀标记

此法是过去没有先进测斜仪器时在斜井内定向使用的方法，目前仅在极个别的地区还有使用的。

(5)地面定向法

从原理上讲，此法可用于直井和斜井内定向，但过去缺乏先进定向仪器时，也主要用于直井内定向，斜井内则采用“氟氢酸测斜仪+定向齿刀标记”。此法目前仅在缺乏直井定向仪器时使用。

(6)随钻测斜仪+定向键

这是目前最先进的定向方法。它可以做到随钻定向，即在钻进过程中随时指示出造斜工具的工具面方位及其变化情况。目前用的随钻测斜仪分为有线和无线两种。由于仪器的使用费很高，所以仅在高难度的定向井、水平井等要求较高的井内使用。

5.4　水平井钻井技术简介

水平井也是定向井的一种。但由于水平井特有的轨道形状、钻进工具，技术难度均超过了普通定向井的范畴，所以人们将水平井钻井技术单一列出来。

5.4.1 水平井的基本概念

1. 定义

水平井是指井眼轨迹达到水平以后，井眼继续延伸一定长度的定向井。这里所说的“达到水平”，是指井斜角达到90°左右，并非严格的90°。这里所说的“延伸一定长度”，一般是在油层里延伸，并且延伸的长度要大于油层厚度的六倍。据研究，只有在油层延伸的长度大于油层厚度的六倍，水平井才有经济效益。

2. 水平井的分类

水平井的分类是根据从垂直井段向水平井段转弯时的转弯半径（曲率半径）的大小进行的（表5.4）。

表5.4 水平井的分类

类别	造斜率/((°)/30 m)	井眼曲率半径/m	水平段长度/m
长半径	2~6	860~280	300~1 700
中半径	6~20	280~85	200~1 000
中短半径	20~80	85~20	200~500
短半径	30~150	60~10	100~300
超短半径	特殊转向器	0.3	30~60

3. 各类水平井的特点

长半径水平井，可以用常规定向钻井的设备、工具和方法钻成，固井、完井也与常规定向井相同，只是难度增大而已。若使用导向钻井系统，不仅可较好地控制井眼轨迹，也可提高钻速。主要缺点是摩阻力大，起下管柱难度大。此类水平井的数量将越来越少。

中半径水平井，在增斜段均要用弯外壳井下动力钻具进行增斜，必要时要使用导向钻井系统控制井眼轨迹。固井完井方法也可与常规定向井相同，只是难度更大。由于中半径水平井摩阻力小，所以目前在已钻水平井中，中半径水平井数量最多。

短半径和中短半径水平井主要用于老井侧钻，死井复活，提高采收率，少数也有打新井的。此类水平井需用特殊的造斜工具，目前有两种钻井系统：柔性旋转钻井系统和井下马达钻井系统。另外完井的困难较大，只能裸眼或下割缝筛管。由于中靶精度高，增产效益显著，此类水平井将越来越多。

超短半径水平井也被称为径向水平井，仅用于老井复活。通过转动转向器，可以在同一井深处水平辐射地钻出多个（一般为4~12个）水平井眼。这种井增产效果很显著，而且地面设备简单，钻速也快，很有发展前途。但需要有特殊的井下工具和钻进工艺以及特殊的完井工艺。

5.4.2 水平井的经济效益与应用前景

①水平井的突出特点是井眼穿过油层的长度长，所以油井的单井产量高。据统计，全世界水平井的产量平均为邻井（直井）的六倍，有的高达几十倍。而且水平井的渗流速度

小,出砂少,采油指数高,因而可以大大提高采收率。

②水平井可使一大批用直井或普通定向井无开采价值的油藏具有工业开采价值。例如,一些以垂直裂缝为主的裂缝油藏,一些厚度小于10 m的薄油层,还有一些低压低渗油藏。另外,海上油田投资大,成本高,直井开采无效益,水平井却可能有开采价值。

③水平井可使一大批死井复活。许多具有气顶或低水的油藏,油井经过一段开采之后,被气锥或水锥淹没而不出油,实际上油井周围仍有大量的油(称为死油)。在老井中用侧钻水平井钻到死油区,可使这批死井复活,重新出油。这是一项非常鼓舞人心的应用前景。

④水平井作为探井亦具有广阔的前景。我国胜利油田有一口水平井一井穿过十多个油层,相当于九口直探井。

随着水平井技术的发展,大位移水平井、水平分支井、侧钻水平井、径向水平井等技术的成熟,在提高油田勘探和开发的速度和提高油藏采收率方面,水平井将起到极其重要的作用。

5.4.3　水平井钻井的难度所在

(1)水平井的轨迹控制要求高,难度大

要求高,是指轨迹控制的目标区要求高。普通定向井的目标区是一个靶圆,井眼只要穿过此靶圆即为合格。水平井的目标区则是一个扁平的立方体,如图5.29所示,不仅要求井眼准确进入窗口,而且要求井眼的方位与靶区轴线一致,俗称矢量中靶。

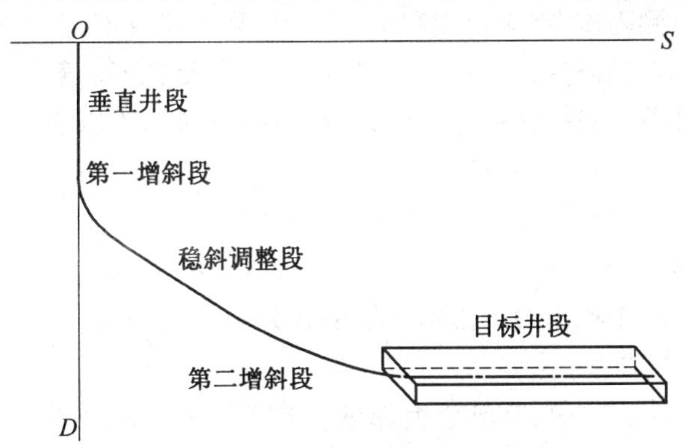

图5.29　常见水平井轨道及目标区

难度大,是指在轨迹控制过程中存在“两个不确定性因素”。轨迹控制的精度稍差,就有可能脱靶。所谓“两个不确定性因素”,一是目标垂深的不确定性,即地质部门对目标层垂深的预测有一定的误差;二是造斜工具的造斜率的不确定性。这两个不确定性的存在,对直井和普通定向井来说,不会有很大的影响,但对水平井来说,则可能导致脱靶。

这一方面要求精心设计水平井轨道,一方面要求具有较高的轨迹控制能力。

(2)管柱受力复杂

①由于井眼的井斜角大,井眼曲率大,管柱在井内运动将受到巨大的摩阻,致使起下钻困难,下套管困难,给钻头加压困难。

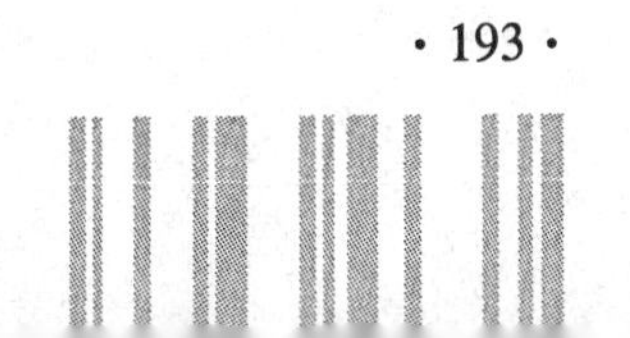

②在大斜度和水平井段需要使用“倒装钻具”，下部的钻杆将受轴向压力，压力过大将出现失稳弯曲，弯曲之后摩阻更大。

③摩阻力、摩扭矩和弯曲应力将显著增大，使钻柱的受力分析、强度设计和强度校核比直井和普通定向井更为复杂。

④由于弯曲应力很大，在钻柱旋转条件下应力交变，将加剧钻柱的疲劳破坏。这就要求精心设计钻柱，严格按规定使用钻柱。

(3)钻井液密度选择范围变小，容易出现井漏和井塌

①地层的破裂压力和坍塌压力随井斜角和井斜方位角而变化。在原地应力的三个主应力中，垂直主应力不是中间主应力的情况下，随着井斜角的增大地层破裂压力将减小，坍塌压力将增大，所以钻井液密度选择范围变小，容易出现井漏和井塌。

②在水平井段，地层破裂压力不变，而随着水平井段的增长，井内钻井液液柱的激动压力和抽吸压力将增大，也将导致井漏和井塌。这就要求精心设计井身结构和钻井液参数，并减小起下管柱时的压力波动。

(4)岩屑携带困难

由于井眼倾斜，岩屑在上返过程中将沉向井壁的下侧，堆积起来，形成“岩屑床”。特别是在井斜角为45°~60°的井段，已形成的“岩屑床”会沿井壁下侧向下滑动，形成严重的堆积，从而堵塞井眼。

这就要求精心设计钻井液参数和水力参数。

(5)井下缆线作业困难

这主要指完井电测困难，在大斜度和水平井段，测井仪器不可能依靠自重滑到井底。钻进过程中的测斜和随钻测量，均可利用钻柱将仪器送至井下。射孔测试时亦可利用油管将射孔枪弹送至井下。只有完井电测时井内为裸眼，仪器难以送入。目前解决此问题的方法是利用钻柱送入，但仍不甚理想。

(6)保证固井质量的难度大

此难度一方面由于大斜度和水平井段的套管在自重下贴在下井壁，居中困难；另一方面水钻井液在凝固过程中析出的自由水将集中在井眼上侧，从而形成一条沿井眼上侧的“水槽”，大大影响固井质量。

目前此问题的解决方法是：在套管上加足够的特制扶正器，使用“零自由水”水泥浆。

(7)完井方法选择和完井工艺难度大

水平井井眼曲率较大时，套管将难以下入，无法使用射孔完井法，不得不采用裸眼完井或筛管完井法等。这将使完井方法不能很好地与地层特性相适应，给采油工艺带来困难。

第6章 井控技术与压井作业

当钻遇油气层时，如果井底压力低于地层压力，地层流体就会进入井眼。大量地层流体进入井眼后，就有可能产生井涌、井喷，甚至着火等，酿成重大事故。因此，在钻井过程中，采取有效措施进行油气井压力控制是钻井安全的一个极其重要的环节。

概括起来，油气井压力控制的任务主要表现在两个方面：一方面，通过控制钻井液密度使钻井在合适的井底压力与地层压力差下进行；另一方面，在地层流体侵入井眼过量后，通过更换合理的钻井液密度及控制井口装置将环空内过量的地层流体安全排出，并建立新的井底压力与地层压力差。

人们根据井涌的规模和采取的控制方法的不同，把井控作业分为三级，即初级井控、二级井控和三级井控。

①初级井控（一级井控）是依靠适当的钻井液密度来控制住地层孔隙压力使得没有地层流体侵入体内，井涌量为零，自然也无溢流产生。

②二级井控是指依靠井内正在使用中的钻井液密度不能控制住地层孔隙压力，因此井内压力失衡，地层流体侵入井内，出现井涌，地面出现溢流，这时要依靠地面设备和适当的井控技术排除气侵钻井液，处理掉井涌，恢复井内压力平衡，使之重新达到初级井控状态。

③三级井控是指二级井控失败，井涌量大，终于失去控制，发生了井喷（地面或地下），这时使用适当的技术与设备重新恢复对井的控制，达到初级井控状态。这是平常说的井喷抢险，可能需要灭火、打救援井等各种具体技术措施。

一般讲，要力求使一口井经常处于初级井控状态，同时做好一切应急准备，一旦发生井涌和井喷能迅速地作出反应，加以处理，恢复正常钻井作业。

6.1 井侵与井喷

地层孔隙压力大于井底压力时，地层孔隙中的流体（石油，天然气，盐水或淡水）侵入井内，称之为井侵（Kick），有人称之为井涌或溢流，表现为井内泥浆外溢（停泵时外溢，泵运转时反出量大于泵排量）或井内泥浆面上升（当井内泥浆不满时）。此时可用井控作业予以控制及消除。当井侵发展到失去控制时，即地层流体无控制地自地层中流出时，称之

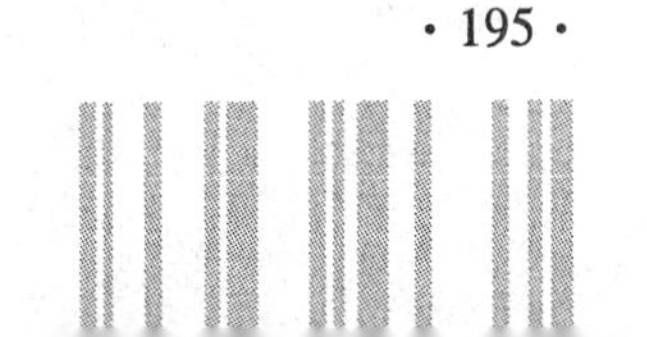

为井喷。自地层中流出的流体可能经井口外喷,也可能从井下流入其他地层,形成地下井喷。

井喷使地下资源受到严重破坏,造成人员伤亡,设备毁坏,油气井可能报废,且污染环境。井喷是钻井工程中性质严重,损失巨大的灾难性事故,因此我们必须尽力防止它的发生。

6.1.1 井侵原因及现象

(1)地质条件

当地层中有高压流体(油、气或水),而且地层的孔隙度大、渗透率高时,就有可能发生井侵。

(2)井底压力小于地层压力,使井底出现负压差

①使用的泥浆密度偏小。

②起钻时没有及时灌泥浆或灌入量不足。

③起钻时提升速度过快,引起的抽吸压力过大。

④下钻时,下放钻柱过快,造成激动压力过大,压裂地层,引起泥浆漏失,使泥浆液面降低。

⑤井漏引起井内泥浆液面降低。

⑥泥浆气侵。

(3)管理不善,岗位责任不落实

①未及时发现井口泥浆外溢。

②未及时发现泥浆池中泥浆量增加。

③未及时关井。

6.1.2 井侵征兆

(1)重要征兆

①井内泥浆液面增高或外溢是最根本的井侵现象,是确定发生井侵的最重要的办法。只要有地层流体进入井内,井内泥浆就会被顶替出来。所以每当怀疑井内发生井侵时,就要停泵观察井口是否有溢流。如果溢流是因钻柱内泥浆密度大于环空中的密度所引起,则溢流量应越来越小,如果是因井侵引起,溢流会越来越大。

②因井侵而发生井口溢流,泥浆池中液面将上升。

③钻速加快。应停泵 3 ~5 min 检查有否溢流。

④起钻时向井内灌入的泥浆量少于起出钻柱的体积。

⑤下钻时井内返出的泥浆量大于入井钻柱的体积。停止下放钻柱后,仍有泥浆流出。

⑥泥浆中的含气量增大,密度减小。泥浆中含气量逐渐增加,表明有高压层。

(2)其他征兆

①泵压下降,泵冲速加快。

②悬重增大。

③如是淡水侵,则泥浆密度下降。

④如是盐水侵,除泥浆密度下降外,尚有 Cl^- 增大、黏度增大现象。

⑤如系油侵,因为没有将油除去而仍重复打入井中,所以泥浆中将重复出现油迹,要注意区别。

⑥当泥浆密度大于平衡地层压力所需值时,也有可能出现井内泥浆外溢,其原因是地层中的气体经扩散进入井中后沿环空上返膨胀所致。

上述各种单项显示只说明可能有井侵发生,为了确认已发生井侵,应当关井检查溢流。

6.2　井控设备

对井内压力的控制首先要用密度合适的泥浆和足够的泥浆柱高度,形成大于地层压力的井底压力,以防止地层流体流入井内形成井侵。

如果发生了井侵,要做到能尽早发现,并应尽快关井,使地层流体停止流入井内,或使流入的量尽量少,然后再压井以消除井侵。要防止井侵质变成井喷。

如果发生了井喷,要防止失火,保护好井口底法兰,以利于井喷抢险时换装新井口,进行压井处理。

根据这些工作上的要求,应采用下述诸部件。图6.1是井口防喷装置的总体结构。

图6.1　井口防喷装置

6.2.1　闸板防喷器

按结构的不同,一个外壳内可以放置一副、两副乃至三副闸板芯子,它们分别称为单闸板、双闸板和三闸板防喷器,如图6.2~6.4所示。

防喷器的用途是封闭井眼或井眼与钻柱之间的环形通道,如图6.5所示。

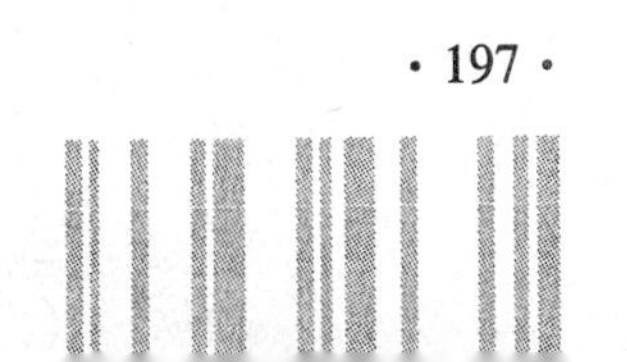

6.2.2 四 通

图 6.2 单闸板防喷器

四通又称钻井四通。它的通径不应小于防喷器的通径,如图 6.6 所示。

它安装在闸板防喷器之间,用以提供钻杆接头停于两闸板防喷器之间所需要的高度(强行起下钻时)以及侧孔,以连接节流管线和压井管线。

四通应有足够的机械强度和不小于防喷器组各件的额定工作压力,其侧孔要大于 50 mm,对额定工作压力大于 70 MPa(10^4 psi)的四通,至少应有两个侧孔,一个大于 50 mm,另一个大于 75 mm。

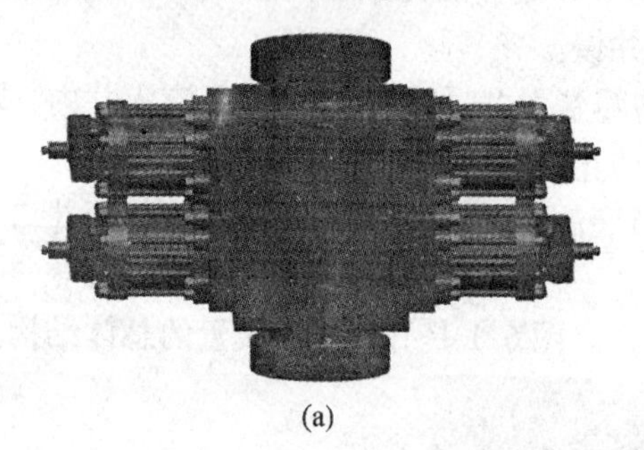

(a)

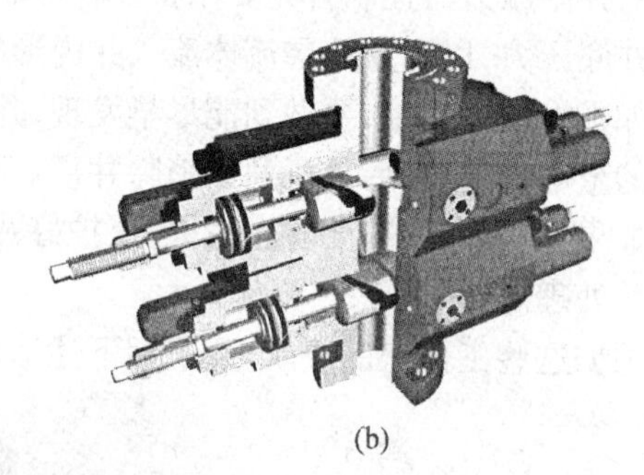

(b)

图 6.3 双闸板防喷器

图 6.4 三闸板防喷器

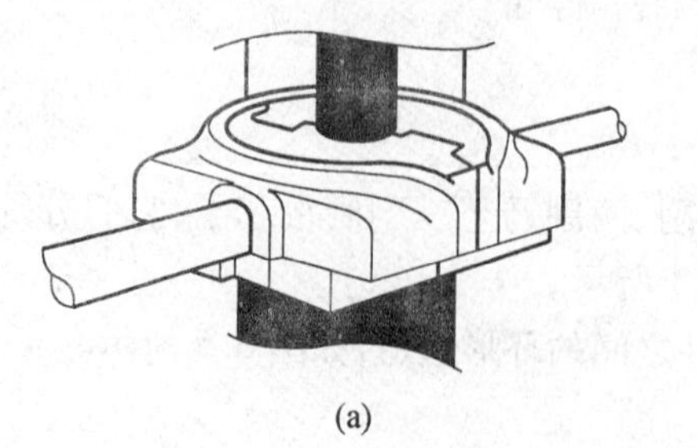

(a)

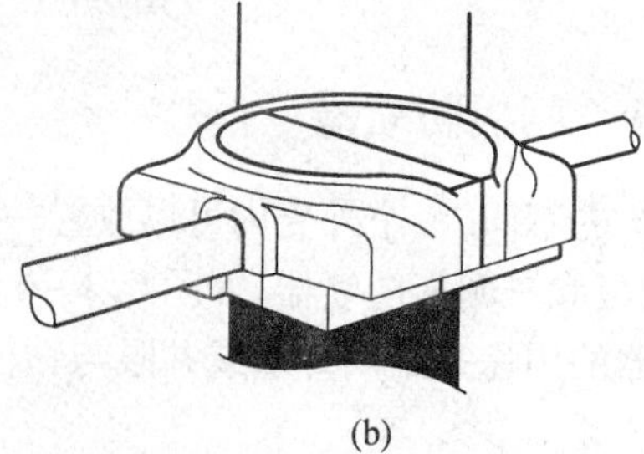

(b)

图 6.5 闸板防喷器的封闭情况

6.2.3　环形防喷器

环形防喷器曾被称为万能防喷器、多效能防喷器。它用带有多个小块钢芯的橡胶芯子密封环空,芯子的形状常用的有锥形和球型两种。

由于钢芯子分成很多块,互不相接,用橡胶浇铸在一起,使芯子可以在径向上收缩,收缩时将钢芯子之间的橡胶挤出,充填了环形空间而将井封住,所以它可以封任意尺寸和形状的管子,如方钻杆,不同直径的钻杆、套管等。也可以封电缆乃至于空井,即井内无钻柱时也能封住。由于封空井时胶芯受到的挤压力很大,容易损坏,所以除非情况危急,不宜用环形防喷器封空井。图6.7是环形防喷器封钻杆的情景。

图6.6　四通

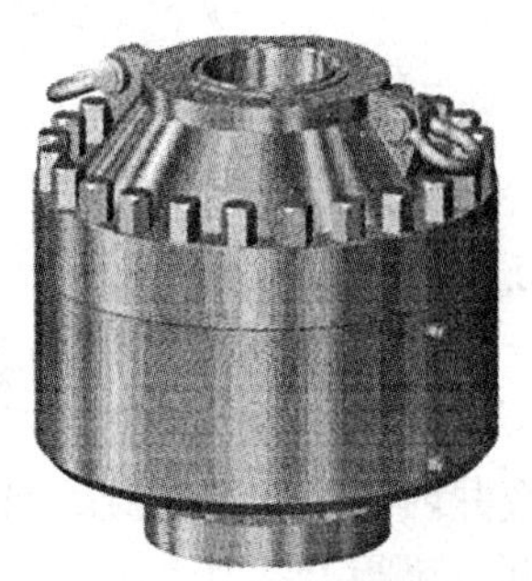

图6.7　环形防喷器封钻杆

6.2.4　分 流 器

当井很浅,井内没下套管,或套管下得不深,套管鞋处的破裂压力较小时,如遇浅的高压层,就无法用防喷器关井以控制井内压力。在这种情况下,最好的方案可能是防喷而不是关井,使储集层喷到衰竭或发生井塌将井堵住(浅的储层一般储量很小)。分流器就是用来将井内流体引出井场放喷,不使其喷向井口上方的装置。如图6.8所示,它通常是一个大直径、低压力的环形防喷器或是一个旋转防喷器。防喷管线直径要大,以免造成大的回压,一般应大于100 mm,最好大于150 mm,如装两根,应反方向安装以适应不同的风向。

图6.8　Hydrill MSP型分流器

6.3　关井与压井

在怀疑或确认井内已发生井侵后,必须尽快关井,井关得越早,侵入井内的流体量就越少,引起的井内压力不平衡就越小,越易处理。

由于压差和井壁不稳定,在发生井侵时常易发生页岩坍塌。井漏使泥浆液面降低,也易引起井壁坍塌。关井后井内压力恢复平衡,可使页岩不再坍塌。

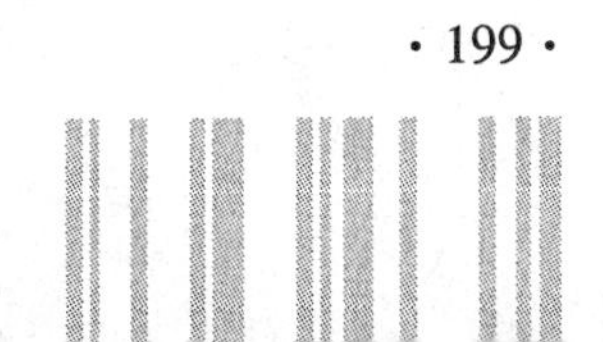

页岩坍塌易引起卡钻,如果发生卡钻,则待压井以后再处理。

6.3.1 关井方式

1. 硬关井

不打开节流阀就关闭防喷器。此法关井迅速,可最大限度地减少侵入井内的流体量。但有人认为这样可能引起水击,压漏地层。宜用于溢流程度较小时。

2. 软关井

先打开节流阀再关闭防喷器,然后再关节流阀。此法关井时压力变化平稳,但关井时间较长,使侵入井中的地层流体增多,可能会给压井造成困难。当溢流程度较严重时宜用此法。

6.3.2 关井程序

1. 在钻进时发现井侵征兆

(1)停止钻进,上提方钻杆到钻杆接头露出转盘。

(2)停泵。

(3)检查井内泥浆是否外溢。如有外溢,则继续进行以下的操作。

(4)打开节流阀。

(5)先关环形防喷器,再关闸板防喷器。

(6)关节流阀,注意套压不能超过许用值。

(7)记录关井立管压力、关井套管压力及泥浆池内泥浆增量。

2. 起下钻时发生井侵

(1)停止起下钻作业。

(2)装回压凡尔。

(3)打开节流阀。

(4)关防喷器。

(5)关节流阀。

(6)记录关井套管压力及泥浆池中泥浆增量。

3. 空井时发生井侵

(1)打开节流阀。

(2)关防喷器。

(3)关节流阀。

(4)记录关井套管压力及泥浆池泥浆增量。

4. 关井中的几个问题

(1)关防喷器时,一般是先关环形防喷器,再关闸板防喷器。

(2)关节流阀时应慢,注意勿使套压超过许用值。

(3)关闸板防喷器时,钻柱应处于用大钩吊悬状态。如果先将钻柱坐于转盘上,可能因不居中而封不住。

(4)如需下钻,不能在井内已发生了井侵,井内泥浆外溢的情况下敞着井口抢下钻,而应关闭防喷器后强行下钻。

(5)当关井套压大于许用套压时,则不能将井全关死,否则将压裂地层,发生井下井喷或憋破套管。应当进行节流循环,使井口仍保持有尽可能高的套压。虽然此时由于套压不够高,达不到使井底压力大于或等于地层压力的要求,地层流体仍在继续流入井内,但由于套压的存在,地层流体侵入的速度已经减缓。此时应尽快压井。

6.3.3　侵入流体性质判断

发生井侵关井后,应该判断一下侵入流体的性质。侵入流体可能是油、气、水或其混合物。这种判断是近似的,因为井径不规则,泥浆池增量可能不准等因素影响计算的准确度。如侵入流体是油、气、水的混合物,则难以确切区分。

计算时,先按泥浆池增量、环空面积计算出侵入流体在环空中的高度 H,再按 U 形管理论,算出钻柱侧与环空侧的压力值。由于此二者相等,故得

$$\rho_i = \rho_m - (p_c - p_s)/(9.8H_i) \tag{6.1}$$

式中　ρ_m—— 井内泥浆密度,g/cm³;

p_c—— 套压, MPa;

p_s—— 关井立管压力, MPa;

H_i—— 侵入流体在环空内的高度,km;

ρ_i—— 侵入流体的密度,g/cm³。

通常0.12 ~ 0.36 g/cm³ 为气,0.36 ~ 0.6 g/cm³ 为油与气或水与气的混合物,0.6 ~ 0.84 g/cm³ 是油、水或油、水混合物。

【例6.1】　某井,井径216 mm,井径扩大系数1.05,井内钻柱为178 mm的钻铤150 m其内径为57.2 mm,钻杆外径为127 mm,内径为108.6 mm,在井深3.6 km时发生井侵,泥浆池量3.0 m³,使用的泥浆密度为1.70 g/cm³。关井测压,$p_s = 3.5$ MPa,$p_c = 6.0$ MPa,试判定侵入流体的性质。

解　钻铤段环空容积 /m³ = $7.85 \times 10^{-4}[(216 \times 1.05)^2 - 178^2] \times 150 = 2.33$

钻杆段环空容积 /(L · m⁻¹) = $7.85 \times 10^{-4}[(216 \times 1.05)^2 - 127^2] = 27.7$

气在钻杆段高度 /m = $(3 - 2.33) \times 10^3/27.7 = 24.2$

所以侵入流体在环空里的高度为

$$150\ \text{m} + 24.2\ \text{m} = 174.2\ \text{m}$$

$$\rho_i/(\text{g} \cdot \text{cm}^{-3}) = 1.7 - (6 - 3.5)/(9.8 \times 0.174) = 0.23$$

因为侵入井内的流体密度为0.23 g/cm³,所以可判定侵入井内的是气体。

6.3.4　压井泥浆密度

井侵是因为井底压力小于地层压力引起的负压差产生的。关井使井口维持回压,可以暂时平衡掉这个负压差,但消除这个负压差则只能靠泥浆柱压力,也就是只能依靠将密度合适的泥浆打入井中才能把井压住,恢复井内的正压差。当前应用最广泛的压井方法是井底常压法,其原则是在整个压井过程中使井底等于或稍大于地层压力,并保持不变,为了使压井过程中的套压较低,压井时所用泥浆密度尽可能取低些。压井泥浆密度是压

井时所用泥浆的密度,国内使此密度比平衡地层压力所需值大一个安全附加值。国外有人不附加,即此密度泥浆柱压力正好等于地层压力,这样可使压井时套压最低。本书按不附加的做法论述。

$$\rho_{mk} = \rho_m + p_s/(9.8H) \tag{6.2}$$

式中 ρ_{mk}—— 压井泥浆密度,g/cm³;

ρ_m—— 井内现有泥浆密度, g/cm³;

p_s—— 关井立管压力, MPa;

H—— 井深(垂直深度),km。

【例6.2】 计算例6.1所需压井泥浆密度。

解 $\rho_{mk}/(\mathrm{g\cdot cm^{-3}}) = 1.70 + 3.5/(9.8 \times 3.6) = 1.80$

6.3.5 压井程序

为了保持压井过程中井底压力不变,用关井立管压力 p_s 作为井底压力的指示计,利用开大与关小节流阀控制 p_s 的增减,使 p_s 与泥浆柱压力(原密度泥浆或压井泥浆)的总和不变,即使井底压力不变,等于或稍大于地层压力。

井底常压法压井的压井程序,常用的有两种,即一次循环法和二次循环法。

1. 一次循环法

一次循环法又称为等候加重法、工程师法、图解法、立管压力不变法。

(1) 方法概述

一次循环法是发现井侵后,立即关井,求得 p_s,p_c 及泥浆池增量,并算出压井泥浆密度 ρ_{mk},然后将泥浆加重到 ρ_{mk},在一个循环周里把加重泥浆替入井内,将井压住。压井开始时,泵出口压力是 p_s 与初始压井压耗之和,即图6.9中的 p_1。随着压井泥浆的入井,关井立管压力逐渐减小。当压井泥浆到达钻头处时,对钻杆内而言,此时泥浆液柱压力已等于地层压力,所以关井立管压力等于零,泵出口压力仅由终了压井压耗 p_k 组成。当压井泥浆自井底沿环空上返时,控制节流阀使泵出口压力保持 p_k 不变,直到压井泥浆返出地面。

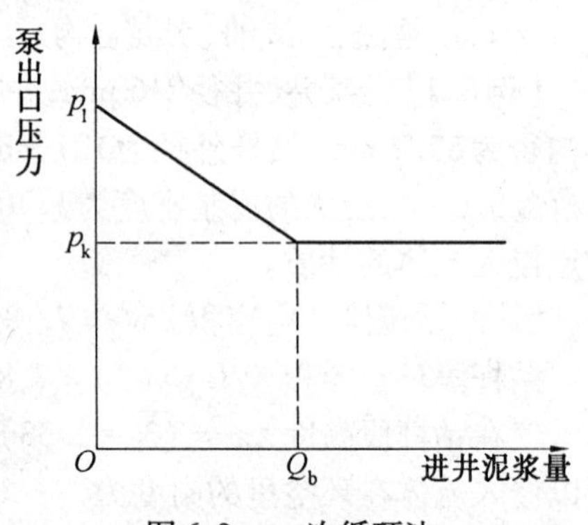

图6.9 一次循环法

p_1— 开始压井时的泵出口压力;p_k— 终了压井压耗;Q_b— 压井泥浆到达钻头时的累积进井泥浆量

(2) 具体步骤

① 发现井侵后,立即按关井程序关井。

② 记录下 p_s,p_c 及泥浆池增量,并检查是否有圈闭压力,如有,则释放掉。

③ 计算压井泥浆密度 ρ_{mk}。

④ 按 ρ_{mk} 把泥浆加重好。

⑤ 做出施工单。

⑥ 开泵,用节流阀保持 p_c 不变,调整泵排量到等于压井排量。此时泵出口压力为 p_s

加初始压井压耗。

⑦ 向井内替入压井泥浆，调整节流阀，使泵出口压力与进井重泥浆总量之间的对应关系符合施工单上的规定。

⑧ 当重泥浆到达钻头处时，关井立管压力 $p_s=0$，此时泵出口压力为终了压井压耗。

⑨ 维持排量不变，并用节流阀保持泵出口压力等于终了压井压耗或再加大 0.35 MPa，直到重泥浆返出地面。

⑩ 重泥浆返出后，停泵，关井。此时关井立管压力及套压皆应为零。

⑪ 打开节流阀，检查有否溢流，关节流阀。

⑫ 如无溢流，打开防喷器，再一次检查有无溢流。

⑬ 如井确已压住，将泥浆密度按规定的附加值加大（国外有人加大 0.036 g/cm^3）。

⑭ 恢复钻进。

⑮ 因立管压力变化滞后，调节节流阀时勿过度。

在压井中可能出现的问题是由于泵冲速减慢，泵上水效率可能下降，按冲数或时间计算排量时，可能冲数或时间已够，而重泥浆尚未返出地面，套压不为零。此时应继续打入 1.5 ~ 3 m^3 重泥浆。如关井立管压力与套压仍不为零，则是压井施工中有误，应重新进行压井过程。

2. 二次循环法，也称司钻法

(1) 整个压井过程中泥浆循环两周

第一周仍用原来的泥浆将环空中的侵入流体循环出地面，第二周再用压井泥浆将井内原来的泥浆替出来，将井压住。图 6.10 说明立管压力变化情况。第一周循环时，因为泥浆密度未变，所以关井立管压力不变。第二周循环，由于压井泥浆进井，关井立管压力逐渐减低，其过程同于一次循环法。

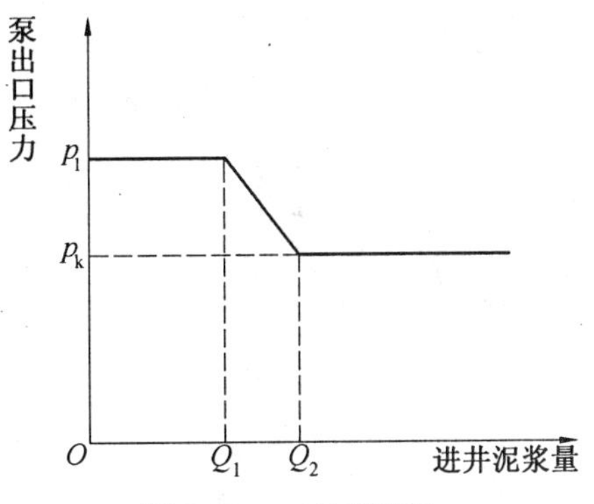

图 6.10　二次循环法

p_1—循环第一周时的泵出口压力；p_k—终了压井压耗；Q_1—第一周循环完了时进井泥浆量；Q_2—第二周循环，压井泥浆到达钻头时进井泥浆总量

(2) 具体步骤

① 发现溢流后，立即按关井程序关井。

② 记下 p_s，p_c 及泥浆增量。

③ 检查是否有圈闭压力，如有先释放掉。

④ 计算压井泥浆密度。

⑤ 开泵并将泵排量调整到压井排量，用节流阀保持套压不变。

⑥ 用原来泥浆循环，保持压井排量，并调节节流阀使泵出口压力等于 p_s + 初始压井压耗，并保持不变，直到侵入流体返出地面。停泵，关井。此时 $p_s=p_c$。

⑦ 把泥浆加重到压井泥浆密度。

⑧ 再开泵，使排量为压井排量，向井内替入重泥浆，替的过程中调节节流阀，使泵出口压力按施工单上的规定逐渐降低。

⑨ 待重泥浆到达钻头处，关井立管压力为零。此时泵出口压力等于终了压井压耗。

⑩ 用节流阀调节泵出口压力，使之等于终了压井压耗，并保持不变。泥浆泵排量为压井排量，亦保持不变，继续替入重泥浆，直到压井泥浆返出地面。

⑪ 停泵，关节流阀，检查 p_s，p_c 是否为零，如是，再打开节流阀，检查有否溢流，关节流阀。

⑫ 也无溢流，再打开防喷器检查溢流。

⑬ 又无溢流，则将泥浆密度加大一个附加值，恢复钻进。

⑭ 因立管压力变化滞后，调节节流阀时勿过度。

在 ⑪ 中，如果发现 $p_s = 0$，$p_c \neq 0$，再继续向井内泵入重泥浆 $1.5 \sim 3\ m^3$，p_c 应为零，否则应重新进行压井过程。

第 7 章

固井工艺

固井是油、气井建井过程中的一个重要环节。固井工程包括下套管和注水泥两个生产过程。下套管是在已经钻成的井眼中按规定深度下入一定直径由某种或几种不同钢级与壁厚的套管组成的套管柱。注水泥是在地面上将水泥浆通过套管柱注入井眼与套管柱之间的环形空间中的过程。水泥将套管柱与井壁岩石牢固地固结在一起,可以将油、气、水层及复杂层位封固起来以利于进一步的钻进或开采。

一口井固井质量的优劣不仅影响到井的继续钻进,而且影响到井今后能否顺利生产,影响到井的采收能力与寿命。因此,从开始固井设计到每一个固井施工过程都应认真注重固井质量。固井过程中要消耗大量的钢材与水泥。据统计,生产井的固井成本要占全井成本的10 % ~25%,甚至更多,因此还应当在保证固井质量的前提下尽可能节省材料,降低成本。本章主要介绍井身结构设计、套管柱设计、下套管、注水泥等内容。

7.1 井身结构设计

井身结构主要包括套管层次和每层套管的下入深度;各层套管相应的井眼尺寸(钻头尺寸);各层套管外的水泥返高,如图7.1所示。合理的井身结构可以保证一口井能安全钻达预定井深,能防止钻进中的产层污染,它不但关系到钻井工程的整体效益,而且还直接影响油井的质量和寿命,因而在进行钻井工程设计时首先要科学地进行井身结构设计。

7.1.1 套管的层次与作用

1. 表层套管

表层套管主要有两个作用:一是在其顶部安装套管头,并通过套管头悬挂和支承后续各层套管;二是隔离地表浅水层和浅部复杂地层,使淡水层不受钻井液污染。表层套管鞋必须下在有足够强度的地层上,以免发生井涌而关井后将套管鞋处的地层压漏,产生井下井喷。表层套管的水泥浆应返至地面。

2. 中间套管

中间套管通常称为技术套管。技术套管的作用是隔离不同地层孔隙压力的层系或易塌、易漏等复杂地层。根据需要技术套管可以是一层、两层,甚至多层。技术套管的水泥返高,一般应返至所封隔层顶部 100~200 m 以上。对高压气井,为了更好地防止漏气,应将水泥浆返至地面。

3. 生产套管

生产套管通常称为油层套管。油层套管是钻达目的层后下入的最后一层套管,其作用是保护生产层,并给油气从产层流至地面提供坚固通道。油层套管的水泥返高,一般应返至所封隔油气层顶部 100~200 m 以上。对高压气井,水泥浆应返至地面,以利加固套管,增强螺纹密封性,提高套管抗内压能力。

4. 尾管

尾管常在已下入一层中间套管后采用,即只在裸眼井段下套管注水泥,套管柱不延伸至井口。尾管若下在中间,其作用同技术套管;尾管若为钻达目的层后下入的最后一层套管,则其作用同油层套管。尾管外的水泥返高,一般应返至所封隔的复杂地层顶部或油气层顶部 100~200 m 以上。

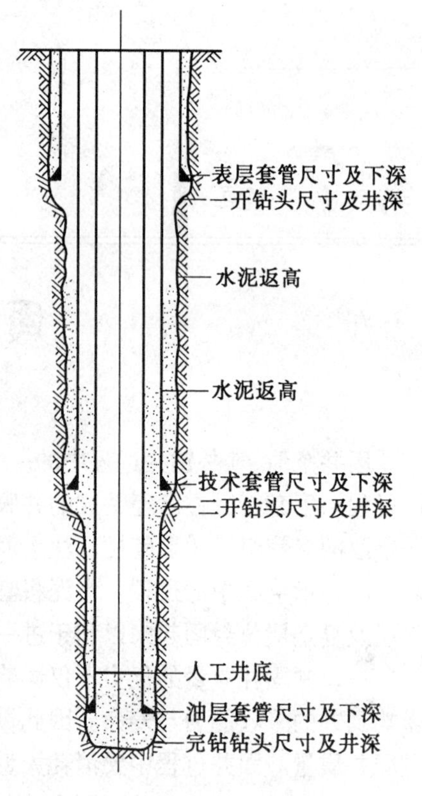

图 7.1　套管的基本类型

7.1.2　井身结构设计的原则

①有效地保护油、气层,使不同地层压力的油、气层免受钻井液的损害。

②应避免漏、喷、塌、卡等井下复杂情况的发生,为全井顺利钻进创造条件,以获得最短建井周期。

③钻下部地层采用重钻井液时,产生的井内压力不致压裂上层套管鞋处最薄弱的裸露地层。

④下套管过程中,井内钻井液柱的压力和地层压力之间的压力差不致产生压差卡套管现象。

7.1.3　设计系数

(1) 抽吸压力系数(S_b)

上提钻柱时,由于抽吸作用使井内液柱压力降低的值,用当量密度表示。

(2) 激动压力系数(S_g)

下放钻柱时,由于钻柱向下运动产生的激动压力使井内液柱压力的增加值,用当量密度表示。

(3) 安全系数(S_f)

为避免上部套管鞋处裸露地层被压裂的地层破裂压力安全增值,用当量密度表示。安全系数的大小与地层破裂压力的预测精度有关。

(4) 井涌允量(S_K)

由于地层压力预测的误差所产生的井涌量的允值,用当量密度表示,它与地层压力预测的精度有关。

(5) 压差允值(Δp)

压差允值是指不产生压差卡套管所允许的最大压力差值,它的大小与钻井工艺技术和钻井液性能有关,也与裸眼井段的地层孔隙压力有关。若正常地层压力和异常高压同处一个裸眼井段,卡钻易发生在正常压力井段,所以压差允值又有正常压力井段和异常压力井段之分,分别用 Δp_N 和 Δp_A 表示。

以上设计系数要根据本地的统计资料确定。

7.1.4 井身结构设计的方法

在进行井身结构设计的时候,首先要建立设计井所在地区的地层压力和地层破裂压力剖面,如图 7.2 所示。图中纵坐标表示井深,横坐标表示地层压力和地层破裂压力梯度,以当量钻井液密度表示。在此基础上按下列步骤进行井身结构设计。

油层套管的下深取决于油、气层的位置和完井方法,所以设计步骤从中间套管开始。

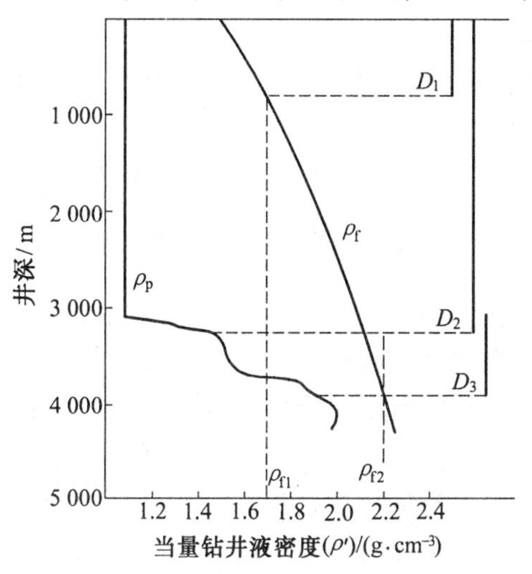

图 7.2 井身结构设计图

1. 求中间套管下入深度的假定点

确定套管下入深度的依据,是在钻下部井段的过程中所预计的最大井内压力不致压裂套管鞋处的裸露地层。利用压力剖面图中最大地层压力梯度求上部地层不致被压裂所应具有的地层破裂压力梯度的当量密度 ρ_f。ρ_f 的确定有两种方法,当钻下部井段时如肯定不会发生井涌,可用下式计算

$$\rho_f = \rho_{pmax} + S_b + S_g + S_f \tag{7.1}$$

式中　ρ_{pmax}——剖面图中最大地层压力梯度的当量密度，g/cm^3。

在横坐标上找出地层的设计破裂压力梯度 ρ_f，从该点向上引垂直线与破裂压力线相交，交点所在的深度即为中间套管下入深度假定点（D_{21}）。

若预计要发生井涌，可用下式计算

$$\rho_f = \rho_{pmax} + S_b + S_g + S_K \frac{D_{pmax}}{D_{21}} \tag{7.2}$$

式中　D_{pmax}——剖面图中最大地层压力梯度点所对应的深度，m。

式(7.2)中的 D_{21} 可用试算法求得，试取 D_{21} 的值代入式(7.2)求 ρ_f，然后在地层破裂压力梯度曲线上求 D_{21} 所对应的地层破裂压力梯度。若计算值 ρ_f 与实际值相差不大或略小于实际值，则 D_{21} 即为中间套管下入深度的假定点。否则另取 D_{21} 值计算，直到满足要求为止。

2. 验证中间套管下到深度 D_{21} 是否有被卡的危险

先求出该井段最小地层压力处的最大静压差为

$$\Delta p = 0.009\,81(\rho_m - \rho_{pmin})D_{pmin} \tag{7.3}$$

式中　Δp——实际井内最大静压差，MPa；

ρ_m——钻进深度 D_{21} 时采用的钻井液密度（$\rho_m = \rho_{pmax} + S_b$），$g/cm^3$；

ρ_{pmin}——该井段内最小地层压力梯度的当量钻井液密度，g/cm^3；

D_{pmin}——最小地层压力点所对应的井深，m。

若 $\Delta p < \Delta p_N$，则假定点深度为中间套管下入深度。若 $\Delta p > \Delta p_N$，则有可能产生压差卡套管，这时中间套管下入深度应小于假定点深度。在第二种情况下，中间套管下入深度按下面的方法计算。

在压差 Δp_N 下所允许的最大地层压力下的当量钻井液密度为

$$\rho_{pper} = \frac{\Delta p_N}{0.009\,81 D_{min}} + \rho_{pmin} - S_b \tag{7.4}$$

在压力剖面图上找出 ρ_{pper} 值，该值所对应的深度即为中间下入深度 D_2。

3. 求钻井尾管下入深度的假定点

当中间套管下入深度小于假定点时，则需要下尾管，并确定尾管的下入深度。

根据中间套管下入深度 D_2 处的地层破裂压力梯度的当量钻井液密度 ρ_{f2}，由下式可求得允许的最大地层压力梯度的当量钻井液密度

$$\rho_{pper} = \rho_{f2} - S_b - S_f - S_K \frac{D_{31}}{D_2} \tag{7.5}$$

式中　D_{31}——钻井尾管下入深度的假定点，m。

式(7.5)的计算方法同式(7.2)。

4. 校核钻井尾管下到假定深度 D_{31} 处是否会产生压差卡套管

校核方法同2中，压差允值用 Δp_2 表示。

5. 计算表层套管下入深度 D_1

根据中间套管鞋处（D_2）的地层压力梯度，给定井涌条件 S_K，用试算方法计算表层套

管下入深度。每次给定 D_1，并代入下式计算

$$\rho_{fE} = (\rho_{p2} + S_b + S_f) + S_K \frac{D_2}{D_1} \tag{7.6}$$

式中 ρ_{fE}——井涌压井时表层套管鞋处承受的压力的当量钻井液密度，g/cm³；

ρ_{p2}——中间套管鞋 D_2 处的地层压力的当量钻井液密度，g/cm³。

试算结果，当 ρ_{fE} 接近或小于 D_2 处的破裂压力梯度 0.024 ~ 0.048 g/cm³ 时符合要求，该深度即为表层套管下入深度。

以上套管下入深度的设计是以压力剖面为依据的，但是地下的许多复杂情况是反映不到压力剖面上的，如易漏、易塌层、盐岩层等，这些复杂地层必须及时地进行封隔。必须封隔的层位在井身结构设计中又称为必封点。

7.1.5 设计举例

【例7.1】 某井设计井深为4 400 m，地层孔隙压力梯度和地层破裂压力梯度剖面如图7.2所示。给定设计系数：$S_b = 0.036$ g/cm³；$S_g = 0.04$ g/cm³；$S_K = 0.06$ g/cm³；$S_f = 0.03$ g/cm³；$\Delta p_N = 12$ MPa；$\Delta p_A = 18$ MPa。试进行该井的井身结构设计。

解 由图7.2上查得最大地层孔隙压力梯度为2.04 g/cm³，位于4 250 m处。

(1) 确定中间套管下入深度初选点 D_{21}

由式(7.2)，将各值代入得

$$\rho_f = 2.04 + 0.036 + 0.030 + \frac{4\,250}{D_{21}} \times 0.06$$

试取 $D_{21} = 3\,400$ m，将3 400 m代入上式得

$$\rho_f/(\mathrm{g \cdot cm^{-3}}) = 2.04 + 0.036 + 0.030 + \frac{4\,250}{3\,400} \times 0.06 = 2.181$$

由图7.2查得3 400 m处 $\rho_{f3\,400} = 2.19$ g/cm³，因为 $\rho_f < \rho_{f3\,400}$ 且相近，所以确定中间套管下入深度初选点为 $D_{21} = 3\,400$ m。

(2) 校核中间套管下入到初选点3 400 m过程中是否会发生压差卡套管

由图7.2查得，3 400 m处 $\rho_{p3\,400} = 1.57$ g/cm³，$\rho_{pmin} = 1.07$ g/cm³，$D_{min} = 3\,050$ m，由式(7.3)得

$$\Delta p/\mathrm{MPa} = 0.009\,81 \times 3\,050 \times (1.57 + 0.036 - 1.07) = 16.037$$

因为 $\Delta p > \Delta p_N$，所以中间套管下深应浅于初选点。

在 $\Delta p_N = 12$ MPa下所允许的最大地层压力梯度可由式(7.4)求得

$$\rho_{pper}/(\mathrm{g \cdot cm^{-3}}) = \frac{12}{0.009\,81 \times 3\,050} + 1.07 - 0.036 = 1.435$$

由图7.2中地层压力梯度曲线上查出与 $\rho_{pper} = 1.435$ g/cm³ 对应的井深为3 200 m，则中间套管下入深度 $D_2 = 3\,200$ m。因 $D_2 < D_{21}$，所以还必须下入尾管。

(3) 确定尾管下入深度

确定尾管下入深度初选点为 D_{31}，由剖面图7.2查得中间套管下入深度为3 200 m处

地层破裂压力梯度$\rho_{f3200}=2.15\ g/cm^3$,由式(7.5),并代入各值则有

$$\rho_{pper}=2.15-0.036-0.030-\frac{D_{31}}{3\ 200}\times 0.060$$

试取$D_{31}=3\ 900\ m$,代入上式得

$$\rho_{pper}=2.011\ g/cm^3$$

剖面图7.2上查得3 900 m处的地层压力梯度$\rho_{p3\ 900}=1.940\ g/cm^3$,因为$\rho_{p3\ 900}<\rho_{pper}$,且相差不大,所以确定尾管下入深度初选点为$D_{31}=3\ 900\ m$。

(4) 校核尾管下入到初选点3 900 m过程中能否发生压差卡套管

由式(7.3) 得

$$\Delta p/MPa=0.009\ 81\times 3\ 200(1.94+0.036-1.435)=16.98$$

因为$\Delta p<\Delta p_A$,所以尾管下入深度$D_3=D_{31}=3\ 900\ m$,满足设计要求。

(5) 确定表层套管下深D_1

由式(7.6),将各值代入有

$$\rho_{fE}=1.435+0.036+0.030+\frac{3\ 200}{D_1}\times 0.060$$

试取$D_1=850\ m$,代入上式得

$$\rho_{fE}=1.737\ g/cm^3$$

由剖面图7.2查井深850 m处$\rho_{f850}=1.740\ g/cm^3$,因为$\rho_{fE}<\rho_{f850}$,且相近,所以满足设计要求。

该井的井身结构设计结果见表7.1。

表7.1　例7.1结果

套管层次	表层套管	中间套管	钻井尾管	生产套管
下入深度/m	850	3 200	3 900	4 400

7.1.6　套管尺寸和井眼尺寸的选择

套管层次和每层套管的下入深度确定之后,相应的套管尺寸和井眼直径也就确定了。套管尺寸的确定一般由内向外依次进行,首先确定生产套管的尺寸,再确定下入生产套管的井眼的尺寸,然后确定中间套管的尺寸等,以此类推,直到表层套管的井眼尺寸,最后确定导管的尺寸。

套管和井眼之间要有一定的间隙,间隙过大则不经济,间隙过小不能保证固井质量。间隙值最小一般在9.5~12.7 mm范围内,最好为19 mm。

套管尺寸和井眼尺寸的配合目前已经系列化。图7.3给出了系列化的套管尺寸和井眼尺寸的配合。表的流程表明下该层套管所需要的井眼尺寸,实线表明套管和井眼的常用配合,虚线表明不常用配合。

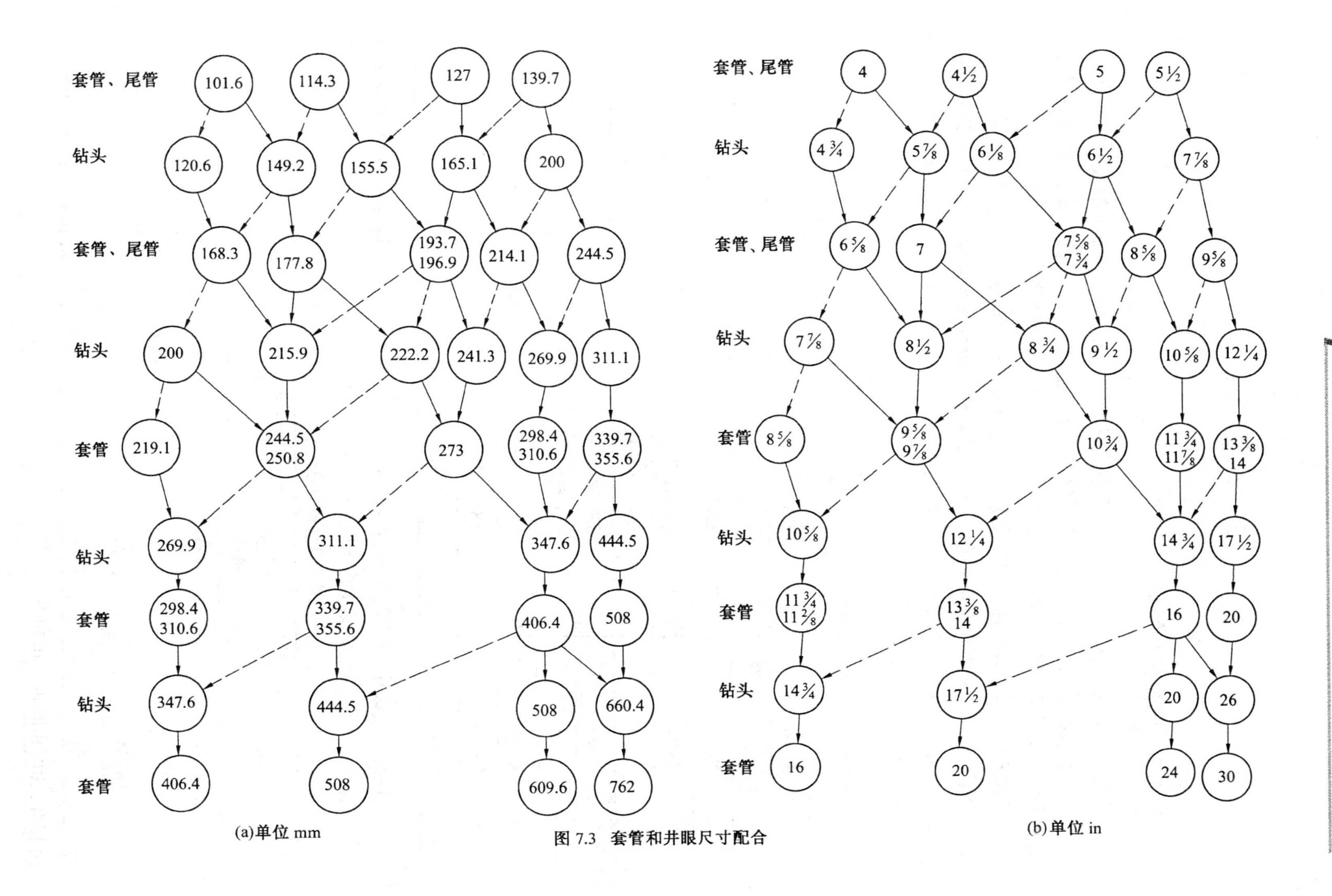

图 7.3 套管和井眼尺寸配合

7.2 套管柱设计

7.2.1 套管和套管柱

油井套管是优质钢材制成的无缝管或焊接管，两端均加工有锥形螺纹。大多数的套管是用套管接箍连接组成套管柱，用于封固井壁的裸露岩石。油井套管有其特殊的标准，每种套管都应符合标准。我国现用的套管标准与美国石油学会标准类似。

美国石油学会(API)标准规定套管本体的钢材应达到规定的强度，用钢级表示。API标准中不要求套管钢材的化学性质，但应保证钢材的最小屈服强度，数字的1 000倍是套管钢材以kpsi(1bt/in^2)为单位的最小屈服强度。API标准把套管钢级分为H,J,K,N,C,L,P,Q 8种共计10级，见表7.2。

表7.2 套管强度

API标准套管钢级	最小屈服强度/MPa(kpsi)	最小抗拉强度/MPa(kpsi)
H-40	275.79(40)	413.69(60)
J-55	379.21(55)	517.11(75)
K-55	679.21(55)	655.00(95)
C-75	517.11(75)	655.00(95)
L-80	551.58(80)	655.00(95)
N-80	551.58(80)	689.48(100)
C-90	620.53(90)	689.48(100)
C-95	655.00(95)	723.95(105)
P-110	758.42(110)	861.84(125)
Q-125	861.84(125)	930.79(135)

在标准的钢级中，H-40，J-55，K-55，C-75，L-80，C-90这6种是抗硫的，其余4种是非抗硫的。常用套管的颜色标记与标志符号见表7.3。

表7.3 套管的颜色标记与标志符号

钢级	颜色标记		标志符号
	管体	接箍	
H-40	无色	无色或黑色	H
J-55	绿环	绿色	J
K-55	双绿环	绿色	K
N-80	红环	红色	N
C-75	蓝环	蓝色	C75

续表 7.3

钢级	颜色标记		标志符号
	管体	接箍	
C-95	褐环	褐色	C95
P-110	白环	白色	P
S-80	蓝环/接箍环	绿色	S80
S-95	红环/外螺纹端	红色	S95
L-80	褐环	红色	L
P-110	白环	白色	P
Q-125	绿环	白色	Q125
V150	红环	白色	V150

套管一般都是无缝钢管,每根长 10 m 左右。API 标准要求套管的外径要符合一定的尺寸,常用的标准套管外径从 114.3 mm($4\frac{1}{2}$in)到 508 mm(20 in),共有 14 种,见表 7.4。

表 7.4 常见套管尺寸表

套管尺寸/mm	套管尺寸/in	套管尺寸/mm	套管尺寸/in
114.30	$4\frac{1}{2}$	244.47	$9\frac{5}{8}$
127.00	5	273.05	$10\frac{3}{4}$
139.70	$5\frac{1}{2}$	298.44	$11\frac{3}{4}$
168.27	$6\frac{5}{8}$	339.71	$13\frac{3}{8}$
177.80	7	406.40	16
193.67	$7\frac{5}{8}$	473.08	$18\frac{5}{8}$
219.07	$8\frac{5}{8}$	508.00	20

套管有不同的壁厚。API 标准规定的各种套管的壁厚范围为 5.21 ~ 16.13 mm。通常是小直径的套管壁厚小一些,大直径套管的壁厚大一些。除标准的钢级和壁厚之外,还有非标准的钢级和壁厚存在,这也是 API 标准所允许的。

套管的连接螺纹都是锥形螺纹。API 标准套管的连接螺纹有 4 种,短圆螺纹(STC)、长圆螺纹(LTC)、梯形螺纹(BTC)、直连型螺纹(XL)。除此之外还有非标准螺纹。圆螺纹的锥度为 1 : 16,螺距为 3.175 mm(8 扣/in)。梯形螺纹的锥度为 1 : 16(外径小于 16 in)和 1 : 12(外径不小于 16 in),螺距为 5.08 mm(5 扣/in)。套管柱(套管串)通常是由同一外径、相同或不同钢级及不同壁厚的套管用接箍连接组成的。套管标记举例如图7.4 所示。

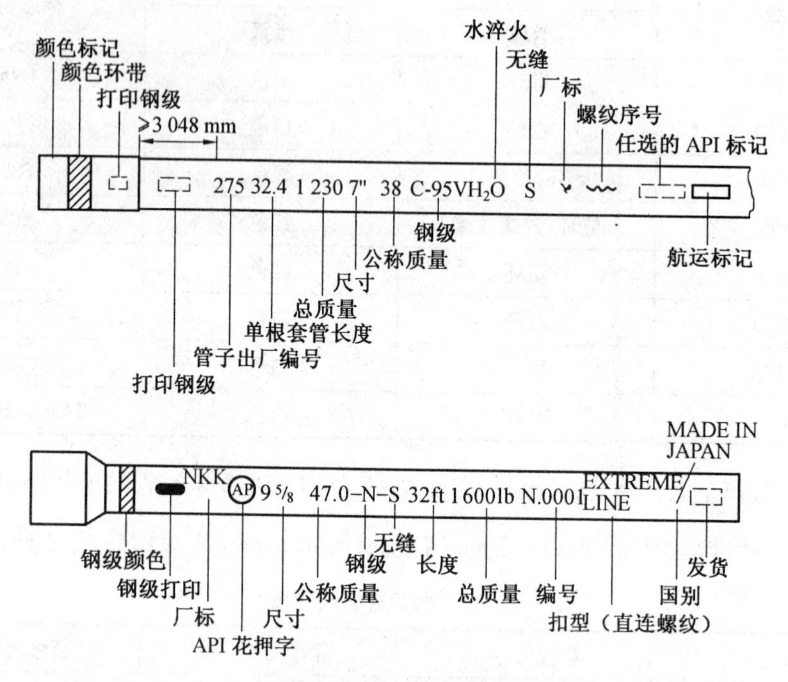

图 7.4　套管标记举例

7.2.2　套管柱的受力分析及套管强度

套管柱下入井中之后要受到各种力的作用。在不同类型的井中或在一口井的不同生产时期,套管柱的受力是不同的。套管柱所受的基本载荷可分为轴向拉力、外挤压力与内压力。套管柱的受力分析是套管柱强度设计的基础,在设计套管柱时应当根据套管的最危险情况来考虑套管的基本载荷。

1. 轴向拉力及套管的抗拉强度

(1)套管的轴向拉力

套管的轴向拉力是由套管的自重所产生的,在一些条件下还应考虑附加的拉力。

① 套管本身自重产生的轴向拉力。套管自重产生的轴向拉力,在套管柱上是自下而上逐渐增大,在井口处套管所承受的轴向拉力最大,其拉力 F_o 为

$$F_o = \sum qL \times 10^{-3} \tag{7.7}$$

式中　q—— 套管单位长度的名义重力,N/m;

L—— 套管长度,m;

F_o—— 井口处套管的轴向拉力,kN。

实际上,套管下入井内是处在钻井液的环境中,套管要受到钻井液的浮力,各处的受力比在空气中受的拉力要小。考虑浮力时拉力 F_m 为

$$F_m = \sum qL\left(1 - \frac{\rho_d}{\rho_s}\right) \times 10^{-3} \tag{7.8}$$

式中 ρ_d—— 钻井液密度,g/cm^3;

ρ_s—— 套管钢材密度,g/cm^3。

其余参数含义与式(7.7)相同。

若令

$$K_B = 1 - \frac{\rho_d}{\rho_s}$$

K_B 为浮力系数,则有

$$F_m = \sum K_B q L \times 10^{-3} = \sum q_m L \times 10^{-3} \tag{7.9}$$

式中 q_m—— 单位长度浮重,$q_m = K_B q$。

我国现场套管设计时,一般不考虑在钻井液中的浮力减轻作用,通常是用套管在空气中的重力来考虑轴向拉力,认为浮力被套管柱与井壁的摩擦力所抵消。但在考虑套管双向应力下的抗挤压强度时,就要采用浮力减轻下的套管重力。

② 套管弯曲引起的附加力。当套管随井眼弯曲时,由于套管的弯曲变形增大了套管的拉力载荷,当弯曲的角度及弯曲变化率不太大时,可用简化经验公式计算弯曲引起的附加力,即

$$F_{bd} = 0.073\,3 d_{co} \theta A_c \tag{7.10}$$

式中 F_{bd}—— 弯曲引起的附加力,kN;

d_{co}—— 套管外径,cm;

A_c—— 套管截面积,cm^2;

θ—— 每 25 m 的井斜变化角度,(°)。

在大斜度定向井、水平井以及井眼急剧弯曲处,都应考虑套管弯曲引起的拉应力附加量。

③ 套管内注入水泥浆引起的套管柱附加力。在注入水泥浆时,当水泥浆量较大,水泥浆与管外液体密度相差较大,且水泥浆未返出套管底部时,管内液体较重,将使套管产生一个拉力,可近似按下式计算

$$F_c = h \frac{\rho_m - \rho_d}{1\,000} \cdot d_{cin}^2 \cdot \frac{\pi}{4} \tag{7.11}$$

式中 F_c—— 注入水泥浆产生的附加力,kN;

h—— 管内水泥浆高度,m;

ρ_m—— 水泥浆密度,g/cm^3;

ρ_d—— 钻井液密度,g/cm^3;

d_{cin}—— 套管内径,cm。

在注水泥浆过程中活动套管时应考虑该力。

④ 其他附加力。在下套管过程中的动载,如上提套管或刹车时的附加拉力,注水泥浆时泵压的变化等,皆可产生一定的附加力。这些力是难以计算的,通常是考虑用浮力减轻来抵消或加大安全系数。

另外,套管在油气生产中会受到温度作用,引起未固结部分套管的膨胀,也会引起附加力。如果温度变化较大,引起附加力很大时,应当从采油工艺上予以解决。

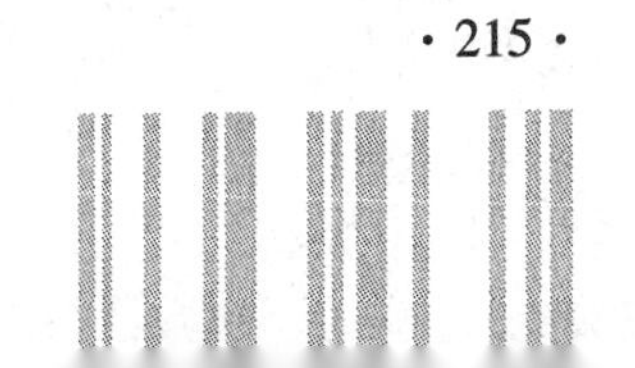

(2) 轴向拉力作用下的套管强度

套管柱受轴向拉力一般为井口处最大,井口处是危险截面。套管柱受拉应力引起的破坏形式有两种:一种是套管本体被拉断;另一种是螺纹处滑脱,称为滑扣(Threadslipping)。经大量的室内研究及现场应用表明,套管柱在受到拉应力时,螺纹处滑脱比本体拉断的情况为多,尤其是使用最常见的圆扣套管时更是如此。

圆扣套管的螺纹滑脱负荷比套管本体的屈服拉力要小,因此在套管使用中给出了各种套管的滑扣负荷,通常是用螺纹滑脱时的总拉力(kN)来表示,在设计中可以直接从有关套管手册中查用。

2. 外挤压力及套管的抗挤强度

(1) 外挤压力

套管柱所受的外挤压力,主要来自管外液柱的压力、地层中流体的压力、高塑性岩石的侧向挤压力及其他作业时产生的压力。在具有高塑性的岩层如盐岩层段、泥岩层段,在一定的条件下垂直方向上的岩石重力产生的侧向压力会全部加给套管,给套管以最大的侧向挤压力,使套管产生损坏。此时,套管所受的侧向挤压力应按上覆岩层压力计算,其压力梯度可按照23 ~ 27 kPa/m计算。

在一般情况下,常规套管的设计中,外挤压力按最危险的情况考虑,即按套管全部掏空(套管无液体),套管承受钻井液液柱压力计算,其最大外挤压力为

$$p_{oc} = 9.81\rho_d D \tag{7.12}$$

式中 p_{oc}—— 套管外挤压力,kPa;

D—— 计算点深度,m;

ρ_d—— 管外钻井液密度,g/cm³。

从式(7.12)可以看出,套管柱底部所受的外挤力最大,井口处最小。

(2) 套管的抗挤强度

套管受外挤作用时,其破坏形式主要是丧失稳定性而不是强度破坏。丧失稳定性的形式主要是在压力作用下失圆、挤扁,如图7.5所示。在实际应用中,套管手册给出了各种套管的允许最大抗外挤压力数值,可直接使用。

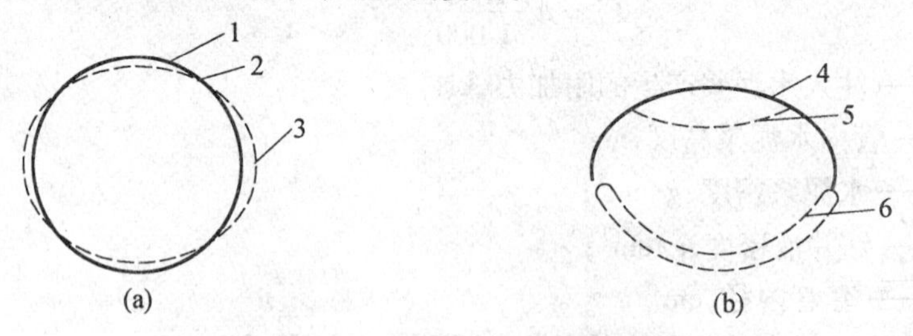

图7.5 套管截面抗外挤失效

1—原始截面;2—交替平衡位置;3—继续变形后期压曲特性;4—继续变形;5—较弱一侧压凹;6—挤毁截面的最后形状

3. 有轴向载荷时的抗挤强度

在实际应用中,套管是处于双向应力的作用,即是在轴向上套管承受来自下部套管的拉应力,在径向上存在来自套管内的压力或管外液体的外挤力。由于轴向拉力的存在,使

套管承受内压或外挤的能力会发生变化。设套管自重引起的轴向拉应力为σ_z(Pa),由外挤或内压力引起的套管的周向应力为σ_t(Pa),径向应力为σ_r(Pa)。由于多数套管属于薄壁管,σ_r比σ_t小得多,可以忽略不计,故只考虑轴向拉应力σ_z及周向应力σ_t的二向应力状态。根据第四强度理论,套管破坏的强度条件为

$$\sigma_z^2 + \sigma_t^2 - \sigma_t\sigma_z = \sigma_s^2$$

式中 σ_s——套管钢材的屈服强度,Pa。

此式可改写为

$$\left(\frac{\sigma_z}{\sigma_s}\right)^2 - \left(\frac{\sigma_z\sigma_t}{\sigma_s^2}\right) + \left(\frac{\sigma_t}{\sigma_s}\right)^2 = 1 \tag{7.13}$$

该方程是一个椭圆方程,用σ_z/σ_s的百分比为横坐标,用σ_t/σ_s的百分比为纵坐标,可以绘出如图7.6的应力图,称为双向应力椭圆。从图中可以看出:

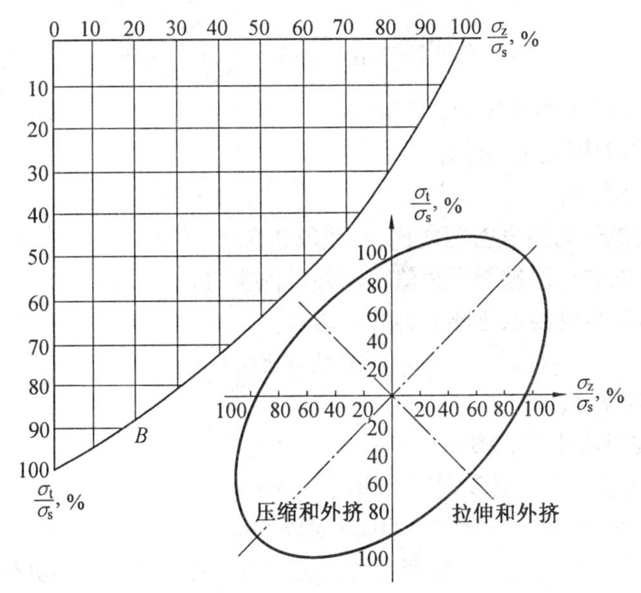

图7.6 双向应力椭圆

① 第三象限是轴向压应力和外挤压力的联合作用。基于和第二象限相同的理由,一般不予考虑。

② 第四象限是轴向拉应力与外挤压力联合作用,这种情况在套管柱中是经常出现的。从图7.6中可以看出,轴向拉力的存在使套管的抗挤强度降低,因此在套管设计中应当加以考虑。

当存在轴向拉应力时,套管抗挤强度的计算公式可采用近似公式:

$$p_{oc} = p_c\left(1.03 - 0.74\frac{F_m}{F_s}\right) \tag{7.14}$$

式中 p_{oc}——存在轴向拉力时的最大允许抗外挤强度,MPa;

p_c——无轴向拉力时套管的抗外挤强度,MPa;

F_m——轴向拉力,kN;

F_s——套管管体屈服强度,kN。

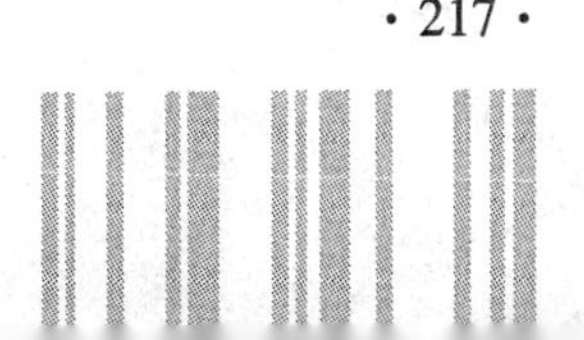

其中p_c及F_s皆可由套管手册查出。该公式在$0.1 \leqslant F_m/F_s \leqslant 0.5$的范围内计算误差与理论计算值相比在2%以内。

4. 内压力及抗内压强度

(1) 内压力

套管柱所受内压力的来源有:地层流体(油、气、水)进入套管产生的压力及生产中特殊作业(压裂、酸化、注水)时的外来压力。在一个新地区,由于在钻开地层之前,地层压力是难以确定的,故内压力也是难以确定的。对已探明的油区,地层压力可参考邻井的资料。

当井口敞开时,套管内压力等于管内流体产生的压力;当井口关闭时,内压力等于井口压力与流体压力之和。井口压力的确定方式有3种。

① 假定套管内完全充满天然气,则井口处的内压力p_i近似为

$$p_{oc}=p_i=\frac{p_{gas}}{e^{1.1155\times10^{-4}GD}}=\frac{p_{gas}}{e^{0.00011155GD}} \tag{7.15}$$

式中 p_{gas}—— 井底天然气压力, MPa;

p_i—— 井口内压力, MPa;

D—— 井深,m;

G—— 天然气与空气密度之比,一般取0.55。

② 以套管鞋处的地层破裂压力值决定井口内压力。

③ 以井口防喷装置的承压能力为井口压力。

$$p_i=D(G_f+\Delta G_f) \tag{7.16}$$

式中 D—— 井深,m;

p_i—— 井口内压力, MPa;

G_f—— 套管鞋处地层破裂压力梯度, MPa/m;

ΔG_f—— 附加系数,一般取0.001 2 MPa/m。

实际应用中有效的内压力可按套管内完全充满天然气时的井口处压力来计算。

(2) 套管的抗内压强度

套管在承受内压力时的破坏形式是套管的爆裂。各种套管的允许内压力值在套管手册中均有规定,在设计中可以从手册中直接查用。

实际上套管在承受内压时的破坏形式除管体的破坏之外,螺纹连接处密封失效也是一种破坏形式,密封失效的压力比管体爆裂时要小。螺纹连接处密封失效的压力值是难以计算的。对于抗内压要求较高的套管,应当采用优质的润滑密封油脂涂在螺纹处,并按规定的力矩上紧螺纹。

5. 套管的腐蚀

由于套管在地下要使用很长时期,要接触各种流体,这些流体会对套管材料造成腐蚀。其结果是使管体有效厚度减少,使套管承载力降低;或是使钢材性质变化,引起承载能力下降。引起套管腐蚀的主要介质有气体或液体中的硫化氢(H_2S)、溶解氧、二氧化碳。硫化氢主要存在于天然气中,是对套管钢材有极强破坏作用的化学物质。硫化氢接触套管钢材,引起钢材的"氢脆"而使套管断裂。在低pH值的环境中,硫化氢的腐蚀作用

更为强烈。对于可能接触硫化氢气体的套管来讲,可以选用抗硫的套管,如API套管系列中的H级、K级、J级、C级、L级套管,并在高碱性下使用。对于其他类型的腐蚀,可采用防腐剂、阴极保护、套管防腐涂层等措施。

7.2.3 套管柱强度设计原则

套管柱的强度设计是依据套管所受的外载,根据套管的强度建立一个安全的平衡关系,即

$$\text{套管强度} \geqslant \text{外载} \times \text{安全系数}$$

套管柱的强度设计就是根据技术部门的要求,在确定了套管的外径之后,按照套管所受外部载荷的大小及一定的安全系数选择不同钢级及壁厚的套管,使套管柱在每一个危险截面上都建立上述表达的关系。套管柱的强度设计必须保证在井的整个使用期间,作用在套管上的最大应力应在允许的范围之内。

设计的原则应考虑以下3个方面:

① 应能满足钻井作业,油、气层开发和产层改造的需要。

② 在承受外载时应有一定的储备能力。

③ 经济性要好。

在套管设计中,我国作了若干规定。其中关于安全系数的规定为:抗外挤安全系数$S_c = 1.0$;抗内压安全系数$S_i = 1.1$;套管抗拉力强度(抗滑扣)安全系数$S_t = 1.8$。

1. 常用的套管柱强度设计方法

各国根据各自的条件都规定了自己的套管柱强度设计方法,最常见的有等安全系数法、边界载荷法、最大载荷法、AMOCO法、西德BEB方法及前苏联的方法等。

套管柱的设计通常是由下而上分段设计的。按常规,自下而上把最下一段套管称为第一段,其上为第二段,依次上推。

(1) 等安全系数法

等安全系数法基本的设计思路是使各个危险截面上的最小安全系数等于或大于规定的安全系数。设计时,先考虑下部套管的抗外挤强度满足需求,通常在水泥面以上的套管还应考虑双向应力,上部套管应满足抗拉及抗内压要求。

(2) 边界载荷法

边界载荷法也称拉力余量法。该方法的抗外挤强度设计与等安全系数法相同,抗拉设计不用安全系数来设计,而是改用第一段以抗拉设计的套管的抗拉强度和安全系数所决定的一个边界载荷(拉力余量)值,以此值为设计上部套管的拉力强度标准。其设计方法为:以抗拉设计的第一段套管的可用强度 = 抗拉强度/抗拉安全系数;边界载荷(拉力余量) = 抗拉强度 - 可用强度;以抗拉设计的第二段套管的可用强度 = 抗拉强度 - 边界载荷;以后各段均按同一个边界载荷来选用可用强度。

这种设计方法的优点是套管柱各段的边界载荷相等,使套管在受拉时,各段的拉力余量是相等的,这样可避免套管浪费。

(3) 最大载荷法

这是美国提出的一种设计方法,其设计思路是将套管按技术套管、表层套管、油层套

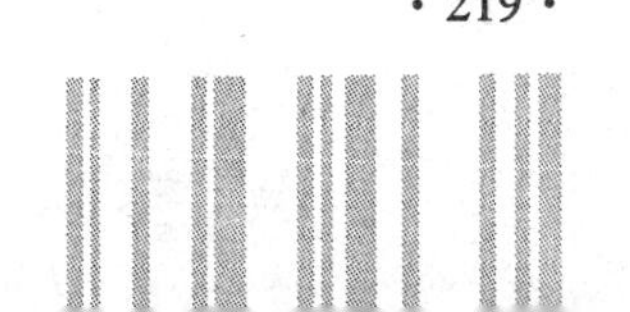

管等分类,将每一类套管的载荷按其外载荷性质及大小进行设计。其设计方法是先按内压力筛选套管,再按有效外挤力及拉应力进行强度设计。该方法对外载荷考虑细致,设计精确。

2. 各层套管的设计特点

对表层套管、技术套管和油层套管的设计来讲,各有其设计特点及设计的侧重部分。

(1) 表层套管的设计特点

表层套管是为巩固地表疏松层并为了安装井口防喷装置而下入的一层套管。表层套管还要承受下部各层套管的部分重量。因此,表层套管的设计特点是要承受井下气侵或井喷时的地层压力,套管在设计中主要考虑抗内压力,防止在关井时,套管承受高压而被压爆裂。

(2) 技术套管的设计特点

技术套管是为封隔复杂地层而下入的,在后续的钻进中要承受井喷时的内压力、钻具的碰撞和磨损。技术套管的设计特点是既要有较高的抗内压强度,又要有抗钻具冲击磨损的能力。

(3) 油层套管的设计特点

油层套管是在油、气井中最后下入的,并在其中下入油管,用于采油生产的一层套管。由于该套管下入深度较大,抗外挤是下部套管应考虑的重点。该层套管应按其可能在生产中遇到的问题分别考虑。如有的井是用来注水的,有的在采油中要进行压裂或酸化等,套管内也可能承受较大内压力,对这种井的油层套管应严格校核抗内压强度。有的主要是注热蒸汽等进行热力开采,套管长期受热力作用会膨胀,引起较大的压应力,设计中应考虑施加预拉应力时的拉力安全系数等。

3. 等安全系数法设计套管柱

等安全系数法是一种较为简单的套管柱设计的方法,它应用时间较久,在一般井中是比较安全的。

套管柱受力的示意图如图 7.7 所示。由受力图中可以看出,轴向拉力、外挤压力、内压力在套管柱的各个截面上是不同的。轴向拉力自上而下逐渐变小,外挤压力自下而上变小,内压力的有效应力自下而上变大。在设计中为了使管柱的强度得到充分发挥并且尽可能地节省,在不同的井段套管柱应当有不同的强度。因此,设计出的套管柱是由不同钢级及不同壁厚的套管组成的。

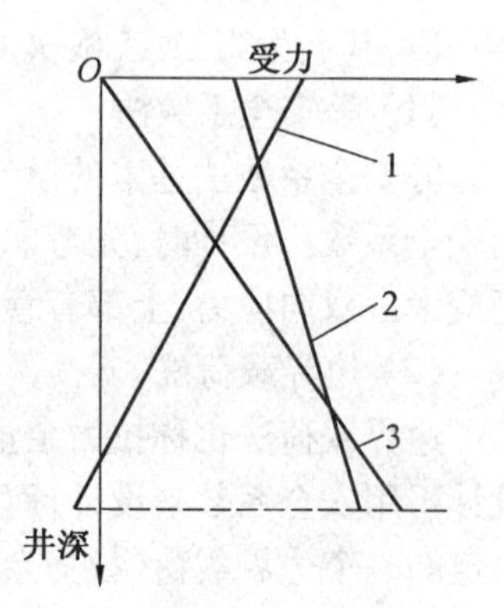

图 7.7　套管柱受力示意图

1—轴向拉力(考虑浮力);2—内压力;3—外挤压力(按钻井液液柱压力计算)

设计时通常是先根据最大的内压载荷筛选套管,挑出符合抗内压强度的套管;再自下而上根据套管的外挤载荷进行设计;最后根据套管的轴向拉力设计、校核上部的套管。

我国在等安全系数法中已规定了安全系数,如前所述。等安全系数法设计套管柱的具体方法和步骤是:

(1) 计算本井所能出现的最大内压值,筛选符合抗内压强度的套管。如果是一般的井,可以在套管全部设计完后进行抗内压校核。

(2) 按全井的最大外挤载荷初选第一段套管。最大外挤载荷可按式(7.12) 计算:

$$p_{oc} = 9.81\rho_d D_1$$

第一段选择的套管其允许抗外挤强度 p_{c1} 必须大于或等于 p_{oc}。

(3) 选择壁厚小一级或钢级低一级(也可二者都低) 的套管为第二段套管。该段套管的可下深度为

$$D_2 = \frac{p_{c2}}{9.81\rho_d} \tag{7.17}$$

由此可以确定第一段套管的允许使用长度 L_1 为

$$L_1 = D_2 - D_1 \tag{7.18}$$

根据第一段的长度 L_1 计算出该段套管在空气中的重力为 $L_1 \times q_1$,校核该段套管顶部的抗拉安全系数 S_{t1} 应大于或等于 1.8,即

$$S_{t1} = \frac{F_{SI}}{L_1 + q_1} \geqslant 1.8 \tag{7.19}$$

式中 F_{SI}—— 套管允许抗拉力。

(4) 当按抗挤强度设计的套管柱超过水泥面或中性点时,应考虑下部套管的浮重引起的抗挤强度的降低,可按双向应力设计套管柱。

按式(7.14) 计算降低后的抗挤强度,校核抗挤安全系数能否满足要求。如不能满足要求,用试算法将下部套管向上延伸,直至双向应力条件下的抗挤安全系数满足要求为止。

这样由下而上确定下部各段套管。由于越往上套管受的外挤力越小,故可选择抗挤强度更小的套管。当到一定深度后,套管自重产生的拉力负荷增加,外挤力减小,则应按抗拉设计确定上部各段套管。

(5) 按抗拉设计确定上部各段套管。设自下而上第 i 段以下各段套管的总重力为 $\sum_{n=1}^{i-1} L_i q_{mn}$,该段套管抗拉强度为 F_{si},则第 i 段套管顶截面的抗拉安全系数 S_t 为

$$S_t = F_{si}/\left(L_n q_{mn} + \sum_{n=1}^{i-1} L_i q_{mn}\right) \tag{7.20}$$

所以根据抗拉强度设计第 i 段长度的公式为

$$L_i = F_{si}/S_t - \sum_{n=1}^{i-1} L_n q_{mn} \tag{7.21}$$

式中 L_i—— 第 i 段套管许用长度,m;

q_{mn}—— 第 i 段套管单位长度浮重,kN/m;

F_{si}—— 第 i 段套管的抗拉强度,kN;

S_t—— 抗拉安全系数;

$\sum_{n=1}^{i-1} L_n q_{mn}$—— 第 i 段以下各段套管的总重力,kN。

按式(7.21) 进行设计时,L_i 若不能延伸至井口时,在第 i 段上部再选用抗拉强度较大

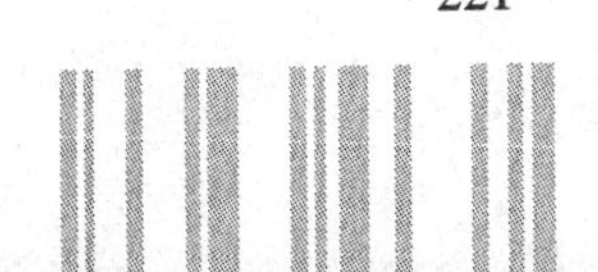

的套管计算,一直设计到井口为止,整个套管柱设计即告完成。

(6) 抗内压安全系数校核。对事先未按内压力筛选套管的一般的井,校核内压力可按下式计算

$$S_i = p_{ri}/p_i \tag{7.22}$$

式中 p_{ri}—— 井口套管的抗内压强度, MPa;

p_i—— 井口内压力, MPa;

S_i—— 抗内压安全系数。

根据资料表明,对中深井或深井,地层压力在正常压力梯度范围内,按以上步骤设计出的套管柱一般能满足抗内压要求。若实际抗内压安全系数 S_i 小于所规定的抗内压安全系数,则在井控时控制井口压力。井口压力限制在套管(或井口装置)允许的最大压力之内,或将套管柱设计步骤改为先进行抗内压强度设计,选出满足抗内压强度的套管后再进行抗拉设计。

7.3 下套管工艺

为了使套管柱能安全、顺利地下入预计的井深,提高注水泥的质量,需在套管柱上安装一些附加装置,这些附加装置统称为套管柱附件。

7.3.1 套管柱附件

1. 引鞋

引鞋是装在套管柱底部的圆锥形带循环孔的短节,其作用是引导套管入井,防止套管底部插入井壁或刮挤井壁泥饼。表层套管与技术套管的引鞋一般用铝、生铁、水泥或硬质木料制成,如图 7.8 所示,油层套管的引鞋一般为钢质材料。

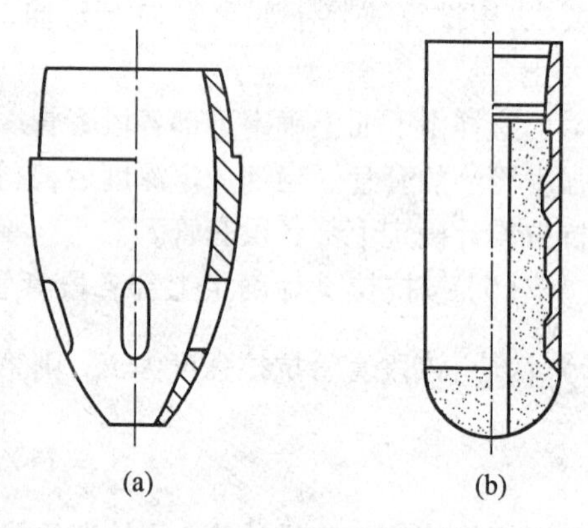

图 7.8 引鞋结构示意图

2. 套管鞋

套管鞋是用套管接箍或护丝一端车 45° 内斜坡做成,如图 7.9 所示。其作用是在起钻时引导钻具进入套管,防止钻具接头、钻头等碰挂套管柱底端。套管鞋一般用于表层套管。

3. 旋流短节

旋流短节是接在套管鞋上的一段带有左螺旋排孔的短节,如图 7.10 所示,一般有 8 ~ 9 个孔,孔径为 25 ~ 30 mm,孔眼出口方向倾斜向上。其作用是使水泥浆旋流上返,有利于将钻井液替走,以保证套管鞋附近的注水泥质量,一般用于技术套管与油层套管。

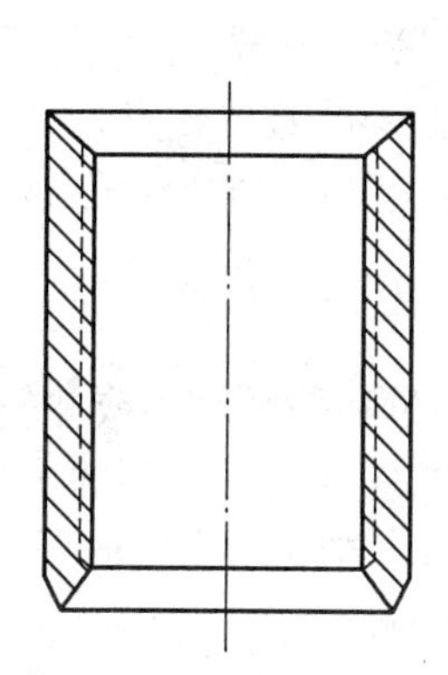

图7.9 套管鞋结构示意图

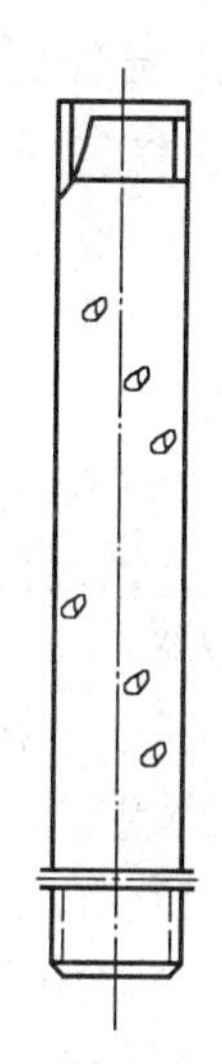

图7.10 旋流短节结构示意图

4. 浮鞋与浮箍(套管固压阀)

在引鞋中装置一个回压阀,就成为浮鞋,如图7.11所示。浮箍与浮鞋的内部结构基本相同,但没有引导套管下入的圆形凸头,如图7.12所示。浮鞋与浮箍的主要作用是阻止钻井液进入套管内,产生浮力并减轻井架负荷;注水泥结束后,阻止水泥浆回流,不使水泥塞上移,保证水泥返高。浮箍上部的球座挡板即为注水泥浆时胶塞下行的承托环(也称阻流环),下套管时将浮箍装在水泥塞预定位置,在替钻井液过程中,当胶塞被推到承托环时即遇阻碰压,这时应立即停泵。

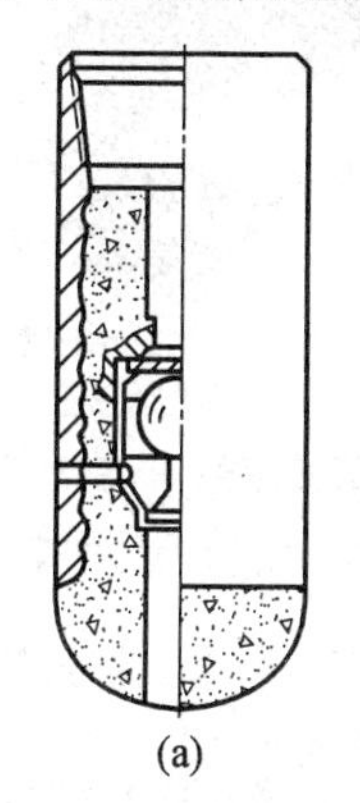

(a)

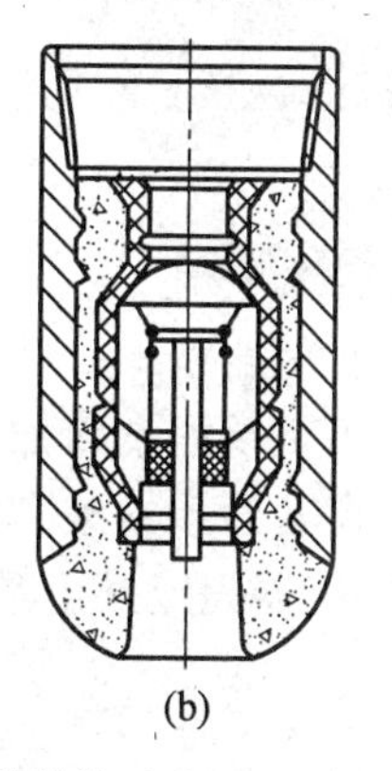

(b)

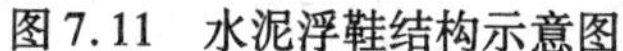

图7.11 水泥浮鞋结构示意图

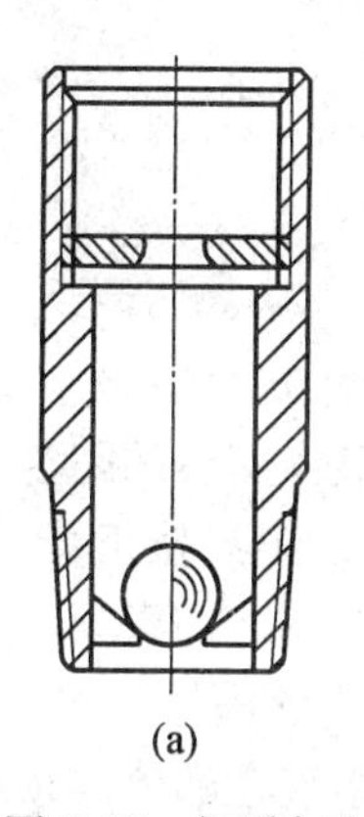

(a)

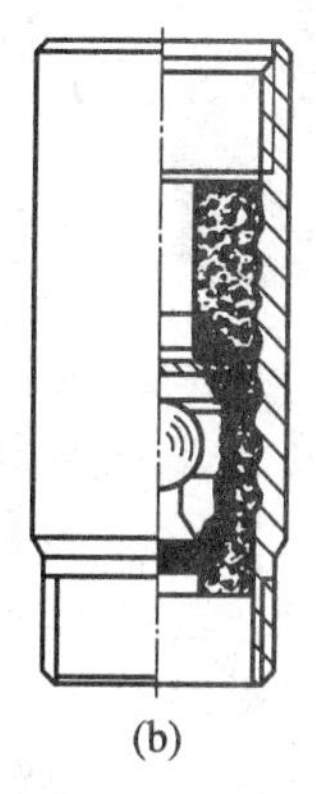

(b)

图7.12 钢质与水泥浮箍结构示意图

水泥、铝质浮鞋与水泥、铝质浮箍一般用于表层套管与技术套管中,钢质浮鞋与钢质浮箍一般用于油层套管中。浮鞋与浮箍同时使用的目的是为了保证浮箍不损坏,起到双保险作用,有时还加两个浮箍是为了起三保险作用,这样就大大保证了水泥返高等要求。

对浮鞋与浮箍造成损坏的因素主要是压力挤毁和机械磨损。因此,在下套管时应边下套管边灌钻井液以控制套管内的液面掏空深度,并要求每下入5~20根套管灌1次钻井液,对于大直径或薄壁套管,需要频繁地灌钻井液。除及时灌钻井液外,下套管速度也应保持均匀,以防止压力激动损坏阀件。当钻井液固控不好,含砂与固相含量高或含较多加重材料时,注水泥前循环时间长、排量大会引起阀件的机械磨损而造成回压阀失效,因此,应加强固控工作,含较多加重材料时,注水泥前循环时间要适当,排量不宜过大。

为减少灌钻井液的时间,浮箍、浮鞋经过进一步改进后,出现了自动灌钻井液浮箍、浮鞋。在通常情况下,浮箍、浮鞋内的回压阀处于打开状态,这样,钻井液可以自动灌入套管,既节约了作业时间,又减轻了压力激动的影响。这类装置的优点是:减少作业过程中的停顿时间,减少黏卡的可能;液面调节功能减少大钩载荷并防止溢流,保证环空畅通;可以建立正反两个方向的循环而不损坏阀件。

5. 套管扶正器

套管扶正器是安装在套管本体上,用于油气层部位和井径较小或井斜方位变化大的井段的一种扶正装置,其作用是使套管在井眼内居中,保证套管周围的水泥浆分布均匀;刮掉井壁疏松泥饼,提高水泥石与井壁之间的胶结强度;减少下套管的阻力和避免黏卡套管。套管扶正器主要用于油层套管。

扶正器的类型基本上有两类:弹簧扶正器和钢性扶正器,其结构如图 7.13、图 7.14 所示。将弓形弹簧片做成螺旋状即为螺旋扶正器,结构如图 7.15 所示。在弹簧扶正器上焊接一些具有一定角度、能使水泥浆旋流上返的叶片,称为旋流扶正器,如图 7.16 所示。在大位移井与水平井中,还应用了带滚轮的刚性扶正器。

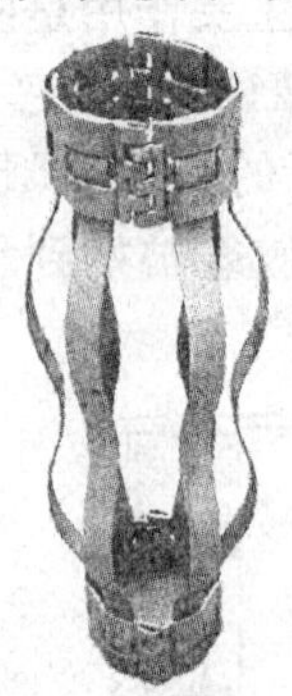

图 7.13 弹簧扶正器

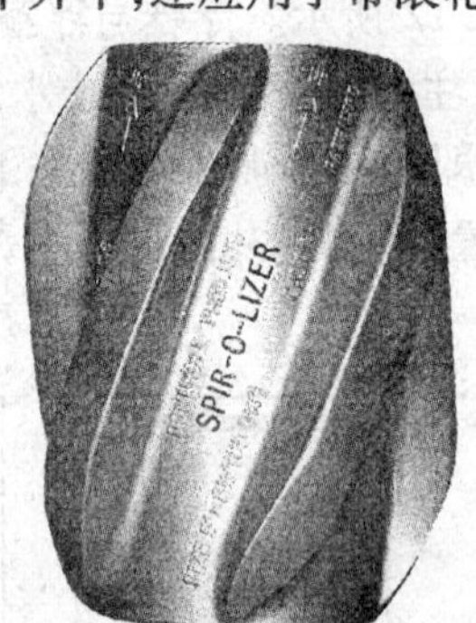

图 7.14 钢性扶正器

图 7.15 螺旋扶正器

图 7.16 旋流扶正器

在直井中扶正器最大安装间距为:油层部位,每 1 单根套管加 1 只扶正器;非油气层部位,每间隔一根套管加 1 只扶正器,扶正器跨装在套管接箍或套管本体上,在定向井中或特殊井段可在套管本体上加密安装扶正器,用限位器固定扶正器的位置。

6. 磁性定位套管(短套管)

磁性定位套管是指接在油气层顶界附近的短套管,其长度一般为 3 ~ 4 m,钢级、壁厚与该段套管相同。磁性定位套管的作用是以它为标准,用磁性定位的方法,测出油层顶界(套管接箍磁性曲线距离变短)的位置,为油层准确射孔提供依据。磁性定位套管与油层套管的结构是一样的,仅比普通套管短,接在油气层顶界以上 20 ~ 50 m。磁性定位套管只用于油层套管。在计算配备套管串时,若使用 9 m 1 根的长套管,那就很难保证筛管联顶节等能下到预计深度。在一般情况下都需要用短套管进行调节配备,调配用的短套管在技术套管与油层套管中都需要。

7. 胶塞

胶塞是具有多级盘翼状的橡胶体,在固井作业过程中起着隔离、刮削及碰压等作用。

常用胶塞结构如图7.17、图7.18和7.19所示。

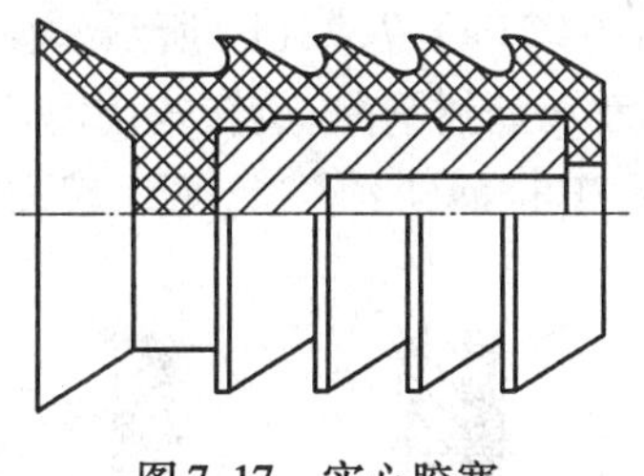

图7.17 实心胶塞

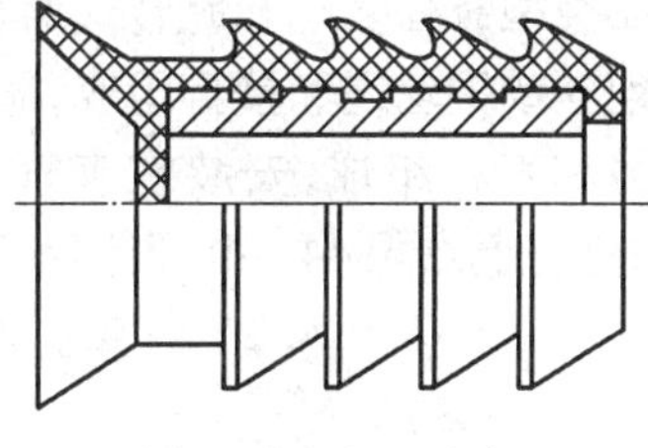

图7.18 空心胶塞

8. 通径规

通径规的作用是检查下井套管内径是否符合要求,防止卡胶塞导致注水泥失败。通径规分为规板式和筒式两种类型。常用规板式通径规主要由规板和本体组成,结构如图7.20所示,通径规技术参数见表7.5。

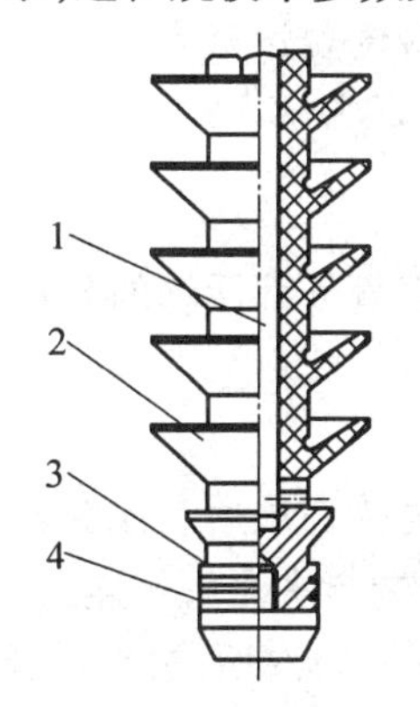

图7.19 自锁胶塞

1—芯子;2—胶盘;3—O形密封圈;4—卡簧

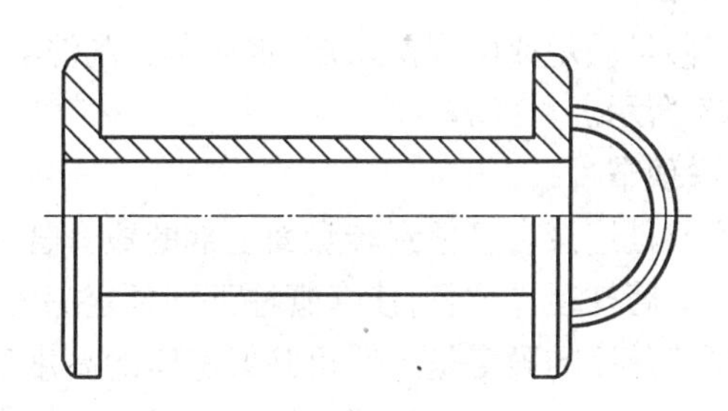

图7.20 通径规

表7.5 套管通径规技术参数

mm

套管规格	通径规长度	规板有效厚度	通径规直径小于套管内径值
≤219.1	152	8	3.2
244.5～339.7	305	10	4.0
>406.4	305	12	4.8

9. 水泥伞

水泥伞是装在套管接箍上,防止水泥浆下沉的隔离装置,有金属型和帆布型两种类型,结构如图7.21所示。水泥伞通常安装在分级注水泥器下部,防止水泥浆下沉和支承液柱压力,也可以在分级注水泥器以上的脆弱地层井段安装上几个水泥伞。

在下套管过程中,水泥伞可随套管柱向下滑动或旋转,但要避免套管柱向上移动而损坏水泥伞。

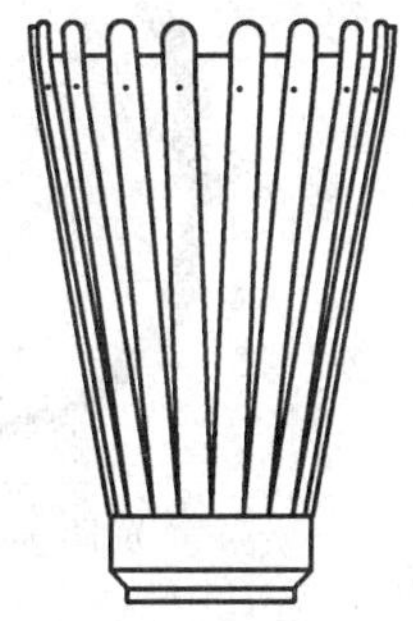

图7.21 水泥伞

10. 刮泥器

刮泥器是安装在注水泥井段套管外部刮除滤饼的装置,用于清除井壁上的滤饼，以提高水泥环与地层的胶结强度。

刮泥器类型有往复式和旋转式两种，结构如图7.22(a)、7.22(b)所示。往复式刮泥器由径向钢丝或钢丝绳和接箍组成，靠套管往复运动将滤饼清除；旋转式刮泥器由轴向钢丝或钢丝绳和直杆组成，安装在套管柱上，在旋转中将滤饼清除。旋转式刮泥器是在1.5 m长的直杆上点焊44～48根钢丝组成。

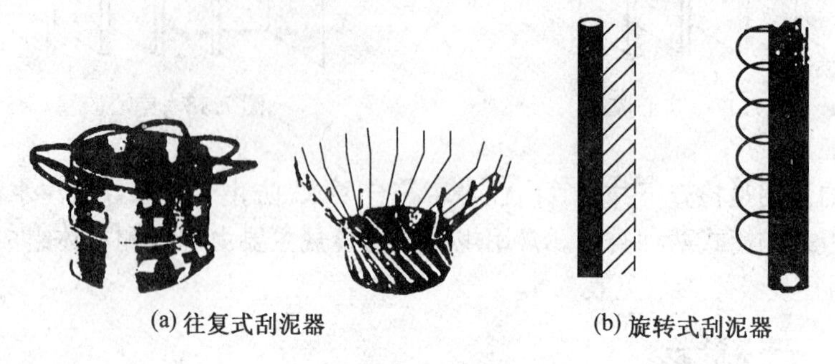
(a) 往复式刮泥器　(b) 旋转式刮泥器

图7.22　刮泥器

11. 限位器

限位器是固定或限制扶正器、水泥伞和刮泥器等附件在套管外部活动的装置，其结构如图7.23所示。

12. 联顶节

联顶节是连接套管柱到转盘面上部的短套管，在下套管时接在最后一根套管上，其作用是调节套管柱顶界位置，使套管柱下到预定深度，联顶节上端与水泥头相连接。

联顶节长度的确定是由钻机井架底座的高度和下入套管的层次所决定，必须满足完井后井口高度要求。准确计算联顶节的长度，有利于固井时水泥头操作和以后井控装备的安装。装井口时要将联顶节卸下。联顶节的长度计算示意图如图7.24所示。

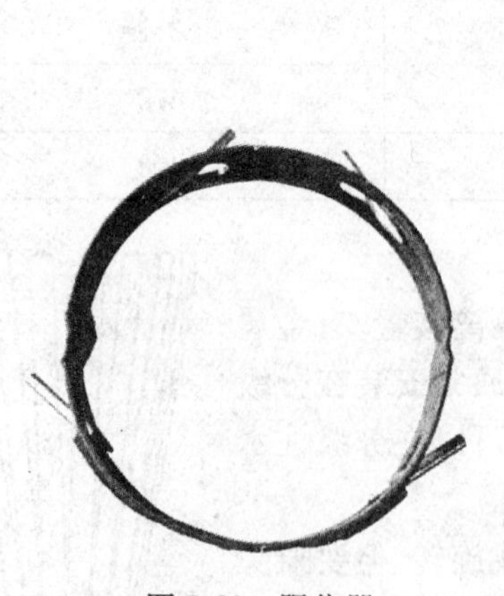
图7.23　限位器

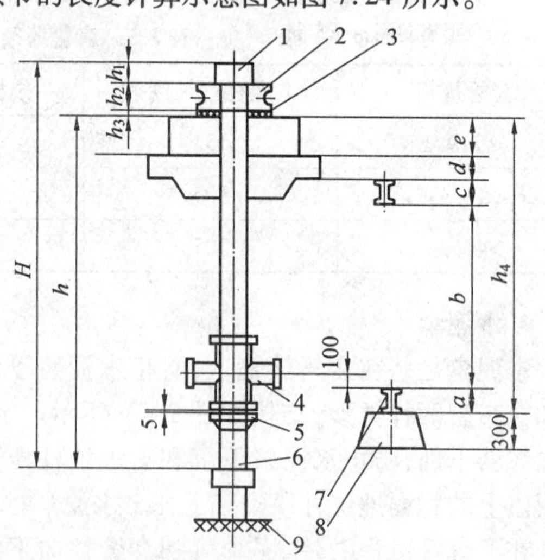

图7.24　联顶节的长度计算示意图

1—接箍；2—吊卡；3—垫块；4—四通；5—底法兰；6—升高短节；7—下工字梁；8—基墩；9—方井

假设放喷管线从下四通处接出，并从下底座工字梁上边引出时，要求管线中心距底座上平面100 mm，则联顶节计算公式为

$$H = h + h_1 + h_2 + h_3 \quad (7.23)$$

$$h = h_4 - a - 100 + \frac{1}{2}h_5 + f + h_6 \quad (7.24)$$

$$h_4 = a + b + c + d + e \quad (7.25)$$

式中 H—— 联顶节长度，mm；

h—— 联顶节下入深度，mm；

h_1—— 接箍长度，mm；

h_2—— 吊卡高度，mm；

h_3—— 垫块高度，mm；

h_4—— 基墩面至转盘面高度，mm；

h_5—— 四通高度，mm；

h_6—— 升高短节，mm；

a—— 下底座工字梁高度，mm；

b—— 井架底座上下工字梁之间距离，mm；

c—— 井架底座上工字梁高度，mm；

d—— 转盘大梁高度，mm；

e—— 转盘高度，mm；

f—— 底法兰厚度，mm。

使用联顶节原则：

① 应与井口套管的钢级、壁厚一致或高一级钢级、壁厚的套管。

② 送井联顶节应用标准通径规通径，并确保螺纹完好。

7.3.2 下套管作业

1. 井眼的准备

① 下套管前通井，首先清除在渗透井段可能形成的过厚泥饼，防止下套管遇阻或黏吸卡套管，以及循环憋泵。通井钻具最少要保持一柱钻铤，并加扶正器1 ~ 3个，通井用的钻头可去掉喷嘴，其大水眼允许用较大排量(大于或等于钻进时排量) 洗井，并要求洗井不少于两周。在通井时对遇阻、遇卡井段或电测井径小于钻头井径的井段要进行划眼。若要求加 3 个扶正器通井，一般应先加 1 个扶正器进行第一次通井，再加 2 个扶正器进行第二次通井，然后再加 3 个扶正器进行第三次通井。第一个扶正器紧靠钻头，第一个扶正器与第二个扶正器之间加 1 根钻铤，第二个扶正器与第三个扶正器之间加 1 根钻铤。

② 钻井液性能达到设计规定要求，井底无沉砂，尤其是应控制黏度、切力、失水以及泥饼摩擦阻力。对于定向井泥饼，摩擦阻力系数应较低。

③ 从通井循环结束后起钻开始至下套管达设计井深这段时间，保证井下钻井液稳定，要求不产生井涌、井漏，保持井壁的稳定性，如遇井漏则先堵漏，遇井涌则先加重压井，井眼稳定后再下套管。

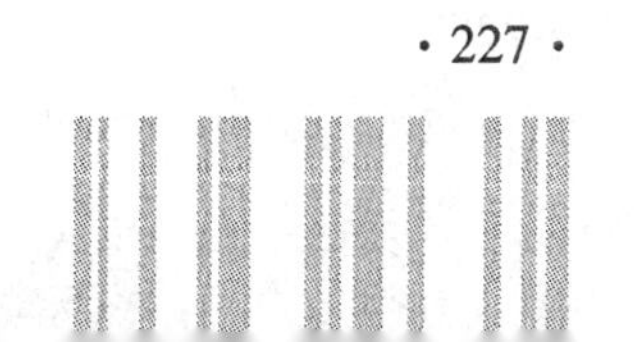

2. 钻机与工具设备的准备

① 对钻井所有设备进行系统的检查，尤其应对绞车刹车系统和钢丝绳、钻井参数仪作仔细检查，必要时倒换一段钢丝绳及增加游动系统绳数。

② 加固井架及基础（依据套管荷重情况而定）。

③ 进行井架的垂直测量和井架基础的水平测量。

④ 按固井设计要求更换钻井泵缸套。

⑤ 将循环系统的沉砂清理干净。

⑥ 根据下入套管总重量，从钻台上拉掉多余钻铤或一部分钻具。

⑦ 吊环的准备，其载荷能力应适应套管的动载荷要求。动载荷计算公式如下：

$$F_d = 415.55vA \tag{7.26}$$

式中 F_d—— 动载荷，kg；

v—— 套管的下放速度，m/s；

A—— 套管截面积，cm^2。

吊卡及吊环抗拉安全系数至少应在2.5～3.0以上。

⑧如果防喷器组合中没有环形防喷器，要更换与套管尺寸相符的闸板封井器芯子，并试压合格。对于高压井、气井，下套管前必须更换与套管尺寸一致的闸板封井器芯子。

⑨吊卡的准备。换用能满足套管载荷要求的套管吊卡，并检查是否与吊环配套。在重载荷情况下，尽可能采用套管卡瓦式卡盘。使用吊卡应检查内径与套管外径之间隙，过大过小均不符合要求。应仔细检查支承表面，不应有不均匀磨损，接箍支承面上的载荷应分布均匀。

采用卡瓦式卡盘，应使卡瓦与卡盘下部配合良好，卡瓦补心或卡瓦座保持良好的工作状态。卡瓦卡在套管接箍下边，如套管有加厚段，则应卡在加厚部分以下管段上。如下入的是特殊合金套管，由于它比普通碳钢套管软，对此应正确选择卡瓦长度。

⑩仔细检查下套管专用液压大钳，要求处于良好的工作状态，扭矩仪校验准确，但也应准备好旋绳、猫头绳、大钳，作应急用。

⑪配置下套管电动操作台。

⑫井口应准备好下套管灌浆管线，该管线端配接好快关阀。

⑬准备好套管循环头或套管和钻具连接的循环接头，该循环接头的抗拉强度应与套管一致。

⑭准备好套管专用密封脂。

⑮下套管时，如果井架负荷太大，可在起钻时甩掉部分钻具，以减轻井架负荷。

⑯应在大门方向加挡绳，避免套管上钻台时发生碰撞。

3. 套管与套管附件的准备

①经检验合格的套管按有关规定码垛存放。套管垛至少应有4道架墩支承，离地高度应在0.5 m以上，垛下通风良好，无积水、杂草。套管多层存放时，层间应铺垫钢丝绳（244.5 mm以下规格的套管）或用垫木隔开，每垛最高码放层数不超过3层，套管码垛时应将内螺纹端对齐，每层两边卡紧挡牢，避免塌垛。

②不同规格、钢级、壁厚和不同厂家的套管应分垛存放。

③库存套管每半年应检查、保养1次。

④有关管理部门按设计套管串长度103%下发套管送井通知单,套管库接到套管发放通知后,出库负责人要核实应发放套管的规格、钢级、壁厚和数量,并附所发套管检验证明装车出库。

⑤必须使用专用车辆运输套管,运输过程中,套管外螺纹及接箍均必须戴好护丝,装卸车时使用吊车或抓管机进行作业,防止碰击、损伤套管。

⑥不同钢级或不同规格的套管运输、装卸时要分开,便于现场识别与分开摆放。

⑦套管卸到井场后,要依据入井次序的钢级、壁厚进行排列,后入井的放在下层,先入井的放在上层,摆在井场前面,接箍朝井架大门方向。井场套管要整齐摆放在管架上,管架台要求离地面30 cm以上。不允许直接把套管堆放在地面。

⑧套管的标记检查。通过接箍颜色和接箍上的铅印标记或本体标记检查钢级、壁厚、产地,不能识别钢级、壁厚、产地的套管禁止入井。

⑨检查管体表面,凡有凹陷、刻痕(尤其是横向刻痕)超过名义壁厚的12.5%的不能入井。目视管体发生弯曲或表面锈蚀严重的不能入井。

⑩螺纹检查。井场应认真检查螺纹,对有明显损坏的不得入井,必要时可用1只合格的新接箍或外螺纹短节合扣,检查上至手紧距离是否标准。轻微损坏应在入井前加以修理。

⑪接箍检查。接箍面不能有严重刻痕,注意吊卡碰击引起的端面破坏。应注意原配接箍外露扣数,超过标准的不能使用,一般应小于2扣。直观检查螺纹时,轻微刻痕应予修理,纵向刻痕将影响密封性能,应视为损坏套管。已上至最大扭矩而还有过量余扣的套管,应检查接箍椭圆度。用外卡尺分几个方向测量,直径不一致的套管不得下井。

⑫到井场后的套管可卸去接箍内螺纹护丝,但外螺纹护丝必须戴齐。

⑬入井套管必须用标准的通径规在地面上逐根通径。通径规要由接箍方向送入,绝不要反方向通径,这样,会造成内螺纹损坏。用压缩空气送吹或小管子推送通径规较适宜。通径规不能通过的套管不得入井。不允许在钻台坡道斜面投放通径规进行通径,通径规能通过则证明套管内径合格。

⑭套管丈量以米为计量单位,一般取小数点后两位数字;对于特殊井(如先期裸眼完井或下尾管的井),应保留小数点后三位数字。

⑮丈量方法。用钢卷尺从接箍端量至外螺纹端,API圆螺纹量至螺纹"消失点"或最终分度线记号;梯形螺纹以印在管体上三角符号的底边为准,其他特殊螺纹则按厂家规定的测量点为准。

⑯由钻井技术和地质技术员组织3人丈量套管,两人拉尺保持拉紧(其中1人读数),第三人核对并记录。丈量1次后,要互换岗位复核1次。

⑰入井套管按照入井的前后顺序进行排列。单根长度数据、入井顺序确定后,在套管本体上用笔蘸白漆或黄漆写上长度、入井顺序编号。填写好套管记录表,输入微机获得入井套管累计长度和套管下入深度等数据。下套管前钻井队要将下套管数据提供给现场监督、下套管服务队和固井施工队。为了避免下入深度出现严重失误,井场技术人员必须清楚地掌握并记录送至井场的套管总根数及短套管数量、套管扶正器数量、入井根数、备用

套管根数、损坏根数。不同的壁厚、钢级的套管应有明显标记。对不入井的套管也应作出明确记号，入井套管与不入井的套管分开摆放。

⑱清洗螺纹和修扣不要除掉磷化层，彻底清洗应在通径、丈量后进行。正确的清洗办法是不使用柴油与汽油，而采用高效能溶剂，并用抹布和鬃毛刷清洗螺纹，禁止使用钢丝刷，对外螺纹护丝的清洗应达到同样标准，将外螺纹护丝清洗完后要重新上紧。

⑲送井套管附件包括浮箍、浮鞋、扶正器、短套管、分级箍、尾管悬挂器、联顶节等，其质量必须符合行业标准要求，并有产品质量合格证和复检报告。联顶节使用三井次后需更换，钻井队技术人员要对产品质量合格证、规格、型号、数量进行验收。与套管柱相连接的螺纹要进行合扣检查，保证性能质量可靠方可入井。

⑳下套管附件应仔细丈量，记录其主要尺寸、钢级、扣型、壁厚、产地等，尤其是内径要与套管相一致（要用同规格的通径规通径），并将其长度和下入顺序编入套管记录。

㉑下套管工具应配备齐全。固井施工队根据固井协作会的要求，将所需工具按时送井（包括各种尺寸的套管通径规）。钻井队技术人员认真清点数量，并进行质量检查后，签字认可。

㉒对所送工具要认真检查规格、尺寸、数量、承载能力、工作表面的磨损程度，要求灵活好用、安全可靠，发现问题要及时更换。

㉓严禁在套管和套管附件上进行电焊作业。

目前，在钻井现场一般由下套管服务队负责入井套管的螺纹连接工作，钻井队做好相关配合工作。钻井队下套管作业时，必须有工程监督人员在场，要坚持六个不下、两个不入井原则：没有专业套管队不下（表层除外）；下套管设备不合适，调试不合格不下；下套管数据采集系统（如扭矩仪）运行不正常不下；套管螺纹清洗不清洁不下；钻台没有放置套管保护设施不下；套管专用螺纹密封脂不合格不下；螺纹紧扣扭矩不在厂家推荐范围内不入井；没有采集完整下套管数据（如套管总长、套管下深等）不入井。

4. 套管上钻台

①套管上钻台前，在接箍内螺纹上均匀涂上套管专用密封脂。

a. 符合 API 标准的套管螺纹油，包括 API 改良螺纹油或 API 硅化螺纹密封脂。其作用是密封螺纹连接处间隙，并润滑螺纹防止螺纹擦伤。使用成品螺纹油不允许稀释后涂用。

b. 钻杆用的螺纹油不能用于套管螺纹，两种螺纹油内含有物质的摩擦阻力系数均不相同；套管螺纹螺纹油也不能用于钻杆接头；不能两种螺纹油混合使用。

c. 为防止在套管内钻水泥塞而造成连接松动，尤其是表层套管和技术套管，需要在套管鞋上 4 ~6 根套管螺纹处涂锁紧螺纹油。使用时应在现场临时配制，因它将在短时间内固化，其松扣扭矩将是上扣扭矩的 4 倍，该涂料也有较好的耐压密封性能。涂抹时应将厂家原装扣卸开重新涂锁紧螺纹油，一般涂于外螺纹前部，占全螺纹 2/3 长度涂抹。

d. 涂密封脂的工具要干净。

②上钻台接箍带上套管帽，外螺纹端带好快速松开型护丝。

③用吊升系统向钻台送套管，管尾应用尾绳牵引，防止摆动而碰击接箍。严格按照编好的顺序拉套管上钻台，不能乱拉。

④套管入小鼠洞时要戴外螺纹护丝，避免螺纹碰损。

5. 对扣和上扣

①对扣前外螺纹应擦洗干净。严禁在井口涂密封脂，严防钢丝刷、毛刷、手套等物落入井内。

②对扣时应小心地下放套管，井口与操作台上的工作人员要协同配合扶正而进行套管对扣，防止碰损螺纹。对扣后开始的阶段应慢慢转动套管，避免错扣，如发现错扣，应及时卸开检查处理，整个对扣过程要防止灰与尖脏物落进螺纹内。有条件时可使用对扣导向器。对扣和上扣均不要摇晃套管，否则，会对螺纹造成擦伤。对于特殊改良型螺纹有必要先用链钳引扣。原则上应是单根套管对扣和上扣，采用双根或立柱的方式下入套管是错误的，原因是在对扣时过大重量的压力造成螺纹面擦伤，其次是地面装配或预先装配连接螺纹质量不可靠，易发生滑脱事故。

③专用液压钳要配备标准、准确、可靠的扭矩表，并应在使用前校准，上扣扭矩按《下套管作业规程》（SY/T 5412—2005 标准）执行，并做好相关记录。

④套管开始上扣不应有过紧现象，否则应卸开检查。注意，卸开扭矩常超出上扣扭矩的25%～30%。

⑤继续上扣至规定的扭矩值，转速不超过10 r/min，实际上扣扭矩值一般与推荐的最佳扭矩值有一个偏差，因此，规定最小扭矩值不小于最佳扭矩值的75%，最大扭矩不大于最佳扭矩值的150%。紧扣后，接箍端面与螺纹最后定位记号平齐。如超过定位位置扣以上，而扭矩值还低于规定的最低限定扭矩值时，则说明螺纹有问题，应予以处理。如已达最佳扭矩，则不应有余扣为合格，余扣一般不超过1扣。当上扣已达最大扭矩，而余扣超出3扣以上者为不合格套管。

⑥上扣时，接箍一般应均匀地变得温热，如发现局部过热，应卸开检查，看是否黏扣、螺纹损伤及错扣，正常情况下，温度升高在10～20 ℃范围内。

⑦有条件时在液压套管钳或电源上配置断流器，调整至达到最佳扭矩时能断流，从而防止产生过大扭矩。现场操作时，常靠液压表指针位置来判断是否上至最大扭矩。

⑧上扣时，一旦错扣，应卸开重上，不得上提拔脱。若螺纹坏，应将坏螺纹单根甩下，严禁焊后强行下入。

⑨套管附件与套管柱的连接其旋合要求与套管要求相同。

⑩套管扶正器按工程设计要求组装。

⑪详细记录每一个扶正器所在的位置。

6. 下套管

①套管柱上提和下放要平稳，避免造成井内压力激动。上提高度以刚好打开吊卡为宜。下放坐吊卡（卡瓦），在接近转盘时应缓慢下放，避免产生冲击载荷。

②套管下放速度一般不超过0.4 m/s。在通过低压区渗透性井段且带有浮箍、浮鞋、扶正器的情况下，下放速度控制在0.25～0.30 m/s。下尾管时，下放速度也控制在0.25～0.30 m/s范围内。

③正常的硬地层、不易漏失的井段，下放速度也应控制，一般下套管速度为300 m/h，最多不超过500 m/h。当井身质量欠佳或钻井液性能不好时，其下放速度将减小至180～

200 m/h。

④带有浮鞋、浮箍时，在下入3～4根套管后，应采用循环的方式进行检查，同时下入时观察管外溢流情况，如连续下入5～8根无钻井液返出，则应分析是否浮箍失灵或井漏。

⑤最佳灌浆方式是每下1个单根灌浆1次，这样能缩短管柱在井下的静置时间，避免黏卡套管，进入裸眼段应采取这种灌浆方式。也有采用下入10～15单根灌1次浆的方式，但要求在灌浆的同时，上下活动套管。大尺寸套管更应及时灌浆，否则极易发生套管挤毁事故。灌浆排量要小，防止压入空气。

⑥装有自灌型浮箍、浮鞋时，定期检查浮箍、浮鞋的自灌装置是否失灵（可从套管悬重的变化和井口返出钻井液情况来判断）。一旦发现自灌装置失灵，即按普通型浮箍、浮鞋的要求执行。

⑦下套管过程中，应尽量缩短静止时间，静止时间原则上控制在3 min以内。套管活动距离应大于套管柱自由伸长的增量，一般不少于3 m。

⑧下套管时，应有专人观察井口钻井液返出情况，如发现异常情况，应采取相应措施。

⑨油层套管鞋必须下到地质要求深度，表层套管和技术套管应尽量靠近井底，一般距井底3 m左右。

⑩某些地区由于钻井液和井下特殊条件，要求下套管中途循环，根据经验，要求每300～500 m循环1次，中途循环其环空流速不能大于钻井时的环空流速。

⑪套管遇阻时，决不应使吊卡离开接箍端面，往往0.5 m距离的下落将导致套管断落或压漏地层。套管遇阻不能硬压，也不能硬转，应立即向套管内灌满钻井液，接水龙头循环。若仍无效，应起出套管，修整井眼。

⑫套管被黏卡，上下活动处理时，拉力或压力均应控制在抗拉强度范围之内，并保持安全系数不小于1.50。

⑬常规固井时，最后一根套管内螺纹上可以涂润滑脂（以利卸联顶节），然后接联顶节，负荷吊卡下面垫一个吊卡或其他垫物，调整好联入，坐稳吊卡，向套管内灌满钻井液。

⑭下完套管后要及时开泵循环。循环排量由小到大，直至达到固井设计要求的循环排量。

⑮下完套管后认真清点井场剩余套管数量。核对入井套管和未入井套管根数是否与送井套管总根数相符。

7. 套管试压等工作

①候凝36 h以后，由测井队测声幅（下文讲述）检查固井质量。

②测井显示固井质量合格后卸联顶节。卸联顶节前必须将井口防喷器卸开吊起，以便观察卸联顶节时下部套管是否卸扣，并且要有防止卸松下部套管的措施。

③套管试压必须用试压泵或水泥车，试压介质为原钻井液或清水。

④套管施压必须有油田公司监督在场。按设计要求试压合格后，由钻井队、试压单位、油田公司监督三方签字确认。

7.4 注 水 泥

注水泥就是从井口经过套管柱将水泥浆注入井取与套管柱之间的环空中，将套管柱和地层岩石固结起来的过程。固井的目的是固定套管，封隔井眼内的油、气、水层，以便于后一步的钻进或其他生产。最常见的注水泥方法是从井口经套管柱将水泥浆注入并从环空中上返。除此之外还有一些用于特殊情况下的注水泥技术，包括双级或多级注水泥、内管注水泥、反循环注水泥、延迟凝固注水泥等。

注水泥技术所包括的内容有选择水泥、设计水泥浆性能、选择水泥外加剂、井眼准备、注水泥工艺设计等。

油、气井注水泥的基本要求包括：

①水泥浆返高和套管内水泥塞高度必须符合设计要求。

②注水泥井段环形空间内的钻井液全部被水泥浆替走，不存在残留现象。

③水泥石与套管及井取岩石有足够的胶结强度，能经受住酸化压裂及下井管柱的冲击。

④水泥凝固后管外不冒油、气、水，环空内各种压力体系不能互窜。

⑤水泥石能经受油、气、水长期的侵蚀。

根据以上要求发展起来的现代注水泥技术涉及化学、地质、机械、石油等各学科的知识，可以分为水泥类型、水泥外加剂、注水泥工艺技术等几个力方面的研究内容，可满足各种复杂井、深井、超深井及特殊作业井（高温、热采井等）的注水泥需要。

本节主要介绍水泥、水泥外加剂及注水泥技术的内容。

7.4.1 油井水泥

油井水泥是波特兰水泥（也就是硅酸盐水泥）的一种。对油井水泥的基本要求是：

①水泥能配成流动性良好的水泥浆，这种性能应在从配制开始到注入套管被顶替到环形空间内的一段时间里始终保持。

②水泥浆在井下的温度及压力条件下保持稳定性。

③水泥浆应在规定的时间内凝固并达到一定的强度。

④水泥浆应能和外加剂相配合，可调节各种性能。

⑤形成的水泥石应有很低的渗透性能等。

根据上述基本要求从硅酸盐水泥中特殊加工而成的适用于油、气井固井专用的水泥就称为油井水泥。

1. 油井水泥的主要成分

①硅酸三钙 $3CaO \cdot SiO_2$（简称 C_3S）是水泥的主要成分，一般的含量为40%～60%。它对水泥的强度尤其是早期强度有较大的影响。高早期强度水泥中 C_3S 的含量可达60%～65%，缓凝水泥中含量在40%～45%。

②硅酸二钙 $2CaO \cdot SiO_2$（简称 C_2S）的含量一般在24%～30%之间。C_2S 的水化反应缓慢，强度增长慢，但能在很长一段时间内增加水泥强度对水泥的最终强度有影响。不影

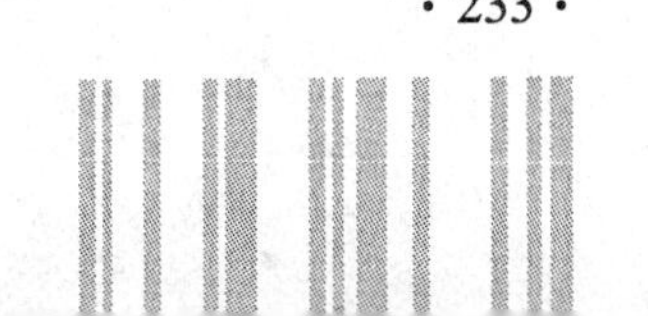

响水泥的初凝时间。

③铝酸二钙 $3CaO \cdot Al_2O_3$（简称 C_3A）是促进水泥快速水化的化合物，是决定水泥初凝和稠化时间的主要因素。它对水泥的最终强度影响不大，但对水泥浆的流变性及早期强度有较大影响。它对硫酸盐极为敏感，因此抗硫酸盐的水泥应控制其含量在3%以下，但对于有较高早期强度的水泥，其含量可达15%。

④铁铝酸四钙 $4CaO_2 \cdot Al_2O_3 \cdot Fe_2O_3$（简称 C_4AF），它对强度影响较小，水化速度仅次于 C_3A，早期强度增长较快，含量为8%～12%。

除了以上四种主要成分之外，还有石膏、碱金属的氧化物等。

较典型的水泥成分见表7.6，矿物成分对水泥物理性能的影响见表7.7。

表7.6　典型API水泥成分

API级别	化合物				瓦格纳细度 /($cm^2 \cdot g^{-1}$)
	C_3S	C_2S	C_3A	C_4AF	
A	53	24	8(+)	8	1 600～1 800
B	47	32	5(−)	12	1 600～1 800
C	58	16	8	8	1 800～2 200
D及E	26	54	2	12	1 200～1 500
G及H	50	30	5	12	1 600～1 800

表7.7　矿物成分对水泥物理性能的影响

矿物分子式 \ 项目		早期强度	长期强度	水化反应速度	水化热	收缩	抗硫酸盐腐蚀性能
$3CaO \cdot SiO_2$	C_3S	良	良	中	中	中	—
$2CaO \cdot SiO_2$	C_2S	劣	良	迟	小	中	—
$3CaO_2 \cdot AlO_3$	C_3A	良	劣	速	大	小	低
$4CaO \cdot Al_2O_3 \cdot Fe_2O_3$	C_4AF	劣	劣	迟	小	小	—

2. 油井水泥的水化作用

水泥与水混合成水泥浆后，即与水发生化学反应，生成各种水化产物。水泥浆也逐渐由液态变为固态，使水泥硬化和凝结，形成有一定强度的固体状物质——水泥石。

(1)水泥的水化反应

水泥的主要成分与水发生水化反应为：

$3CaO \cdot SiO_2+2H_2O \rightarrow 2CaO \cdot SiO_2 \cdot H_2O+Ca(OH)_2$；

$2CaO \cdot SiO_2+H_2O \rightarrow 2CaO \cdot SiO_2 \cdot H_2O$；

$3CaO \cdot Al_2O_3+6H_2O \rightarrow 3CaO \cdot Al_2O_3 \cdot 6H_2O$；

$4CaO_2 \cdot Al_2O_3 \cdot Fe_2O_3+Fe_2O_3+6H_2O \rightarrow 3CaO \cdot Al_2O_3 \cdot 6H_2O+CaO \cdot Fe_2O_3 \cdot H_2O$。

除此之外还发生其他二次反应，生成物中有大量的硅酸盐水化产物及氢氧化钙等。在反应的过程中，各种水化产物均逐渐凝聚，使水泥硬化。

水泥的水化反应是一个放热反应,水泥水化热的大小反应了水泥水化的程度(见图7.25)。

图7.25 中的初凝时间在放热曲线的 A 点附近,水泥的终凝时间在 B 点附近,利用水泥的水化放热特性可以用来探测水泥面的位置。在实际生产中应当注意到水泥放热对套管的伸长及密封的影响。

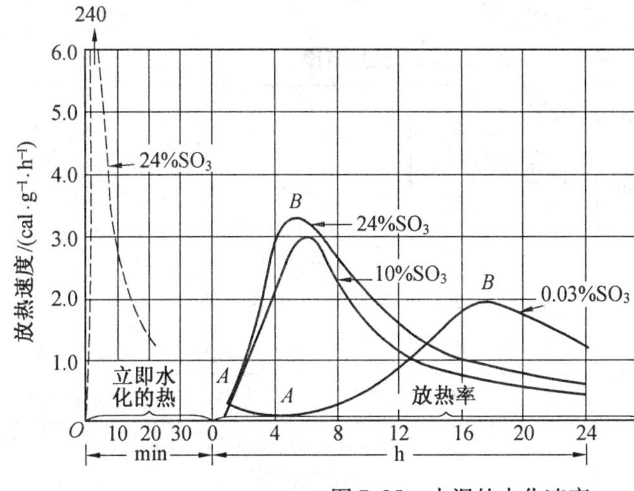

成	分
C_3S	47.6%
C_2S	30.9%
C_3A	4.8%
C_4AF	13.2%
Na_2O	0.05%
K_2O	0.18%

图7.25 水泥的水化速率

(2)水泥凝结与硬化理论

水泥的硬化可分为三个阶段:

①溶胶期。水泥与水混合成胶体液,此时水与水泥成分开始产生水化反应,水化产物的浓度开始增加,达到饱和状态时部分水化物以胶态或微晶体析出,形成胶溶体系。此时水泥浆仍有流动性。

②凝结期。水泥反应由水泥颗粒表而向内部深入,溶胶粒子及微晶体大量增加,晶体开始互相连接,逐渐絮凝成凝胶体系。水泥浆变稠,直到失去流动性。

③硬化期。水泥的水化物形成晶体状态,互相紧密连接成一个整体,强度增加,已经硬化成为水泥石。水泥的水化反应中放出热量,在第二个放热的峰值期水泥开始凝固。

在整个水泥的水化、凝固过程中,C_3S 是水泥凝结和硬化的主要因素。水化反应较慢的 C_3S 使水泥的硬化期变长。在水泥凝固的早期,铝酸盐是主要的因素,但对最终强度的影响较小。

水泥石主要由三部分组成:第一部分是无定性物质,也称为水泥胶,它具有晶体的结构,颗粒大小大体在 0.1 mm 左右,互相连接成一个整体;第二部分是氧氧化钙的晶体,是水化反应的产物;第二部分是未水化的水泥颗粒。

3. 油井水泥的分类

由于油井水泥要适应的井深从几百米到几千米,井下温度变化范围可达 1 000 ℃以上,压力变化值可达几十个兆帕,固井施工所用时间可以从几十分钟到几个小时,要适应的井下情况是千差万别的。因此,单一品种的油井水泥是无法满足工程需要的。针对不同的工艺要求,油井水泥分为几种类型。

我国油井水泥的分类与美国API(美国石油学会)的标准接近。

(1)API水泥的分类

按API标准,把油井水泥分为九类,即A,B,C,D,E,F,G,H,J级,其中A,B,C级为基质水泥,D,E,F级水泥在烧制时允许加入调节剂,G,H级允许加入石膏,J级应符合其J级标准。

API标准的水泥适用范围见表7.8。

表7.8 API人工水泥使用范围

API级别	使用深度范围	类型			备注
		普通	抗硫酸盐型		
			中	高	
A	0~1 830	●	—	—	普通水泥,无特殊性能要求
B		—	●	●	中热水泥,中和高抗硫酸盐型
C		●	●	●	早强水泥,分普通、中和高抗硫酸盐型
D	1 830~3 050	—	●	●	用于中温中压条件,分中和高抗硫酸盐型
E	3 050~4 270	—	●	●	基本水泥加缓凝剂,高温高压条件,分中和高抗硫酸盐型
F	3 050~4 880	—	●	●	基本水泥加缓凝剂,超高压高温,分中和高抗硫酸盐型
G	0~2 440	—	●	●	基本水泥,分中和高抗硫酸盐型
H		—	●	●	
J	3 660~4 880	●	—	—	普通型,超高温

A级:适用深度范围为0~1 828.8 m,温度至76.7 ℃,仅有普通型一种,无特殊性能要求。

B级:适用深度范围为0~1 828.8 m,属中热水泥,温度至76.7 ℃,有中抗硫和高抗硫两种。

C级:适用深度范围为0~1 828.8 m,温度至76.7 ℃,属高早期强度水泥,分普通、中抗硫及高抗硫两种。

D级:适用深度范围为1 828.8~3 050 m,温度在76~127 ℃,为基质水泥加缓凝剂,用于中温、中压条件,分为中抗硫及高抗硫两种。

E级:适用深度范围为3 050~4 270 m,温度在76~143 ℃为基质水泥加缓凝剂,用于高温、高压条件,分为中抗硫及高抗硫两种。

F级:适用深度范围为3 050~4 880 m,温度在110~160 ℃为基质水泥加缓凝剂,用于超高温、超高压条件,分为中抗硫及高抗硫两种。

G级及H级:适用深度范围为0~2 440 m,温度在0~93 ℃,为两种基质水泥,加入调节剂后可用于较大的范围,分为中抗硫及高抗硫两种

J级:适用深度范围为3 660~4 880 m,温度在49~160 ℃,仅有普通型。

(2)国产以温度系列为标准的油井水泥

我国油井水泥除向 API 标准靠近外，还有以温度系列为标准的油井水泥，分为 45 ℃，75 ℃，95 ℃及 120 ℃四种，见表 7.9。

表 7.9 我国水泥质量标准及水泥物理性能

检验项目及类别		水泥分类							
		45 ℃水泥		75 ℃水泥		95 ℃水泥		120 ℃水泥	
适用井深/m		0～1 500		1 500～2 500		2 500～3 500		3 500～5 000	
MgO 含量/%		5		5		5		6	
SO_3 含量/%		3.5		3.5		3		3	
细度(0.08 mm 筛)/%		筛余 15		15		15		15	
安定性(沸煮法)		合格		合格		合格		合格	
静止流动度/mm		>200		>200		>180		>160	
水泥浆流动度/mm		>240		>240		>220		>220	
水泥浆密度/$(g \cdot cm^{-3})$		1.85±0.02		1.85±0.02		1.85±0.02		1.85±0.02	
自由水(析水)/%		<<1.0		<1.0		<1.0		<1.0	
凝结时间	温度/℃	45±2		75±2		95±2		120±2	
	时间范围/min	初凝 90～150	终凝不迟于 90	初凝 115～180	终凝不迟于 90	初凝 180～270	终凝不迟于 90	初凝以稠化时间	终凝 30BC 190
强度		不低于 3.5 常压 48 h>4.0(抗折)		不低于 4.0～5.5 常压 48 h(抗折)		不低于 5.5 常压 48 h(抗折)		120 ℃养护压力 2.1 MPa 抗压度 48 h>15 MPa	

45 ℃：用于表层及浅层，深度小于 1 500 m。

75 ℃水泥：用于井深 1 500～3 200 m。当超过 3 500 m 时应加入缓凝剂，温度超过 1 100℃时，应加入不少于 28% 的硅粉。

95 ℃水泥：用于井深 2 500～3 500 m。当温度超过 1 100 ℃时，应加入不少于 28% 的硅粉。

120 ℃水泥：用于井深 3 500～5 000 m。当用于 4 500～5 000 m 时应加入缓凝剂及降失水剂。

4. 油井水泥的性能试验

油井水泥在使用前应进行严格的试验，以检验其性能。所进行的试验包括水泥浆的稠化时间试验、水泥浆的失水试验、水泥浆的流变性测定、水泥石的抗压及抗折强度试验、水泥浆与前置液和钻井液的配伍性试验等。对用于高温、高压井的油井水泥，还应当在高温、高压条件下进行有关的测试，只有符合要求的水泥才能投入使用。

API 标准对每种水泥都规定了应达到的标准值。

7.4.2 水泥浆性能与固井工程的关系

对固井工程有较大影响的水泥浆性能包括水泥浆的密度、水泥浆的稠化时间、初凝时间、水泥浆的失水、水泥石初凝的强度及水泥的抗腐蚀性能等。当通过调节水泥的化学成分不能完全满足固井工程的要求时,就要加入水泥的外加剂来调节。

1. 水泥浆性能与固井工程的关系

(1)水泥浆的密度

水泥干灰的密度一般为 3.05 ~ 3.20 g/cm^3。通常要使水泥完全水化,需要的水为水泥重量的 20% 左右即可,但此时水泥浆基本不能流动。要使水泥浆能流动,加水量应达到水泥重量的 45% ~ 50% ,调节出的水泥浆的密度为 1.80 ~ 1.90 g/cm^3 之间。这一密度比一般井所用的钻井液密度要大,但可能比某些重钻井液密度要低。

(2)水泥浆的稠化时间

水泥浆调成之后,随着水化反应的进行,水泥浆逐渐变稠,流动性变差。在注水泥时用泵注入及顶替过程中,可能会出现水泥浆流动越来越困难,直到不能被泵入,此时虽然还没有达到水泥的凝固,但是已无法用泵注入及顶替了。因此注水泥的全过程必须在水泥浆稠化之前完成,稠化时间就决定了施工作业可能的时间。对于施工周期长的深井注水泥,就应当有较长的水泥浆稠化时间为保证。

水泥浆的稠化时间是指水泥浆从配制开始到其稠度达到其规定值所用的时间。例如 API 标准中规定的这一数值是从开始混拌到水泥浆稠度达到 100 BC(水泥稠度单位)所用的时间为水泥浆稠化时间。API 标准中规定在初始的 15 ~ 30 min 时间内,稠化值应当小于 30 BC。好的稠化情况是在现场总的施工时间内,水泥浆的稠度在 50 BC 以内。

(3)水泥浆的失水

为保证水泥浆的流动,应当使水的加入量比完全水化所用的水量要多出很多。现场用水量一般达到水泥重量的 50% 左右,才能使水泥浆的流动性良好。水泥在凝固之后,多余的水会析出,析出的水为高矿化度自由水,可以渗入地层,对生产层造成严重污染。如果析出的水不能进入地层,有可能留在水泥石中,形成孔道,会造成流体上窜的通道,破坏水泥石的封隔性及降低水泥石的强度。一般未经处理的水泥浆的失水量可达 100 mL/30 min。因此,水泥浆的失水量应当通过加入处理剂的方法尽量使之降低。

(4)水泥浆的凝结时间

水泥浆调成即开始水化,从液态转变为固态的时间就是水泥浆的凝结时间。这一时间不同于稠化时间。一般来说,水泥浆的凝结时间大于稠化时间。水泥浆的凝结时间对施工有较大的影响,即从注水泥到套管被封固后可承担一定负荷的这一段时间,就决定了固井完成到进行下一个工序所用的时间。对于封固表层及技术套管来讲,希望水泥能有早期较高的强度,以便于尽快开始下一道工序。

通常希望固完井候凝 8 h 左右,水泥浆开始凝结成水泥石,其抗压强度可达 2.3 MPa 以上即可开始下一次开钻。

(5)水泥石强度

水泥石的强度应满足下述要求：

①支承和加强套管。经研究表明，当水泥石的抗压强度为56 kPa时，10 m长的水泥环就可支承94 m长的177.8 mm的套管，因此支承套管并不要很高的水泥石强度。

②应能承受钻柱的冲击载荷。

③应能承受酸化、压裂等增产措施作业的压力。

各种水泥标准中都给出了水泥的极限强度及早期(8～24 h)的强度，如API标准中规定，进行射孔的层段，水泥的抗压强度应大于13.8 MPa。

(6)水泥石的抗蚀性

水泥石应能抗各种流体的腐蚀，主要应抗硫酸盐腐蚀。

在水泥成分中控制C_3A及C_4AF的含量为$C_3A \leqslant 3\%$，$C_4AF+2C_3A \leqslant 24\%$，可使水泥抗硫性提高。也可加入矿渣、石英砂等提高抗硫的能力。

2. 水泥的外加剂

如果仅仅靠调节水泥的化学成分不能完全满足注水泥工艺要求，此时，就应通过加入外加剂调节水泥浆的性能。

水泥的某些外加剂与钻井液处理剂有类似之处。

(1)加重剂

当需要高密度水泥浆时，应在水泥浆中使用加重剂。常见的加重剂有重晶石、赤铁矿粉等高密度材料。用加重剂可使水泥浆的密度达到2.3 g/cm^3。

(2)减轻剂

当要求降低水泥浆密度时，应在水泥浆中加入减轻剂。常见的有硅藻土、黏土粉、沥青粉、玻璃微珠、火山灰等低密度材料。使用减轻剂可使水泥浆的密度降到1.45 g/cm^3。

(3)缓凝剂

缓凝剂可使水泥浆的稠化、凝固时间延长，通常用于高地温梯度的井和深井以保证有足够的注水泥作业时间。

常用的缓凝剂有丹宁酸钠、酒石酸、硼酸、铁铬木质素磺酸盐、羧甲基羚乙基纤维素等。

(4)促凝剂

促凝剂可使水泥浆加快凝固，用于缩短水泥的候凝时间及增加水泥的早期强度，多用于浅层及低温层的封固。

常用的促凝剂有氯化钙、硅酸钠、氯化钾等。

(5)减阻剂

减阻剂能明显改善水泥浆的流动性能，使水泥浆的流动阻力减少，有利于在低流速状态下使水泥浆的流动进入紊流状态，提高注水泥的质量。

常见的减阻剂有β-奈磺酸甲醛的缩合物、铁铬木质素磺酸盐、木质素磺化钠等。

(6)降失水剂

降失水剂能降低水泥浆的失水量。与钻井液使用的降失水剂基本一致，常用羧甲基羚乙基纤维素、丙烯酸胺、黏土等。

(7)防漏失剂

防漏失剂用于防止水泥浆在易漏失层中的漏失,分为纤维状、颗粒状等固体堵漏材料。如沥青粒、纤维材料等。

除此之外,还有一些其他材料,如石英砂为抗高温材料,用甘油聚醚为消泡剂等。

各种外加剂在应用前应进行室内试验。

3. 特种水泥

特种水泥是用于解决某些油、气井的特殊问题的水泥,用于解决注水泥中的高温、漏失、环空气窜等问题。

(1)触变性水泥

普通水泥的流变特性为随着时间的延长,水泥浆变稠,泵送时的压力会变大,静止后再开泵泵送,流动阻力没有明显的增加。也就是说,其触变性没有明显的变化。触变性水泥的特点是当水泥浆静止时,会形成胶凝状态,但在流动时,胶凝状态被破坏,它的流动性是良好的。当触变性水泥浆在泵送时,其流动特性良好,水泥浆是稀的、可泵送流体,但是当停泵时迅速形成一种较硬的结构体系,流动性变差,再次泵送时,结构体系破坏,又恢复良好的流动性。

触变性水泥的这一特性可用于处理固井时的井漏。当触变形水泥浆进入漏失层后,流速变慢,形成凝胶状态,流动阻力变大,基本停止流动,将漏失层堵住。而未进入漏失层的水泥浆仍有良好的流动性,仍可在环形空间中被泵送、顶替。

触变性水泥有黏土水泥体系、硫酸盐水泥体系等。黏土水泥体系是在硅酸盐水泥中加入吸水膨胀性黏土,黏土的加入量可达2%,可有效地用于防止环空气窜及堵漏。硫酸盐水泥体系是在硅酸盐中加入硫酸钙、硫酸铝或硫酸亚铁等,硫酸盐在水泥浆中形成一种凝胶物质,有触变性。硫酸盐的含量一般小于10%。

(2)膨胀水泥

水泥石应当与套管和地层岩石有良好的连接,以保证水泥把套管、地层岩石封堵牢固。但是一般的硅酸盐水泥凝固后,体积会有微小的收缩,对于非高压层不会有太大的危害,但对于高压气井就会有较大的危险。因此,对于固高压井就希望水泥凝固时的体积不仅不能收缩而应略有膨胀,使封固性能良好。在这种情况下可用膨胀水泥体系。

膨胀水泥多为含有铝粉、钙镁钒盐类的水泥。

①铝粉水泥。在水泥中加入研细的铝粉,铝粉与水泥中水化反应产生的碱发生反应,形成铝酸盐和微小的气泡,会使水泥的体积变大。铝粉的含量可控制在1%以内,可以使其膨胀率达到5%以内。

②氧化镁水泥。在水泥中加入煅烧的氧化镁,它与水反应形成氢氧化镁,氢氧化镁占有较多的体积,可使水泥膨胀。煅烧的氧化镁的加量在0.25%~1.0%,使水泥的膨胀率在1%以内。

膨胀水泥在应用中应注意控制其膨胀率适当,一般在1%左右,过大会造成很大的压应力,损坏套管。

(3)防冻水泥

在某些寒冷地区施工时,地表温度较低,易使水泥浆受冻,而使水泥石的强度降低,此种情况下应使用防冻水泥封固。例如在永久性冻土层中,在寒冷的冬季封固表层套管时就应使用这种水泥。在美国的阿拉斯加,永久性冻土带厚度可达几十米,必须使用防冻水泥。我国的大庆,冬季的表层套管封固也应用防冻水泥。

防冻水泥是在硅酸盐水泥中加入石膏粉或铝酸钙。石膏粉与水泥各占50%的防冻水泥,加入12%的食盐水混浆,可用于零下20 ℃的低温条件。铝酸钙与水泥各占一半的铝酸盐防冻水泥,可用于零下10 ℃的低温条件。

(4)抗盐水泥

在使用海水配浆或井下有大段盐岩层的情况下,应当使用抗盐水泥,主要是在油井水泥中加入大量的食盐(NaCl)粉形成。

抗盐水泥所适用的场合有:用于在海上钻井时,无淡水配浆时可直接使用海水配制;用于大段含盐层的固井;用于大段泥、页岩和膨胀性地层的固井。

(5)抗高温水泥

在地下有高温(注热蒸汽或火烧油层开采井及地热井)的情况下为使水泥能抗高温,就应当使用抗高温水泥。

水泥在高温下强度急剧降低,普通的硅酸盐水泥在230 ℃下其抗压强度降低到原强度的50%左右,温度越高,强度下降越严重。水泥在高温下的另一个严重问题是渗透性加大。在常温下,水泥石的渗透性应低于0.1 md ,但在230 ℃下,水泥石的渗透率为常温下的10~100倍,造成水泥的渗漏。在高温下,必须采用抗高温的水泥,可采用在普通硅酸盐水泥中加入石英砂、铝酸盐的办法提高抗温性能。

在水泥中加入研细的石英砂,可明显提高水泥的抗高温性能。在G级水泥中石英砂含量高达30%时,抗高温性可达328 ℃。

在水泥中加入铝酸二钙时,其抗高温性能有极大提高,在G级水泥中,铝酸二钙的含量达到30%时,抗高温性可达500 ℃。

(6)轻质水泥

为减轻水泥浆的密度,可在水泥中加入轻质材料,如火山灰、沸石、硅藻土等,形成轻质水泥。其名称分别为火山灰水泥、硅藻土水泥等。轻质水泥的密度可控制在1.45 g/cm^3左右,主要用于低压井固井等场合。

4. 水泥浆性能的调节

(1)高温高压对水泥浆性能的影响

水泥浆注入井下,要受到井底较高温度及较大压力的作用。在高温高压的作用下,水泥浆的流动度、稠化时间、凝固时间、水泥石的强度都与常温常压下有所不同。研究表明,温度对于水泥浆性能的影响是主要的,压力的影响相对较小。如深井注水泥时,井深在4 000 m以上时,井下温度可达100 ℃以上,压力可达几十个兆帕,与地面的常温常压有极大的区别。此时水泥浆的各种性能有极大的变化。因此,高温高压的条件对水泥浆性能的影响是必须要考虑的。

高温条件下,水泥浆的流动性能变差,凝固时间变短,稠化时间变短,流动阻力增加。这是由于温度升高,水泥的水化反应速度加快而引起的。在高温条件下,水泥石的早期强度有所增加。因此对于存在高温、高压的深井、超深井固井来讲,高温会使水泥浆的流动困难,顶替泵压较高,安全作业时间变短,增加了施工的难度。在这种条件下,不作处理的普通水泥浆性能是不能完全满足深井、超深井注水泥作业的要求的。水泥浆性能必须加以调节。

(2)影响水泥浆性能的因素及水泥浆性能的调节

水泥浆性能除受水泥成分及水泥粉物理性能的影响外,还受外加剂的影响。因此,不同性能的水泥应有不同的水泥成分。按水泥成分,把水泥分成相应的级别。当水泥性能不能满足要求时,应通过加入水泥外加剂调节水泥浆性能。

例如,高温、高压条件下注水泥,应当在水泥中加入缓凝剂、减阻剂;在表层封固中,为尽快开展下一工序,应当加入速凝剂及提高水泥早期强度的处理剂等。

水泥外加剂的应用应先在相应条件下进行室内试验,以确定其最佳组分,对于复杂条件下的注水泥,还应进行水泥流变性能的研究。

7.4.3 前置液体系

前置液是注水泥过程中所用的各种前置液体的总称,在现代注水泥技术中这些专用液体已成一个专门的体系。

前置液体系是用于在注水泥浆之前,向井中注入的各种专门液体。其作用是将水泥浆与钻井液隔开,起到隔离、缓冲、清洗的作用,可提高固井质量。

前置液可分为隔离液和冲洗液。

1. 冲洗液

冲洗液的作用是稀释和分散钻井液,防止钻井液的胶凝和絮凝,有效冲洗井壁及套管壁,清洗残存的钻井液及泥饼;在水泥浆及钻井液之间起缓冲作用,有利于提高固结质量。冲洗液应当具有接近水的低密度,可在 1.03 g/cm^3 左右。有很低的塑性黏度,有良好的流动性能,具有低剪切速率、低流动阻力,能在低速下达到紊流的流动特性,其紊流的临界流速在 0.3 ~0.5 m/s。应与水泥浆及钻井液都有良好的相容性。

冲洗液通常是在淡水中加入表面活性剂或是将钻井液稀释而成的。常用的冲洗液配方为:CMC 水溶液,表面活性剂水溶液以及海水等。

冲洗液的用量最多不超过在环空中占 250 m 的高度。

2. 隔离液

隔离液的作用为:能有效地隔开钻井液与水泥浆;能形成平面推进型的顶替效果;对低压、漏失层可起缓冲作用;具有较高的浮力及拖曳力,以加强顶替效果。隔离液通常为黏稠的液体。它的黏度较冲洗液要大,密度稍高,静切力应稍大。它的使用是在冲洗液之后注入,隔离液注完之后再注水泥浆。

隔离液一般为在水中加入黏性处理剂及重晶石等配成,其性能要求为:密度应比钻井液大 0.06 ~0.12 g/cm^3;黏度较高,切力值应在(40 ~80) MPa · s;失水量在 50 mL/30 min 左右。

隔离液的配方常见的有水溶液加入瓜胶或羟乙基纤维素,用重晶石调节密度。隔离液的用量可保持在环空中占 200 m 的高度。

7.4.4 提高注水泥质量的措施

注水泥过程易于产生一些质量问题。其主要问题不外乎管外水泥浆充填不完整及固井后管外冒油、气、水两大类问题。

1. 注水泥质量的基本要求

(1)在各种情况下固井质量的基本要求

①依照地质及工程设计要求,套管的下入深度、水泥浆返高和管内水泥塞高度符合规定。

②注水泥井段环空内的钻井液全部被水泥浆替走。

③水泥环与套管和井壁岩石之间的连接良好。

④水泥石能抵抗油、气、水的长期侵蚀。

在固井质量指标中,最重要的是水泥环的固结质量。其表现为水泥与套管和井壁岩石两个胶结而都有良好的有效封隔,能承受两种力的作用。一种是水泥的剪切胶结力,它用于支承井内套管的重量;另一种是水力的胶结力,它可以防止地下高压的油、气、水穿过两个胶结界而上窜,造成井口的冒油、气、水。

(2)在固井中常出现的固井质量问题

①井口有冒油、气、水的现象。

②不能有效地封隔各种层位,开采时各种压力互窜,影响井的生产。

③因固结质量不良在生产中引起套管的变形,使井报废等。

最常见的质量问题是窜槽及管外冒油、气、水等。

2. 防窜槽——提高水泥浆的顶替效率

窜槽指的是在注水泥过程中,由于水泥浆不能将环空中的钻井液完全替走,使环形空间局部出现未被水泥浆封固住的现象。

窜槽会引起封固质量的下降,使套管失去水泥石的保护,受到岩石侧向变形的挤压,引起套管损坏;使水泥石中形成连通的通道,丧失封隔不同压力体系地层的作用,使套管外冒油、气、水或使地下压力窜通。这是一种常见的注水泥质量缺陷。

(1)窜槽形成的原因

窜槽的形成与水泥浆在环空中的顶替效率有关,水泥浆顶替效果不良,就会引起窜槽。

①套管的居中不好。当套管在井眼中居中时,环空的空隙各方向大小是一致的,在某个断面的圆环上,环空中各方向的平均流速是相同的。在顶替过程中,水泥浆上升是均匀的。但当套管不居中时,一侧间隙大,流动阻力小,流速快;一侧间隙小,流动阻力大,流速则变慢;就造成顶替过程中各个方向上的顶替流速不均匀,水泥浆的上升高度不一致。高速一侧易于突进,低速一侧则顶替不良,钻井液不易于驱替走。偏心越大,此现象越严重。井眼的倾角变化越大,此现象越严重。可能会出现间隙小的一侧钻井液不能被水泥浆替走,形成死区,在环空中形成窜槽。

②井眼不规则。当井径不规则时,井径较小处流速高,井径较大处流速低。尤其是在套管不居中时,极易在大井径处残留钻井液,形成窜槽。

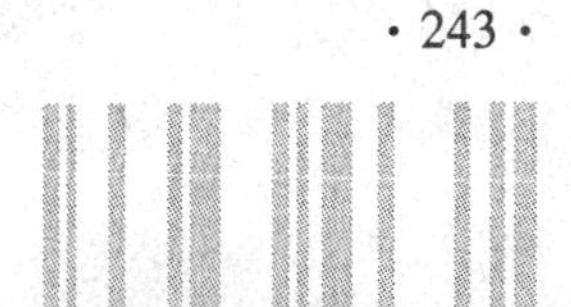

③水泥浆性能及顶替措施不当。水泥浆的流变性不良,顶替中使用的流速不当,也会加重窜槽现象。水泥浆的流动性较差,使顶替困难,泵压高,不易达到紊流状态。选用层流时,会使环空中部的流速大,造成突进,会加重窜槽。

(2)提高顶替效率的措施

①采用套管扶正器,改善套管居中条件。在井斜角或方位角有较大变化的井段,大量采用套管扶正器是改善套管居中程度的有效措施。扶正器可以使套管不居中的程度有所减缓,尤其是在斜井段时应该大量使用套管扶正器。

在一般井中,由于井斜角、方位角变化不太剧烈,可采用弹性扶正器。在斜井段及井斜角、方位角变化很大的井段,应采用刚性扶正器。一般是每根套管上至少有一个扶正器。

②注水泥过程中活动套管。在注水泥的顶替阶段活动套管,尤其是转动套管,对于提高顶替效率,将死区钻井液驱走是十分有帮助的。

活动套管时,由于摩擦阻力的存在,使钻井液与套管一起运动,使钻井液获得一个牵引力。这个力使死区的钻井液获得一定的流动速度,帮助水泥浆替走该区的钻井液。

通常转动套管要使用专门的设备,工艺比较困难。此时,采用上下活动套管的方法,也有一定的效果。

③调整水泥浆性能,提高顶替效率。可以采用加大水泥浆与钻井液密度差的方法,使钻井液获得一个浮力,促使其“漂浮”在水泥浆之上,被顶替走。

采用优良的前置液体,加强钻井液与水泥浆的隔离及冲洗井带的效果。使用冲洗液可稀释钻井液,使之易于替走。

④调节水泥浆在环空中的流速。在顶替中应尽量使水泥浆的流速在环空中达到紊流。顶替中紊流状态的水泥浆在各断面上有相同的推进速度,顶替的效果最好。此时应调整水泥浆的流态,使其在较低泵压、较低流速下达到紊流。水泥浆的流动阻力要小,失水量要小,流变性要好。紊流顶替时泵压较高,顶替流量较大。

如果井眼、设备等条件不允许采用紊流顶替,如高速顶替时设备的允许功率不足,或是会在井下造成很高压降,可能压漏地层,此时应采用小流量使水泥浆形成塞流,即成为平面推进顶替,而尽量不用塞流与紊流之间的流态——层流进行顶替。这就要用很小的流量进行顶替。

在实际操作中,具体紊流及层流的临界流速,可以通过对井内流体的流变性质的研究得到。

3. 水泥浆在凝结过程中的油、气、水上窜问题

在水泥浆的凝结过程中有许多因素可能会引起油、气、水窜入环形空间,进而引起管外冒油、气、水的问题。这是一个压力体系的平衡问题。防止的办法是始终保持水泥浆的静液柱压力大于地层压力;或是在水泥凝固时使套管、岩石两个胶结面上水泥石的胶结强度大于地层压力。

(1)引起油、气、水上窜的原因

①水泥浆失重。水泥浆是一种凝胶物质,与水混合后会逐渐由液态转变为固态。在水泥浆为液态时,它具有静液柱压力。一般水泥浆密度是大于钻井液密度的。在固井条

件下,环空中的液柱压力通常是大于地层压力的。在水泥浆转变成固态之后,它与套管、岩石有相当高的胶结强度,该强度可以防止地层压力突破其胶结面而上窜。但在水泥浆由液态向固态转变的过程中,其静液柱压力会逐渐降低,其重力由黏附在两个胶结面上的颗粒承担。随着水泥的固化,水泥浆的重力逐渐传递到套管及岩石上,水泥浆的静液柱压力也慢慢降低,对地层的压力也逐渐变小。当水泥的重力完全挂在两个交界面上,就丧失了静液柱压力对地层压力的平衡作用。这种现象称为水泥浆的失重。水泥浆的大部分重力挂在交界面上时,水泥浆并未完全固化,交界面上的胶结强度很低。

当水泥浆的有效静液柱压力由于固化而降低时,则不能平衡地层压力。如果水泥与套管、岩石的胶结强度较低,则地层压力有可能突破其连接而上窜。如果碰巧井口是敞开的,就有可能造成管外冒油、气、水。这种现象是由水泥浆失重所引起的。

②桥堵引起的失重注水泥时,水泥浆中可能携带的从井壁上冲刷下的岩屑、泥饼及某些水泥颗粒物质,在静止时会下沉,在井径缩小处会沉降下来形成桥堵点。或在高渗透层由于水泥浆的大量失水,在井壁上附着一层厚的水泥饼,也会形成桥堵点。桥堵可能与水泥浆的失水量有关,在高渗透层水泥浆大量失水,形成水泥饼附着在地层上,会造成桥堵。桥堵阻止了水泥浆压力体系的下传,使作用于桥堵点以下的地层的静液柱压力下降,地层流体会窜入桥堵点以下的环空中,并突破桥堵点,使管外冒油、气、水。

③水泥体积收缩造成油、气、水上窜。水泥体积的收缩使交界面上出现裂缝,有可能产生油、气、水的通道。常规的硅酸盐水泥在凝固时,体积会略有收缩,收缩率在0.2%以下。这一微小的收缩对高压层来讲是十分危险的。

④套管内放压,使套管收缩。在注水泥的最后,将上胶塞顶到阻流环处,上、下胶塞碰到一起将通道堵死,泵压急剧上升,称为碰压(Bumping)。水泥候凝时,如果套管内保持该压力,套管处于膨胀状态。候凝完毕,放掉套管内压力,会使套管收缩,也会造成油、气、水上窜的通道。

(2)防止油、气、水上窜的办法

①注完水泥后及时使套管内卸压,并在环空内加压,可以防止油、气、水上窜。因此在注水泥的过程中应使套管柱底部的回压凡尔保持良好。

②使用膨胀性水泥,防止水泥石收缩。

③采用多级注水泥技术或采用两种凝速的水泥。在水泥面顶部用少量的速凝水泥,迅速凝固封堵环空的上部空间,防止地下压力突破交界面上窜。

7.5 复杂类型井的生产套管及注水泥

本节拟就各种复杂类型井的生产套管及注水泥工作加以归纳总结,指出应考虑的主要问题以及解决问题的基本思路与方法。

7.5.1 高温高压气井

1. 主要问题

高压气井注水泥后,地层流体层间互窜及井口气冒是国内外迄今固井质量存在的问题。水泥浆凝固时,作用于地层流体的水泥浆柱压力不断降低。当水泥浆柱压力降低到低于地层流体压力时,地层流体就会侵入到环形空间形成窜槽,破坏水泥石的密闭作用;地层流体还会窜入其他低压储层,严重时还会喷出地面。水泥浆在凝结过程中,其液柱压力降低的现象,称为水泥浆失重。高压气井油气窜冒的主要原因就是由于水泥浆失重造成的。

高温高压气井的温度与压力是套管设计必须考虑的,尤其对气井正常生产起到关键作用。如四川的龙 4 井,井深 6 026 m 处气层的压力高达 126 MPa,生产时井口压力超过 104 MPa,需选用非 API 规范的特殊材质厚壁的套管。南海崖 13-1 井,井深 3 700 m 处原始气层压力 42 MPa,日产气(150~300)$\times10^4$ m^3时,井口压力为 35 MPa,为了减少油管摩阻压降,该井用 7 in 生产套管作为油管生产,选用 L-8013CrNK3SB 材质,壁厚 10. 36 mm(抗内压 54 MPa,抗外挤 30 MPa)。塔里木克拉苏地区原始气层压力 75 MPa,采用了 NK35BSM-110T 及 P110T 套管,壁厚为 12. 65 mm,日产气 200×10^4 m^3左右,即使关井也能抗内压力及承受岩盐层的外挤力。作为生产套管,即使尾管也应回接到井口,不能用尾管完成。

由于气体特性,对套管螺纹的密封性提出了更高的要求。有资料表明,能承受 20 MPa水试压的套管螺纹,却不能保证 10 MPa 压力下的气体密封。近年来国内外一些气田逐步推广使用非 API 标准螺纹连接,并配合使用标准的螺纹密封脂,取得了好的效果。

2. 高温对套管强度的影响

必须考虑钢材在高温下强度降低的问题。

我国南海莺琼盆地地温梯度高达 4 C°/100 m。个别井实测井温在井深 4 639 m 温度达 206 ℃。大港千米桥构造板深 7 井,井深 4 260 m,实测井温达 163 ℃,钢材在高温下,屈服强度和弹性模数降低。因此按 API 5C3 计算套管的各项强度性能指标都会相应降低,图 7.26 为几种套管强度随温度升高而降低的曲线。可以看出温度为 100 ℃时屈服强度降低 7%,温度为 200 ℃时,屈服强度降低约 12%,按照粗略的估算,这相当于安全系数降低 7%~12%。

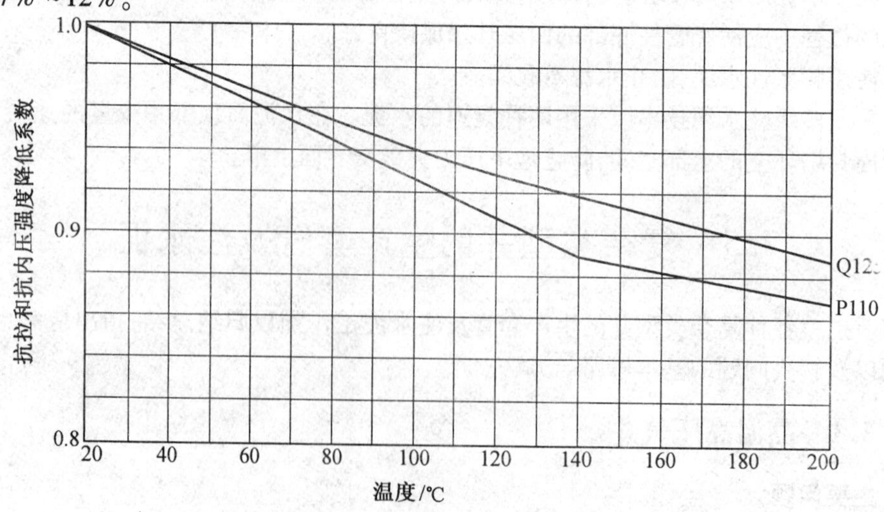

图 7.26 套管强度随温度升高而降低的曲线

3. 抗内压

大多数高温高压气井均带井下封隔器生产。当井口部位油管断或泄漏时,井口处天然气压力全部加在生产套管上,并且该压力与油管外不同井深液体静液柱压力叠加,在生产套管的薄弱处可能导致内压破坏。技术套管抗内压强度一般比生产套管低,随着生产套管的破坏,高内压传至技术套管,可能压破技术套管。也可能会导致上部地层破裂或造成天然气井井喷的严重事故。

应该采用真实气体状态方程计算套管内压沿井深的分布。

4. 高温高压气井注水泥的特殊问题

水泥封固段长,特别小间隙长封固段固井质量不易得到保证,或深井尾管固井同样在小间隙尾管段固井质量难保证,因而需改变套管程序的尺寸,增大套管与井筒的间隙;水泥浆失重造成气窜影响水泥凝固,因此在固井工艺上应采取以下措施:

①限制水泥返高。

②在长封固段内,采用不同稠化时间(凝固时间)的水泥浆固井。

③环形空间憋压。

④在注水泥前增加环空钻井液密度。

⑤利用多级注水泥工艺。

⑥选用H级水泥并提高水泥浆的密度。

⑦使用改性水泥(可压缩水泥和不渗透水泥)。

当前,用改性水泥来弥补水泥浆失重是比较常用的方法。改性水泥有如下几种类型。

(1)膨胀水泥

膨胀水泥是通过水泥凝固时体积膨胀来封闭微环空。膨胀水泥在普通硅酸盐水泥中加入无水磺化铝酸钙、硫酸钙和石灰即可。这些膨胀水泥分为K,S和M三级。据观察,它们的膨胀能力比硅酸盐水泥大10多倍。其膨胀性的来源被认为是由于形成了一种铝矾石晶体。铝钒石晶体是在硫酸盐和硅酸盐水泥中的铝酸三钙反应时形成的。这个铝钒石晶体比铝酸钙大得多,它代替了水泥的晶格结构,产生了一个内部应力而使水泥大量膨胀。这种水泥的体积膨胀可达0.05%至0.2%。另一种膨胀水泥是由APIA级水泥混合硫酸盐(半水石膏)、盐和其他外加剂而得。这种膨胀水泥的膨胀性比前一种的更大,且成本核算。实验室试验表明,使膨胀反应物(硫酸盐)与铝酸三钙的比值保持在2:1的比例,可使膨胀水泥具有抗硫酸盐侵蚀的能力。虽然膨胀水泥有助于控制气窜,但单靠它本身还不是绝对有效,必须辅以其他措施。AMOCO公司在美国新墨西哥州的14口井中使用了新的注水泥方法、膨胀水泥和管外封隔器联合使用,完全制止了气窜。

(2)不渗透水泥

不渗透水泥是在水泥从初凝到终凝之间的过渡时期内,通过水泥结构的物理和化学变化形成一个不渗透的阻挡层来防气窜。

在普通水泥中加入发泡活性剂,利用地层进入的气体形成泡沫水泥,对另外的气体形成一层不渗透的阻挡层。实验发现,水泥浆中加入活性剂可使气体运移阻力提高5倍。

(3)硅石微粒水泥

这是20世纪80年代中期,为解决英国北海油田中浅气层固井气窜问题,由Statoil公

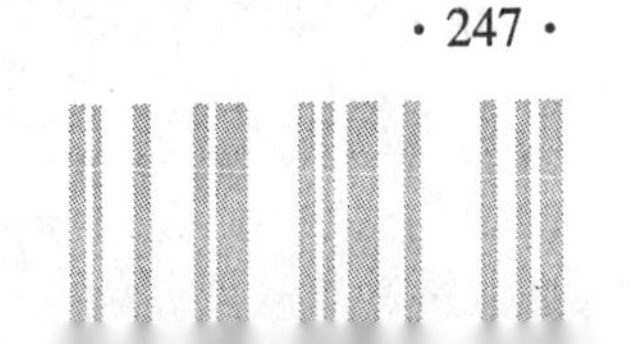

司研制的低密度不透气水泥。硅石微粒防气窜的机理一是因为它能将孔隙水束缚在水泥骨架内，二是因为硅石微粒可充填于水泥颗粒之间。

硅石微粒加入水泥中，除了能有效地防止气窜外，还可减少水泥浆的自由水和失水，增加水泥强度和黏结性能，延长耐用期限，减少水泥渗透率和强度衰减。另外硅石微粒还可用做低密度水泥外加剂。硅石微粒的这些特点已为大量室内试验和成功的注水泥实例所证实。近年来国内在大庆等油田推广使用也取得了好的效果。

(4) 触变水泥

防气窜的一个方法是改变静胶凝强度，以便在水泥停止流动之后迅速形成静胶凝强度，在过平衡压力丧失之后，水泥浆胶凝强度达 239 Pa，形成越快，水泥浆阻止气窜的可能性越大。因此，国外在许多地区已经使用了触变性水泥阻止气窜，Dowell SchlUmberger 公司的 D600 和 Halliburton 公司的 Thixset31 即属于这类产品。

(5) 延迟胶凝强度水泥

在防气窜方面的一个最新发展是美国 Halliburton 公司研制的延迟胶凝强度水泥。这种水泥主要是使用了一种具有降失水和改善静胶凝强度的水泥外加剂。当大部分失水发生时，水泥静胶凝强度发展延迟。而延迟阶段过后，水泥浆失水减少，水泥浆迅速经过它的过渡时间，即静胶凝强度从 47.8 Pa 增到 239 Pa 的时间。失水和静胶凝强度这两项不同时发生，实际压力损失将大量减少，从而防止气窜。这种方法已在现场应用并获得成功。

(6) 可压缩水泥

可压缩水泥是在普通水泥中加入一种能产生气体的外加剂，在水泥泵入井之后产生气体。这些气体体积很小，在井下条件下约占水泥浆柱体积的 3%。产生的气泡极小而且是分散的，以致浮力不会引起这些气泡上移、聚集和形成窜槽。Halliburton 公司的 Gaschek 水泥就属于这一类，并成功地用于现场，减少了气窜现象的发生。国内生产的 KQ 系列外加剂，在使用中也取得了明显的效果。表 7.10 列出了国内外同类产品的基本性能。

表 7.10　部分防气窜剂性能

项目 \ 产品	KQ		Gaschek		D29		XA-1-17-0	
水泥	嘉华 G	嘉华 95	嘉华 G	嘉华 95	嘉华 G	嘉华 95	嘉华 G	嘉华 95
初发时间/min	48	60	16	24	24	31	7	18
持续发气时间/min	85	102	30	28	16	21	12	14
铝当量/%	23.2		23.6		8.5		22.4	

注：①水灰比为 0.44，用 API 法配浆，产品加量均为 0.5%；

②初发时间的实验温度为 35°；

③持续发气时间的实验温度：G 级 75 ℃、95 ℃为准。

7.5.2　酸性气体井

1. 主要问题

我国不少气田都含酸性气体，主要含 H_2S 和 CO_2。如川东卧龙河气田三叠系气藏最

高 H_2S 含量达32%(493 g/m^3);河北赵兰庄气田 H_2S 含量达92%,留70断块产出气中 CO_2 含量达40%左右;吉林万金塔万2-2井含 CO_2 和 H_2S 合计达99.73%。

H_2S 是一种无色、剧毒、强酸性气体。低浓度的 H_2S 气体有臭蛋味。H_2S 溶于水,形成弱酸,对金属会产生电化学腐蚀、氢脆和硫化物腐蚀开裂,往往造成生产套管柱的突然断落,气井不能正常生产,危害极大。

CO_2 是一种无色气体,极易溶于水,形成碳酸,使水溶液成酸性而对钢材发生腐蚀。腐蚀形式主要是坑点腐蚀、轮癣状腐蚀、台状腐蚀和失重腐蚀。受 CO_2 腐蚀后,管柱的疲劳强度可降低40%左右。华北油田留70断块由于 CO_2 腐蚀,先后使3口井不能生产,其危害性也是很大的。

2. 解决办法

做好酸性气井的生产套管柱设计是减低钻井成本和确保安全生产的重要手段。除要考虑地层情况、钻井目的、目的寿命、套管下入深度和套管强度值外,选择抗腐蚀套管尤为重要。美国石油学会和美国材料试验学会提出了在酸性气体环境中应用管材的规范,见表7.11。

表7.11 酸性气体环境管材规范

在各种温度下	在65 ℃或65 ℃以上温度下	在80 ℃或80 ℃以上温度下
API 规范 5A: H-40, J-55,K-55 API 规范 5AC:C-75,L-80	API 规范 5A:N-80(Q 和 T) API 规范 5AC:N-95(Q 和 T)	API 规范 5A: H-40 H-80 API 规范 5AX:P-105

除了参考推荐表外,在具体设计时还应根据应力分析来选择套管。Hulogan 发现,洛氏硬度为22和高于22的钢材,暴露在含水和少量 H_2S 的压力环境中,容易发生氢脆破坏。因此,在做生产套管设计时,既要选择抗腐蚀套管类型,又要注意其屈服强度特性。

含 CO_2 气井注水泥时,要考虑 CO_2 对水泥石的腐蚀问题。前苏联对此进行了研究并取得了成功的井眼。例如在西西伯利亚地区,固井后水泥石受 CO_2 的强烈腐蚀,破坏了管外环空的密闭性,引起了层间窜流。研究表明,在水泥石的各种组分中,抗腐蚀性最低的是自由氢氧化钙,最高的是雪硅钙石类型的硅化钙、硬硅钙石水化物以及铝酸钙水化物。因此,要提高水泥石的抗腐蚀能力,可采用有收敛剂的专门配方,使硬化后所形成的结晶体具有热稳定性,或者通过缓慢溶解和水解水泥石与酸反应生成的水化物来缓解腐蚀。为了提高以波特兰和石膏矾土为基础的油井水泥对碳酸的抗腐蚀性能,可在原浆中加入木质素。由于单醣和木质素磺酸盐具有良好的吸附性,能形成足够坚密的膜覆盖在新生成物的表面,防止其与周围介质接触。一般加入量为15%左右比较理想。

7.5.3 注蒸汽热采井

1. 主要问题

注蒸汽开采稠油,是当前最有效的开采稠油方法之一。由于热采井在生产期将承受高温条件,套管和水泥会受到严峻的考验。

①稠油注蒸汽井由于向井内注入温度最高达360 ℃的蒸汽,使套管柱处于高温热力

场中,受热伸长,从而使套管内部产生压应力。当压应力超过材料屈服极限时,套管将发生断裂或损坏。

②注蒸汽时管柱膨胀,正常的载荷从拉伸向压缩变化。注蒸汽停止时,温度大幅度下降,拉伸力开始起作用。多次反复变化,会导致接箍漏失和螺纹滑脱损坏。

③根据大量的温度与水泥石强度试验表明,当温度超过 110 ℃时,各种水泥的抗压强度都要大幅度下降。当温度继续升高而达到临界温度时,水泥石的强度将发生崩解,丧失对套管的支承密闭作用。从工艺的角度看,热采井中水泥石所承受的高温大多已达到或超过临界温度,水泥石发生强度破坏的实例是不少的。

2. 解决办法

综上所述,热采井生产套管及注水泥设计应充分考虑到高温对套管和水泥带来的影响。通过长期生产实践,已摸索总结出一套有效的办法。

(1)热采井套管柱

热采井套管设计与一般井有很大差别,其主要特殊性是:套管载荷需考虑热应力及热应力循环;套管钢材在高温下机械性能变差,不能采用 API 标准的套管性能指标和设计安全系数;一般套管螺纹(圆螺纹、偏梯形螺纹)在高温下密封性能变差,连接强度降低,应采用多极密封或端面密封。

①热采井温度场及热应力分析。热采井温度场计算主要决定于注汽参数设计,其次是井身结构。在注汽参数设计中,井底蒸气的注入压力、温度、质量流量、干度是基本的注汽参数。这些参数不是完全独立的参数,它们是相互耦合的。考虑注汽在井眼内的热损失、压力损失和温度分布后,再推算出井口需要的注汽参数,如压力、温度、干度及质量流量等。以上述注汽参数为基础,计算套管热应力。

一般情况下,可采用传统的一维热应力计算方法。但是对于比较复杂的情况和套管热应力处于临界状态(即热应力接近钢材屈服强度)时,宜采用三维的热应力计算模型,并且需要校核套管螺纹连接强度。

②套管钢材的高温机械性能变化。了解高温下套管钢材的机械性能变化是十分重要的。过去对套管钢材高温下机械性能变化认识不够,造成选材不当是热采井套管破坏的原因之一。仅仅根据热应力来选择使用高强度套管的设计是不够的,例如,在常温下,N80 钢级的强度高于 K55,但 N80 在高温下的某些机械性能不如 K55。近年来,热采井套管破坏已引起人们对套管钢材高温性能较深入的研究。

a. 套管钢材高温强度减退。各种套管钢材在温度超过 120 ℃后均有不同程度的强度性能减退,高温钢除外。例如 N80 钢级,在 340 ℃高温下,强度性能变化见表 7.12。

表 7.12　高温下 N80 钢强度性能降低

温度/℃	屈服强度降低/%	弹性模量降低/%	抗拉强度降低/%
340	18	38	7

表 7.12 中的数据仅是宏观的性能变化,各种钢材对温度的敏感性不同,适合高温热采强度 562 MPa。L80 具有与 N80 相同的最小屈服强度,但 L80 的高温循环后的残余应力比 N80 的低。

b. 套管挤毁。在热采井中,套管的抗外挤和双轴应力效应(在轴向拉力作用下抗挤强度降低)是不可忽略的。在双轴应力的抗挤毁设计中,需要把残余拉伸应力与套管重力的轴向应力叠加。因此就可能出现具有低残余应力的低钢级套管的双轴应力抗挤强度高于残余应力大的高钢级套管。例如在354 ℃条件下,K-55 厚壁套管的双轴挤毁强度高于薄壁 NSI3 和 C95 套管。

(2)耐热密封螺纹

经大量调查统计,尤其是多臂井经测井证实,热采井套管损坏大多发生在接头或接头附近。因此,进行热采井套管螺纹密封的研究与选择,是非常重要的问题。

辽河油田从几个特殊螺纹生产厂家中选择出了具有密封性能好、接头强度高、圆周应力低等特点的日本新铁 NS-CC 特殊的螺纹接头,如图 7.27 所示。

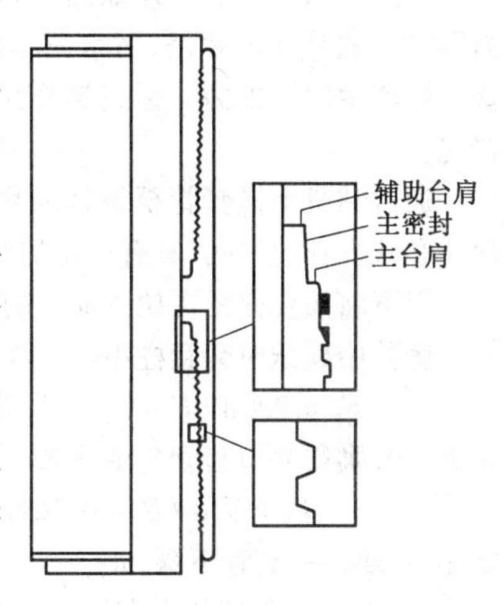

图 7.27 NS-CC 特殊螺纹套管示意图

NS-CC 是具有两段台肩的接头,在原扭矩台肩和反向扭矩台肩之间为径向密封部。压缩载荷由原扭矩台肩来负担,所以台肩的变形也不会给密封部位带来影响。如受到更大的压缩力时有反扭矩台肩来保证,所以在反复拉伸、压缩条件下也能稳定地确保密封性能。对比试验表明,NS-CC 螺纹的确具有良好的耐热密封性能。

辽河油田根据热采套管的危险工况和套管接头的安全要求,在已具有良好耐热密封性能的 NS-CC 螺纹上进行的改进和完善,研制了适合本油田热采井的特殊螺纹 NS-CC-M,使用效果良好。

(3) 耐高温水泥

为提高水泥的热稳定性,应选用 G 级水泥加 30% 石英砂(80 目)混配成耐高温水泥。同时在水泥外加剂的设计选用中,尽可能不使用膨润土。如要采用低密度水泥浆,宜用微珠作为减轻剂。火山灰-石灰系列水泥具有较好的抗温性能,强度下降不明显,有条件的情况可考虑采用。

实践证明,热采井环空应全部封固,井段太长时,可采用多级注水泥方法。注水泥时要求一定量的水泥返出地面(4 ~ 8 m^3),排出混浆段,保证井口段水泥环质量,为施加预应力打下良好基础。在套管柱上合理串接套管扶正器,提高顶替效率和固井质量。

(4) 完井方法

热采井套管破坏与完井方法密切相关。理论分析和我国辽河油田的实践表明,先期完成的井与射孔完井相比较,先期完井的套管更不易受到热应力破坏。辽河油田一批热采井在二开完井后下入 ϕ177 mm (7 in)的技术套管,注水泥返到地面。在三开后筛管不注水泥,筛管受热后轴向可自由伸长。这在一定程度上消除了热应力影响。

(5) 降低热应力对套管破坏影响的技术

为了防止或减小热应力对套管的破坏,可以采取两种技术:提拉预应力固井;采用特殊设计,使套管可以局部自由伸缩。

提拉预应力固井是在注完水泥和碰压后,通过大钩上提一定附加拉力,使全套管柱在附加拉应力状态下等待水泥凝固;水泥凝固后,套管的预拉应力可以保留下来。当注热蒸气套管受热膨胀时,原来提拉的预应力可以降低热膨胀压应力。这就是提拉预应力固井保护套管的原理。

辽河油田使用了一种如图7.28所示的地锚系统提拉预应力固井。固井碰压后,利用水泥车加压15~20 MPa,胶塞像活塞一样产生向下推力。通过连杆机构,迫使撑爪嵌入井壁形成锚定。

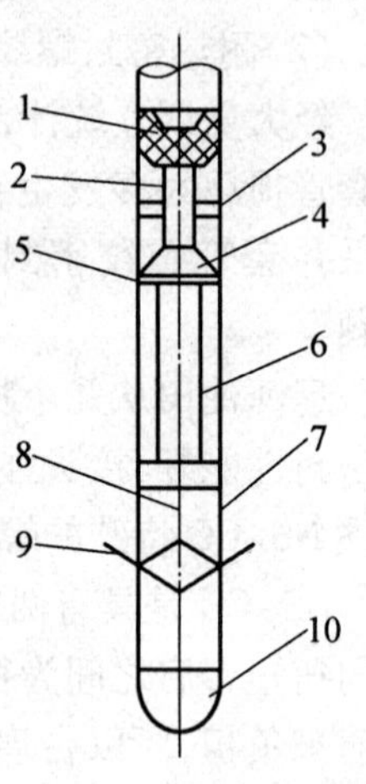

图7.28 WA-1型卡瓦式地锚结构

1—胶塞;2—上顶杆;3—密封套;4—尼龙球;5—悬挂螺钉;6—顶杆;7—锚体;8—连杆组;9—撑爪;10—引鞋

通过钻机上提套管至设计的预拉力,这种地锚方式使施工简化和减少作业时间,具有一定的优越性。

以下将简要介绍提拉预应力的计算。

固井中碰压时套管柱中任一深度的自由悬重为

$$F_2 = 9.8W(H-h) - 0.769H(D^2\gamma_e - d^2\gamma_m) \quad (7.27)$$

令 $h=0$,则得井口套管自由悬重

$$F_2 = 9.8WH - 0.769H(D^2\gamma_e - d^2\gamma_m) \quad (7.28)$$

式中 H——套管下深,m;

W——单位长度套管质量,kg/m;

h——计算点井深,m;

D——套管外径,cm;

d——套管内径,cm;

γ_e——水泥浆密度,g/cm³;

γ_m——套管内替浆密度,g/cm³。

设按预应力计算的附加拉力为 F,则大钩悬重为

$$F_3 = 9.8WH - 0.769H(D^2\gamma_e - d^2\gamma_m) + F \quad (7.29)$$

式中 F_3——拉够预应力时大钩悬重,N;

F——拉够预应力时附加载荷,N。

在以上各项中都没有考虑憋压候凝的压力值。靠憋压来使套管产生轴向拉应力仅仅是弥补钻机提升能力不足的一种权宜之计。憋压候凝可能会导致卸压后套管-水泥界面产生微缝隙。

对热采井固井提拉预应力防止套管损坏的理论和设计技术,工程界有不同的认识。目前各油田热采井固井采用提拉预应力方法的实践,确实减少了套管的损坏,至于今后是否提拉预应力固井,还有待于进一步从理论和实践中加以证实。

7.5.4 盐岩层井

1. 主要问题

盐岩产生"塑性蠕动"的机理是比较复杂的,主要原因是岩石的蠕变特性,如图7.29所示。

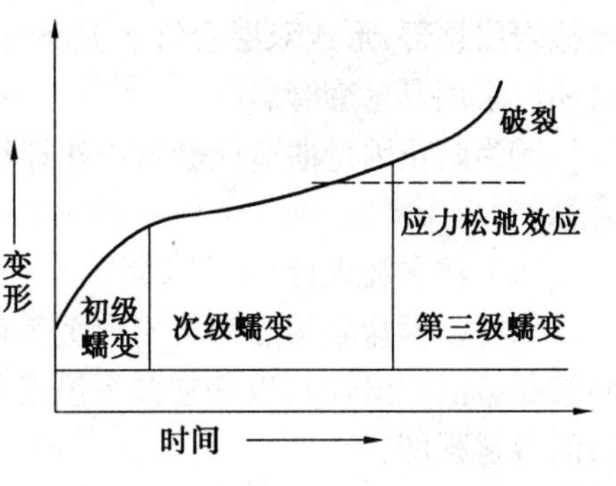

图7.29 岩石的广义蠕变曲线

盐岩的初始蠕变速率是很高的。一旦钻开井眼,盐岩即产生初级蠕变,有使井眼封闭的趋势。由于钻井过程中采用了合理的工程措施,如调整钻井液性能、多次划眼等,破坏了岩石的初级蠕变,保证了井眼安全,为后续工作(如固井、完井等)创造了条件。随着时间的推移,盐岩进入次级蠕变阶段,这时蠕变速率不大,不会对井内套管柱造成大的外压力,情况相对安全。当油气井投产一段时间后,盐岩进入第三级蠕变阶段,这时蠕变速率急剧增大,最终形成"塑性流动",对井内套管作用了很大的外压力,是最危险的情况。

不同的岩石达到第三级蠕变阶段的时间各不相同。对于一些坚硬岩石,如石灰岩、砂岩等,次级蠕变阶段可以保持很长一段时间,因此难以出现"塑性流动"现象。而对于一些较软的岩石,如泥岩、页岩,特别是盐岩,次级蠕变阶段很短暂,很快进入到第三级蠕变阶段,产生"塑性流动",挤压套管。

是否产生"塑性流动"现象还与构造所处的大地应力有关。如果由于漫长地质年代的蠕变,产生应力松弛效应,即距井壁处最大三轴应力点一段距离的地方的轴应力基本为零,则岩石不会产生"塑性流动"的现象,这就是一些套管穿过盐岩层而没有受到超常挤压作用的原因。当然在正常钻井条件下要达到应力完全松弛的状态毕竟是很少有的。

盐岩层包括钾盐层、膏盐层,均属可溶性地层或称可塑性地层。由于盐岩层覆盖面积大,塑性复合盐岩极不稳定,受上覆岩层压力的作用容易引起井眼缩径,井壁容易溶解冲蚀。因此不但在钻井过程中容易发生井塌、卡钻等事故,完井困难更大,主要表现在:

①由于盐岩层的蠕变产生很大的外挤力,将套管挤扁、挤毁而使油井报废。例如中原油田东濮凹陷地区在 Es_1 盐岩层处经常有套管挤毁的情况。根据Schlurnberger测井公司的密度测井资料,回归得出深度一般在2 400 m左右的 Es_1 盐岩层压力梯度达0.021 7 MPa/m,远远超过正常压力梯度值。

②由于盐岩层的溶解,注水泥过程中水泥浆容易受到侵污而改变流动特性,降低了顶替效率,水泥环与套管、井壁的胶结强度受到影响,固井质量差,井口冒油、气。事实上,盐岩层井固井合格率较低也是油气田面临的难题之一。

2.解决办法

生产现场在多年实践的基础上,摸索和总结了一套提高盐岩层井固井质量的有效途径与方法,基本要点如下。

(1) 套管设计

①采用双轴应力方法作生产套管柱强度设计,使考虑的应力载荷更加接近井下的复杂应力状态。近年来出现的三维应力状态强度设计方法也广泛地应用于盐岩层井。

②盐岩层井段套管的抗挤安全系数,应将上覆岩层压力梯度作为设计条件,选用高抗挤强度的套管。设计段长度要比盐岩层总厚度上下各超出50 m。

③技术套管下深应尽可能超过盐岩层100 m。生产套管完井时,水泥浆应再次上返

至盐岩层顶部，形成双层套管水泥环封固，其抗挤强度大于两层套管的抗挤强度之和，有时还可采用厚壁套管。

④为防止因弯曲造成套管连接螺纹密封性能降低，宜选用金属密封形式的特殊螺纹套管。

(2) 注水泥设计

①在掌握盐岩层溶解与温度关系的基础上，配制过饱和盐水水泥浆（一般应有过饱和结晶盐沉淀出现），以期在井下温度压力条件下，盐水水泥浆处于饱和状态而减少盐岩层的溶解程度。

②饱和盐水水泥浆密度应控制在大于钻井液密度0.05～0.2 g/cm^3，水泥浆失水宜小于50～150 mL。

③由于饱和盐水与水泥混合过程容易产生气泡，影响泵的正常上水效率和配制水泥浆密度。因此配制饱和盐水水泥浆时应相应加入加重剂、消泡剂及盐系分散剂。同时为改善水泥浆性能，可根据实际情况加入降失水剂、抗盐剂、早强剂、减阻剂等有关外加剂，以满足水泥浆流变学设计的要求。

7.5.5 尾管完成井

1. 主要问题

目前深井已广泛采用尾管作为生产套管完井。尾管管柱结构及注水泥技术也在不断完善，具有较好的经济效益。

尾管作为生产套管，优点是减少了套管用量，尾管上部更利于下入较大尺寸油管，还有利于保护油层。但是，由于尾管完成井环空间隙一般都比较小，尾管悬挂器结构比较复杂，作业工序比较多，注水泥排量受到限制，施工要求高。

2. 解决办法

①高温高压油气井或储层上部有大厚盐岩层井，若采用尾管完井，要在井口最大关井压力情况下校核上层套管的抗内压强度及盐岩层的外挤压力。如果上层套管不能承受上述原因的抗内压强度及外挤压力则不宜采用简单的尾管完井，而应将生产套管回接到井口。

②接箍处环隙不得小于5/8 in(16 mm)，确保有足够的水泥环厚度。可用扩孔钻头扩眼。根据经验，7 in(177.8 mm)尾管要求井径为230 mm以上，5 $\frac{1}{2}$in (139.3 mm)尾管要求井径为190 mm以上，才能保证环空水泥封固好，但当前国内外实施中均小于此数值。

③下尾管时，每根尾管下放时间不少于1～1.5 min，以防压漏地层和损坏悬挂器弹簧及卡瓦片等部件。

④应有足够的预冲液和水泥附加量，保证与主要封隔段的接触时间小于10 min。

⑤注重水泥浆性能要求，改善流动度及降低滤失量。用预配制的方法，保证水泥浆均匀度。

⑥尾管与上层套管重叠长度控制在50～150 m之间，特殊情况重叠也不宜过长。

⑦裸眼尾管后期完成井，一般应在尾管鞋以下3 ~5 m注悬空水泥塞；凡尾管完井，如有漏失，必须先处理井漏后下尾管。

⑧凡不用胶塞碰压时，都应配置专用计量罐。用胶塞碰压时，当预替量超过压缩系数量后仍未碰压，也不宜多替。

⑨条件允许时，可适当转动尾管，提高固井质量。对深井、定向井和水平井尾管应采用液压脱挂的尾管悬挂器。石油勘探开发科学研究院廊坊分院已开发出液压脱挂的尾管悬挂器，并成功地在辽河、华北等油田的深井、斜井中使用。

第8章 完井工艺

完井方式是油田开发中的一项重要工作，油藏开发方案和井下作业措施都要通过完井管柱来实现。目前完井方式有多种类型，但都有其各自的适用条件和局限性。只有根据油气藏类型和油气层的特性去选择最合适的完井方式，才能有效地开发油气田，延长油气井寿命和提高其经济效益。合理的完井方式应该根据油田开发方案的要求，做到充分发挥各油层段的潜力，油井管柱既能满足油井自喷采油的需要，又要考虑到后期人工举升采油的要求，同时还要为一些必要的井下作业措施创造良好条件，完井方式力求满足以下要求：

①油、气层和井筒之间应保持最佳的连通条件，油、气层所受的伤害最小。

②油、气层和井筒之间应具有尽可能大的渗流面积，油、气入井的阻力最小。

③应能有效地封隔油、气、水层，防止气窜或水窜，防止层间的相互干扰。

④应能有效地控制油层出砂，防止井壁坍塌，确保油井长期生产。

⑤油井管柱既能适应自喷采油的需要，又要考虑到与后期人工举升采油相适应。

⑥应具备进行分层注水、注气、分层压裂、酸化以及堵水、调剖等井下作业措施的条件。

⑦稠油开采能达到注蒸汽热采的要求。

⑧油田开发后期具备侧钻的条件。

⑨施工工艺简便，经济效益好。

8.1 直、斜井完井方式

目前国内外最常见的完井方式有套管或尾管射孔完井、割缝衬管完井、裸眼完井、裸眼或套管砾石充填完井等。由于现有的各种完井方式都有其各自适用的条件和局限性，因此，了解各种完井方式的特点是十分重要的。

8.1.1 射孔完井方式

射孔完井是国内外最为广泛和最主要使用的一种完井方式，其中包括套管射孔完井和尾管射孔完井。

1. 套管射孔完井

套管射孔完井是钻穿油层直至设计井深，然后下油层套管至油层底部注水泥固井，最后射孔，射孔弹射穿油层套管、水泥环并穿透油层某一深度，建立起油流的通道，如图8.1所示。

套管射孔完井既可选择性地射开不同压力、不同物性的油层，以避免层间干扰，还可避开夹层水、底水和气顶，避开夹层的坍塌，具备实施分层注、采和选择性压裂或酸化等分层作业的条件。

2. 尾管射孔完井

尾管射孔完井是在钻头钻至油层顶界后，下技术套管注水泥固井，然后用小一级的钻头钻穿油层至设计井深，用钻具将尾管送下井悬挂在技术套管上，尾管与技术套管的重合段(一般不小于50 m)。再对尾管注水泥固井，然后射孔，如图8.2所示。

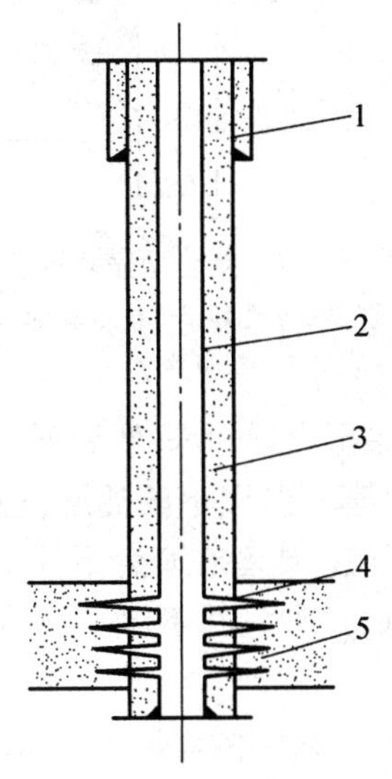

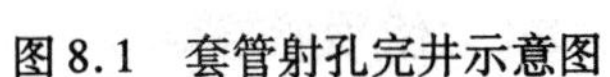
图8.1 套管射孔完井示意图

1—表层套管;2—油层套管;3—水泥环;4—射孔孔眼;5—油层

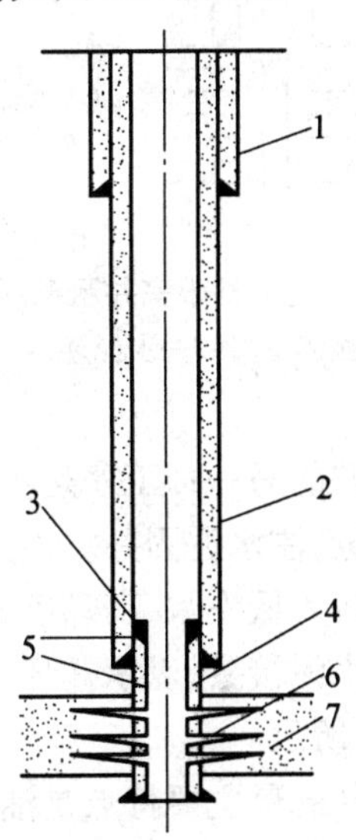

图8.2 尾管射孔完井示意图

1—表层套管;2—技术套管;3—悬挂器;4—尾管;5—水泥环;6—射孔孔眼;7—油层

尾管射孔完井由于在钻开油层以前上部地层已被技术套管封固，因此，可以采用与油层相配伍的钻井液以平衡压力、低平衡压力的方法钻开油层，有利于保护油层。此外，这种完井方式可以减少套管重量和油井水泥的用量，从而降低完井成本，目前较深的油、气井大多采用此方法完井。射孔完井对多数油藏都能适用。

8.1.2 裸眼完井方式

裸眼完井方式有两种完井工序。

一是钻头钻至油层顶界附近后，下技术套管注水泥固井。水泥浆上返至预定的设计高度后，再从技术套管中下入直径较小的钻头，钻穿水泥塞，钻开油层至设计井深完井，如图8.3所示。

有的厚油层适合于裸眼完井，但上部有气顶或顶界邻近又有水层时，也可以将技术套

管下过油气界面,使其封隔油层的上部分然后裸眼完井。必要时再射开其中的含油段,国外称为复合型完井方式,如图 8.4 所示。

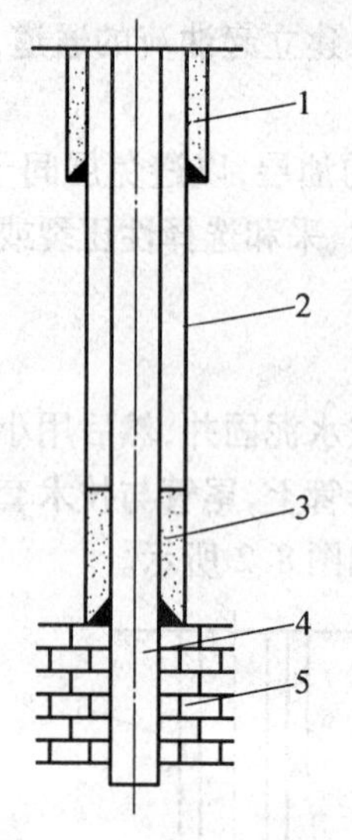

图 8.3　先期裸眼完井示意图

1—表层套管;2—技术套管;3—水泥环;4—井眼;5 油层

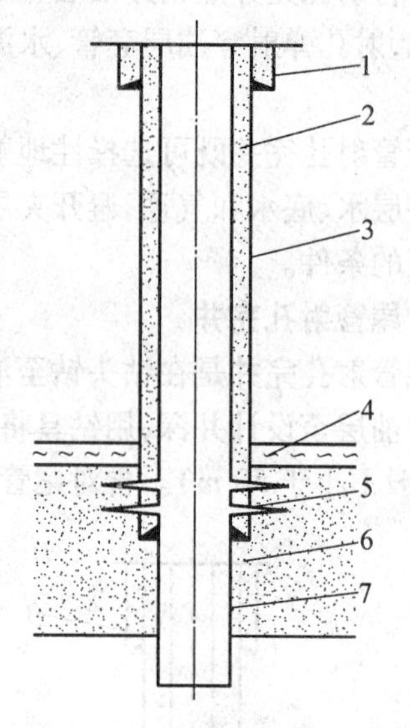

图 8.4　复合型完井示意图

1—表层套管;2—水泥环;3—技术套管;4—气顶;5—射孔孔眼;6—油层;7—裸眼井壁

裸眼完井的另一种工序是不更换钻头,直接钻穿油层至设计井深,然后下技术套管至油层顶界附近,注水泥固井。固井时,为防止水泥浆伤害套管鞋以下的油层,通常在油层段垫砂或者替入低失水、高黏度的钻井液,以防水泥浆下沉。或者在套管下部安装套管外封隔器和注水泥接头,以承托环空的水泥浆,防止其下沉,这种完井工序一般情况下不采用,如图 8.5 所示。

裸眼完井的最主要特点是油层完全裸露,因而油层具有最大的渗流面积,这种井称为水动力学完善井,其产能较高。裸眼完井虽然完善程度高,但使用局限很大。砂岩油、气层,中、低渗透层大多需要压裂改造,裸眼完井则无法进行。同时,砂岩中大都有泥页岩夹层,遇水多易坍塌而堵塞井筒。碳酸盐岩油气层,包括裂缝性油、气层,如 20 世纪 70 年代中东的不少油田,我国华北任丘油田古潜山油藏,四川气田等大多使用裸眼完井。后因裸眼完井难以进行增产措施和控制底水锥进和堵水,以及射孔技术的进步,现多转变为套管射孔完成。水平井开展初期,20 世纪 80 年代初美国奥斯汀的白垩系碳酸盐岩垂直裂缝地层的水平井大多为裸眼完井,其他国家的一些水平井也有用裸眼完井,但 80 年代后期大多为割缝衬管或带管外封隔器的割缝衬管所代替。特别是当前水平井段加长或钻分支水平井,用裸眼完井就更少了,因为裸眼完井有许多技术问题难以解决。

8.1.3　割缝衬管完井方式

割缝衬管完井方式也有两种完井工序。一是用同一尺寸钻头钻穿油层后,套管柱下端连接衬管下入油层部位,通过套管外封隔器和注水泥接头固井封隔油层顶界以上的环形空间,如图 8.6 所示。

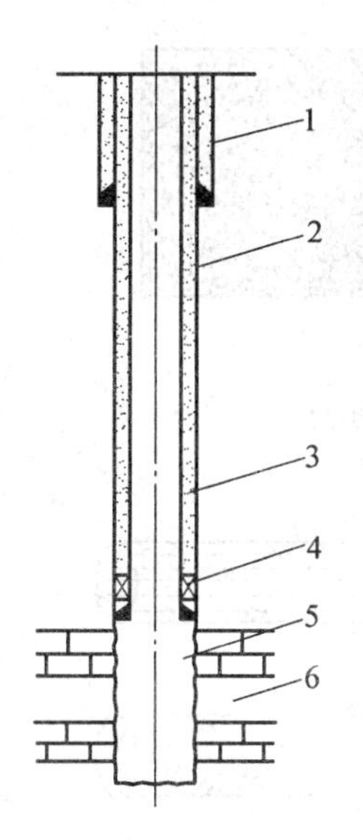

图 8.5 后期裸眼完井示意图

1—表层套管;2—技术套管;3—水泥环;4—高管外封隔器;5—井眼;6—油层

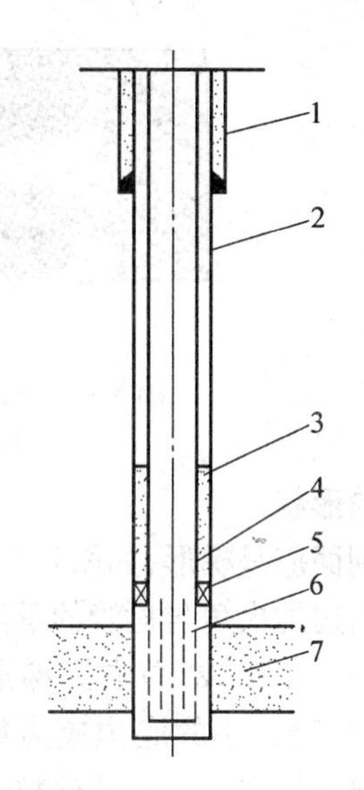

图 8.6 割缝衬管完井示意图

1—表层套管;2—技术套管;3—水泥环;4—注水泥接头;5—套管外封隔器;6—割缝衬管;7—油层

由于此种完井方式井下衬管损坏后无法修理或更换,因此一般都采用另一种完井工序,即钻头钻至油层顶界后,先下技术套管注水泥固井,再从技术套管中下入直径小一级的钻头钻穿油层至设计井深。最后在油层部位下入预先割缝的衬管,依靠衬管顶部的衬管悬挂器将衬管悬挂在技术套管上,并密封衬管和套管之间的环形空间,使油气通过衬管的割缝流入井筒,如图 8.7 所示。

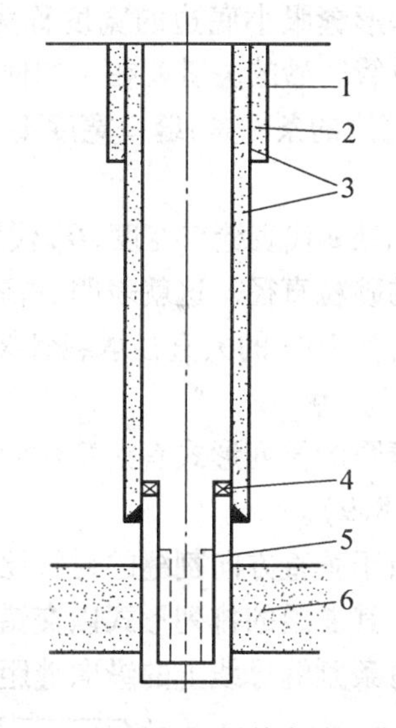

图 8.7 悬挂割缝衬管完井示意图

1—表层套管;2—技术套管;3—水泥环;4—衬管悬挂器;5—割缝衬管;6—油层

这种完井工序油层不会遭受固井水泥浆的伤害,可以采用与油层相配伍的钻井液或其他保护油层的钻井技术钻开油层,当割缝衬管发生磨损或失效时也可以起出修理或更换。

割缝衬管的防砂机理是允许一定大小的,能被原油携带至地面的细小砂粒通过,而把较大的砂粒阻挡在衬管外面,大砂粒在衬管外形成“砂桥”,达到防砂的目的,如图 8.8 所示。

由于“砂桥”处流速较高,小砂粒不能停留在其中。砂粒的这种自然分选使“砂桥”具有较好的流通能力,同时又起到保护井壁骨架砂的作用。割缝缝眼的形状和尺寸应根据骨架砂粒度来确定。

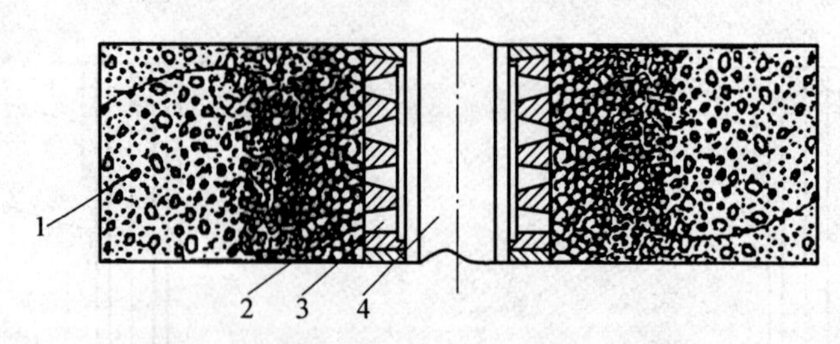

图 8.8　衬管外自然分选形成“砂桥”示意图

1—油层;2—砂桥;3—缝眼;4—井筒

1. 缝眼的形状

缝眼的剖面应呈梯形,如图 8.9 所示。

梯形两斜边的夹角与衬管的承压大小及流通量有关,一般为 12°左右。梯形大的底边应为衬管内表面,小的底边应为衬管外表面。这种缝眼的形状可以避免砂粒卡死在缝眼内而堵塞衬管。

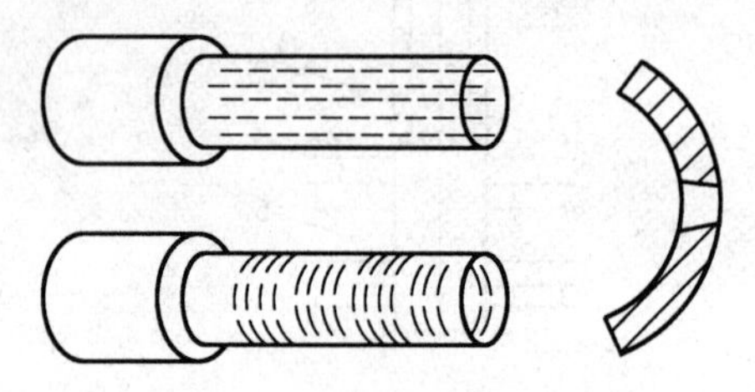

图 8.9　割缝缝眼形状

2. 缝口宽度

梯形缝眼小底边的宽度称为缝口宽度。割缝衬管防砂的关键就在于如何正确地确定缝口宽度。根据实验研究,砂粒在缝眼外形成“砂桥”的条件是:缝口宽度不大于砂粒直径的两倍,即

$$e \leqslant 2D_{10} \tag{8.1}$$

此处 e 代表缝口宽度,D_{10}代表在产层砂粒度组成累积曲线上,占累积质量为 10% 所对应的砂粒直径。这就表明:占砂样总质量为 90% 的细小砂粒允许通过缝眼,而占砂样总质量为 10% 的大直径承载骨架砂不能通过,被阻挡在衬管外面形成具有较高渗透率的“砂桥”。

缝眼的排列形式有沿着衬管轴线的平行方向割缝或沿衬管轴线的垂直方向割缝两种(见图 8.9)。

由于垂直方向割缝的衬管比平行方向割缝的衬管强度低,因此一般都采用平行方向割缝。其缝眼的排列形式以交错排列为宜,如图 8.10 所示。

每条割缝母线上的纵向缝距为 $0.7l$。

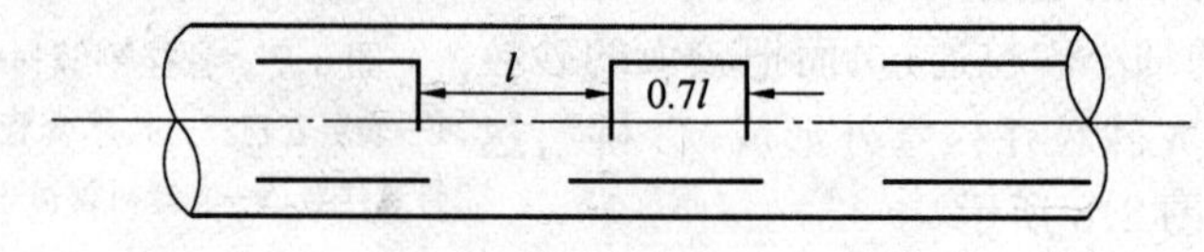

图 8.10　缝眼交错排列形状

沿衬管圆周方向,每隔$360°/\dfrac{n}{1\,000/1.7l}$度均布一条割缝母线。$n,l$ 的物理含义见式(8.2)。

3. 割缝衬管的尺寸

根据技术套管尺寸、裸眼井段的钻头直径,可确定应下入的割缝衬管外径,见表 8.1。

表8.1 割缝衬管完井,套管、钻头、衬管匹配表

技术套管		裸眼井段钻头		割缝衬管	
公称尺寸/in	套管外径/mm	公称尺寸/in	钻头直径/mm	公称尺寸/in	衬管外径/mm
7	177.8	6	152	$5 \sim 5\frac{1}{2}$	127 ~ 140
$8\frac{5}{8}$	219.1	$7\frac{1}{2}$	190	$5\frac{1}{2} \sim 6\frac{5}{8}$	140 ~ 168
$9\frac{5}{8}$	244.5	$8\frac{1}{2}$	216	$6\frac{5}{8} \sim 7\frac{5}{8}$	168 ~ 194
$10\frac{3}{4}$	273.1	$9\frac{5}{8}$	244.5	$7\frac{5}{8} \sim 8\frac{5}{8}$	194 ~ 219

4. 缝眼的长度

缝眼的长度应根据管径的大小和缝眼的排列形式而定,通常为20 ~ 300 mm。由于垂向割缝衬管的强度低,因此垂向割缝的缝长较短,一般为20 ~ 50 mm。平行向割缝衬管的缝长一般为50 ~ 300 mm。小直径高强度衬管取高值,大直径低强度衬管取低值。

5. 缝眼的数量

缝眼的数量决定了割缝衬管的流通面积。在确定割缝衬管流通面积时,既要考虑产液量的要求,又要顾及割缝衬管的强度。其确定原则应该是:在保证衬管强度的前提下,尽量增加衬管的流通面积。国外一般取缝眼的总面积为衬管外表总面积的2%。

缝眼的数量可由下式确定:

$$n = \frac{\alpha F}{el} \tag{8.2}$$

式中 n——缝眼的数量,条/m;

α——缝眼总面积占衬管外表总面积的百分数,一般取2%;

F——每米衬管外表面积, mm^2/m;

e——缝口宽度, mm;

l——缝眼长度, mm。

割缝衬管完井方式是当前主要的完井方式之一。它既起到裸眼完井的作用,又防止了裸眼井壁坍塌堵塞井筒的作用,同时在一定程度上起到防砂的作用。由于这种完井方式的工艺简单,操作方便,成本低,故而在一些出砂不严重的中粗砂粒油层中不乏使用,特别在水平井中使用较普遍,其具体使用条件见表8.8。

8.1.4 砾石充填完井方式

对于胶结疏松出砂严重的地层,一般应采用砾石充填完井方式。它是先将绕丝筛管下入井内油层部位,然后用充填液将在地面上预先选好的砾石泵送至绕丝筛管与井眼或绕丝筛管与套管之间的环形空间内,构成一个砾石充填层,以阻挡油层砂流入井筒,达到保护井壁、防砂入井之目的。砾石充填完井一般都使用不锈钢绕丝筛管面,不用割缝衬管。其原因如下:

①割缝衬管的缝口宽度由于受加工割刀强度的限制,最小为0.5 mm。因此,割缝衬

管只适用于中、粗砂粒油层。而绕丝筛管的缝隙宽度最小可达0.12 mm,故其适用范围要大得多。

②绕丝筛管是由绕丝形成一种连续缝隙,如图8.11(a)所示,流体通过筛管时几乎没有压力降。绕丝筛管的断面为梯形,外窄内宽。具有一定的“自洁”作用,轻微的堵塞可被产出流体疏通,如图8.11(b)、图8.11(c)所示,而图8.11(d)是无自洁作用的绕丝筛管,它们的流通面积要比割缝衬管大得多。

③绕丝筛管以不锈钢丝为原料,其耐腐蚀性强,使用寿命长,综合经济效益高。为了适应不同油层特性的需要,裸眼完井和射孔完井都可以充填砾石,分别称为裸眼砾石充填和套管砾石充填。

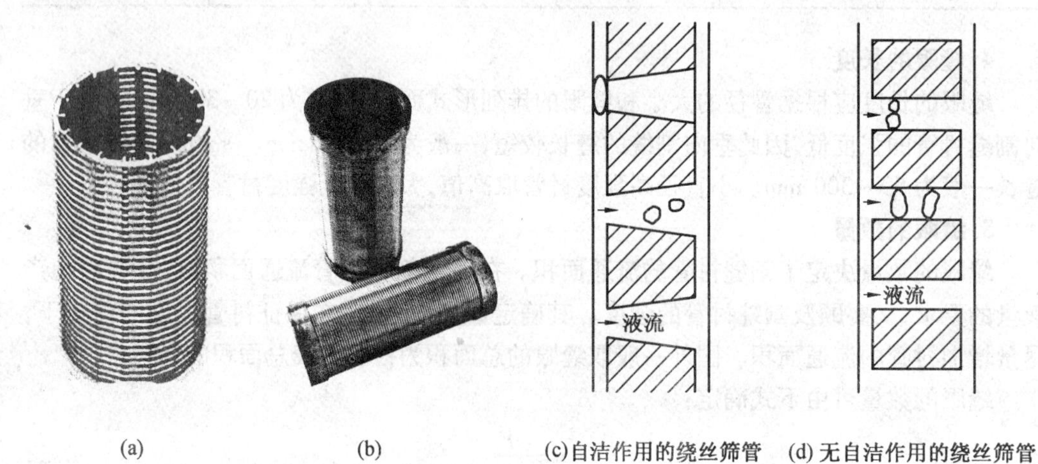

(a) (b) (c)自洁作用的绕丝筛管 (d)无自洁作用的绕丝筛管

图8.11 绕丝筛管剖面

1. 裸眼砾石充填完井方式

在地质条件允许使用裸眼而又需要防砂时,就应该采用裸眼砾石充填完井方式。其工序是钻头钻达油层顶界以上约3 m后,下技术套管注水泥固井,再用小一级的钻头钻穿水泥塞,钻开油层至设计井深,然后更换扩张式钻头将油层部位的井径扩大到技术套管外径的1.5~2倍,以确保充填砾石时有较大的环形空间,增加防砂层的厚度,提高防砂效果。一般砾石层的厚度不小于50 mm。裸眼扩径的尺寸匹配见表8.2。

表8.2 裸眼砾石充填扩径尺寸匹配表

套管尺寸		小井眼尺寸		扩眼尺寸		筛管外径	
in	mm	in	mm	in	mm	in	mm
$5\frac{1}{2}$	139.7	$4\frac{3}{4}$	120.6	12	305	$2\frac{7}{8}$	87
$6\frac{5}{8}$~7	168.3~177.8	$5\frac{7}{8}$~$6\frac{1}{8}$	149.2~155.5	12~16	305~407	4~5	117~142
$7\frac{5}{8}$~$8\frac{5}{8}$	193.7~219.1	$6\frac{1}{2}$~$7\frac{7}{8}$	165.1~200	14~18	355.6~457.2	$5\frac{1}{8}$	155
$9\frac{5}{8}$	244.5	$8\frac{3}{4}$	222.2	16~20	407~508	$6\frac{5}{8}$	184
$10\frac{3}{4}$	273.1	$9\frac{1}{2}$	241.3	18~20	457.2~508	7	194

扩眼工序完成后，便可进行砾石充填工序，如图8.12所示。

裸眼砾石充填完井方式的适用条件见表8.8。

2. 套管砾石充填完井方式

套管砾石充填的完井工序是：钻头钻穿油层至设计井深后，下油层套管于油层底部，注水泥固井，然后对油层部位射孔。要求采用高孔密(30～40孔/m)，大孔径(20～25.4 mm)射孔，以增大充填流通面积，有时还把套管外的油层砂冲掉，以便于向孔眼外的周围油层填入砾石，避免砾石和地层砂混合增大渗流阻力。充填液有两种，一是用HEC或聚合物作为充填液，高密度充填，携砂体积比达96%(12 lb/gal)，也就是1 m^3液体要充填0.96 m^3砾石。另一种是采用低黏度盐水作为携砂液，携砂比为8%～15%(1～2 lb/gal)，这样可以减少高黏携砂液对地层的伤害。

套管砾石充填如图8.13所示。油层套管与绕丝筛管的匹配见表8.3。套管砾石充填完井方式的使用条件见表8.8。

虽然有裸眼砾石充填和套管砾石充填之分，但二者的防砂机理是完全相同的。

充填在井底的砾石层起着滤砂器的作用，它只允许流体通过，而不允许地层砂粒通过。其防砂的关键是必须选择与出砂粒径匹配的绕丝筛管及与油层岩石颗粒组成相匹配的砾石尺寸。选择原则是既要能阻挡油层出砂，又要使砾石充填层具有较高的渗透性能。因此，绕丝筛管和砾石的尺寸、砾石的质量、充填液的性能、高砂比充填[要求砂液体积比达到(0.8～1)：1]及施工质量是砾石充填完井防砂成功的技术关键。

3. 砾石质量要求

充填砾石的质量直接影响防砂效果及完井产能。因此，砾石的质量控制十分重要。砾石质量包括砾石粒径的选择、砾石尺寸合格程度、砾石的球度和圆度、砾石的酸溶度、砾石的强度等。

表8.3 套管砾石充填筛管匹配表

套管规格		筛管外径	
mm	in	mm	in
139.7	$5\frac{1}{2}$	74	$2\frac{3}{8}$
168.3	$6\frac{5}{8}$	87	$2\frac{7}{8}$
177.8	7	87	$2\frac{7}{8}$
193.7	$7\frac{5}{8}$	104	$3\frac{1}{2}$
219.1	$8\frac{5}{8}$	117	4
244.5	$9\frac{5}{8}$	130	$4\frac{1}{4}$
273.1	$10\frac{3}{4}$	142	5

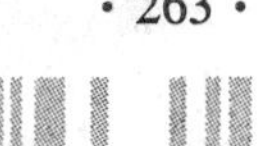

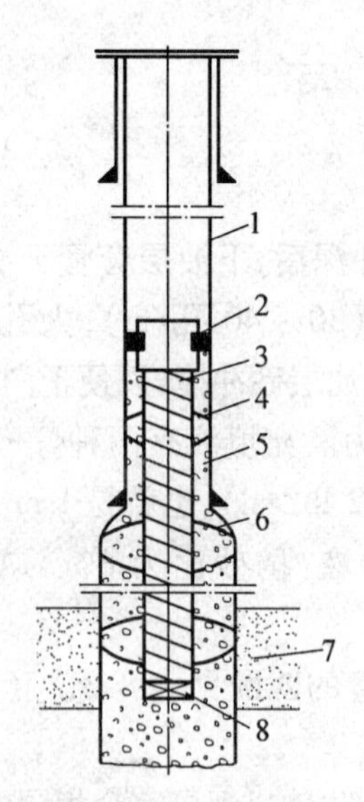

图 8.12　裸眼砾石充填完井示意图

1—技术套管；2—铅封；3—筛管；4，6—扶正器；5—砾石；7—油层；8—管堵

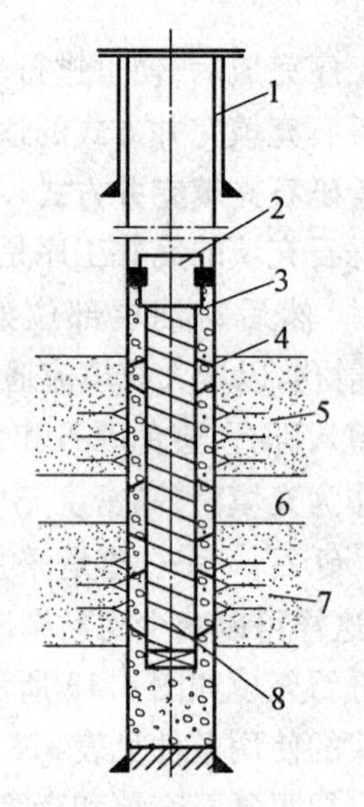

图 8.13　套管砾石充填完井示意图

1—油层套管；2—铅封；3—砾石；4—扶正器；5，7—油层；6—夹层；8—筛管

(1)砾石粒径的选择

国内外推荐的砾石粒径是油层砂粒度中值 D_{50} 的 5～6 倍。

(2)砾石尺寸合格程度

API 砾石尺寸合格程度的标准是大于要求尺寸的砾石质量不得超过砂样的 0.1%，小于要求尺寸的砾石质量不得超过砂样的 2%。

(3)砾石的强度

API 砾石强度的标准是抗破碎试验所测出的破碎砂质量含量不得超过表 8.4 所示的数值。

表 8.4　砾石抗破碎推荐标准

充填砂粒度/目	破碎砂质量百分含量/%
8～16	8
12～20	4
16～30	2
20～40	2
30～50	2
40～60	2

(4) 砾石的球度和圆度

API 砾石圆、球度的标准是砾石的平均球度应大于 0.6，平均圆度也应大于 0.6。图 8.14 是评估球度和圆度的目测图。

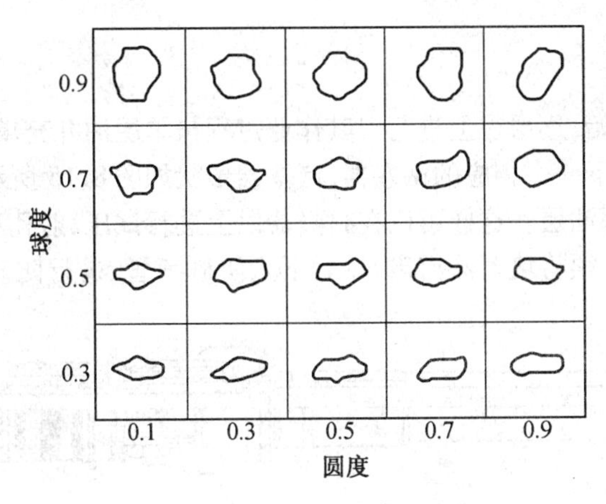

图 8.14 圆度和球度的目测图

(5) 砾石的酸溶度

API 砾石酸溶度的标准是:在标准土酸(3% HF+12% HCL)中砾石的溶解质量百分数不得超过1%。

(6) 砾石的结团

API 的标准是砾石应由单个石英砂粒组成,如果砂样中含有1%或更多个砂粒结团,该砂样不能使用。

4. 绕丝筛管缝隙尺寸的选择

绕丝筛管应能保证砾石充填层的完整,故其缝隙应小于砾石充填层中最小的砾石尺寸,一般取为最小砾石尺寸的1/2~2/3。例如根据油层砂粒度中值,确定砾石粒径为16~30目,其砾石尺寸的范围是0.58~1.19 mm,所选的绕丝缝隙应为0.3~0.38 mm。或查砾石与绕丝缝隙之匹配表8.5。

表 8.5 砾石与筛管配合尺寸推荐表

砾石尺寸		筛管缝隙尺寸	
标准筛目	mm	mm	in
40~60	0.419~0.240	0.15	0.006
20~40	0.834~0.419	0.30	0.012
16~30	0.190~0.595	0.35	0.014
10~20	2.010~0.834	0.50	0.020
10~16	2.010~1.190	0.50	0.020
8~12	2.380~1.680	0.75	0.030

5. 多层砾石充填工艺

对于一个多层且需要防砂的油井,应按照油藏开发的要求,将油层划分为几个层段分段防砂。这样做的优点是在油井生产过程中,通过钢丝作业和井下作业对各层可以分层控制和分层采取措施;有利于控制含水上升和提高油井产量,从而提高油田采收率。分段

防砂方法如下：

(1)逐层充填法

首先从最底层开始，逐层往上进行。其作业过程与单层油井充填过程一样，只是在每层之间的封隔器中多下一个相应的堵塞器，堵塞器形状如图8.15所示。它起一个临时桥塞作用，以免伤害下部油层。这样可以在封隔器以上进行试压、射孔和清洗等作业。在上层射孔作业完成后，必须将堵塞器捞出，然后下入防砂筛管，进行防砂作业。这样一层一层地往上进行。

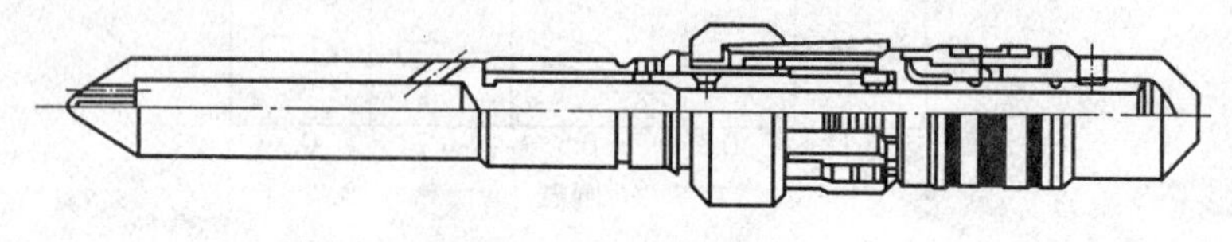

图8.15 堵塞器

(2)一次多层砾石充填法

一次一趟或一次两趟管柱充填二三层。南海某油田有2~8个油层段，每个层段都需要防砂。为了减少充填作业时间，采用一次两趟管柱防砂二三层的方法。所谓两趟管柱是指第一趟把筛管及封隔器坐封工具总成的管柱下入井内，并在全部封隔器坐封、验封后起出此管柱，然后下入第二趟管柱，即砾石充填管柱对二三层分别进行防砂。

其井下固定部分、坐封工具总成、充填工具总成及充填工艺如下。

①一次两趟多层井下固定部分的总成包括：底部封隔器插入密封总成、下层绕丝筛管、盲管、隔离封隔器总成(定位指示接头、密封短节、滑套、隔离封隔器)、绕丝筛管、盲管、顶部防砂封隔器总成(定位指示接头、密封短节、滑套、密封短节、内密封套筒、顶部防砂封隔器)。

②一次两趟多层坐封工具总成包括盲堵、弹性爪指示器、冲管、密封短节、带孔短节、密封短节头、冲管、液压坐封工具总成。

③一次两趟多层充填工具总成包括密封短节、带孔短节、冲管、滑套开关，冲管、弹性爪指示器，冲管、变扣(内装单向球)、密封件，循环短节、密封件、冲管，限位接头、冲管，内密封套下入工具和密封套筒，顶部作业工具。

④充填工具：将防砂井下固定部分及坐封工具总成下到预定位置，投球加压坐封顶部封隔器，验封后右转上提将作业工具脱手，继续上提到反循环位置，反循环出坐封球。然后起出坐封工具总成。下入充填管柱，对各层分别进行防砂。

一次一趟或一次两趟管柱多层砾石充填工艺的优点：减少起下钻次数，节省作业时间，特别对多层防砂井，经济效益好。

利用水力封隔式封隔器(不带卡瓦)对各层进行封隔。几乎所有井下工具都不需转动，坐封后右转脱手是唯一转动，因而在斜井中作业安全可靠。

6. 水力压裂砾石充填技术

近来，贝壳休斯公司推出两项水力压裂砾石充填技术：高排量水砾石允填(HRWP)和端部脱砂预充填(TSO-Prepack)。这两项技术都是用海水或盐水将油层压裂开形成短裂缝进行砾石充填，可根据不同类型油层采用其中一项技术。其共同特点是通过压裂穿过油层伤害带,在近井地区充填砾石,形成高导流能力区。防止聚合物高黏度携砂液在将砾石输送到长裂缝过程中形成空穴,也避免了聚合物携砂液破胶不彻底而降低裂缝导流能力,同时节约了作业成本。

(1)高排量水砾石充填(HRWP)

此法适用于层状油层需要防砂的油井。施工前,预先对地层进行试压,证明海水或盐水可将地层压裂开,然后高排量注水,排量为 1.59 m^3/min,先将第一层压裂开,裂缝长度控制在 1.5 ~3 m;紧接着泵入稀砂浆,浓度为 120 ~240 kg/ m^3 直至端部脱砂,压力上升,则“自行分流”,压裂开第二层。再充填第二层,直至全部射孔井段都充填完。

由于这一“自行分流”的特征,高排量水砾石充填在处理长达 137 m 的井段中,已经取得了效果。高排量水砾石充填过程示意图如图 8.16 所示。

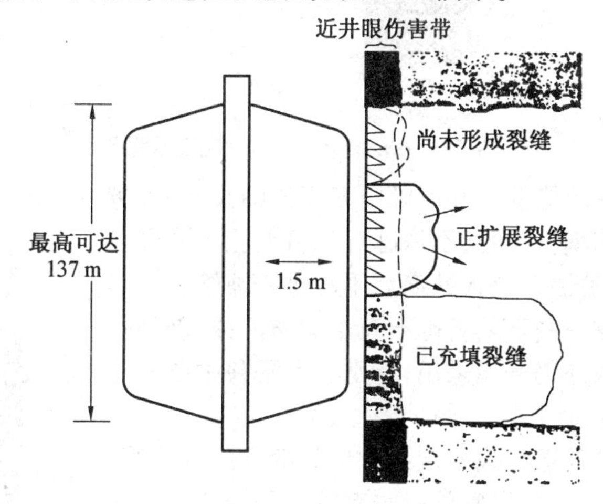

图 8.16 高排量水砾石充填过程示意图

(2)端部脱砂预充填(TSO-Prepack)

端部脱砂预充填方法,用于油层伤害严重而又漏失的油井,对这类井不宜采用高排量水砾石允填。端部脱砂预充填是采用冲洗炮眼的前置液,该前置液中加入与地层孔隙尺寸匹配的碳酸钙颗粒和聚合物桥堵剂。它能控制滤失,可迅速地在裂缝面上形成滤饼,将裂缝面上以及压开地层的漏失减少至最低程度,待前置液建立压力场后,再将地层压裂开,紧接着以低排量 0.8 m^3/min 泵水,采用低携砂比(59.9 ~287.5 kg/m^3)充填,最后端部脱砂,形成 3 ~6 m 的支承裂缝。充填厚度应小于 30 m,上下隔层厚度不小于 3 m。水力压裂端部脱砂还可在尾砂中加入树脂包砂,以防止压后吐砂,有时还可以与酸化联作。此工艺主要用做预处理,即预处理后再在套管内进行砾石允填,也可在端部脱砂后即投产如图 8.17 所示。

8.1.4 其他防砂筛管完井

1. 预充填砾石绕丝筛管

预充填砾石绕丝筛管是在地面预先将符合油层特性要求的砾石填入具有内外双层绕丝筛管的环形空间而制成的防砂管。将此种筛管下入井内,对准出砂层位进行防砂。使

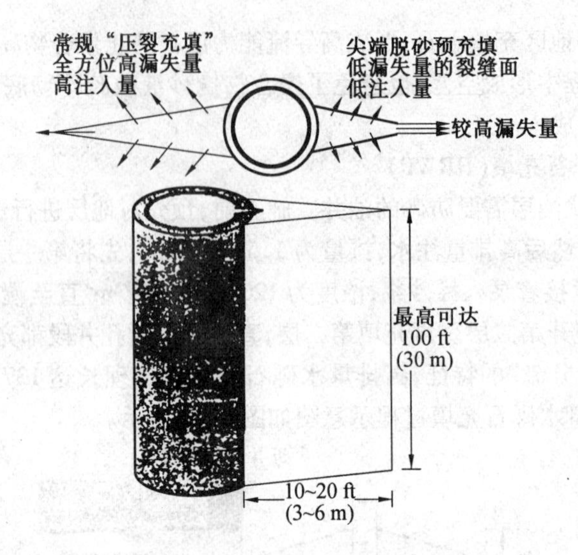

图 8.17　端部脱砂(TSO)预充填示意图

用该防砂方法的油井产能低于井下砾石充填的油井产能,防砂有效期不如砾石充填长,因其不像砾石充填能防止油层砂进入井筒,只能防止油层砂进入井筒后不再进入油管。但其工艺简便、成本低,在一些不具备砾石充填的防砂井,仍是一种有效方法。因而国外仍普遍采用,特别在水平井中更常使用,其结构如图 8.18 所示。

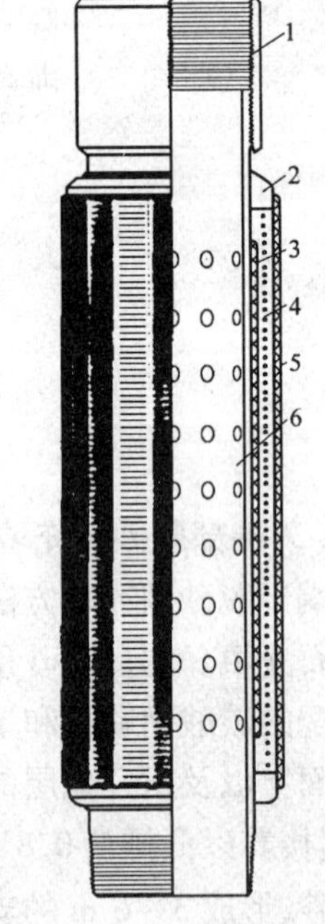

图 8.18　预充填绕丝筛管

1—接箍;2—压盖;3—内绕丝筛管;4—砾石;5—外绕丝筛管;6—中心管

预充填砾石粒径的选择及双层绕丝筛管缝隙的选择等,皆与井下砾石充填相同,外筛管外径与套管内径的差值应尽量小,一般以 10 mm 左右为宜,以增加预充填砾石层的厚度,从而提高防砂效果。预充填砾石层的厚度应保证在 25 mm 左右。内筛管的内径应大于中心管外径 2 mm 以上,以便能顺利组装在中心管上。

2. 金属纤维防砂筛管

金属纤维防砂筛管的基本结构如图 8.19 所示。

不锈钢纤维是主要的防砂材料,由断丝、混丝经滚压、梳分、定形而成。它的主要防砂原理是:大量纤维堆集在一起时,纤维之间就会形成若干缝隙,利用这些缝隙阻挡地层砂粒通过,其缝隙的大小与纤维的堆集紧密程度有关。通过控制金属纤维缝隙的大小(控制纤维的压紧程度)达到适应不同油层粒径的防砂。此外,由于金属纤维富有弹性,在一定的驱动力下,小砂粒可以通过缝隙,避免金属纤维被填死。砂粒通过后,纤维又可恢复原状而达到自洁的作用。

在注蒸汽开采条件下,要求防砂工具具备耐高温(360 ℃)、耐高压(18.9 MPa)和耐腐蚀(pH 值为 8 ~ 12)等性质,不锈钢纤维材质特性符合以上要求。

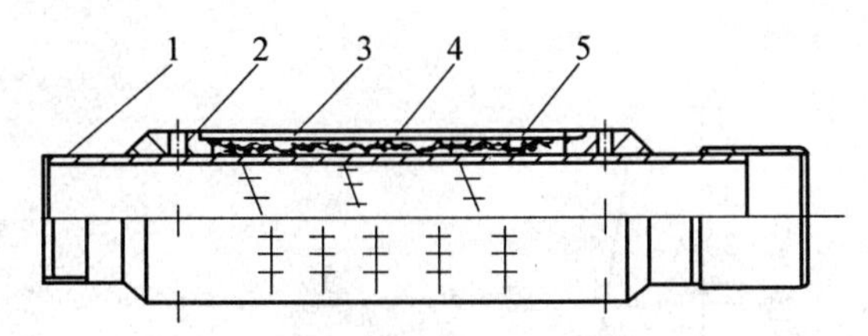

图 8.19 金属纤维防砂筛管结构

1—基管;2—堵头;3—保护管;4—金属纤维;5—金属网

辽河油田使用的不锈钢纤维的丝径为 50 ~ 120 μm,纤维过滤层的厚度为 15 ~ 25 mm,压缩系数为 22 ~ 28 MPa^{-1}。这种纤维过滤层的渗透率大于 1 000 $μm^2$,孔隙度大于 90%,出砂量不超过 0.01%。可适用于裸眼、套管、直井和水平井的防砂。

3. 陶瓷防砂滤管

胜利油田研制的陶瓷防砂滤管,其过滤材料为陶土颗粒,其粒径大小以油层砂中值及渗透率高低而定,陶粒与无机胶结剂配成一定比例,经高温烧结而成。其形状为圆筒形,装人钢管保护套中与防砂管连接,即可下井防砂。陶瓷滤管结构示意图和渗流性能曲线图分别如图 8.20 和图 8.21 所示。其物理参数见表 8.6。

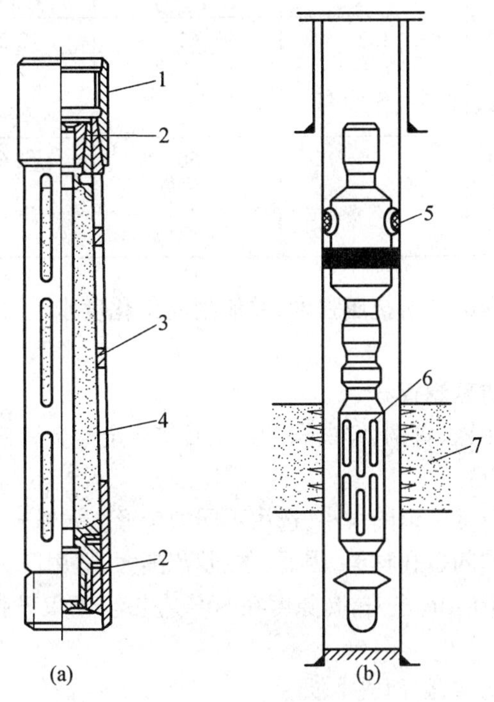

图 8.20 陶瓷防砂滤管结构示意图

1—接箍;2—密封圈;3—外管;4—陶瓷管;5—水力锚;6—陶瓷滤管;7—油层

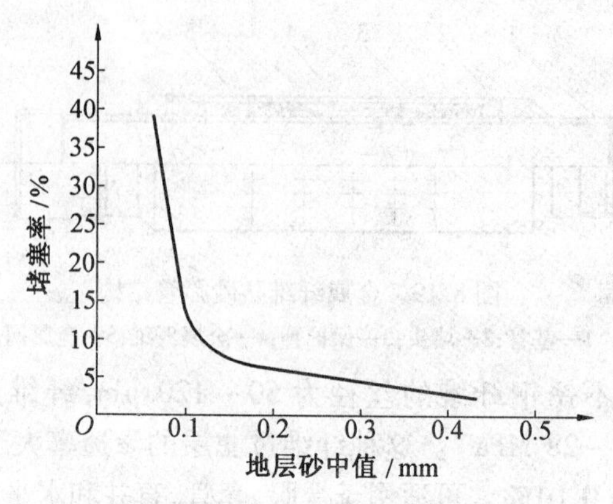

图 8.21　陶瓷防砂滤管渗流性能曲线图

表 8.6　陶瓷防砂滤管井下配套工具技术参数

陶瓷防砂滤管			井下配套工具				
外径/mm	内径/mm	长度/mm	缸体最大外径/mm	井下通径/mm	总长/mm	适应套管尺寸	
						外径/mm	内径/mm
127	75	1 200 2 300 3 500	152	62	2 200	177.8	158.08 161.7
101	52	1 200 2 300 3 500	115	50	1 600	139.7	124.38 127.3

该滤砂管具有较强的抗折抗压强度，并能耐高矿化度水、土酸、盐酸等腐蚀。现已在油田现场推广使用。

4. 多孔冶金粉末防砂滤管

这种防砂滤管是用铁、青铜、锌白铜、镍、蒙乃尔合金等金属粉末作为多孔材料加工而成的。它具有以下特点：

①可根据油层砂粒度中值的大小，选用不同的球形金属粉末粒径（20～30 μm）烧结，从而形成孔隙大小不同的多孔材料，因而其控砂范围大，适用广。

②一般渗透率在 10 μm^2左右，孔隙度在 30% 左右。不仅砂控能力强，而且对油井产能影响较小。

③一般采用铁粉烧结，因而成本低。

④用铁粉烧结的防砂管，其耐腐蚀性较差，应采取防腐处理。

5. 多层充填井下滤砂器

美国保尔（Pall）油井技术公司推荐一种多层充填井下滤砂器，它是由基管、内外泄油金属丝网、三四层单独缠绕在内外泄油网之间的保尔（Pall）介质过滤层及外罩管组成。该介质过滤层是主要的滤砂原件，它是由不锈钢丝与不锈钢粉末烧结而成的，因此可根据油层砂粒度中值，选用不同粒径的不锈钢粉末烧结，其控制范围广。

6. 外导向罩滤砂筛管

贝克休斯公司近期推出的外导向罩滤砂筛管，是绕丝筛管与滤砂管结合于一体的新产品。它既具有绕丝预充填筛管，又具有滤砂管的性能，而且优于其各自的性能。该滤砂筛管由4个部件组成，一是带孔的基管，其外面是绕丝筛管，但钢丝由原来的梯形改为圆形的断面。筛管外面包以由细钢丝编织绕结的网套，代替原先的预充填砂粒，再外面是一外导向罩，用于保护滤砂筛管。这一结构提供了最优的生产能力，并延长了筛管的寿命，可用于垂直井、水平井的套管射孔或裸眼完井。外导向罩滤砂筛管示意图如图8.22所示。

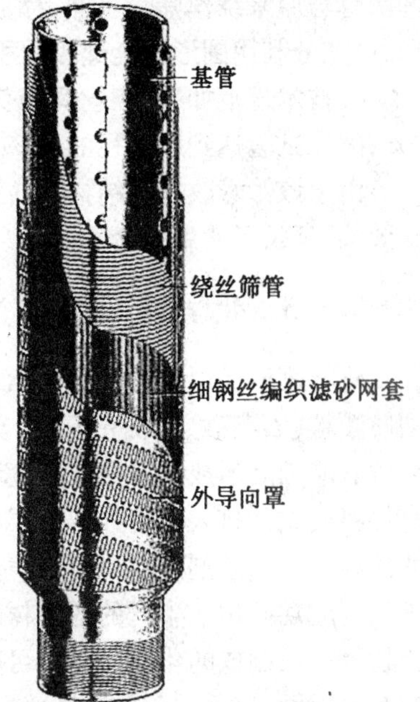

图8.22　外导向罩滤砂筛管示意图

(1)外导向罩

外导向罩起着保护筛管和导向的作用。在筛管下井时可防止井眼碎屑、套管毛刺损害筛管，一旦油井投产，导向罩流入结构可使地层产出携带砂的液体改变流向，以减弱对筛管冲刺，因而延长了筛管的寿命，外导向罩结构示意图如图8.23所示。

(2)钢丝编织滤砂网套

钢丝编织滤砂网套比预充填筛管的流入面积大10倍，提供了最大的流入面积和均匀的孔喉，有助于形成一个可渗透的滤饼，此外，携带砂的液体再一次改变流向，而减少对筛管冲刺。更重要的是此滤砂网套可以反冲洗，可清除吸附在滤砂网套上的细砂泥饼。钢丝编织滤砂网套及绕丝筛管示意图如图8.24所示。

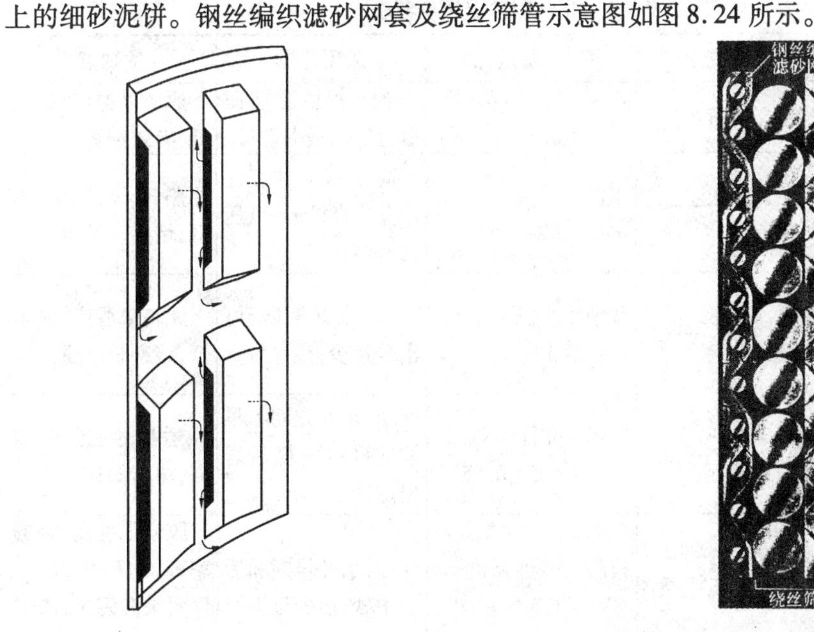

图8.23　外导向罩结构示意图

图8.24　钢丝编织滤砂网套及绕丝筛管示意图

(3)绕丝筛管

携砂的液体先进入外导向罩,再通过钢丝编织滤砂网套,最后通过绕丝筛管,将油层出砂防在整套滤砂筛管外,而让流体进入筛管中心管的孔眼,再进入油管产出地面。此绕丝筛管与原来绕丝筛管一样,都是焊接在骨架上,其不同之处是绕丝的断面由梯形改为圆形,可充分利用圆形的全部表面积,改变液体转向,从而减弱冲蚀,提高了使用寿命。

其技术规范如下:绕丝间隙为 25 μm;毁坏试验达到 41.4 MPa;拉伸载荷伸长率为 2%;破碎试验达到原直径的 60%;扭矩试验扭曲 3.3 (°)/m。

由于该筛管改进了结构,改善材质和制造工艺,可防粗、中、细粒度的砂,并提高了防砂效果,延长了使用寿命。

8.1.5 化学固砂完井

化学固砂是以各种材料(水泥浆、酚醛树脂等)为胶结剂,以轻质油为增孔剂,以各种硬质颗粒(石英砂、核桃壳等)为支承剂,按一定比例拌和均匀后,挤入套管外堆集于出砂层位。凝固后形成具有一定强度和渗透性的人工井壁防止抽层出砂。或者不加支承剂,直接将胶结剂挤入套管外出砂层中,将疏松砂岩胶结牢固防止油层出砂。还有辽河油田的高温化学固砂剂,主要是在注蒸汽井上使用,可以耐温 350 ℃以上。此外,还有胜利油田研制成功并用于生产的酚醛树脂地下合成防砂,加拿大阿尔伯达研究中心(ARC)用聚合物等材料制成的化学固砂剂可防细粉砂。化学固砂虽然是一种防砂方法,但在使用上有其局限性,仅适用于单层及薄层,防砂油层一般以 5 m 左右为宜,不宜用在大厚层或长井段防砂。化学防砂的适用范围及优缺点见表 8.7。有关详细内容可参阅《采油技术手册》第七分册“防砂技术”。各种完井方式适用的条件见表 8.8。

表 8.7 化学固砂选用参考表

方法	胶结剂	支承剂	配方(质量比)	适用范围	优缺点
水泥砂浆人工井壁	水泥浆	石英砂	水泥:水:石英砂 =-1:0.5:4	油、水井后期防砂;低压,浅井防砂	原料来源广,强度低,有效期短
水带干水泥砂人工井壁	水泥	石英砂	水泥:石英砂 =-1:(2-2.5)	高含水油井和注水井后期防砂;低压油、水井	原料来源广,成本低,堵塞较严重
柴油水泥浆乳化液人工井壁	柴油水泥浆乳化液	—	柴油:水泥:水 =- 1:1:0.5	油、水井期防砂;出砂量少;浅井	原料来源广,成本低,堵塞较严重
酚醛树脂人工井壁	酚醛树脂溶液	—	苯酚:甲醛:氨水 =-1:1.5:0.05	油、水井先期和早期防砂;中、粗砂岩层防砂	适应性强,成本高,树脂储存期短
树脂核桃壳人工井壁	酚醛树脂	核桃壳	树脂:核桃壳 =-1:1.5	油、水井早期和后期防砂;出砂量少	胶结强度高,渗透率高,防砂效果好。原料来源困难,施工较复杂

续表 8.7

方法	胶结剂	支承剂	配方(质量比)	适用范围	优缺点
树脂砂浆人工井壁	酚醛树脂	石英砂	树脂:石英砂=-1:4	油、水井后期防砂	胶接强度高,适应性强,施工较复杂
酚醛溶液地下合成	酚醛溶液		苯酚:甲醛:固化剂=-1:2(0.3~0.36)	油层温度在60 ℃以上的油、水井先期和早期防砂	溶液黏度低,易于挤入油层,可分层防砂
树脂涂层砾石人工井壁	环氧树脂	石英砂	树脂:砾石=-1:(10~20)	油层温度在60 ℃以上的油、水井早期和后期防砂	渗透率高,强度高,施工简单

表 8.8 各种完井方式适用的地质条件(垂直井)

完井方式	适用的地质条件
射孔完井	(1)有气顶、或有底水、或有含水夹层、易塌夹层等复杂地质条件,要求实施分隔层段的储层 (2)各分层之间存在压力、岩性等差异,要求实施分层测试、分层采油、分层注水分层处理的储层 (3)要求实施大规模水力压裂作业的低渗透储层 (4)砂岩储层、碳酸盐岩裂缝性储层
裸眼完井	(1)岩性坚硬致密,井壁稳定不坍塌的碳酸盐岩地层 (2)无气顶、无底水、无含水夹层及易塌夹层的储层 (3)单一厚储层,或压力、岩性基本一致的多层储层 (4)不准备实施分隔层段,选择性处理的储层
割缝衬管完井	(1)无气顶、无底水、无含水夹层及易塌夹层的储层 (2)单一厚储层,或压力、岩性基本一致的多层储层 (3)不准备实施分隔层段,选择性处理的储层 (4)岩性较为输送的中、粗沙粒储层
裸眼砾石充填	(1)无气顶、无底水、无含水夹层的储层 (2)单一厚储层,或压力、岩性基本一致的多层储层 (3)不准备实施分隔层段,选择性处理的储层 (4)岩性疏松出砂严重的中、粗、细砂粒储层
套管砾石充填	(1)有气顶、或有底水、或有含水夹层、易塌夹层等复杂地质条件,要求实施分隔层段的储层 (2)各分层之间存在压力、岩性等差异,要求实施选择性处理的储层 (3)岩性疏松,出砂严重的中、粗、细砂粒储层
复合型完井	(1)岩性坚硬致密,井壁稳定不坍塌的碳酸盐岩地层 (2)裸眼井段内无含水夹层及易塌夹层的储层 (3)单一厚储层,或压力、岩性基本一致的多层储层 (4)不准备实施分隔层段,选择性处理的储层 (5)有气顶、或储层顶界附近有高压水层,但无底水的储层

8.2 水平井完井方式

国外早在20世纪20年代就开始了利用钻水平井来提高油气田采收率的尝试,20世纪70年代水平井钻井技术有了较大的突破。特别是20世纪80年代发展了导向钻井技术,引起了当今水平井开采的技术革命,产生了一场巨大的石油工业技术变革,在世界20多个产油国形成了用水平井开采油气田的较大工业规模。随着技术的不断发展,20世纪90年代,分支水平井和大位移水平井技术也得到了飞速的发展,目前已成为石油天然气工业领域内的重大技术。

目前常见的水平井完井方式有裸眼完井、割缝衬管完井、带管外封隔器(ECP)的割缝衬管完井、射孔完井和砾石充填完井五类。水平井按其造斜和曲率半径可分为短、中、长三类,见表8.9。

表8.9 水平井类型

标志	短	中	长
曲率半径	20~40 ft 6~12 m	165~700 ft 50~213 m	1 000~3 000 ft 305~914 m
造斜率	1.5~3(°)/ft 5~10(°)/m	8(°)/100 ft~30(°)/100 ft 26(°)/100 m~9(°)/100 m	2(°)/100 ft~6(°)/100 ft 7(°)/100 m~20(°)/100 m

由于水平井的各种完井方式有其各自的适用条件,故应根据油藏具体条件选用。

8.2.1 裸眼完井方式

这是一种最简单的水平井完井方式,即:技术套管下至预计的水平段顶部,注水泥固井封隔,然后换小一级钻头钻水平井段至设计长度完井,如图8.25所示。

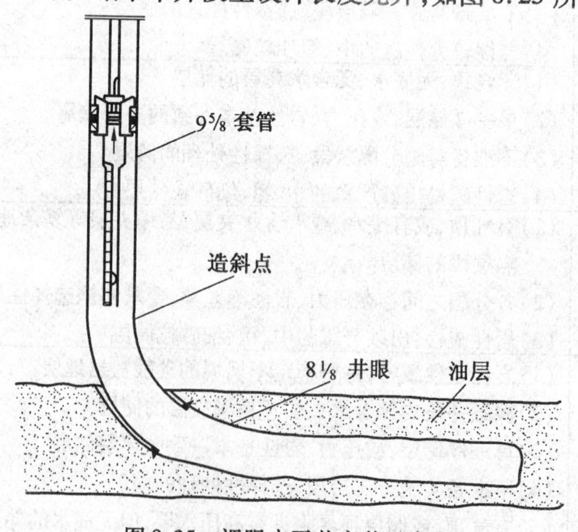

图8.25 裸眼水平井完井示意图

裸眼完井主要用于碳酸盐岩等坚硬不坍塌地层,特别是一些垂直裂缝地层,如美国奥斯汀白垩系地层,可参见表8.10和表8.11。

8.2.2 割缝衬管完井方式

完井工序是将割缝衬管悬挂在技术套管上,依靠悬挂封隔器封隔管外的环形空间。割缝衬管要加扶正器,以保证衬管在水平井眼中居中,如图8.26所示。目前水平井发展到分支井及多底井,其完井方式也多采用割缝衬管完井,如图8.27所示。

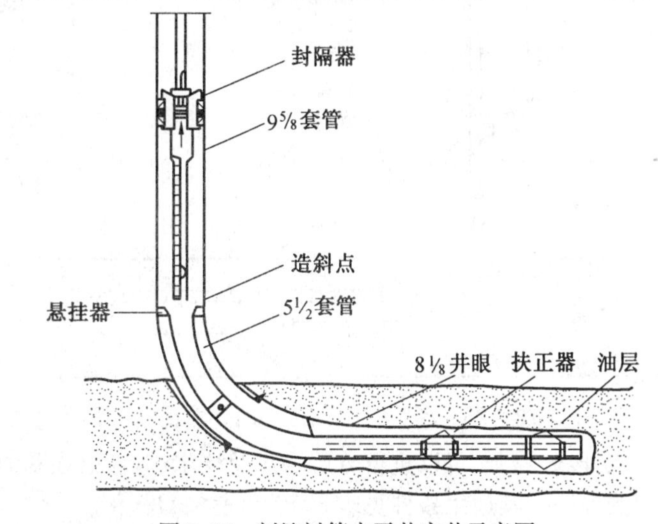

图8.26　割缝衬管水平井完井示意图

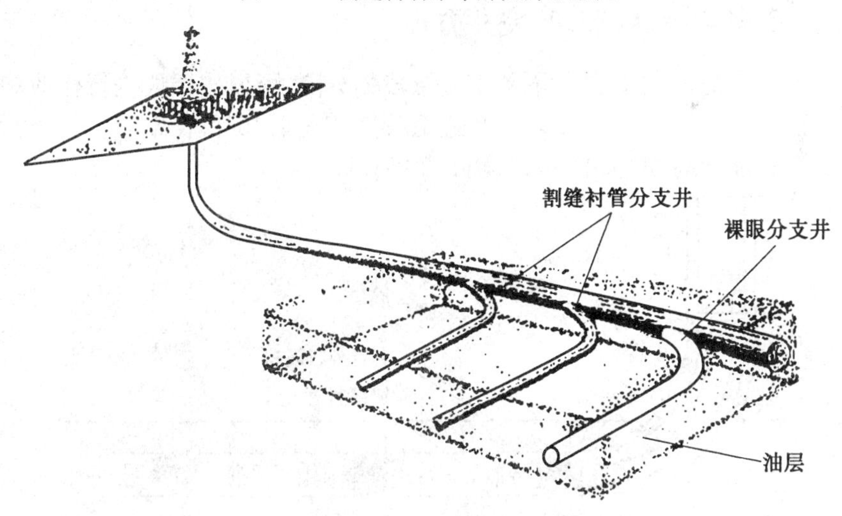

图8.27　水平分支井示意图

割缝衬管完井主要用于不宜用套管的射孔完井,又要防止裸眼完井时地层坍塌的井。因此完井方式简单,既可防止井塌,还可将水平井段分成若干段进行小型措施,当前水平井多采用此方式完井。其适用条件见表8.10和表8.11。

8.2.3　射孔完井方式

技术套管下过直井段注水泥固井后，在水平井段内下入完井尾管、注水泥固井。完井尾管和技术套管宜重合100 m左右，最后在水平井段射孔，如图8.28所示。

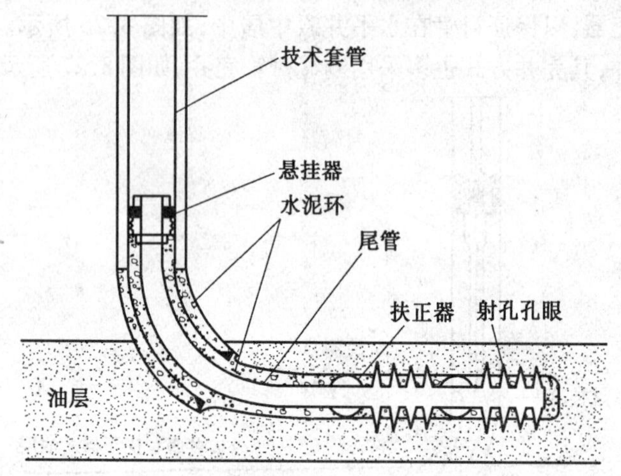

图8.28　水平井尾管射孔完井示意图

这种完井方式将层段分隔开，可以进行分层增产及注水作业，可在稀油和稠油层中使用，是一种非常实用的方法。其适用条件见表8.10和表8.11。

8.2.4　管外封隔器(ECP)完井方式

这种完井方式是，依靠管外封隔器实施层段的分隔，可以按层段进行作业和生产控制，这对于注水开发的油田尤为重要。其适用条件见表8.10和表8.11。管外封隔器的完井方法，可以分两种形式，如图8.29、图8.30所示。

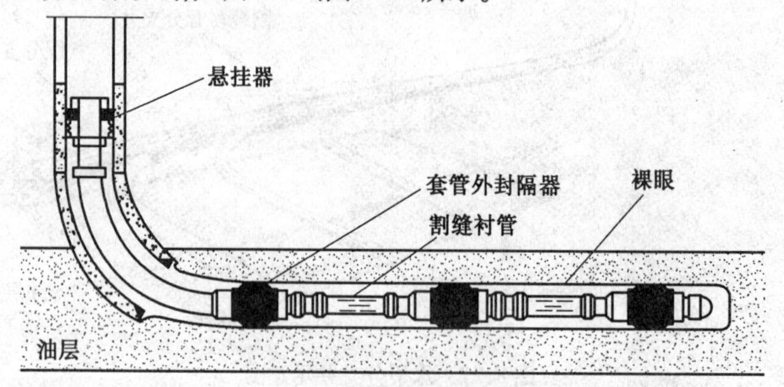

图8.29　套管外封隔器及割缝衬管完井示意图

8.2.5　砾石充填完井方式

国内外的实践表明，在水平井段内，不论是进行裸眼井下砾石充填或是套管内井下砾石充填，其工艺都很复杂，目前正处在矿场试验阶段。

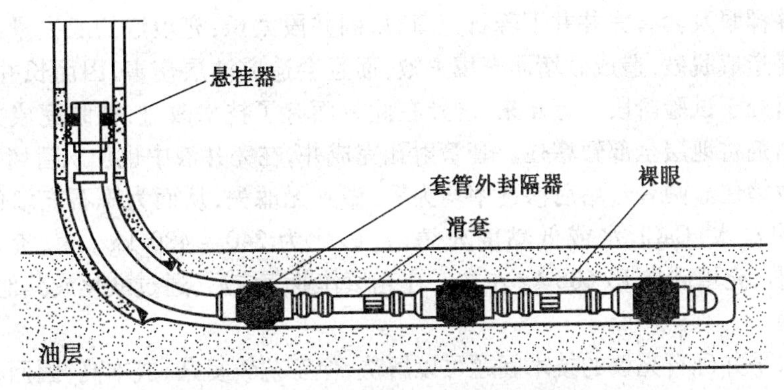

图8.30 套管外封隔器及滑套完井示意图

裸眼井下砾石充填时,在砾石完全充填到位之前,井眼有可能已经坍塌。

裸眼井下砾石充填时,扶正器有可能被埋置在疏松地层中,因而很难保证长筛管居中。

裸眼水平井预充填砾石绕丝筛管完井,其筛管结构及性能同垂直井一样,但使用时应加扶止器,以便使筛管在水平段居中,如图8.31所示。

套管射孔水平井预充填砾石绕丝筛管完井如图8.32所示。

预充填砾石完井方式的优缺点及其适用条件见表8.10和表8.11。

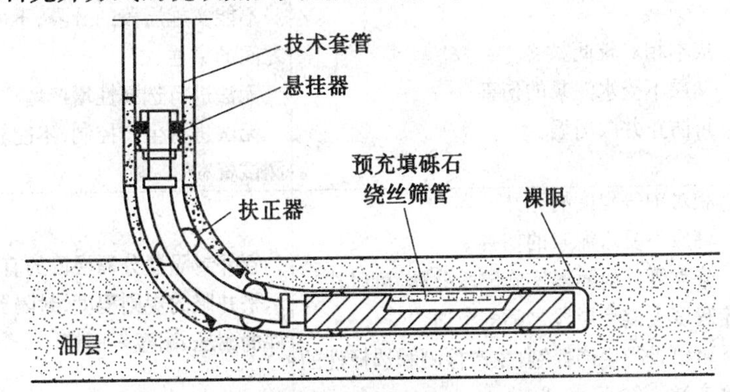

图8.31 水平井裸眼预充填砾石绕丝筛管完井示意图

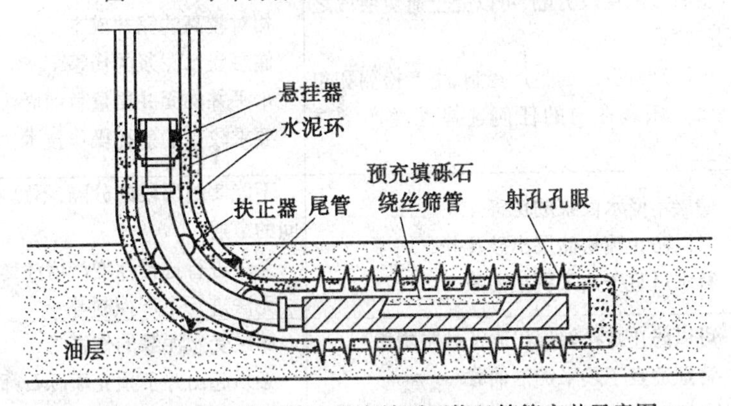

图8.32 水平井套管内预充填砾石绕丝筛管完井示意图

水平井裸眼及套管完井井下砾石充填时，因井段太长，充填液的滤失量过大，充填过程中不仅易造成脱砂，造成砂堵而充填失败，而且会造成油层伤害，因而长井段水平井砾石充填一直处于试验阶段。近年来，国外在此方面有了技术改进，裸眼完成井，在钻井液中加入暂堵剂将地层全部暂堵住。套管射孔完成井，在完井液中也加入暂堵剂，将射开的孔眼全部暂堵住。两者暂堵后渗透率均为零，做到无滤失，从而为砾石充填创造条件，充填液可采用盐水、$CaCl_2$ 水或低黏度充填液，砂比为 240 ~ 480 kg/ m^3，充填长度已达 1 000 m左右，充填砂量 13 608 kg 左右。在充填作业完成后，通过酸化或其他化学剂来解除暂堵堵塞。

虽然水平井砾石充填的技术问题可以解决，但工艺较复杂，成本高，因而，水平井的防砂完井目前仍多采用预充填砾石筛管、金属纤维筛管或割缝衬管等方法完成。

表 8.10　各种水平井完井方式的优缺点

完井方式	优　点	缺　点
裸眼完井	成本最低 储层不受水泥浆的伤害 使用可膨胀式双封隔器，可以实施生产控制和分隔层段的增产作业 使用转子流量计，可以实施生产检测	疏松储层，井眼可能坍塌 难以避免层段之间的窜通 可选择的增产作业有限，如不能进行水力压裂作业 生产检测资料不可靠
割缝衬管完井	成本相对较低 储层不受水泥浆的伤害 可防止井眼坍塌	不能实施层段的分隔，不可避免地有层段之间的窜通 无法进行选择性增产增注作业 无法进行生产控制，不能获得可靠的生产测试资料
带 ECP 的割缝衬管完井	相对中等程度的完井成本 储层不受水泥浆的伤害 依靠管外封隔器实施层段分隔，可以在一定程度上避免层段之间的窜通 可以进行生产控制、生产检测和选择性的增产增注作业	管外封隔器分隔层段的有效程度，取决于水平井眼的规则程度，封隔器的坐封和密封件的耐压、耐温等因素
射孔完井	最有效的层段分隔，可以完全避免层段之间的窜通 可以进行有效的生产控制、生产检测和包括水力压裂在内的任何选择性增产增注作业	相对较高的完井成本 储层受水泥浆的伤害 水平井的固井质量目前尚难保证 要求较高的射孔操作技术
裸眼预充填砾石完井	储层不受水泥浆的伤害 可以防止疏松储层出砂及井眼坍塌 特别适宜于热采稠油油藏	不能实施层段的分隔，不可避免有层段之间的窜通 无法进行选择性增产增注作业 无法进行生产控制等
套管内预充填砾石完井	可以防止疏松储层出砂及井眼坍塌 特别适宜于热采稠油油藏 可以实施选择性地射开层段	储层受水泥浆的伤害 必须起出井下预充填砾石筛管后，才能实施选择性的增产增注作业

表8.11 各种水平完井方式适用的地质条件

完井方式	适用的地质条件
裸眼完井	岩石坚硬致密,井壁稳定不坍塌的储层 不要求层段分隔的储层 天然裂缝性碳酸盐岩或硬质砂岩 短或极短曲率半径的水平井
割缝衬管完井	岩石坚硬致密,井壁稳定不坍塌的储层 不要求层段分隔的储层 天然裂缝性碳酸盐岩或硬质砂岩储层
带ECP的割缝衬管完井	要求不用注水泥实施层段分隔的注水开发隔层 要求实施层段分隔,但不要求水力压裂的储层 井壁不稳定,有可能发生井眼坍塌的储层 天然裂缝性或横向非均质的碳酸盐岩或硬质砂岩储层
射孔完井	要求实施高度层段分隔的注水开发储层 要求实施水力压裂作业的储层 裂缝性砂岩储层
裸眼预充填砾石筛管完井	岩性胶结疏松,出砂严重的中、粗、细粒砂岩储层 不要求分隔层段的储层 热采稠油油藏
套管预充填砾石筛管完井	岩性胶结疏松,出砂严重的中、粗、细粒砂岩储层 裂缝性砂岩储层 热采稠油油藏

8.2.6 分支水平井完井

多分支井技术在20世纪20年代就提出来了。20世纪90年代以后,随着定向井、水平井等相关技术的快速发展,美国、加拿大各油公司迅速着手多分支井技术的开发研究和现场应用,据不完全统计,Baker Oil Tool、Halliburton、Sperry-Sun等公司现已研制成功了多分支井系统用于分支钻井,取得了很好的效果。截至2003年底,全世界共有分支井6 000余口,主要分布在美国、加拿大、俄罗斯及南美洲地区。其中90%以上是相对简单的1~2级的产油井。世界上第一口完井等级为TAML5级的分支井是在1995年才完成的。目前国际上钻4~6级的经验相对较少。在委内瑞拉,已经钻出累计分支长度17 km的高难度分支水平井,标志着分支水平井技术已经达到了相当高的水平。

在中国,新疆、塔里木、辽河、胜利、冀东、大庆、四川等油田都先后钻成不少分支井,现已步入世界水平井分支的行列。

分支水平井开发油气田的主要优越性为:能增大泄油面积,提高纵向和水平方向的扫油范围;能开采薄油层,屋脊油层;能动用常规方式难以动用的储量及剩余储量;能暴露更多的天然裂缝系统;一口主眼井能起到多口井的作用,提高单井产量;可同时开采多个产层;注水井可增加注水量;能减少水、气脊进;减少岩性各向异性影响;降低水平井成本。据美国、加拿大石油公司多年的经验,一般来说单一水平井的产能至少是直井的两三倍以上，而成本为直井的1.5～2倍，对于分支水平井，多钻一分支，增加的成本为水平井的1/10左右，产量却能得到大幅度提升。

多分支井的经济效益具体表现在以下几方面：

①能增大井眼与油藏的接触面积，增大泄油面积，改善油藏动态流动剖面，降低锥进效应，提高泄油面积，从而提高采收率。

②可应用于多种油气藏的经济开采。能有效地开采稠油油藏，存在天然裂缝的致密油藏和非均质油藏；能有效开发地质结构复杂，断层多和孤立分散的小断块、小油层；在经济效益接近边际的油田，也可以通过钻多分支井降低开发费用，使其变为经济有效的可开发油田。

③可在1个主井眼或可利用的老井眼，在需要调整的不同目标层，钻多分支井和在同一层位钻分支井，减少无效井段，降低成本。

④提高油田开发的综合经济效益。从主眼井（或老井眼）加钻分支井眼，增加油藏内所钻的有效进尺与总钻井进尺的比率，以降低成本。例如，在美国的得克萨斯州 Aenth 油田，双分支井产量提高2倍以上，四分支井产量近于单井产量的5倍。

⑤用多分支井开发油田，由于井口数目减少，在陆上减少了地面工程和管理费用，在海上可减少平台数或减少平台井口槽数目，缩小平台尺寸，综合成本大幅度下降。

1. 分支水平井类型

随着分支水平井的发展，已经出现了很多类型的分支水平井。按照几何形状分类，归纳起来约有10种类型的分支水平井，如图8.33所示。

①叠加式双分支或三分支水平井。就是在两个或三个不同深度的相同方向钻两支或三支水平井。

②反相双分支水平井。就是在两个相反的方向各钻一支水平井。

③二维双分支水平井。就是在同一深度的相同方向钻两支平行的水平井。

④二维三分支水平井。就是在同一深度的相同方向钻三支平行的水平井。

⑤二维四分支水平井。就是先钻一支主水平井，然后在该主水平井的一侧钻三支平行的水平井。

⑥辐射状三分支水平井。就是在同一深度的三个方向钻三支水平井。

⑦叠加辐射状四分支井。就是在不同深度的四个相互垂直方向钻四支水平井。

⑧辐射状四分支水平井。就是在同一深度的四个垂直方向钻四支水平井。

⑨鱼刺形分支水平井。就是先钻一支主水平井，然后在该主水平井的两侧各钻多支水平井。

⑩叠加/定向三分支水平井。就是先钻一支主水平井，然后在该主水平井的上侧钻两支定向井。

2. 分支水平井的完井方式及完井分级

分支水平井的完井方式大体有3种，裸眼完井、割缝衬管完井和侧向回接系统完井。分支井存在井壁坍塌等问题，如水平段的岩性比较硬可用裸眼完井或割缝衬管完井，一般较软岩石可用侧向回接系统完井。侧向回接系统完井能从单个主井眼中钻多个分支井眼，并对这些分支井眼进行下套管和尾管回接，使尾管与主套管分割开而无须磨铣套管，

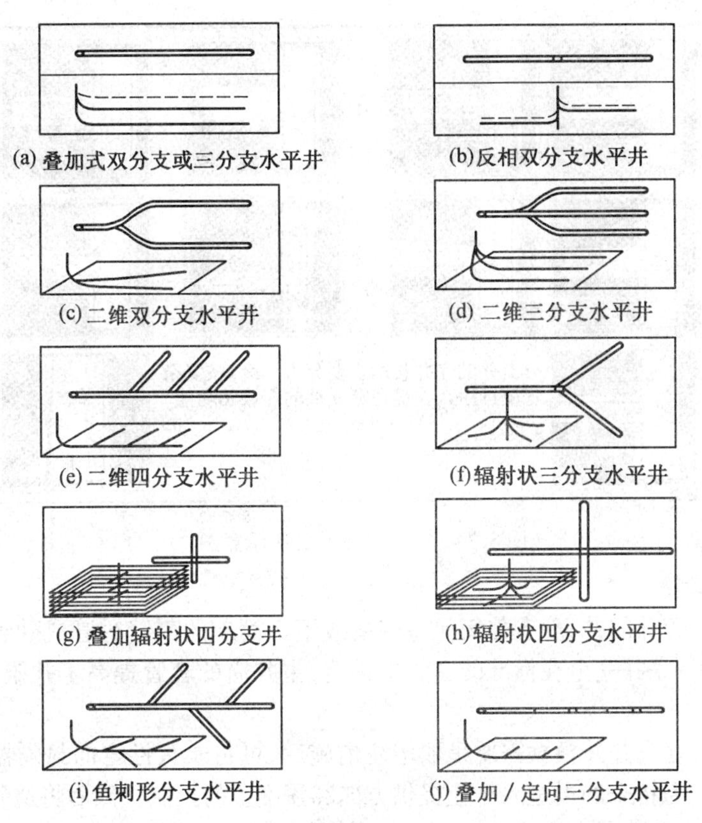

(a) 叠加式双分支或三分支水平井　(b) 反相双分支水平井
(c) 二维双分支水平井　(d) 二维三分支水平井
(e) 二维四分支水平井　(f) 辐射状三分支水平井
(g) 叠加辐射状四分支井　(h) 辐射状四分支水平井
(i) 鱼刺形分支水平井　(j) 叠加／定向三分支水平井

图 8.33　分支水平井几何类型分类图

在各个生产尾管之间建立一种复杂的相互联系，同时维持井筒的整体完整性。有了该系统就能够迅速地建立再次进入所有分支井眼进行井下作业及修井。

国际上为了对分支井的发展规定一个统一的方向，对分支井完井按照复杂性和功能性建设了 TAML 分级体系，TAML 评价分支井技术的 3 个特性是连通性、隔离性和可及性（可靠性、可达性、含重返井眼能力）。根据这一原则，把分支井完井分为 1 ~ 6S 级，如图 8.34 所示。1 ~ 6S 级随级别的增加，分支井完井的功能在增加，分支井连接处的复杂程度也在增加。连接处的复杂程度越高，完井作业越困难，成本越高。这一分级方法同样适用于分支水平井。

(1)TAML1 级

主井筒裸眼，分支井筒裸眼或下入割缝衬管，分支连接处无支持。这种完井类型主要应用在较坚硬、稳定的地层中，分支井是采用标准钻井方法钻出的，没有提供机械支承或水力封隔，也很少或没有完井设备，不需要磨铣套管，不需要回收造斜器，不需要下衬管和注水泥，也不需要安装生产控制设备。其优点是：裸眼段不使用套管从而节约成本；钻进作业简便。缺点是：由于无套管支承，使得井眼的稳定性受到限制，井壁坍塌容易发生；不能控制生产，只能合采，不能有选择地关井；没有可靠的系统保证在将来的工作中具有重返井眼的能力。

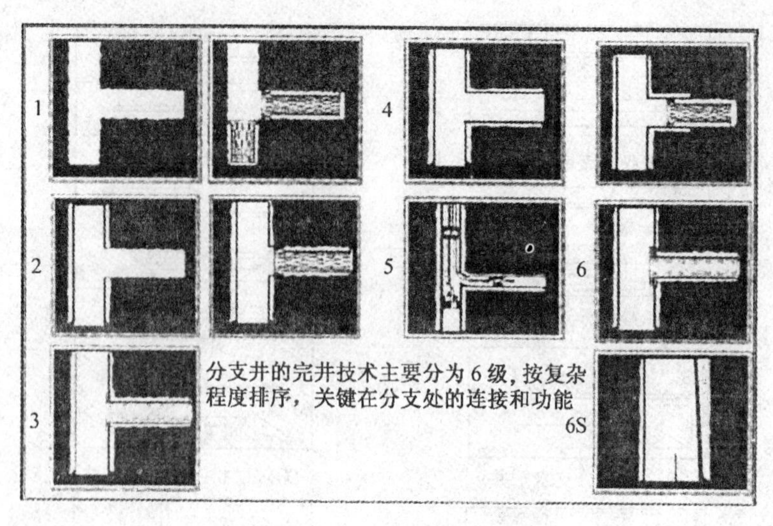

图8.34　分支井完井分级示意图

(2)TAML2级

主井筒下套管并固井,分支井筒保持裸露或下入简单的割缝衬管或砂管。这种完井类型的优势在于:完井完全在标准的套管中进行;主井筒的套管提高了井眼的稳定性;成本低。

在主井筒套管完井并根据需要采取增注措施后,可将永久性定向封隔器安装在设计的造斜点下面。为将来的再进入作业提供方向和深度上的控制。然后将造斜器下入封隔器中,并朝向预定的造斜方向。接下来铣去套管壁并钻分支井,一旦分支井钻至预定深度,取出造斜器,并根据油井的要求,采用不同的完井方法。

①第一种方法是在定向封隔器和位于侧钻点上方的第二封隔器之间装一滑套。利用滑套开口对双分支井进行混合开采。可提供主井筒支承及生产控制,而且也可以任一支井眼单独生产。如果下部分支井开始衰竭或出水,可以在下面的封隔器中装有堵塞装置以关闭下面的井眼。如果需要关闭上面的分支井,可以简便地将滑套转换到关闭位置。这种方法的一个缺点是始终依赖地层提供窗口处井眼的稳定性,如果窗口附近的地层不坚实,窗口将崩塌,就会失效。另一缺点是没有分层开采的能力,只能在窗口处合采。并且没有重返分支井的能力,因为装有滑套,重返分支井的唯一方法是从井中取出上部完井装置。

②第二种方法是下入一中空斜向器,并通过套管出口窗在上部分分支井筒下入割缝衬管。这种用中空斜向器完井的最大优点,是在附加费用最小时提供了在分支井窗口处的机械支持。然而,这种方法不能重返井眼,并且必须混合开采,也不能关闭任一分支井生产。也可使用一个割缝衬管对下部井段进行完井,这种做法不仅降低了井段坍塌的可能性,而且还可以进入下部生产井段。

(3)TAML3级

主井筒下套管并固井,分支井筒下套管(或衬管)但不固井。这种完井类型依然不具有选择性采油的功能,井下工具进入分支井筒有困难。

对于三级别的分支井一般有三种完井选择。在三种完井方式中,都先在主井筒内下入定向封隔器。定向封隔器坐封之后,下入使用地面导向的磨铣钻具组合并固定在定向封隔器上。在完成窗口磨铣和分支井筒的钻井作业之后,回收造斜器。

①第一种三级分支井的完井选择中,下入一种中空的转向器并固定在定向封隔器之上,然后下入割缝衬管并通过悬挂器挂在主井筒中。使用割缝衬管和这种中空的转向器时,只能进行混合开采。

②第二种完井方式不需要使用中空斜向器,而使用一种带有弯接头衬管组合,在井口进行操作以使割缝衬管进入分支井筒。接下来通过尾管悬挂器挂在主井筒中。

前两种完井方式都不允许再进入主井筒,因为在主井筒内有割缝衬管的存在,阻挡了井下工具的下入。

③第三种三级完井方式可以选择 HOOK 衬管悬挂系统进行完井,这种系统可以使井下工具再进入分支井筒和主井筒。HOOK 衬管悬挂系统主要由一段带有预制窗口的套管接头、内置的用于再进入的导向机构和一个能够挂在预制窗口下面的挂钩,这个挂钩能够使衬管挂在窗口上面。再进入是通过使用分支井筒的再进入模块来作为油管或挠性管下部组合来实现的。

(4)TAML4 级

主井筒和分支井筒都下套管并固井,所有的井眼在连接处都固水泥。所以主井筒和分支井筒之间具有最大机械连接性。主井筒和分支井筒之间有可靠的机械连接,完井时一般都采用套管悬挂系统,优点在于具有选择性采油的功能,完井技术复杂。

多数四级的分支井完井时都采用 Root 系统或者 HOOK 衬管悬挂系统。

①Root 系统。在主井筒内下套管完井之后,首先在主井筒的设计分支位置处放置一个定向封隔器(MIZXP 封隔器或 Torque Master 封隔器)。在对定向封隔器进行定位作业之后,进行分支段的钻井作业,挂尾管固井或挂带封隔器的筛管完井。在这些作业完成之后,下入套铣打捞筒,把伸入主井筒套管内的分支段尾管铣断,再向下套铣斜向器,并全部打捞上来(定向封隔器仍留在井下),贯通分支井段。

在接下来的完井过程中,可以使用双封隔器滑套衬管完井或者使用侧向进入短节(LEN)来进行单管柱选择性再进入作业。通过油管下入侧向进入短节,使侧向进入短节的出口点对准开窗窗口,这时如果在 LEN 内放入一个临时的转向器,就可以使通过油管的工具进入分支井筒。相反,如果在 LEN 内放入一个盲滑套,就可以关闭分支井筒。这样就可以提供选择性采油的功能。

②如果使用 HOOK 衬管悬挂系统(一种带有挂钩的衬管悬挂器),就不需要使用 LEN,也不需要进行套铣作业来取出衬管在主井筒中的部分。这种悬挂装置通过一种椭圆形的挂钩使衬管挂在主井筒开窗窗口处。而在悬挂器的上部有一个预先加工好的出口,出口正好对准主井筒的中心线,为选择性进入主井筒下部井段作准备。而完成修井管柱或者挠性管工具的选择性进入分支井筒或主井筒下部(即贯通性),是由一个弯接头和悬挂器的控制槽联合实现的。分支衬管的内径和悬挂器出口(主井筒方向上的)的直径,都同开窗窗口上部的悬挂器的直径大小一样。在固井以后,需要对下部井段进行一次清理作业。

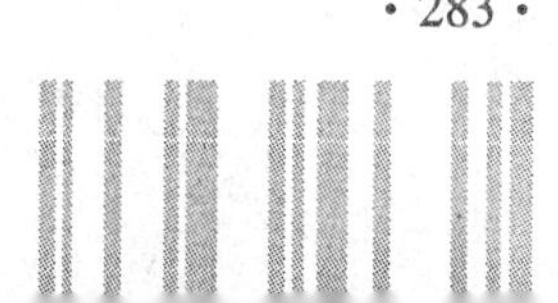

(5)TAML5 级

连接处压力是一个完整的系统,通过完井管柱来实现。分支处具有良好的连接性和封隔性,可防止地层不稳定对分支连接处造成伤害;可进行双层完井,保证选择性地再进入分支井筒,实现选择性采油功能;完井技术复杂。

在进行 TAML5 级分支作业时,一般使用 Root 系统。完井的简单过程是这样的:如果要钻一口新的分支井,首先要钻主井筒,然后套管固井,接下来钻下部井眼并完井。在进行分支井筒的作业中,首先要进行套管开窗作业,然后钻上部井眼,回收造斜器。接下来在分支井筒内下入衬管并固井,套铣并取出分支套管在主井筒中的部分。以后的完井作业有两种方式可以选择,即选择性再进入工具(SRT)完井和双层完井。

①衬管在主井筒中的部分被取出之后,对于选择性再进入工具完井,就需要下入勺头转向器并坐在开窗口下面的定向封隔器上,以实现对下部井段的封隔。接下来通过勺头转向器下入分支井油管以实现对上部分支井筒的分隔。然后,在勺头转向器上面下入选择性再进入完井工具(SRT),而 SRT 把两个油管汇合在一起,并通过一根油管连接到井口。最后在 SRT 上面再下入一个单油管封隔器。选择性再进入,是通过一个在 SRT 中的临时性转换器实现的,可以使通过油管的工具进入任何一个井眼。如果有必要的情况下,在 SRT 里下入一个盲滑套或者油管堵就可以关闭任何井眼,最终实现选择性采油功能。

②对于双层完井,同样需要下入勺头转向器来实现下部井段的封隔。再通过勺形头把油管下入到分支井筒的封隔器中。接着在勺头转向器上面下入双层完井封隔器,来完成分支连接处的完井。最后把两根油管回接到井口完成作业。

(6)TAML6 级

连接处压力是一个完整的系统,通过套管来实现,不需要固井。通过特殊套管来实现分支连接处的机械连续性和封隔性,与 TAML5 级完井最显著的区别是,风险性小、施工简单、施工顺序从上而下。

这套完井系统的一个优点就是不产生金属碎屑,因为没有进行套管开窗或者其他磨铣作业。这套应用特殊变形金属技术可以产生一个全尺寸多分支连接部分,在下入时,系统的有效外径要比两个分支连接部分的套管座外径的和要小。在进行分支井筒的钻井和完井之前就可以对分支连接处进行施工。过程是把预制的分支连接系统下入井中,进行变形和固井作业后进行压力检测。这些作业都在对分支井筒的钻井和完井之前进行,这样减少相对成本又减少经济风险。

(7)TAML6S 级

这种完井系统在导管中或者在技术套管中有一个井下分流头,从分流头可以钻两口井并完井。井下分流头座在导管上,分流头带有一个双井眼悬挂头来悬挂两个衬管。对于导管完井作业的简单过程是:首先在导管中设置井下分流头,然后下入一种包括有标准浮鞋的特殊导向密封组合,进入分流头中第一个分支内。接下来对导管和分流头进行注水泥固井。

在固井之后,对第一个分支进行钻进并钻到目标深度,然后进行完井,起出这套密封组合,导向进入分流头的两个分支。接下来的作业与第一分支相同,根据具体要求,要以使用常规的回接衬管进行双层完井或者使用 SRT 进行混合采油。这种双分支完井系统完全实现了连接性和封隔性。

3. 分支井完井实例

(1)纵向垂直裂缝分支井的完井实例

图8.35为纵向垂直裂缝分支井的一种完井方法示意图。该方法的实质是当前分支井固井后加深，并且分支井眼套管的尾管部分下在主井眼里，并在随后加深钻进。

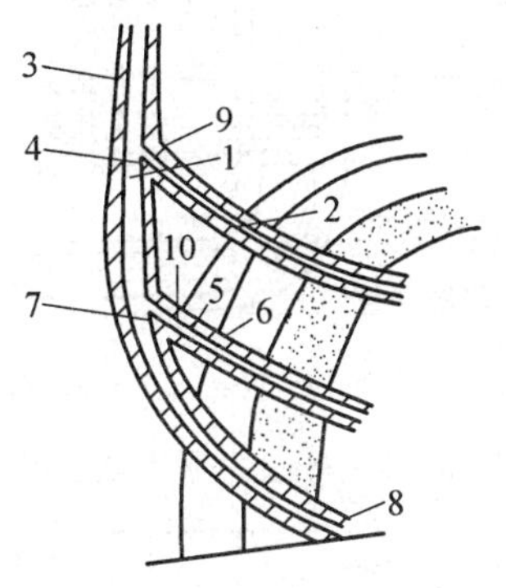

图8.35　纵向垂直裂缝分支井的一种完井方法

1—主井眼；2—第一分支井眼；3，6—尾管；4，7—分支井眼进口；5—第二分支井眼；8—生产套管；9，10—射孔窗

如图8.35所示，主井眼1钻进到第一分支井眼2的设计分支深度，用已知的造斜器钻进第一分支井眼2(最好是同主井眼的直径相同)，下带尾管3的套管并固井，然后利用已知的造斜器在分支井眼的反倾斜方向钻进主井眼，主井眼1加深到第二分支井眼5的设计分支井位置，钻进分支井眼5并用带有尾管6和部分覆盖第二分支井眼设计分支位置的套管加固，封固带有尾管6的套管上部，之后继续钻进主井眼达到设计深度。在结束主井眼钻进时，下入生产套管8。在下入生产套管8之前，分支井眼的进口4和7清洗粉砂，主井眼1与分支井眼2和5的连通槽是经过在进口4、7位置上的射孔窗9和10来实现的(分支套管的尾管3和6是由易钻材料制成的，例如合金D16-7，套管的其余部分由标准套管制成)。

由于该方法在固分支井眼时，入口不发生井壁岩石的坍塌，因此该方法使用在非稳定岩石里应用于定向井工艺和工具钻进分支井眼。

(2)双侧向水平井的衬管完井实例

双反向水平井 BasdenNo. 1-H 是美国某公司完成的一口井。该井采用割缝衬管完井，图8.36、图8.37是 BasdenNo. 1-H 双反向水平井的完井结构示意图。

图8.36表明首先将带有ϕ89 mm割缝衬管的ϕ140 mm尾管段和尾管挂下入井内。Hyf10Ⅱ型尾管挂用水力释放工具下放，ϕ89 mm割缝衬管的井底弯接头大约为6°，带有井底弯接头的目的是为了给尾管定向，以便准确下入第一分支井眼。同时，使用地面自动记录陀螺仪给开有窗口的ϕ140 mm尾管定向，以便窗口能准确对准第二分支井眼。尾管挂下至直井段ϕ178 mm套管内某一适当深度，然后释放尾管。

图8.37表明的是第二分支井眼下入尾管的情况。将ϕ73 mm尾管和ϕ73 mm×ϕ178 mm贯眼封隔器总成下至窗口的顶部，用陀螺仪进行定向和校准后下放ϕ73 mm尾管，通过窗口进入第二分支井眼即可完井。

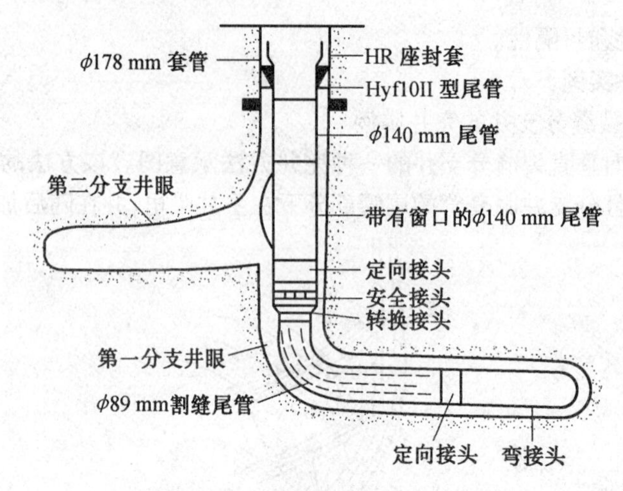

图 8.36　第一分支井眼下尾管示意图

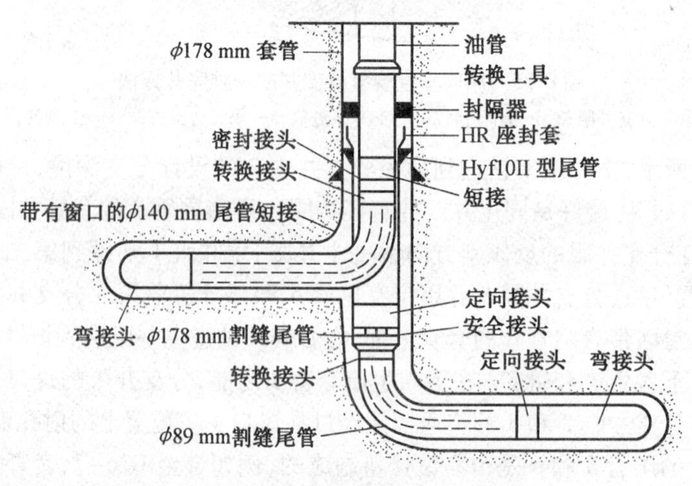

图 8.37　第二分支井眼下尾管示意图

(3)泰国某气田分支水平井完井实例

在泰国海湾上的某气田,是一个河道砂及砂坝型多断层油气藏。其中有一个断块为气顶底水凝析气藏,闭合高度为 42 m,气柱高度为 17m,油柱高度为 10 m,下部为底水。石油地质储量为 349×10^4 m^3,油气界面深度为 1 089 m,油水界面深度为 1 099 m,边底水活跃。经模拟研究,决定在同一油层平面上,钻一口分支水平井,该分支水平井的夹角为 60°,每一水平井段的长度为 1 000 m 左右,并保持水平井段位于油气界面以下 2 m 处。其完井结构为:

①7 in 割缝衬管分别下入两个水平井段。

②下 $3\dfrac{1}{2}$in 油管,从油管挂直到第二个井眼割缝衬管的顶部。

③在 $9\dfrac{5}{8}$套管深度 1 179 m 处下入单生产封隔器。

④在 251 m 处下入可起出式井下安全阀。

⑤装采油树。

两个水平井眼，同时通过 $3\frac{1}{2}$in 油管进行生产，完井管柱如图 8.38 所示。

该气田采用分支水平井的优点如下：

①生产高峰期长。单一水平井日产量约为标准斜井的 3 倍，而分支水平井可将高峰生产时间延长 1 倍以上，该井产油 633 m^3/d，稳产时间 2 年以上。

②延缓含水上升速度。在该气田中一口标准斜井投产 4 个月后，含水达到 25%，一年之后达到 40%，而分支水平井可将含水上升速度延缓 2 年。

③提高采收率。与标准斜井相比，单一水平井的采收率为标准斜井的 2 倍，而分支水平井的采收率将为标准定向井的 3 倍。

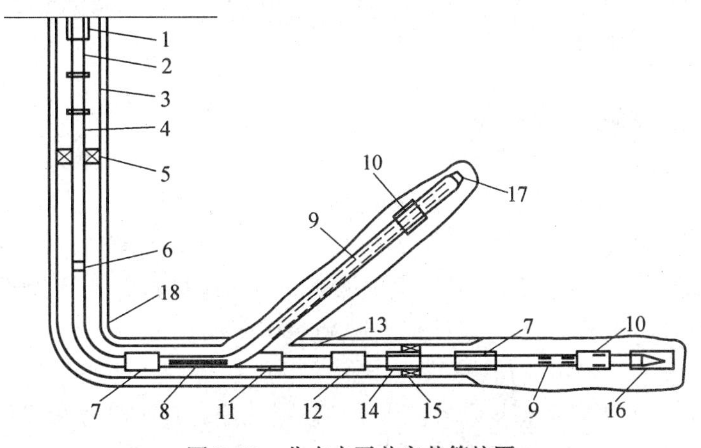

图 8.38　分支水平井完井管柱图

1—流量连接器；2—TE-5 型安全阀；3—9 $\frac{5}{8}$ in 套管；4—3 $\frac{1}{2}$ in 油管；5—S-3 型封隔器；6—F 工作筒；7—HR 型坐封套（新 Vam 扣）；8—钢丝绳入口导向器；9—7 in 割缝衬管；10—单向阀（小活瓣）；11—流量通过导向器；12—8 $\frac{1}{2}$ in 扶正器接头；13—射孔短接；14—ML 型锚；15—ML 型封隔器；16—7 in 导向鞋（新 Vam 扣）；17—7 in 导向器送入工具；18—裸眼

(4)煤层鱼骨水平裸眼完井

煤层气（甲烷，俗称瓦斯）是煤层中自生自储的一种清洁、高效的非常规天然气资源。过去十几年，我国对煤层气主要采用的是直井加压裂的方法进行勘探和开发，由于垂直井贯穿煤层割理系统长度有限（通常为煤层厚度），而煤层气藏基岩渗透率很低，产量非常有限。近年兴起的水平分支井实现了比单一水平井更优的少井高产。2004 年某国际公司在我国山西大宁采用水平分支井技术钻进了一口分支水平井 DNP-02 井，如图 8.39 所示，获得了很好的效果。

该井钻进前先钻一口注采直井，然后在离注采直井 200 m 的地方进行主井眼的钻进，主井眼在定向贯通注采直井后，进行主水平井眼的钻进。然后从主水平井眼的末端往后分别进行各分支水平井眼的钻进。在主水平井眼和各分支水平井眼的钻进过程中，从注采直井充气进行欠平衡作业。

该井的主要参数是：

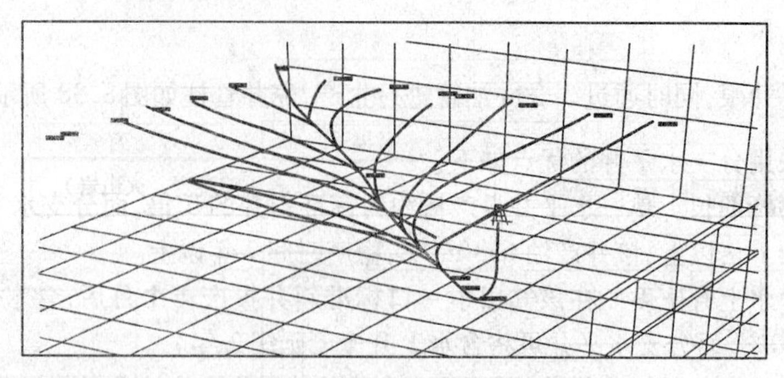

图 8.39　DNP-02 井眼三维剖面

分支数为 13（包括主井眼末支）；

主井眼与注采井眼的距离为 200 m；

总进尺为 8 018 m；

主井眼测量井深为 1 392.7 m；

主井眼垂直井深为 185 m；

煤层中水平井段进尺总计为 7 687 m；

煤层钻遇率为 90%。

该井通过分支水平井欠平衡钻进，采用裸眼完井方法进行完井，取得了很高的产量，其中最高产量达到 23 000 m^3/d，稳产量达到 16 000 m^3/d。

(5)塔里木哈得 4 油田薄油层完井方式

塔里木哈得 4 油田属于石炭系中泥岩段薄砂层油藏。其面积为 80.74 km^2，所钻井都为大于 5 000 m 的超深井，油藏幅度低为 22 m，油层超薄，厚为 0.6 ~ 1.2 m，丰度为 19.16×10^4 t/km^2，油藏孔隙度为 13% ~15%，渗透率为 $(100\sim200)\times10^{-3}$ μm^2。主要进行水平井采油，水平井注水（直井实际吸水指数为 2.2 $m^3/(d\cdot MPa)$，水平井实际吸水指数为 22.03 $m^3/(d\cdot MPa)$，是直井的 10 倍）。

塔里木哈得 4 油田的采油和注水水平井多采用两层套管结构，双层水平井完井如图 8.40 所示。轨迹控制采用 FEWD 和 MWD 技术，完井方法主要采用筛管完井。采用这种钻完井方法取得了很好的经济效益。2003 年 10 月有井 52 口，开井 44 口，日产油 2 931 t，年累计产油为 91.28×10^4 t。

8.2.7　大位移水平井完井

1. 概述

大位移钻井（ERD）通常定义为水平位移与垂直深度之比（HD/TVD）大于 2.0 以上的井。大位移井中，当井斜等于或大于 86°延长段的井称为大位移水平井。特大位移井是指 HD/TVD 大于 3.0 的井。如果大位移井因地质或工程原因在设计轨迹中改变方位的，称三维多目标大位移井，如图 8.41 所示。目前，大位移井的最大位移已经超过了 10 000 m，而位移与垂深比达到了 5 : 1。发展大位移井，效益显著。在北海、英格兰南部海岸的维奇·法姆（Wytch Farm）油田以及美国加州南部近海的 Pt. Pedmales 油田大位移钻井活动非常活跃，而且也取得了很大的成功，使这些油田的开发成本各节约 1 亿美元。BP 公司于

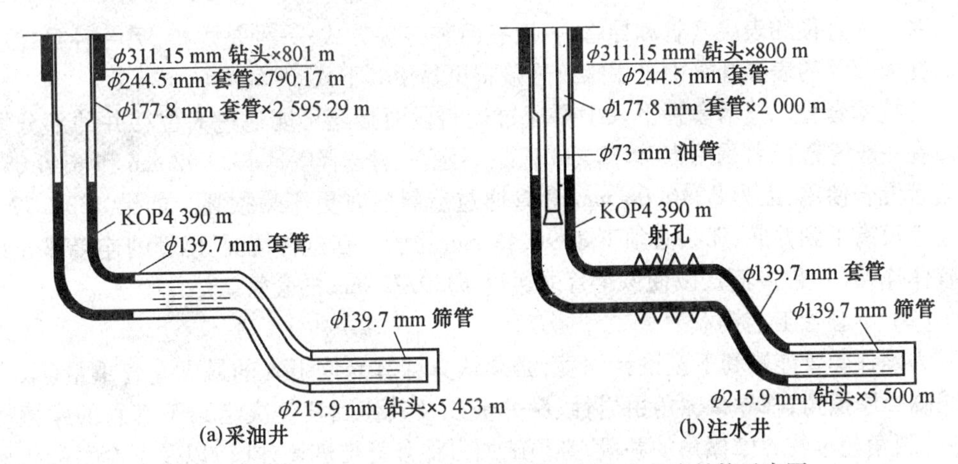

图8.40　塔里木哈得4油田水平采油井和注水井井身结构示意图

1993年开始在陆上向港湾内钻大位移定向井，至此已完成大位移定向井11口，其产量由原来的1 112 m^3/d提高到1 908 m^3/d以上，相当于原来所钻28口井产量的2倍。

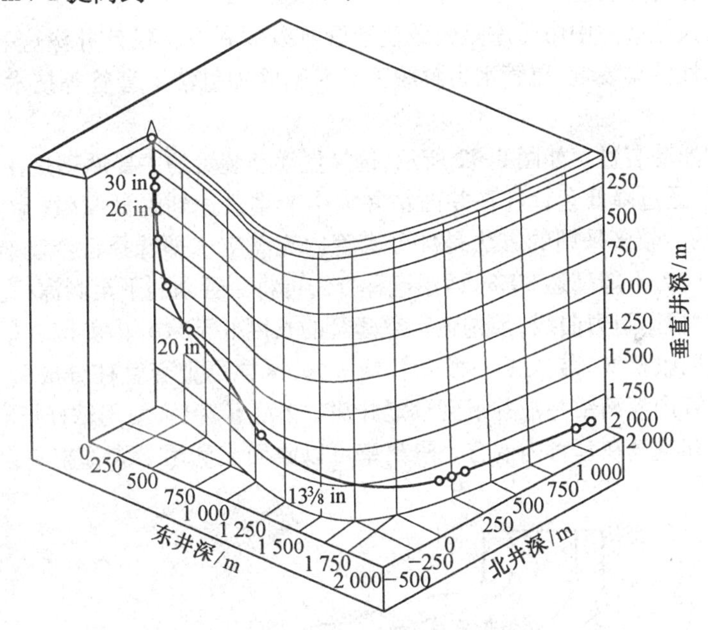

图8.41　A-39井三维多目标大位移井

2. 完井特殊性

大位移井的完井方法一般与水平井相似，可参照水平井执行，但由于大位移井所具有的大水平位移性，在完井方法上也存在一定的特殊性，需在如下几个方面加以注意。

(1) 套管结构设计原则

①表层套管和导管。表层套管一般下在直井段，否则套管会损坏，而且在钻下面的井段时，钻井的扭矩会很大。

如果表层套管下入造斜段，那么其连接部分需要有抗弯能力，而且在下套管作业中，连接部分要有足够的抗拉强度。

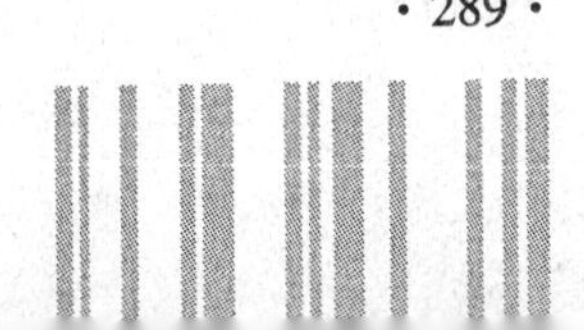

对于大直径的表层套管和导管，一般有两种连接方式：一种是焊接，另一种是螺纹连接。在大直径的表层套管中采用螺纹连接将更易使其下人。

②技术套管。技术套管下入中要通过造斜段而且还可能通过大位移井的部分切线段。在一般情况下，都采用ϕ339.72 mm 套管。还有一种选择就是ϕ339.72 mm 和ϕ346.08 mm的套管混合使用，因为ϕ346.08 mm 套管通过造斜段时更不易损坏。如果ϕ339.72 mm的套管没有下到井底，那么必须下ϕ298.45 mm 尾管。在这种情况，尾管的连接部分必须是整体连接（不带接箍），以使该尾管能通过ϕ339.72 mm 的套管。

（2）下套管工艺技术

为确保套管能顺利下至设计深度，必须认真计算允许下入的最大套管重量（取决于井眼临界摩擦角，临界摩擦角由岩性、钻井液以及其他因素等决定），下套管的摩擦损失（在井斜角超过临界摩擦角的井段，必须施加力将套管推进该井段）以及下套管的机械损失（由钻屑、井壁坍塌、压差卡钻以及稳定器嵌进井壁等造成），尽量优化下套管作业。另外，作为应急措施，可以采取顶部驱动装置以辅助下套管，它具有能循环、上下活动和旋转套管以及挤压套管等功能。

为解决在大位移井中由于摩阻大致使套管难以顺利下至设计井深这一难题，国外近几年应用选择性浮动装置、尾管水力解脱工具及套管加重法下套管等技术。下面分别给予简单介绍。

①选择性浮动装置。如图 8.42 所示，选择性浮动装置的主要原理是在套管内全部或部分充满空气，通过降低套管柱在井内钻井液中的重量达到降低摩阻（摩阻与套管重量成正比）的目的。较多采用的方法是部分套管内充满空气即选择性浮动装置，这种方法可以使套管法向力下降高达 80%，运用这种方法可将套管顺利下至测深/直深之比为 4.0的大位移井中，根据阻力曲线，预先确定空套管的长度并下入井内。接着把一个塞子（膨胀式封隔器或回收桥塞）装入下一根套管接头处，这样可把套管柱分成两个密封室。隔离塞以上的套管内灌满钻井液并下到预定井深。下完套管后，使用钻杆把隔离室打开，这样允许钻井液和空气在套管内混合。隔离塞可以收回或利用下胶塞把它泵入井底，也可以钻掉。

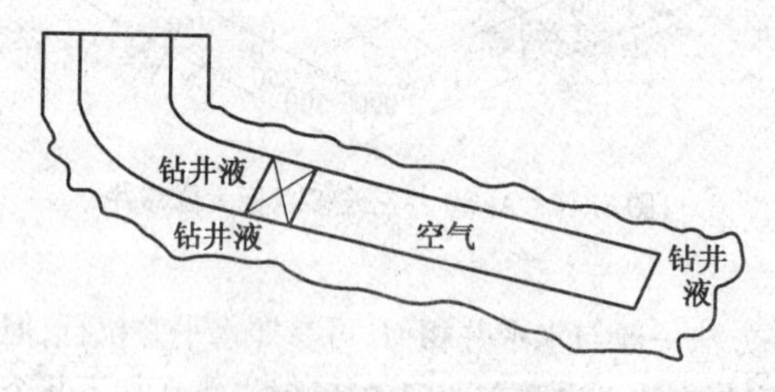

图 8.42　选择性浮动装置

②尾管水力解脱工具。如图 8.43 所示，本工具允许把衬管旋转下入井底，以减小有效的阻力，可以保持高达 135 600 N · m 的扭矩。尾管可以安全旋转下入井眼，也可以在尾管注水泥时旋转和上下活动。该工具包括两个回压解脱系统，以提供安全保障，当尾管旋转到下入深度且注水泥后，通过钻杆下入一个阀球，这样可把尾管从送入钻柱下靠液压

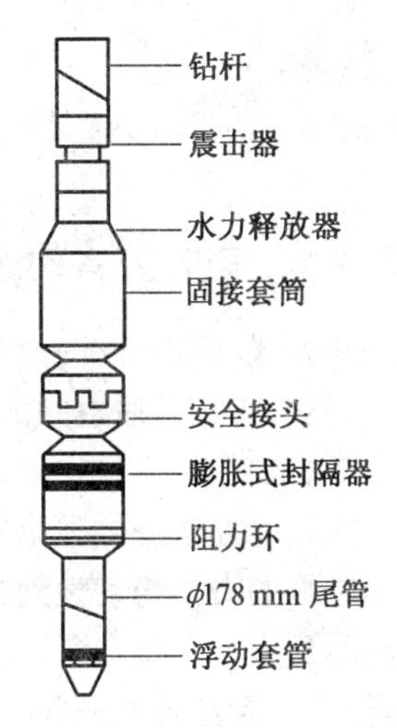

图 8.43 尾管水力解脱工具

解脱出来。

③用加重法下衬管技术。下衬管时,可在衬管上部接头处下入 10 根左右的 121 mm 钻铤以增加垂直部分重量,克服阻力,如图 8.44 所示。

当衬管接近水平井裸眼部分时,井下阻力增大,此时在尾管送入工具上部再下入 ϕ203 mm 的钻铤,ϕ114 mm 的加重钻杆和 ϕ159 mm 的钻铤以增加重量,直到尾管到达预定深度。此时把尾管留在井眼内或悬挂在封隔器下,而把钻铤与加重钻杆回收。

(3) 固井完井技术

与水平井相比,大位移井固井难度更大,认真设计钻井液、洗井液以及水泥浆性能是确保大位移井固井成功的关键。首先,钻井液流变性应适当。提前稠化会降低顶替效果,增大注水泥时的当量循环密度;过稀会出现重晶石下沉现象,给下套管作业带来困难。适宜的做法是在下套管前先稀释钻井液。由于在大位移井中进行下套管作业时间较长,钻井液会继续变稠,因而在注水泥前,应再稀释一次钻井液。

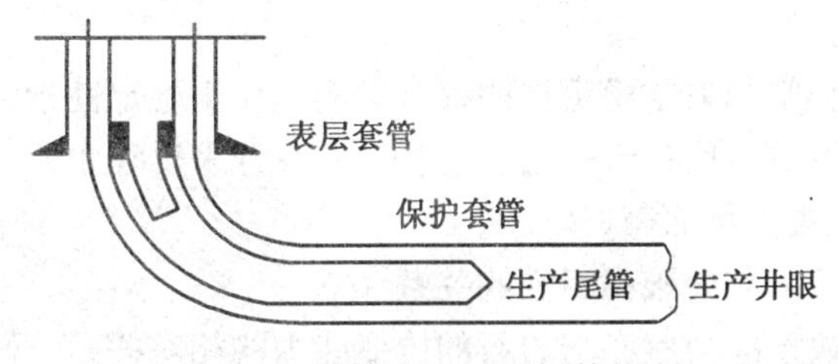

图 8.44 套管加重法下衬管技术

其次,洗井液性能也应适当,过稀过稠均会出现上述情况。采用未加重的稀洗井液可以最大限度地降低当量循环密度,也无重晶石沉降之虑。而且在大斜度段,这种洗井液不会显著降低静水压力,因为井眼失稳的可能性较低。最后,水泥浆应具有较高的稳定性,否则会在井眼高边形成水窜槽。因此,应严格控制水泥浆中的自由含水量,建议控制自由水为零。另外,应该优化水泥浆的稠化时间。

从固井工艺上讲,大位移井涉及长井段固井问题,对于长井段固井方式主要有:a1 双级或多级注水泥;b1 单级注水泥;c1 尾管注水泥。如果采用单级注水泥技术,则要求水泥浆有足够的缓凝时间,这会影响水泥浆的稳定性;另外,还要求顶替量大,如果有漏失的可能,而且钻井液或水泥浆成本高的话,就必须认真考虑长管柱单级注水泥措施的合理性,如采用低密度水泥浆固井等。

大位移井一般采用尾管完井方式,并在裸眼段下筛管或割缝衬管。下预制防砂筛管到裸眼段的完井方案,对成功地防砂完井风险最小。

8.3 完井方式选择

8.3.1 完井方式的选择

完井方式,国内外统一将其分为裸眼完井和射孔完井两大类。对于这两种完井方法的基本要求,为完井后直井的井筒和水平段的地层不垮塌堵塞井眼,以及地层不出砂或少出砂不影响油气井正常生产,为了达到这个目标,石油院校开展了相关的机理研究,为合理地选择完井方法提供理论依据,为油田对完井方式的选择作出正确决策。

1. 井眼的力学稳定性判断

从能否支承井壁来看,完井方法可分为能支承井壁的完井方法(例如,射孔完井、割缝衬管完井、绕丝筛管完井、预充填筛管完井)和不能支承井壁的完井方法(即井眼完全裸露的裸眼完井)。生产过程中井眼稳定性判断的目的就是判定该井是采用能支承井壁的完井方法还是裸眼完井。

井眼的稳定性受化学和力学稳定性的综合影响。化学稳定性指油层是否含有膨胀性强容易坍塌的黏土夹层、石膏层、岩盐层。这些夹层在开采过程中遇水后极易膨胀和发生塑性蠕动,从而导致失去支承而垮塌。

2. 裸眼完井的地应力与井眼稳定性的关系

井壁岩石形变取决于应力状态与岩石的抗变能力的相对关系。研究要从两个方面入手,一方面要研究井壁岩石实际承受的应力状态,另一方面也要研究岩石的物理性质。

完井工程(直井)中研究地应力应抓住最重要的指标,即两个水平主应力之差($\sigma_H - \sigma_h$)。显然这个差值很大时井壁上敏感点(切向应力最大的点,在最小主应力方向上)的切向应力值($3\sigma_H - \sigma_h$)也非常大,而且井壁一周的最大最小切向应力的差异也特别大[约 $2(\sigma_H - \sigma_h)$],因此井壁最不稳定。也就是应力差(最大主应力与最小主应力之差)是岩石形状改变的原动力,岩体内部的最大剪应力应等于应力差的一半。1.5 节已证明井壁的法向应力以有效应力表示,永远为零,所以井壁岩石所受的应力差一般就等于该处的切向应力。在井壁一周中,切向应力最大的点在最小主应力方向上。该点的应力差是一周中最大的,因此是最敏感的最易变形的点。此点的切向应力 $3\sigma_H - \sigma_h$ 就等于井壁内最大的应力差。

直井的问题相对简单,水平井和定向井则相对复杂很多。还有一个指标也很重要,然而不大为人注意,这就是以有效应力表示的围限压力。围限压力就是岩体所承受的三个主应力的平均值[$\sigma = (\sigma_1 + \sigma_2 + \sigma_3)/3$]。在构造应力微弱的地区,其值约为垂向主应力(即上复负荷)的60% 左右。它是岩石体积变化(包括压缩及压实)的原动力,与岩石形状变化无直接关系,但与岩石破裂条件有着重大关系。岩石破裂条件包括克服内聚力的抗剪强度(破裂面正应力为零时)和克服内摩擦所需的剪应力的两个部分。后者与围限压力正相关,在地壳内其值很大,不可忽视。流体压力起撑开孔隙即裂缝的作用,有流体存在时,破裂条件当然要用考虑了流体压力的有效应力。以有效应力表示的围限压力随深度而增加。对于特定深度,在大多数油田内其值差别不大,一般不成问题。但在特殊条件下，其值可以很小，岩石很容易破裂，就不能不考虑了。

(1) 对地应力与井壁应力的研究

只有知道地应力，才能准确估算井壁岩石承受的应力状态，所以最好能系统取得所处目的层实际地应力状态的资料，实测地应力的方法很多，虽然费时费资金，但在必要时是唯一能准确解决问题的办法。实测不但可以得到地应力的数值，而且可以知道最大、最小主应力的方向。实测地应力的方法非本书范围，这里只想定性地讨论一下油田常见的以及几种特殊的地质条件，及地应力状态对井壁稳定性、完井工程的意义。

①垂向主应力(σ_z)为最小主应力。最大水平主应力(σ_H)远大于垂向主应力和另一个水平主应力(σ_h)。这种情况见于紧邻近带强烈挤压力来源的狭窄地带内。这里($3\sigma_H - \sigma_h$)非常大，不仅井壁敏感部位应力差极大，塑性岩层容易缩径，脆性岩层容易崩塌；而且井壁不同方向的应力差异也非常大，井壁稳定性会极差。相应的完井方式选择及措施是必须认真对待的。而且最小主应力在垂直方向，水平压裂往往产生水平缝，而不易生成垂直缝。如果钻水平井而且将水平段布置在最大水平主应力方向内，则井壁应力状况将大为改善。

②垂向主应力(σ_z)为中间主应力。这种情况见于邻近上述第一类的地区紧邻近带强烈压扭力来源的地带内。这里最大水平主应力(σ_H)不会很大，但σ_h很小，所以σ_H和σ_h的差值也不是很小。因而井壁最大切向应力($3\sigma_H - \sigma_h$)和应力差，以及井壁一周内应力的差异都处于不大不小的中等程度。所以井壁相对稳定，单稳定性也不是非常好。由于最小主应力在水平方向，水力压裂往往产生垂直缝。如果钻水平井，而且将水平段布置在最大水平主应力方向内，则井壁应力状况也将大为改善。

③垂向主应力(σ_z)为最大主应力。大多数油田都属于这种情况，包括近带受拉张力的整个盆地及受到挤压、压扭力的盆地内部广大地区。这里两个水平主应力都很小，且其差值也很小，不仅最大切向应力($3\sigma_H - \sigma_h$)和应力差很低，而且井壁一周内应力的差异比较小，所以稳定性一般是比较好的，井壁比较稳定。由于最小主应力在水平方向，水力压裂往往产生垂直缝。这种区域内，在非常特殊的条件下可能出现特低的有效应力和井壁不稳定。出现以下三个地质条件时应特别注意这个问题。

a. 特高的流体压力。一般的异常高流体压力，如压力系数在1.5以下时，问题不会太严重。但如果压力系数在1.5以上时甚至接近2.0时，有可能出现严重问题。

b. 特低的地应力。如上覆地层内有巨厚低密度岩层，大家知道岩盐的密度只有2.17，只有常见造岩矿物石英长石的85%。如果岩盐厚度占上覆地层的50%，则垂向主应力和围限压力可能只有正常的90%左右。

c. 储层有发育的天然裂缝。

如果以上三个条件同时出现，则井壁稳定性特别低。如某油田盐丘内部的盐下油层，以上三个条件同时出现。估计油层有效应力只有正常情况的1/3，只要有稍大的激动，井壁就可能垮塌，所以裸眼完成的井会出现井筒堵塞。这种地质条件下不宜采取裸眼完井。

(2) 对地应力与井壁岩石物性的研究

井壁是否稳定还取决于岩石强度能否抵抗住应力差的作用。即使应力环境较好，强

度非常低的岩层也可能出现不稳定。最好能取得完井所涉及地层的实际物性数据，主要是破裂强度和屈服强度。缺少实测数据时只能借用类似岩石的数据。

塑性变形的屈服强度，一般都用极限剪切应力来表示，破裂强度有时用抗张极限强度和抗剪强度（围限压力为零时）表示，它可以直接与最大剪应力（应力差之半）相比较以判断稳定性。后者在用以判断破裂条件时要加上克服随围限压力而增加的内摩擦所需的剪应力。但有人采用一定条件下测定的模拟破裂强度，例如单轴抗压强度，这是二向度自由条件下得到的数据，但井壁处于一向度自由条件，其破裂强度要略高于单轴抗压强度，但又将略低于三轴抗压实验所得抗压强度，这是运用这些数据时须注意的。

如果储层有发育的天然裂缝，由于失去了内聚力，破裂条件有所降低，井壁容易失去稳定性。薄层状储层的层理是薄弱面，可视为天然的水平裂缝。

完井过程中往往产生激动，激动的实质是压力急剧变化引起的压力波，当井壁应力差接近岩石强度（接近临界状态）时，较大的激动就可能破坏井壁的稳定，这种情况下就要避免强烈激动。一方面降低压力被动幅度，另一方面减慢波动速度，下套管速度要慢，起下钻速度也不要太快，因为相同的压力波动幅度在较长时间内完成，其激动强度就会低些。实际上完井过程中一定强度的激动总是难以避免的，所以井壁允许的应力差要留有一定的余地。余地应该留多少，要参照当地的井眼来确定。

水平井完井过程中地应力资料的应用是一个新的课题，目前还不成熟，对于水平井来说，决定井壁应力的地应力指标是垂向主应力（σ_z）和与井筒直交的水平应力（σ_x）。后者不一定是一个水平主应力，所以精确计算是非常复杂的，但是定性粗略思考问题时可以当做水平主应力来对待。估计水平井井壁稳定性最有用的指标是差值 $\sigma_z-\sigma_x$，用它代替直井的井筒的 $\sigma_H-\sigma_h$。同一地点，$\sigma_z-\sigma_x$ 与 $\sigma_H-\sigma_h$ 可以相近，也可以相差很大，因此直井与水平井的井壁稳定性可以相近，也可以相差很大。可以是直井的井壁稳定性较好而水平井的井壁稳定性很差，也可以是水平井的井壁稳定性较好而直井的井壁稳定性很差。

在这些地区，$\sigma_z-\sigma_x$ 差值特大，例如接近强挤压力来源处且水平段与挤压力正交时，水平井井壁稳定性特差，这是因为这种地方 σ_z 是地应力的最小主应力，而 σ_x 是地应力的最大主应力，且其值特别大。如果将水平段方向转过 90°，井壁稳定性会大大改善，显然，有时优选水平段方向对井壁稳定性有重大影响。

对于水平井井壁稳定性有影响的另一个因素是井壁的非均质性。直井一般横穿地层，井筒一周往往是同一岩层，岩性差别不大，可当做水平均质处理（见图 8.45）。水平井则井筒往往纵穿岩层界面，井筒一圈往往包含两种或多种差别很大的岩性；如图 8.46 所示，井筒纵穿两种岩性；又如图 8.47 所示井筒纵穿三个薄层。各岩性有不同的物性而且水平地应力也有差别，这是因为水平地应力（σ_x）与岩层的泊松比有关，这些情况下井壁应力应如何计算目前尚无成熟办法。估计

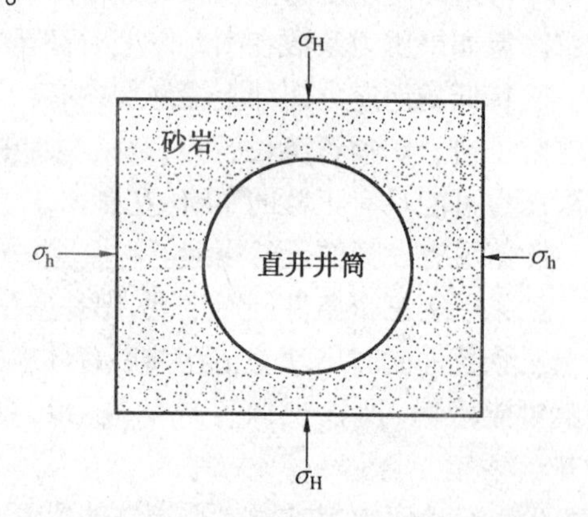

图 8.45　水平井均质性岩层、应力受力情况示意图

不同方位井壁应力有较大的不规则变化,加上不同部位岩石强度的差别,井壁上容易出现薄弱点,导致井壁垮塌。总的来说井壁非均质性是不利于井壁稳定的,而且水平井井筒基本平行于地层层面,而层面往往能起天然裂缝的作用,这也是不利于井壁稳定的。将关键水平段设计在厚储层中也许有利于避免井壁非均质性引起的井壁不稳定。

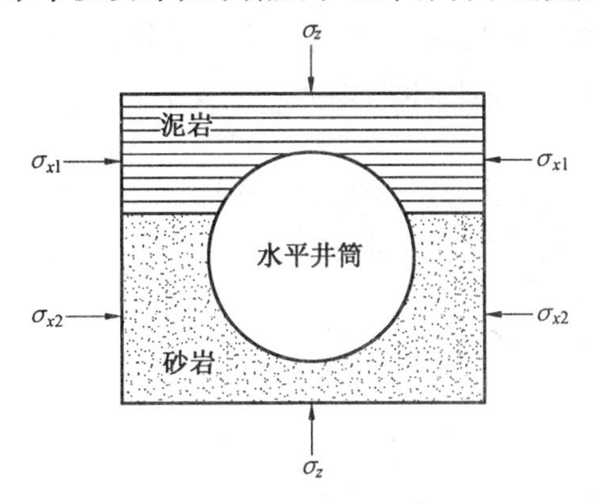

图8.46 水平井穿过两种不同性质岩层应力受力情况示意图

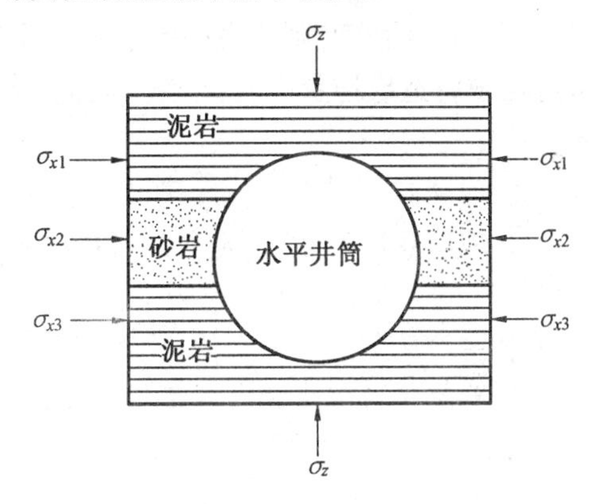

图8.47 水平井穿过三种不同性质岩层应力受力情况示意图

完井实践证明,井眼稳定性与地应力、井壁应力、岩石物性及其非均质性有密切关系,必须进行互相结合,进行综合性研究。因为水平段长达数百米,甚至超过千米,岩性变化大,有的甚至穿过断层,却难保证某井段不垮塌。而对于水平井的稳定性研究,因素很多,条件复杂,目前技术水平短期恐难以解决。当前,最现实的办法就是在裸眼中下入割缝衬管(含打孔管)完井,此完井方式称为裸眼割缝衬管完井,不能称为裸眼完井。美国奥斯丁白垩纪块状、碳酸盐岩、垂直裂缝裸眼完井是当今世界上裸眼完井的经典实例。

此外,国内外都在推广水平分支井技术,因为分支井井眼直径小,分支多,因而有的分支用套管射孔,有的用割缝衬管,其余分支只好用裸眼完井,个别裸眼井筒垮塌,但对整个井筒产量影响不会太大。

3. 地层出砂的判断

砂岩地层出砂的危害性体现在:油气井出砂会造成井下设备、地面设备及工具(如泵、分离器、加速器、管线)的磨蚀和损害,也会造成井眼的堵塞,降低油气井产量或迫使油气井停产。因此,对于出砂的砂岩地层来说,一般都要采取防砂的完井方法。

所以,弄清油气井出砂的机理及正确判断地层是否出砂,对于选择合理的防砂完井方式及搞好油气田的开采是非常重要的。

(1) 地层出砂机理及出砂的影响因素

对于出砂井,地层所处的砂分两种:一种是地层中的游离砂,另一种是地层的骨架砂。石油界对于防砂的观点也随着技术的进步和认识的深化在不断变化。在此之前,一些防砂的理论主要是针对地层中的游离砂,防砂设计也是为了能阻挡地层中的游离砂产出,但是,近几年来,人们的看法有了较大变化。认为地层产出的游离砂并不可怕,反倒能疏通地层孔隙喉道,对提高油井产量有利。真正要防的是地层骨架砂的产出,因为一旦地层出骨架砂,可能导致地层的坍塌,使油井报废。

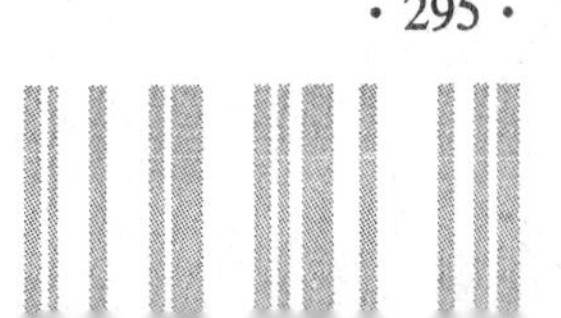

那么，什么时候地层将产出骨架砂呢？按岩石力学观点，地层出砂是由于井壁岩石结构被破坏所引起的。而井壁岩石的应力状态和岩石的抗张强度（主要受岩石的胶结强度——压实程度低、胶结疏松的影响）是地层出砂与否的内因。开采过程中生产压差的大小及地层流体压力的变化是地层出砂与否的外因。如果井壁岩石所受的最大张应力超过岩石的抗张强度，则会发生张性破裂或张性破坏，其具体表现在井壁岩石不坚固，在开采过程中将造成地层出骨架砂。因此，影响地层出砂的因素归结起来主要有以下几个方面：

① 地层岩石强度。一般来说，生产压差越大，地层出砂的可能性就越大。

② 地层压力的衰减，随着地层压力的下降，井壁岩石所受的应力就会增大，地层出砂的可能性就会随着增大。

③ 生产压差。一般来说，生产压差越大，地层出砂的可能性就越大。

④ 地层是否出水和含水率的大小。生产过程中，随着地层的出水和含水率的上升，地层出砂的可能性就越大。

⑤ 地层流体黏度。地层流体黏度越大，地层出砂的可能性就越大。

⑥ 不适当的措施或管理。不适当的增产措施（如酸化或压裂）或不当的管理（如造成井下过大的压力激动）都会引起地层出砂。

（2）地层出砂的判断

生产过程中地层出砂的判断就是要解决油井是否需要采用防砂完井的问题。其判断方法主要有现场观测法、经验法及力学计算方法。

① 现场观测法。

a. 岩心观察。疏松岩石用常规取心工具收获率低，很容易将岩心从取心筒中拿出或岩心易从取心筒中脱落；用肉眼观察、手触等方法判断时，疏松岩石或低强度岩石往往一触即碎或停放数日自行破碎或在岩心上用指甲能刻痕；对岩心浸水或盐水，岩心易破碎。如果产生上述现象，则说明生产过程中地层易出砂。

b. DST 测试。如果 DST 测试期间油气井出砂（甚至严重出砂），说明生产过程中地层易出砂。

有过 DST 测试期间未出砂，但仔细检查井下钻具和工具，在接箍台阶等处附有沙粒，或在 DST 测试完毕后砂面上升，说明生产过程中地层易出砂。

c. 邻井状态。同一油气藏中，邻井生产过程中出砂，本井出砂的可能性大。

② 经验法。

a. 声波时差法。声波时差 $\Delta t_c \geqslant 295\ \mu s/m$，地层容易出砂。

b. G/C_b 法。根据力学性质测井所求得的地层岩石剪切模量 G 和岩石体积压缩系数 C_b，可以算 G/C_b 的值，其计算公式如下：

$$\frac{G}{C_b}=\frac{(1-2\mu)(1+\mu)}{6(1-\mu)^2(\Delta t_c)^4}\times(9.94\rho\times10^8)^2 \tag{8.3}$$

式中 G——地层岩石剪切模量，MPa；

C_b——岩石体积压缩系数，1/MPa；

μ——岩石泊松比，无量纲；

ρ—— 岩石密度,g/cm³;

Δt_c—— 声波时差,μs/m。

当 $G/C_b > 3.8 \times 10^7$ MPa² 时,油气井不出砂;而当 $G/C_b < 3.3 \times 10^7$ MPa² 时,油气井要出砂。

③ 组合模量法。根据声速及密度测井资料,用下式计算岩石的弹性组合模量 E_c:

$$E_c = \frac{9.94\rho \times 10^8}{\Delta t_c^{\ 2}} \tag{8.4}$$

式中 E_c—— 地层岩石弹性组合模量, MPa;

其他符号同上。

一般情况下,E_c 越小,地层出砂的可能性就越大。美国墨西哥湾地区的作业经验表明,当 E_c 大于 2.068×10^4 MPa 时,油气井不出砂;反之,则要出砂。英国北海地区也采用同样的判据,胜利油田也采用此法在一些油气井上作过出砂预测,准确率在 80% 以上,出砂与否的判断方法如下:

a. $E_c \geqslant 2.0 \times 10^4$ MPa,正常生产时不出砂。

b. 1.5×10^4 MPa $< E_c < 2.0 \times 10^4$ MPa,正常生产时轻微出砂。

c. $E_c \leqslant 1.5 \times 10^4$ MPa,正常生产时严重出砂。

④ 力学计算法。根据研究成果,垂直井井壁岩石所受的切向应力是最大张应力,最大切向应力由下式计算:

$$\sigma_t = 2\left[\frac{\mu}{1-\mu}(10^{-6}\rho g H - p_s) + (p_s - p_{wf})\right] \tag{8.5}$$

根据岩石破坏理论,当岩石的抗压强度小于最大切向应力 σ_t 时,井壁岩石不坚固,将会引起岩石结构的破坏而出砂,因此,垂直井的防砂判据为

$$C \geqslant 2\left[\frac{\mu}{1-\mu}(10^{-6}\rho g H - p_s) + (p_s - p_{wf})\right] \tag{8.6}$$

式中 σ_t—— 井壁岩石的最大剪应力, MPa;

C—— 地层岩石的抗张强度, MPa;

μ—— 岩石的泊松比,无量纲;

ρ—— 上覆岩层的平均密度,kg/m³;

g—— 重力加速度,m/s²;

p_s—— 地层流体压力, MPa;

p_{wf}—— 油井生产时的井底流压, MPa。

如果上式成立(即 $C \geqslant \sigma_t$),则表明在上述生产压差($p_s - p_{wf}$)下,井壁岩石是坚固的,不会引起岩石结构的破坏,也就不会出骨架砂,可以选择不防砂的完井方法。反之,地层胶结强度低,井壁岩石的最大切向应力超过岩石的抗张强度引起岩石结构的破坏,地层会出骨架砂,需要采取防砂完井方法。

而水平井井壁岩石所受的最大切向应力 σ_t 则可由下式表达

$$\sigma_t = \frac{3-4\mu}{1-\mu}(10^{-6}\rho g H - p_s) + 2(p_s - p_{wf}) \tag{8.7}$$

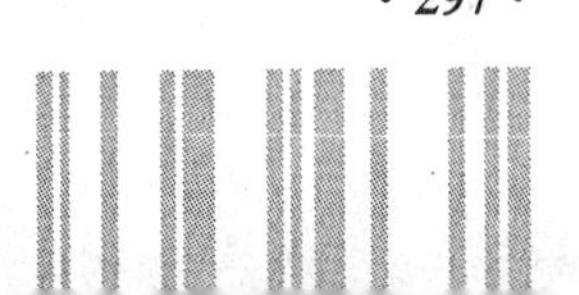

各参数符号意义同上。对比式(8.5)和式(8.7)可以看出，由于岩石的泊松比一般在0.15～0.4之间，故$\frac{3-4\mu}{1-\mu} > \frac{2\mu}{1-\mu}$，因此在相同埋深及生产压差$(p_s - p_{wf})$下，水平井井壁岩石所承受的切向应力要比垂直井的大，如果地层岩石的胶结程度较差，以致地层岩石的抗压强度经受不住井壁岩石的切线应力时，产层的岩石结构就会遭到破坏而出骨架砂，所以在同样埋深处垂直井不出砂的地层，打水平井就不一定不出砂。同理，水平井井壁岩石的坚固程度判别式为

$$C \geqslant \frac{3-4\mu}{1-\mu}(10^{-6}\rho g H - p_s) + 2(p_s - p_{wf}) \tag{8.8}$$

对于其他角度的定向井，其井壁岩石的坚固程度判据为

$$C \geqslant \frac{3-4\mu}{1-\mu}(10^{-6}\rho g H - p_s)\sin\alpha + \frac{2\mu}{1-\mu}(10^{-6}\rho g H - p_s)\cos\alpha + 2(p_s - p_{wf}) \tag{8.9}$$

很显然，当井斜角α为0°时，式(8.9)变为式(8.6)；而当井斜角α为90°时，式(8.9)变为式(8.8)，所以式(8.9)为通式。

由此可以看出：

① 在地层岩石抗压强度C、地层压力p_s不变的情况下，当生产压差$(p_s - p_{wf})$增大时，原来不出砂的井可能会开始出砂。也就是说，生产压差增大是出砂与否的一个重要外因。

② 当地层出水后，特别是膨胀性黏土含量高的砂岩地层，其岩石的胶结强度将会大大下降，从而导致岩石的抗压强度C下降，使原来不出砂的井(不出水的井)可能会开始出砂。

③ 在地层岩石抗压强度C不变时，随着地层压力p_s的下降，即使生产压差保持常数，原来不出砂的井也可能会开始出砂。

以上第②和第③点可以解释为什么许多油井在初产阶段不出砂，但生产一段时间后(地层出水，地层压力p_s下降)开始有出砂现象。

4. 砂粒粒径大小和砂粒胶结对出砂的影响

(1) 砂粒粒径分级

粒径≤0.1 mm为细粉砂；粒径0.1～0.25 mm为细砂；粒径0.25～0.5 mm为中砂；粒径0.5～1.0 mm为粗砂。

此外，地层砂均质性指的是砂粒分选的均匀性，一般用均匀系数c来表示，即

$$c = \frac{d_{40}}{d_{90}} \tag{8.10}$$

式中 d_{40}—— 地层砂筛析曲线上占累积重量40%的地层砂粒径；

d_{90}—— 地层砂筛析曲线上占累积重量90%的地层砂粒径。

对于出砂的砂岩地层来说，地层砂的粒度大小和均匀性系数是选择防砂方法的基本依据之一。

对于细砂、中砂、粗砂的防砂工具、工艺和技术已基本配套，已在生产上推广应用。用防细砂、中砂、粗砂的方法去防细粉砂是无效的。一旦将细粉砂防住了则油气也防住了，什么都不出了。近年来用纤维加树脂，复合防细粉砂的方法，已初见成效，正扩大推广应用。

(2)出砂与砂粒之间胶结的关系

油层砂之间胶结有钙质、硅质、黏土、原油胶结,有的游离砂根本没有胶结。至于钙质或硅质胶结的砂粒,只要不破坏其岩石骨架,是可以做到不出砂或少出砂的。若出砂则防砂,但对于黏土、原油胶结或游离砂,若避免激动或缩小生产压差,可以少出砂,但仍会出少量砂,最终还是要防砂。青海涩北气田、气层、砂粒之间不胶结,后采取缩小生产压差,可以维持生产,但产量很低。稠油层砂粒多与原油胶结,出油即出砂,不防砂即无法生产。因此,地层出砂判断是非常重要的,根据判断不同出砂情况,预先采取相应措施,以保证油气田能正常投产和生产。

8.3.2 完井方式选择依据及流程

完井方式选择必须以油田地质和油藏工程研究和油田开发方案要求为依据,完井方式的选择对象是油气井单井,虽然单井属同一油藏类型,但其所处结构位置不同,所选择的完井方式也不尽相同,完井方式选择依据如图 8.48 所示。

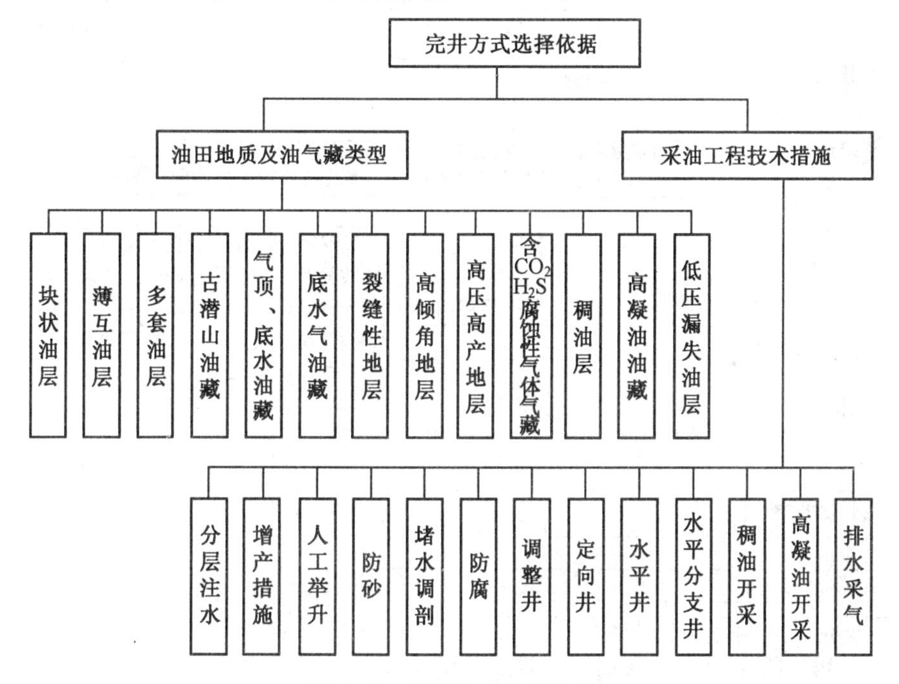

图 8.48 完井方式选择依据

1. 直井完井方式选择

直井完井方式是国内外自石油开发至今的完井基本方式,今后也将会如此,直井完井适应范围广、工艺技术简单、建井周期短、造价低。按油、气井地层岩性可分为砂岩、碳酸盐岩和其他岩性 3 大类,这 3 大类型岩性均可以采用直井完井。

(1)砂岩稀、中质油气藏

砂岩油气藏完井方式选择流程如图 8.49 所示。砂岩油藏分为层状、块状和岩性油藏。在陆相沉积地层中,层状油藏所占比例大。块状或岩性油藏中其物性、原油性质和压力系统大致是一致的,因而完井方式无须作特殊考虑。但层状油藏,特别是多套层系同井合采时，就应认真考虑其完井方式。首先应考虑的是各层系间压力、产量差异，若差异不大，则可同井合采；若差异大，特别是层间压力差异大，因层间干扰大，高压层的油将向低压层灌，多套层系开采的产量反而低于单套层系的产量，在这种情况下，即应按单套层系开采；但有时单套层系的储量丰度又不足以单独开采，此时只能采用同井双管采油，每根油管柱开采一套层系，以消除层间干扰，保证两套层系都能正常生产。如南海油田、塔里木轮南油田即采用了双管完井。

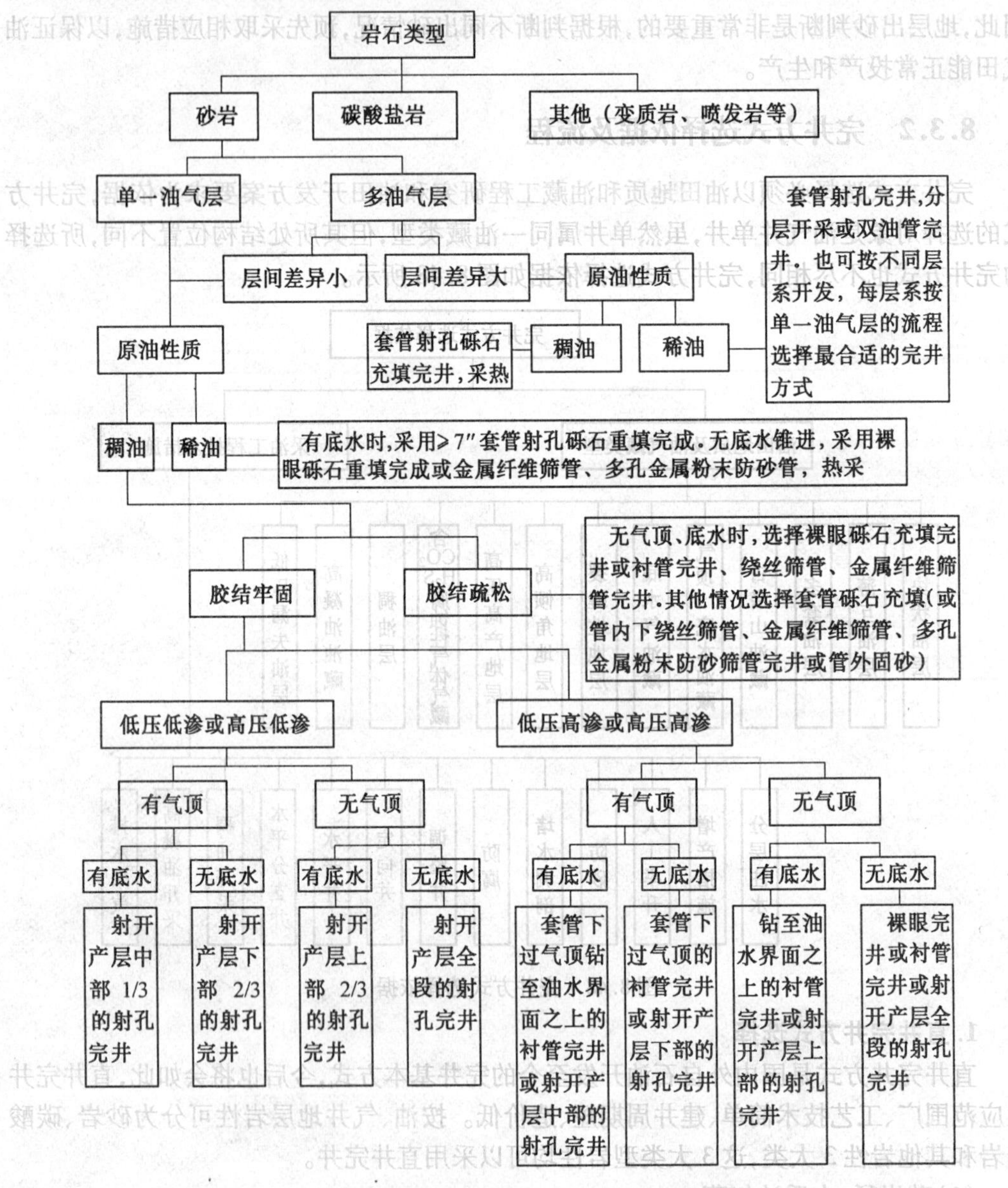

图8.49 砂岩油气藏直井完井方式选择流程图

(2) 砂岩稠油油藏

砂岩油藏从原油黏度来分，可分稀油、稠油油藏。陆相沉积地层的特点是层透率偏低，而且地层能量低。稀油油藏大多需要注水，补充地层能量开发，而且多套层系都要进行压裂增产措施。这类砂岩油藏只宜采用套管射孔完成，不应采用裸眼或割缝衬管等方式完井，因为裸眼或割缝衬管完井都无法分层注水或分层压裂。

至于砂岩稠油油藏，因稠油层不论普通稠油或特、超稠油，油层大多胶结疏松，生产过程大多出砂，因而必须采取防砂措施。防砂的方法在8.1节已阐述，可根据具体情况加以选择，此外必须强调的是稠油井应采用大直径套管，套管直径不小于7 in。因为稠油黏度大，流动阻力大，采用大直径套管才能下大直径油管。本书第3章中专门论述稠油井套管直径的问题，此处不再论述。

砂岩普通稠油大多采用注水开发，如胜利孤岛、孤东、埕东和胜坨油田都是采用注水开发。采用套管射孔完成即能分层控制，并可在注水井中采用树脂固砂方法；在生产井可采用树脂固砂、防砂滤管或绕丝筛管砾石充填防砂的方法，上述油田从20世纪70年代直至80年代开发实验证明这种完井方式是适合的。

至于特、超稠油都是采用注蒸汽开采，辽河高升油田为大厚抽油田，有气顶、底水，油层厚度为60～80 m，早期采用裸眼完成，绕丝筛管砾石充填防砂，后因裸眼完成难以控制气顶和底水，也难以调整吸汽剖面，后改用套管射孔完成。至于一些层状或薄互层的稠油层，如辽河欢喜岭、曙光、河南井楼等油田以及胜利乐安油田的砂砾岩油层都是采用套管射孔完成，只射开油层，避射隔、夹层并绕丝筛管砾石充填或滤砂管防砂，上述油田的完井都经受了注蒸汽的考验。

砂岩油藏不论为何种油藏类型，若为低渗透油藏，则需要进行压裂增产措施；若为高渗透油藏，油层胶结疏松，油层易坍塌或出砂，就需要防砂。再就是稀油油藏需要注水开发，稠油油藏需要注蒸汽开采，而且要分层控制及调整其吸水、采油和吸汽剖面，因而宜采用套管射孔完成。至于一些单一油层，无气顶、底水，油层渗透率适中，依靠天然能量开采，不进行压裂增产措施，采用裸眼下割缝衬管完井也是可行的。

至于砂岩气藏，大多为致密砂岩，渗透率低，都必须进行压裂增产措施，特别是一些底水汽藏，要防止底水锥进，所以应采用套管射孔完成，不宜采用裸眼完成。

(3)碳酸盐岩油气藏

碳酸盐岩油气藏完井选择流程如图8.50所示。

碳酸盐岩油藏按渗流特征可分孔隙性和裂缝性或裂缝和孔隙双重介质油藏。如胜利纯化油田的假蠕状石灰岩即为孔隙性油层，华北任丘油田雾迷山油层则为裂缝为主和基质孔隙双重介质油藏。孔隙性油层完全可以按砂岩油层一样完井，因为此类油层需要进行酸化或压裂酸化增产措施，因而多采用套管射孔完井。裂缝性或裂缝和孔隙双重介质油藏，如华北任丘油田古潜山油藏有气顶和底水，开发初期采用裸眼完井，发展了一套裸眼封隔器进行堵水和酸化措施，但不如在套管中进行井下作业措施可靠。后来又采用了套管射孔完成，这样对控制气窜、底水锥进和进行酸化措施就有效多了。但是这类油藏若无气顶和底水，也可采用裸眼完井。

碳酸盐岩气藏与油藏一样有两种类型，如四川磨溪气田即属孔隙型气藏，靖边气田也属此类型，而四川其他气田则大多属于裂缝型气藏。这两种气藏大多有底水，孔隙型气藏完全可以按孔隙型油藏完井一样对待。其增产措施与油层一样，要进行酸化或压裂酸化，

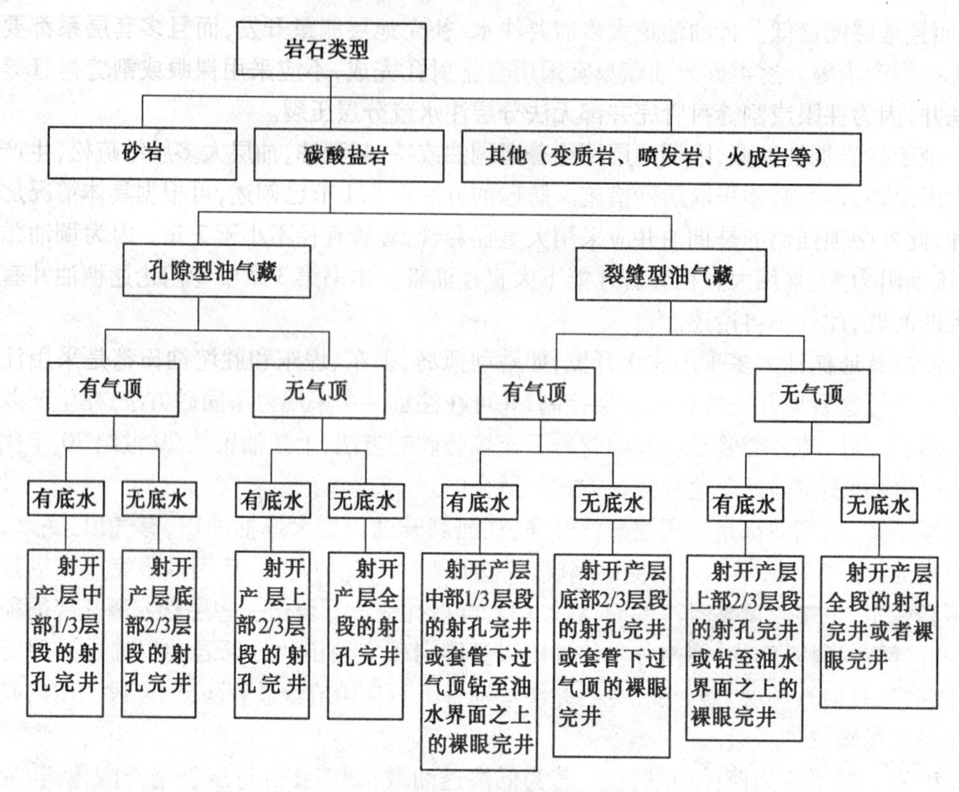

图 8.50　碳酸盐岩油气藏完井选择流程图

因而多采用套管射孔完井。底水裂缝型气藏，也同样需要酸化和控制底水措施，因而宜采用套管射孔完井，有时也可选择裸眼完井。俄罗斯天然气井裸眼完井都下有打孔管，以防井筒坍塌。

(4)火成岩、变质岩等油藏

这类油藏是指火山岩、安山岩、喷发岩、花岗岩、片麻岩等油藏。这类油藏都属次生古潜山油藏，是由生油层的原油运移至上述岩石的裂缝或者空穴中而形成的油藏，这种类型的油藏都为坚硬的岩石，可按裂缝性碳酸盐油藏完井。火成岩、变质岩油藏直井完井方式选择如图 8.51 所示。

2. 水平井完井方式选择

(1)按曲率半径选择完井方式

短曲率半径的水平井，当前基本上采用裸眼完井。主要在坚硬垂直裂缝的油层中裸眼完井，如美国奥斯丁白垩系地层，或者是致密裂缝砂岩，因为这些地层都不易坍塌，虽然是裸眼，仍能保持正常生产。至于砂岩油层水平井不宜采用短曲率半径完井，此完井方式无法下套管射孔或下割缝筛管完井，因为砂岩油层在生产过程易坍塌而堵塞井筒，而在短曲率半径的井中进行井下作业困难。同时短曲率半径的水平段短，目前的水平在 100 m 左右，增产倍数有限，故在砂岩油层选择此完井方式应慎重。

中、长曲率半径的水平井国内外普遍采用的完井方式可以根据岩性、原油物性、增产措施等因素选择。当今水平井技术发展很快，水平井水平段也不断增长。现在又发展了

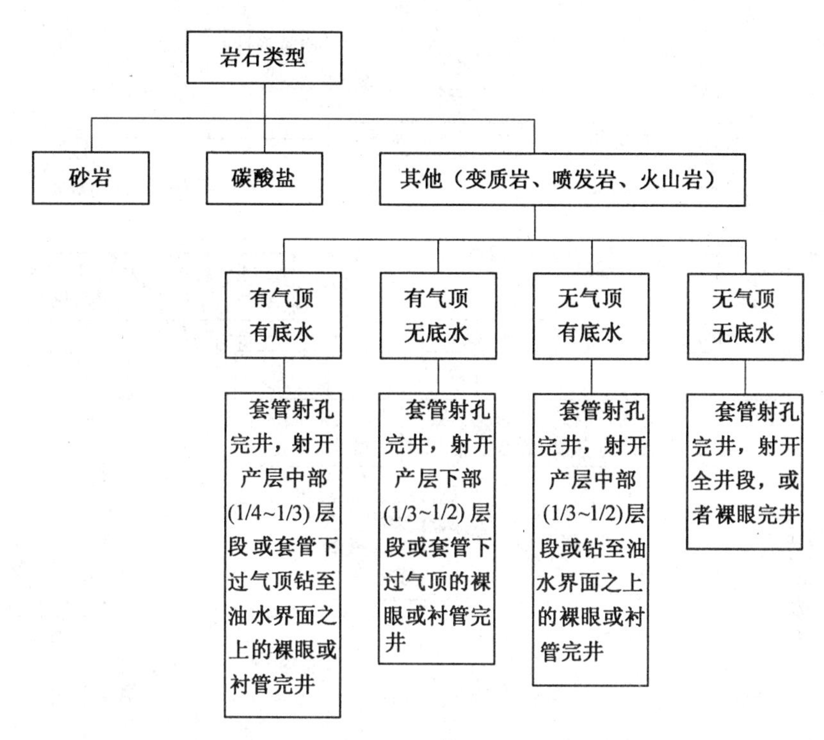

图8.51　火成岩、变质岩油藏直井完井方式选择流程图

大位移水平井，水平段长达1 000 m以上。在这些长水平井段，特别是砂岩生产过程中地层难免坍塌，因而不宜采用裸眼完井，通常采用的是割缝衬管加套管外封隔器(ECP)完井或套管射孔完井。

(2)按开采方式及增产措施选择完井方式

对于稠油油藏，加拿大在Saskatchewan地区大量采用水平井注蒸汽开采稠油，其完井方式大多采用割缝衬管完成，或下金属纤维滤砂管或预充填绕丝筛管防砂。我国胜利乐安油田采用了割缝衬管和套管射孔完井，下金属纤维或陶瓷砂管或其他方法防砂。稠油层胶结疏松，地层易坍塌，不能用裸眼完井。

对于一些低渗透油层的水平井，需要进行压裂措施，因而只能用套管射孔完成。即使采用割缝衬管加套管外封隔器完井，因为分隔层段太长(长度为100~200 m或更长)，只能进行小型酸化措施，而无法进行压裂措施。另一方面，高速携砂压裂液会将割缝衬管的缝隙刺大或破坏。

至于定向井的完井方式选择，因定向井井斜大致在45°左右，其完井方式基本同直井一样选择。

水平井完井方式选择流程图如图8.52所示。

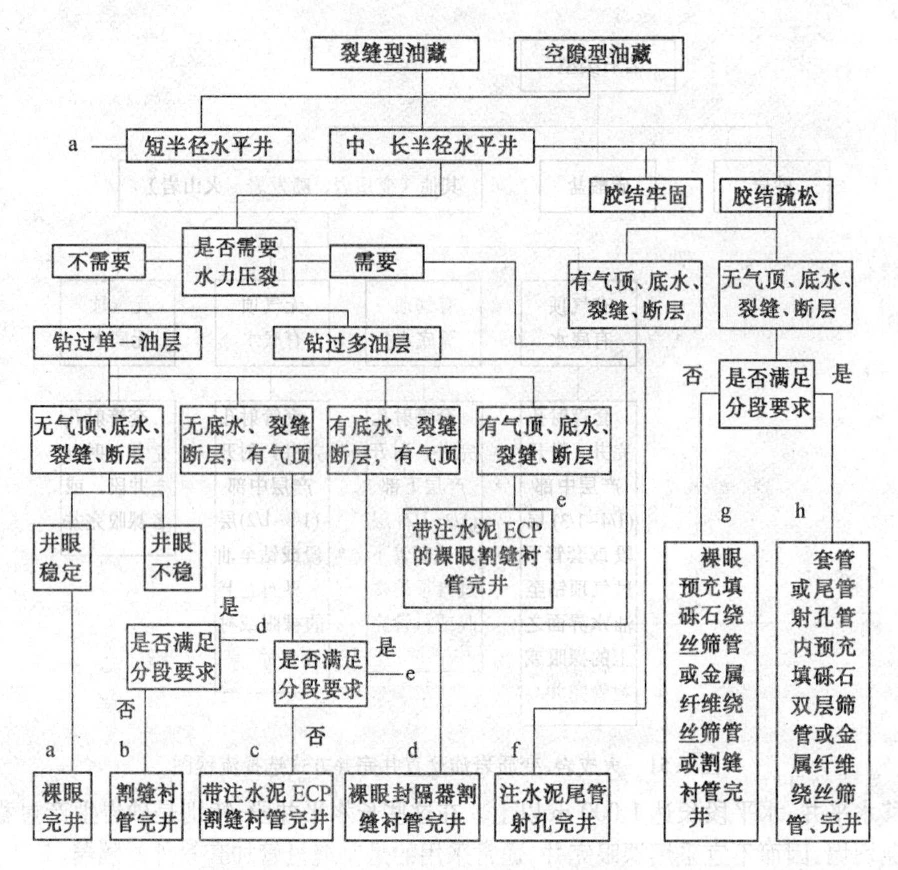

图 8.52 水平井完井方式选择流程图

8.4 保护油气层

在钻开油气层过程中，钻井完井液中的固相及其滤液进入油气层而与油气层的岩石和流体发生作用，以及不适当的工艺措施，都可能引起油气层的渗透率降低而造成油气层损害。油气层的损害不仅降低油气井的产量，还可能损失宝贵的油气资源并增加勘探开发成本。所以，钻开油气层过程中的保护油气层技术是加快勘探速度、提高油气采收率和增储上产的重要技术组成部分，是保护油气资源的重要战略措施。

8.4.1 保护油气层的重要性

1. 有利于发现和正确评价油气层

探井的完井过程中，如果没有保护好油气层而造成油气层的损害，就可能使一些有希望的油气层被误判为干层或不具有工业开采价值。例如，辽河荣兴油田，1980 年之前先后钻了 9 口探井，均因油气层受到损害而判为没有工业价值；1989 年，采用保护油气层的配套技术重新钻探该构造，所钻 17 口井均获得工业油流，钻探结果新增含油气面积为 18.5 km^2，探明原油储量上千万吨，天然气几十亿立方米。又如，华北油田岔 37 井的第 16 层和第 19 层，由于钻井完井液的污染，电测解释为水层，而射孔试油时分别排出 59 m^3 和

37 m^3钻井液滤液后，都基本上出纯油，分别产油为16.5 t/d和11.7 t/d。可见，搞好保护油气层的工作有利于发现油气层和正确评价油气层。

2.有利于提高油气井产量和油气田开发效益

保护油气层配套技术的应用，可减少对油气层的损害，提高油气层的产量与勘探开发效益。例如，新疆的夏子街油田，勘探初期采用普通钻井液钻井，油井产量较低，每天仅3~6 t；该油田投入开发时，采用与油气层特性相匹配的低密度两性离子聚合物水包油屏蔽暂堵钻井液钻开油层，完井后采用压裂投产，日产油8~9 t，最高达每天24 t。又如，吐哈的温米是一个低渗油田，开发方案设计需要压裂投产才能达到所需产量，但是在钻167口开发井时，由于从钻井到完井投产过程中，全面推广使用与该油田油气层特性配伍的保护油气层技术，射孔后全部井都自喷投产，而且单井产量比开发方案中设计产量提高20%~30%，省掉了压裂工序，节省了几十万元的费用。可见，搞好保护油气层工作，有利于提高油气井的产量和油气田开发效益。

要想减少油气层的损害，保护好油气层，就必须首先弄清楚对油气层造成损害的原因，然后对症下药，采取合理的保护油气层措施。

8.4.2　油气层损害的内因

1.油气层储集和渗流空间

油气层的储集空间主要是孔隙，渗流通道主要是喉道，喉道是指连通孔隙的狭窄部分，是容易受损害的敏感部位。

①喉道越大，油气层越易受到固相颗粒侵入的损害，水锁损害的可能性较小；喉道较小，固相损害的可能性小，水锁、黏土水化膨胀损害的可能性大；喉道细小，水锁、黏土水化膨胀损害的可能性较大，还会产生乳化堵塞。

②喉道弯曲程度越大，喉道越易受到损害。

③孔隙连通性越差，油气层越易受到损害。

2.油气层敏感性矿物

①油气层中的水敏和盐敏性矿物与外来水相作用后产生水化膨胀或分散、脱落等，这会导致油气层渗透率降低。水敏和盐敏性矿物主要有蒙脱石、伊利石-蒙脱石间层矿物和绿泥石-蒙脱石间层矿物。

②油气层中的碱敏性矿物与高pH值外来液作用后产生分散、脱落或新的硅酸盐沉淀和硅凝胶体，会引起油气层渗透率降低。碱敏性矿物主要有长石、微晶石英、各类黏土矿物和蛋白石。

③油气层中的酸敏性矿物与酸液作用后产生新的无机沉淀和凝胶体，会引起油气层渗透率降低。酸敏矿物可分为盐酸酸敏性矿物和土酸酸敏性矿物两类。前者主要有铁绿泥石、铁方解石、铁白云石、磁铁矿、菱铁矿和水化黑云母，后者除盐酸酸敏性矿物外，还有石灰石、白云石、钙长石、氟石和各类黏土矿物。

④油气层中的速敏微粒矿物在流体流动剪切作用下发生运移，会堵塞油气层狭窄喉道。速敏微粒矿物主要有黏土矿物及粒径小于37 μm的各种非黏土矿物微粒，如石英、长石、方解石等。

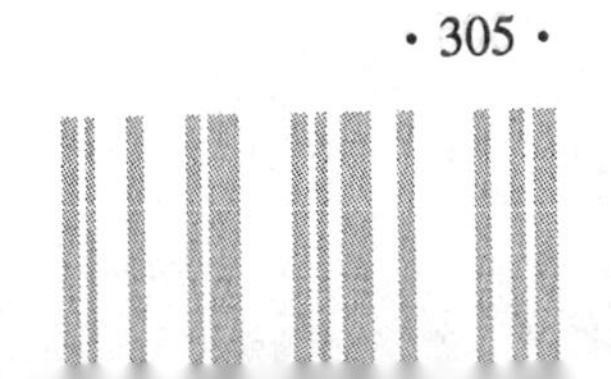

3. 油气层流体

(1)地层水对油气层的损害

①当入侵流体与地层水不配伍时,会生成碳酸钙、硫酸钙、硫酸钡、氢氧化钙等无机沉淀。

②油气层中高矿化度盐水可引起进入油气层的高分子处理剂发生盐析。

(2)原油对油气层损害

①地层原油中的蜡质、胶质和沥青质可形成有机沉淀物,堵塞油层喉道。

②外来油与地层水或外来水相与油气层中的油相混合,形成油包水或水包油乳状液或增加原油的黏度,可以堵塞油气层通道,从而引起乳化堵塞损害。

(3)天然气的性质对油气层损害

天然气中含有的硫化氢和二氧化碳会腐蚀设备产生铁锈或其他微粒堵塞油气层。

8.4.3 油气层损害的外因

油气层损害的内因在没有外因作用的诱导下,自身是不会自动造成油气层损害的。因此,油气层损害的外因如何诱发内因起作用而造成油气层的损害是研究的关键。所谓外因,就是在施工作业过程中,任何能够引起油气层微观结构或流体原始状态发生改变而引起油气层损害的外部因素。实际上,在油气井工程的各个环节中,如钻开油气层、固井、射孔、试油、修井等都将不同程度地产生近井地带油气层的污染问题。井筒内的固相、液相侵入油气层,与地层内的固相和液相发生固—固、固—液、液—液的物理和化学作用,使油气层的有效渗透率受到不同程度的损害。

(1)外来流体中固相颗粒堵塞油气层造成损害

当井筒中流体的液柱压力大于油气层孔隙压力时,固相颗粒就会随液相一起被压入油气层,从而缩小油气层孔径,甚至堵死喉道,造成油气层损害。

①外来流体中固相颗粒浓度越大,损害越严重。

②井筒中流体的液柱压力与油气层孔隙压力的差越大、剪切速率越高和作业时间越长,损害越严重。

③固相颗粒直径小于喉道直径的1/4且浓度较低时,颗粒侵入深度较深,而损害程度较轻,但损害程度会随着时间的延长而加大。

④对于中、高渗透率砂岩油气层,尤其是裂缝性油气层来说,外来固相颗粒侵入油气层的深度和所造成的损害程度相对较大。

⑤严重的固相损害一般在近井地带。

⑥固相颗粒粒径与孔径匹配较好、颗粒大小配合适当且有足够的压差时,固相颗粒可在井壁附近很小的范围内形成致密的暂堵滤饼,有利于阻止固相和滤液的进一步侵入,而大大减少侵入量,降低损害的深度。投产时可通过射孔穿透滤饼,解除暂堵损害。

(2)外来流体(水、碱液、酸液)与水敏性矿物、碱敏性矿物、酸敏性矿物发生作用对油气层造成堵塞损害

(3)外来水相、油相与油气层中的地层水、原油不配伍生成无机沉淀、有机沉淀、乳状液等堵塞油气通道

(4)细菌堵塞

油气层中原有的细菌或者随外界流体一起进入的细菌生长时,会导致以下3方面的油气层损害:

①大量繁殖形成菌落堵塞油气层孔道。

②细菌排出的黏液堵塞油气层。

③细菌代谢产物引起硫化亚铁、碳酸钙、氢氧化亚铁等无机沉淀生成。

影响细菌生长的因素有环境条件(温度、压力、矿化度和pH值等)和营养物。

(5)外来水相进入油气层后,会产生水锁损害

增加油气流动的阻力,导致油气层渗透率降低。外来水相的侵入量越大、水锁损害越严重,喉道较小的油气层、低渗和低压油气层比较容易发生该类损害。

(6)钻井压差

钻井液液柱压力与油气层孔隙压力之差(钻井压差)是造成油气层损害最主要的因素之一。在一定压差下,钻井液中的滤液和固相就会渗入地层内,造成固相堵塞和黏土水化膨胀堵塞等问题。井底压差越大,对油气层损害的深度越深,对油气层渗透率的影响也就更为严重。若是压漏了油气层,钻井液会漏失到油气层深部,将造成难以解除的油气层损害。

不能低估压差对油气层的损害程度。国外某油田在钻开油层时,如压差小于103 MPa,产量接近636 m^3/d;如压差大于103 MPa,则产量仅为318 m^3/d。调查表明,在钻井过程中,由于过平衡压力条件下钻井促使液相与固相侵入地层,会使油气层的渗透率降低10%~75%。由此可见,压差是造成油气层损害的主要原因之一,降低钻井压差是保护油气层的重要技术措施。

钻井过程中,造成井内压差增大的原因有:采用过平衡钻井液密度、管柱在充有流体的井筒内向下运动产生的压力激动、地层压力检测不准确、水力参数设计不合理、井身结构不合理、钻井液流变参数设计不合理、井控方法不合理、井内钻屑浓度过高及开泵引起的井内压力激动等。

(7)油气层浸泡时间

在钻开油气层的过程中,钻井液滤失到油气层中的数量随钻井液浸泡时间的延长而增加。浸泡过程中除滤液进入地层外,钻井液中的固相在压差作用下也逐步侵入地层,其侵入地层的数量及深度随时间增加,浸泡时间越长侵入越多。因此,钻开油气层时间越短,对保护油气层越有利。

在钻井过程中,油气层的浸泡时间包括从钻入油气层开始至完井电测、下套管、注水泥这一段时间。另外,在钻开油气层过程中,若钻井措施不当,或其他人为原因,造成掉牙轮、卡钻、井喷、井漏或溢流等井下复杂情况和事故后,就要花费大量的时间去处理井下复杂事故,这样将成倍地增加钻井液对油气层的浸泡时间。

(8)环空流速

①高的环空流速,即环空流态为紊流时,井壁被冲刷,使井眼扩大,造成井内固相含量增加。

②高环空流速在环空产生的循环压降将增大钻井液对井底的有效液柱压力,即增大

对井底的压差。

③环空流速越大,钻井液对井壁泥饼的冲蚀越严重,不利于形成阻止钻井液中固相和滤液侵入油气层的致密泥饼,使钻井液的动滤失量增加,钻井液固相和滤液对油气层伤害的深度与程度也随之增加。

一般情况下产生高环空流速的原因有:水力参数设计中未考虑井壁冲蚀条件,致使排量设计大而导致环空流态为紊流;起下钻速度太快,在环空形成高流速;开泵时快速下放管柱会在环空产生极高的流速。

(9)固井质量不好引起油气资源损失

固井作业中,由于水泥浆顶替效果不好,水泥浆环中有大量钻井液槽带;水泥与地层和套管胶结情况不好,形成环隙;水泥浆凝结过程中,失重造成的静水压力低于油气层压力,使油、气、水侵入水泥浆形成通路等。这些因素都可能导致环空封隔质量不好,固井质量不合格,引起油气在地层之间互窜和窜到地面,最终使有些油气资源不能有效采出,从而引起油气资源损失。

(10)水泥浆对油气层的损害

水泥浆对油气层损害与钻井液相比有如下特点:损害压差大、固相含量高、滤失速度大、滤液离子浓度高。所以,尽管损害时间短,但有可能造成比较严重的损害;水泥浆污染处于钻井液污染之后,如钻井过程形成了优质的内、外泥饼,对水泥浆滤液和颗粒侵入油气层会有明显的阻挡作用,因此会减少水泥浆对油气层的损害。

①水泥浆中固相颗粒对油气层的损害。

水泥浆中粒径为 5 ~30 μm 的颗粒约占固相总量的15%,而多数砂岩油藏的孔隙或喉道直径大于这个数值。因此,水泥浆中固相颗粒有可能进入油气层,并在油气层孔隙中水化固结、堵塞油气层的孔隙或喉道,造成油气层的永久堵塞。

②水泥浆滤液对油气层的损害。

水泥浆滤液中的钙、镁等无机离子处于过饱和状态时,就有可能析出 $Ca(OH)_2$、$Mg(OH)_2$等结晶沉淀,从而堵塞油气层孔隙而造成损害。水泥浆滤液对油气层的损害要比水泥浆固相颗粒造成的损害严重。

8.4.4 护油气层

1. 选用能保护油气层的钻井液体系

钻开油气层的钻井液不仅要满足安全、快速、优质、高效的钻井工程施工要求,而且还要满足保护油气层的技术要求。通过多年的研究与实践,可将这些要求归纳为以下几个方面。

(1)具有不同的密度系列与密度可调

我国油气层的压力系数从 0.4 到 2.87 分布很广,部分低压、低渗、岩石坚固的油气层,可能还需要采用负压差钻井来减少对油气层的损害。因而,必须具有从空气密度到 3.0 g/cm^{3}的不同密度与不同类型的系列钻井液,才能满足各种压力系数的油气层需要。同时,钻井液的密度应易于调整,以满足不同压力油气层近平衡压力钻井的需要。

(2)钻井液固相对油气层损害小

为了减轻钻井液固相对油气层的损害,钻井液中除保持必需的膨润土、加重剂和暂堵剂外,应尽可能地降低钻井液中的膨润土和无用固相的含量,尽可能采用无固相或无膨润土相钻井液钻开油气层。同时,应依据所钻油气层的喉道直径,选择尺寸大小、级配和数量匹配的暂堵剂固相颗粒,以减少固相侵入油气层的数量与深度,在油井投产时再进行解堵。

(3)钻井液与油气层岩石必须配伍

为了防止因钻井液与油气层岩石不配伍而引起水敏、盐敏、碱敏、酸敏等损害,对于中、强水敏性油气层的钻井液,应有较强的抑制性,以防止黏土水化膨胀引起水敏损害;对于盐敏性油气层,钻井液的矿化度应控制在临界矿化度以上;对于碱敏性油气层,钻井液的 pH 值应尽量控制在临界 pH 值以下;对于酸敏性油气层,尽量不要选用酸溶性暂堵剂。

(4)钻井液滤液与油气层流体必须配伍

钻井液滤液中的无机离子和处理剂应不与油气层流体发生反应,生成无机及有机沉淀,以及不与油气层中流体作用产生乳化堵塞;滤液的表面张力应低,以减轻水锁损害;钻井液滤液中应尽量避免含有在油气层环境中可以大量繁殖的细菌,以防止产生细菌堵塞损害。

(5)钻井液的常规性能应有利于保护油气层

钻井液的造壁性要好,泥饼渗透率低,高温、高压滤失量最好低于 10 mL,这有利于减少钻井液的侵入量;钻井液的润滑性好、摩擦阻力低、流变性好,以降低起下钻或开泵时的激动压力。

国内比较成熟的保护油气层钻井完井液(或流体)可分为 3 种不同的类型:

①水基钻井完井液。包括甲酸盐钻井完井液、低膨润土聚合物钻井完井液、无膨润土聚合物暂堵型钻井完井液、水包油型钻井完井液、阳离子聚合物钻井完井液、正电胶钻井完井液。

②油基钻井完井液。包括纯油基钻井完井液、抗高温高密度油包水乳化钻井完井液、低胶质油包水钻井完井液。

③气体型钻井完井流体。包括气体钻井完井流体、雾化钻井完井流体、泡沫钻井完井流体、充气钻井完井液。

不同类型的钻井完井液(或流体)各有其优缺点和适用范围,这些内容在钻井液课程中进行讲授。

2. 采用合理的钻井液密度,降低钻井液液柱压力与地层压力之间的差值

为了防止井喷,钻井液液柱压力一般应高于地层压力,这一压力差是造成油气层污染的主要原因。适当降低钻井液液柱压力与地层压力之间的差值,使钻井液的液柱压力与油气层压力大体相等。在此压力下钻开的油气层可使油气层受污染最小。为了降低钻井液液柱压力与地层压力之间的差值,国内外都推广使用近平衡压力钻井、平衡压力钻井技术,在特殊的油气层中还采用空气钻井、雾化钻井、天然气钻井、泡沫钻井、充气钻井液钻井和轻质钻井液钻井等欠平衡钻井技术。

平衡压力钻井技术主要包括:利用地震法、邻井资料对比法预测地层压力;利用机械钻速法、页岩密度法监测地层压力;保持钻井液密度稍大于地层压力当量钻井液密度;尽量减少抽吸压力、激动压力与环空流动阻力;保证在任何钻井工况下井底压力都大于地层压力等。平衡压力钻井就是在井喷边沿进行钻井,为了有效地防止井喷,就必须用井控技术(详细内容在井控技术课程中讲授)进行保障。

3. 减少油气层浸泡时间

①采用平衡压力钻井和欠平衡钻井技术,有效地降低了井筒内的压差,使得机械钻速明显增加,从而缩短了钻井液对油气层的浸泡时间,进而减轻了对油气层的污染。

②从钻入油气层开始至完井电测、下套管、注水泥这一段时间,应加快各项施工作业,防止钻井事故的发生,尽量减少钻井液对油气层的浸泡时间。

③把已钻开的油气层下入一层套管封固起来,可以防止上部油气层继续被钻井液浸泡。

4. 采取保护油气层的固井工艺技术

①努力改善水泥浆的顶替效率,增强水泥浆与井壁和套管的胶结强度;使用特种水泥体系,如防气窜水泥、不渗透水泥和膨胀水泥,以克服油气水在水泥浆中的窜失。

②注水泥过程中的液柱压力要等于或稍大于地层压力。另外,对于低压地层,在水泥浆体系中就需要使用降密度添加剂。降密度添加剂可归纳为 3 大类:水基类(黏土化学填充剂)、降密度剂(火山灰、煤基材料和沥青基材料、膨胀珍珠岩)和超低密度剂(空心微球、泡沫水泥)等。

③严格控制水泥浆失水。控制水泥浆失水不仅是保证固井安全与质量的关键手段,而且是保护油气层免遭损害的关键所在。所以,在固井作业中应使用和研究高效降失水剂,把失水控制在最低程度。根据现有试验,长链高分子聚合物添加剂有利于形成良好的内泥饼,可以减少对油气层损害的深度。

④严格控制下套管速度,减小压力激动引起的压差损害。

⑤合理设计水泥浆流变性。从保护油气层的观点出发,应尽可能地采用塞流注水泥,减少环空压力。

⑥合理设计套管柱及其下入程序。

第9章

射　孔

9.1 射孔工艺

一般根据油藏和流体特性、地层损害状况、套管程序和油田生产条件选择恰当的射孔工艺。

1. 电缆输送套管枪射孔工艺

按采用的射孔压差可以将电缆输送套管枪射孔分为两种方式。射孔压差指的是射孔液在井底产生的液柱压力与地层压力之差。差值为正则为正压射孔，差值为负则为负压射孔。

(1)常规电缆套管枪正压射孔工艺

射孔前用高密度射孔液造成的井底压力高于地层压力。在井口敞开的情况下，利用电缆下入套管射孔枪。通过接在电缆上的磁性定位器测出定位套管接箍对比曲线，调整下枪深度，对准层位，在正压差下对油气层部位射孔。取出射孔枪后，下油管并装好井口，进行替喷、抽汲或气举等诱喷措施，或直接采用人工举升的办法，以使油气井投产。

常规套管枪正压射孔具有施工简单、低成本、高孔密、深穿透的优点，但正压会使固相和液相侵入储层而导致较严重的储层损害。为了减少正压对地层的伤害，特别要求使用优质的射孔液。

(2)套管枪负压射孔工艺

这种工艺基本上与套管枪正压射孔相同，只是射孔前将井筒液面降低到一定深度，以建立适当的负压。这种方法主要用于低压油藏。该方法具有负压清洗和穿透较深的双重优点，但对于油气层厚度大的井需多次下枪射孔，则不能保持以后射孔必要的负压。

2. 油管输送射孔

这种无电缆油管输送射孔工艺利用油管将射孔枪下到油层部位射孔，是目前国内外使用最多的一种射孔工艺。油管下部连有压差式封隔器、带孔短节和引爆系统，油管内只有部分液柱造成射孔负压。通过地面投棒引爆、压力或压差式引爆或电缆湿式接头引爆等各种方式使射孔弹爆炸而一次全部射完油气层。

油管输送射孔的深度校正一般采用较为精确的放射性校深方法。在管柱总成的定位短节内放置一粒放射性同位素,校深仪器下到预置深度(约在定位短节以上 100 m),开始下测一条带磁定位的放射性曲线,超过定位短节约 15 m 停止。将测得的放射性曲线与以前测得的校正的放射性曲线对比,换算出定位短节深度,并在井口利用油管短节进行调整。

3. 油管输送射孔联作工艺

①油管输送射孔和地层测试联作。将油管输送装置的射孔枪、点火头、激发器等部件接到单封隔器测试管柱的底部。管柱下到待射孔和测试井段后,进行射孔校深,坐好封隔器并打开测试阀,引爆射孔后转入正常测试程序。这种工艺特别适合于自喷井。

②油管输送射孔与压裂、酸化联作。完井时下一次管柱,能完成射孔、测试、酸化、压裂、试井等工序。

③非自喷井油管输送射孔与测试联作。工作管柱由射孔枪、封隔器、负压阀、自动压力计工作筒、固定阀、配有特殊空心套筒的逆流射流泵组成。射孔前空心套筒关闭,油管内部分掏空以造成负压。环空加压引爆射孔后,流体进入工作管柱。随着流体进入,井底压力不断增加,油井会停止生产。在管内压力作用下,空心套筒安全销钉被剪断,套筒旋转打开。此时,射流泵开始排液而进行流动测试,获得稳定产量后关井,可获得压力恢复测试资料。停泵后,由于静水压力加在固定阀上而使井关闭,这样实现了井下关井,从而消除了井筒储积效应,提高了数据采集质量。

4. 电缆输送过油管射孔

(1)常规过油管射孔

这是最早使用的负压射孔工艺,首先将油管下至油层顶部,装好采油树和防喷管,射孔枪和电缆接头装入防喷管内。准备就绪后,打开清蜡闸门下入电缆,射孔枪通过油管下出油管鞋。用电缆接头上的磁定位器测出短套管位置,点火射孔。

过油管射孔具有负压射孔、减少储层损害的优点,尤其适用于生产井不停产补孔和打开新层位,避免了压井和起下油管作业。但过油管射孔枪的直径受油管内径限制,无法实现高孔密、深穿透(射孔弹尺寸小且射孔枪与套管间隙过大);并且一次下枪长度受防喷管高度限制,厚油气层需多次下枪,而以后几枪无法保证负压;负压也不能过大,以防射孔后油气上冲使电缆打结而无法取出。由于这些缺点,目前常规过油管射孔已使用得很少了,仅在海上和一些不能停产的井用于补孔。

(2)转轴式(张开式)过油管射孔工艺

过油管射孔的主要缺点,如前所述,是枪小、弹小,从而射孔穿深浅。鉴于这个原因,过油管射孔的孔深均难以超过 100 mm,而目前套管枪射孔深度可达 300 ~ 900 mm。

为此,研究了一种新的过油管射孔工艺,称为转轴式过油管射孔枪。该系统最先由斯伦贝谢油井服务公司于 1992 年开发成功。转轴式过油管射孔枪包括一个控制头和一只射孔枪。控制头用于射孔前张开,这样射孔弹可以加大并且与套管的间隙减小,射孔后即取出地面。射孔枪由弹架、转轴弹、两个启动杆、连接转轴射孔弹的连接器、导爆索和雷管组成。

(3)过油管深穿透射孔技术

这是对转轴式过油管射孔工艺的改进,可在油管内下入大直径射孔弹,装药量达 24 g

以上,穿深是原用枪的4倍以上,达400~800 mm,接近套管枪射孔深度。

9.2 射孔参数优选

要获得理想的射孔效果,必须对射孔参数进行优化设计。射孔参数是否正确而有效,取决于以下几个方面:一是对于各种储层和地下流体情况下射孔井产能规律的量化认识程度;二是射孔参数、损害参数、储层及流体参数获取的准确程度;三是可供选择的枪弹品种、类型的系列化程度。这里谈到的射孔参数优选是指现有条件下针对特定储层的使井产能达到最高的射孔参数优配组合,也涉及实现这些参数的工艺要求。产能比是目标函数。

1. 射孔优化设计资料准备

射孔优化设计资料准备包括收集射孔枪及射孔弹基本数据、射孔弹穿深及孔径校正、钻井损害参数的计算等方面。

2. 射孔参数优化设计方法

①建立各种储层和产层流体条件下射孔完井产能关系的数学模型,获得各种条件下射孔产能比的定量关系。

②收集本地区、邻井和设计井有关资料和数据,用以修正模型和优化设计。

③调查射孔枪、射孔弹型号和性能测试数据。

④校正各种射孔弹的井下穿深和孔径。

⑤计算各种射孔弹的压实损害参数。

⑥计算设计井的钻井损害参数。

⑦计算和比较各种可能参数配合下的产率比和套管抗挤毁能力降低系数,优选出最佳的射孔参数配合。

⑧预测选择方案下的产量、表皮系数。

射孔参数优化设计目前均由计算机软件完成,详细内容可参考有关文献。

9.3 射孔负压设计

完井设计要求在既安全又经济的条件下保证完井段压力损失最小、产量最高。负压射孔能改善井的生产能力,目前已在世界范围内获得广泛应用。

负压射孔(Under-balanced Perforating)就是指射孔时射孔液在井筒中造成的井底压力低于油藏压力。负压值是负压设计的关键,所设计的负压值一方面要保证孔眼清洁、冲刷出孔眼周围的破碎压实带中的细小颗粒,满足这一要求的负压称为最小负压;另一方面,负压值又不能超过某个值,以免造成地层出砂、垮塌、套管挤毁或封隔器失效和其他方面的问题,对应的这一临界值称为最大负压。合理射孔负压值的选择应当是既高于最小负压又不超过最大负压。目前主要使用的美国Conoco公司计算方法如下:

$$\Delta p_{min}(\text{油层}) = 17.24/K^{0.3} \tag{9.1}$$

$$\Delta p_{min}(\text{气层}) = 17.24/K \quad (K < 10^{-3}\mu m^2) \tag{9.2}$$

$$\Delta p_{min}(\text{气层}) = 17.24/K^{0.18} \quad (K \geqslant 10^{-3}\ \mu m^2) \tag{9.3}$$

式中　Δp_{min}(油层)—— 油层的最小负压,MPa;

Δp_{min}(气层)—— 气层的最小负压,MPa;

K—— 产层渗透率,$10^{-3}\ \mu m^2$。

Δp_{max}(最大负压)根据声波时差来计算,其公式为

$$\Delta p_{max}(\text{油层}) = 24.132 - 0.0399\Delta T_{as} \quad (\Delta T_{as} \geqslant 300\ \mu s/m) \tag{9.4}$$

$$\Delta p_{max}(\text{气层}) = 33.095 - 0.0524\Delta T_{as} \quad (\Delta T_{as} \geqslant 300\ \mu s/m) \tag{9.5}$$

$$\Delta p_{max} = \Delta p_{tub,max} \quad (\Delta T_{as} < 300\ \mu s/m) \tag{9.6}$$

也可根据相邻泥岩体积密度来计算,其公式为

$$\Delta p_{max}(\text{油层}) = 16.13\rho_{as} - 27.58 \quad (\rho_{as} \leqslant 2.4\ g/cm^3) \tag{9.7}$$

$$\Delta p_{max}(\text{气层}) = 20\rho_{as} - 32.4 \quad (\rho_{as} \leqslant 2.4\ g/cm^3) \tag{9.8}$$

$$\Delta p_{max} = \Delta p_{tub,max} \quad (\rho > 2.4\ g/cm^3) \tag{9.9}$$

式中　Δp_{max}—— 最大负压,MPa;

ΔT_{as}—— 相邻泥岩声波时差,$\mu m/s$;

ρ_{as}—— 相邻泥岩体积密度,g/cm^3;

$\Delta p_{tub,max}$—— 井下管柱或水泥环最大安全负压,MPa。

综上所述,可按以下公式选择合理负压 Δp_{rec}。

若产层有出砂史或含水饱和度高,则

$$\Delta p_{rec} = 0.8\Delta p_{min} + 0.2\Delta p_{max} \tag{9.10}$$

若产层无出砂史,则

$$\Delta p_{rec} = 0.2\Delta p_{min} + 0.8\Delta p_{max} \tag{9.11}$$

式中　Δp_{rec}—— 合理负压,MPa。

第10章

油气井井口装置

油气井井口装置的作用是悬挂井下油管柱、套管柱，密封油套管和两层套管之间的环形空间以控制油气井生产、回注（注蒸汽、注气、注水、酸化、压裂、注化学剂等）和安全生产的关键设备。石油井口装置主要包括套管头、油管头和采油（气）树三大部分，如图10.1所示。

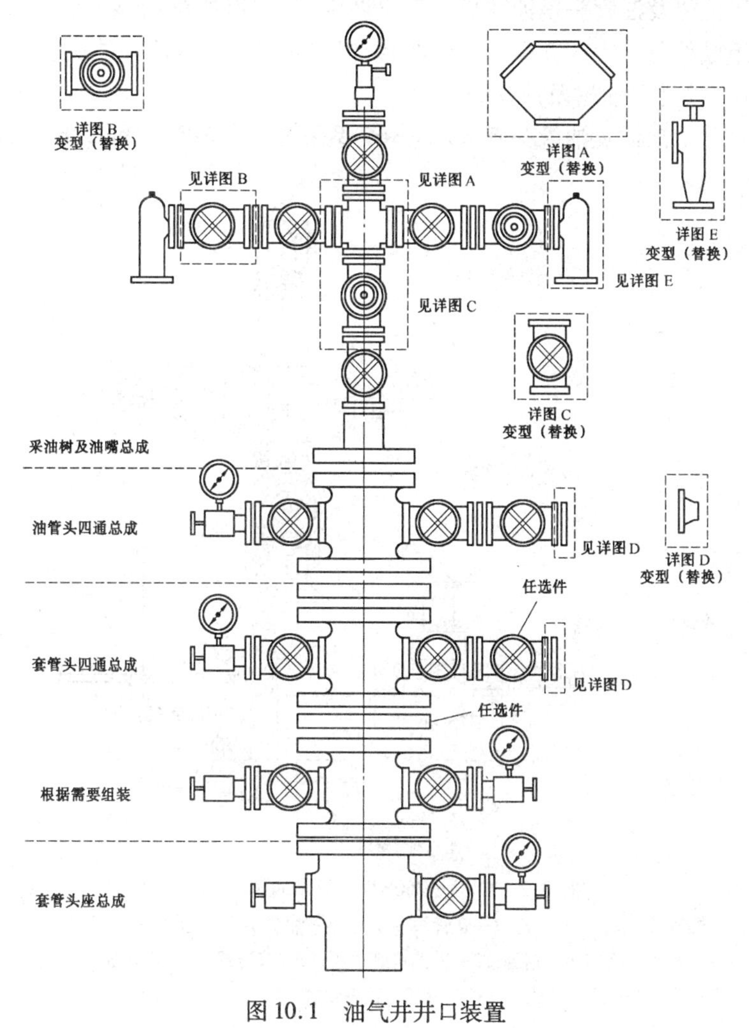

图10.1 油气井井口装置

10.1 采油树及油管头

采油树是阀门和配件的组成总成,用于油气井的流体控制,并为生产油管柱提供入口。它包括油管头上法兰以上的所有装备,可以应用采油树总成进行多种不同的组合,以满足任何一种特殊用途的需要。采油树按不同的作用又分为采油(自喷、人工举升)、采气(天然气和各种酸性气体)、注水、热采、压裂、酸化等专用井口装置,并根据使用压力等级不用而形成系列。由于采油树和油管头是连接在一起的,关系密切。为了叙述方便,本节将这两部分放在一起介绍。

10.1.1 采油井采油树及油管头

采油井采油树及油管头分自喷井采油树及油管头和人工举升井采油树及油管头。

1. 自喷井采油树及油管头

自喷井采油树及油管头是油井投入工业性生产,用以控制依靠天然能量生产的井口装置的重要组成部分。生产介质为气液两相,根据井口压力分不同档次。

(1)常用自喷井采油树及油管头

常用自喷井采油树及油管头有 KY25—65 型采油树及油管头和 CYb—250S 系列。其结构如图 10.2 所示。

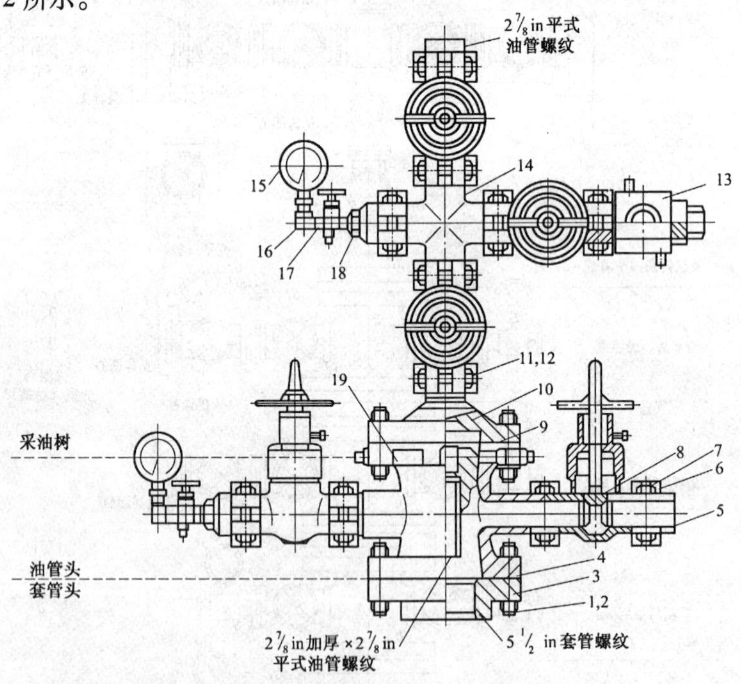

图 10.2 CYO—250S723 型采油树及油管头

1,11—螺母;2,12—双头螺栓;3—套管头顶法兰;4—油管头大四通; 5—卡箍短节; 6—钢圈;7—卡箍;8—阀门;9—钢圈;10—采油树底法兰;13—节流器;14—小四通;15—压力表;16—弯接头; 17—压力表截止阀;18—接头;19—铭牌

采油树技术规范见表10.1。

表10.1　采油树技术规范

型号	强度试压/MPa	工作压力/MPa	连接形式	质量/kg	顶丝法兰尺寸/mm			阀门		钢圈/mm		油管挂密封圈/mm	连接油管/mm(in)	公称通径/mm
					外径	螺纹中心距	螺孔外径×个数	形式	个数	阀门	大四通			
KYS25/65DG	50	25	卡箍	550	380	318	ϕ30×12	闸板	6	88.8	211	1 680×1 480×100	73($2^7/8$)	65
KYS25/65SL	50	25	卡箍	380	380	318	ϕ30×12	闸板	3	92	211	1 390×1 220×850	73($2^7/8$)	65
KYS15/62DG	30	15	卡箍	152	—	—	—	球阀	3	78(方形)	190	—	73($2^7/8$)	65
KYS8/65	16	8	卡箍	305	380	318	ϕ30×12	闸板	4	88.7(73)	211	168×1 480×100 1 390×1 220×8.50	73($2^7/8$)	65
KYS21/65	42	21	法兰	—	380	318	ϕ30×12	闸板	6	110	211	1 400×1 200×8.5	73($2^7/8$)	65

KY25—65型采油树及油管头主要技术参数如下：

最大工作压力为25 MPa；公称通径为65 mm；油管头最大通径为150 mm；适用温度为-20～120 ℃；外形尺寸为1 230 mm× 650 mm× 1 172 mm；连接形式为卡箍。

(2)双管自喷井采油树及油管头

套管内下入两根油管柱，分别开采上、下两组油层。油管分主管和副管两根，主管柱上由封隔器分隔上下油组，并开采下油组。

常见的用于双管柱自喷分层开采的自喷井采油树及油管头有两种：一种是双管采油树，如图10.3所示；另一种是美国维高格雷公司的双管整体采油树，如图10.4所示。

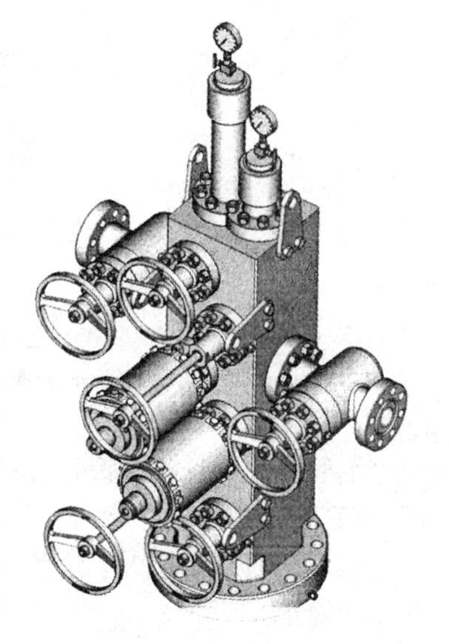

图10.3　双管采油树

以图10.3为例，双管采油树的右侧采油树控制主管生产及测试，油管压力表只反映主管油压；左侧采油树控制副管生产及测试，油管压力表只反映副管油压。套管压力表只反映副管的套压。

2. 人工举升井采油树及油管头

人工举升井采油树及油管头是油井失去自喷能力而需要通过人工举升装置才能生产的油井所配套的井口装置。因措施不同而形成不同作用的采油树及油管头。

(1)有杆泵井采油树及油管头

①常规有杆泵采油井采油树及油管头。抽油井采油树及油管头(见图 10.5)的作用是悬挂油管、密封油管和套管环形空间、密封光杆并起控制油井生产作用。由于它承受的压力较低,结构比较简单,可以利用原自喷井采油树及油管头加以改造。它的基本部分是油管头四通、油管三通、光杆密封器及相关阀门,结构图 10.4 为双管整体采油树。

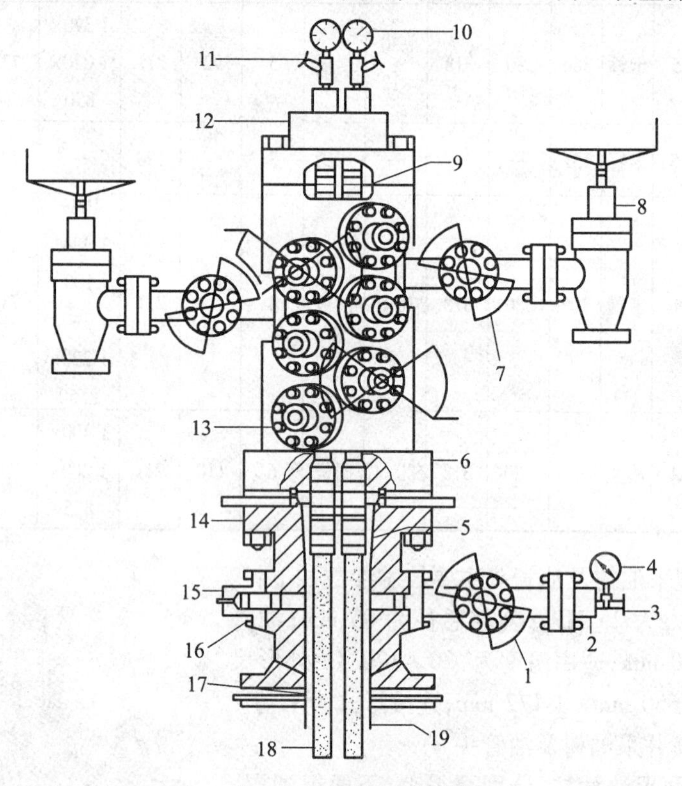

图 10.4　双管整体采油树

1,7,13—VG300 型阀门;2,15—盲法兰;3,11—压力表针阀;4,10—压力表;5—油管挂;6—双管整体采油树;8—可变节流器;9—D 型金属密封;12—顶部变径接头;14—双密封油管头;16—VR 型堵头;17—BT 密封;18—油管;19—套管

油管头用于悬挂油管并密封油套管环形空间,四通侧面的引出管线可以测动液面深度、放套管气和热洗井等。

油管三通用油管头上法兰与油管头连接,它的引出管线与出油管线连接,是井液流出井口的通道。

光杆密封器装在油管三通的顶端,其实物如图 10.6 所示。正常生产时,松开胶皮阀门,密封元件密封光杆;更换密封元件前,关闭胶皮阀门,更换密封元件后,松开胶皮阀门,转入正常生产。

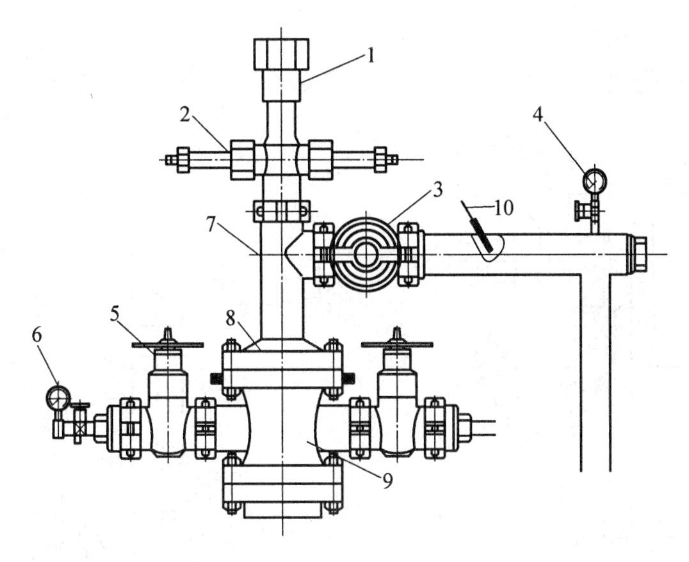

图 10.5　抽油井采油树及油管头

1—密封盒;2—胶皮阀门;3—生产阀门;4—油压表;5—套管阀门;6—套压表;7—三通;8—油管头上法兰;9—油管头;10—温度计

②环形空间测试偏心油管头。自喷井生产测试时,测试仪器可通过油管到达油层部位。而有杆泵抽油井因油管中有抽油杆,测试仪器无法通过油管,只能通过油套环形空间进行测试。该油管头可以偏心悬挂油管柱,形成环形空间测试通道。

图 10.6　光杆密封器

a. SPA 型单转偏心油管头,如图 10.7 所示。技术参数如下:

公称压力为 16 MPa;密封压力为 16 MPa;测试仪器直径为≤25 mm;法兰盘直径为 380 mm;钢圈槽直径为 211 mm;测试孔螺纹为 ZG1 1/4(母);旋转方法为油管;油管挂螺纹为 $2\frac{7}{8}$TGB。

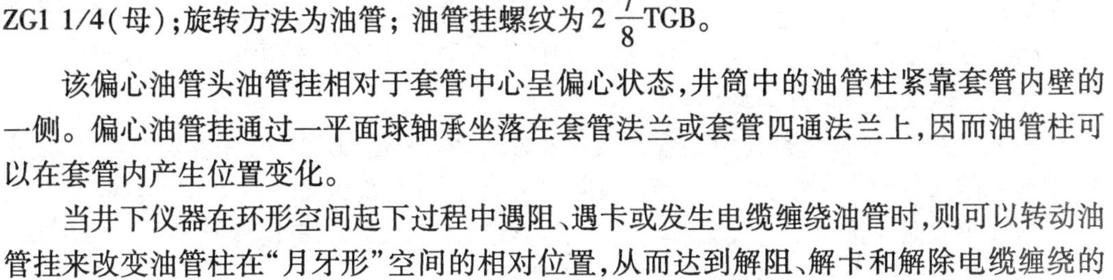

该偏心油管头油管挂相对于套管中心呈偏心状态,井筒中的油管柱紧靠套管内壁的一侧。偏心油管挂通过一平面球轴承坐落在套管法兰或套管四通法兰上,因而油管柱可以在套管内产生位置变化。

当井下仪器在环形空间起下过程中遇阻、遇卡或发生电缆缠绕油管时,则可以转动油管挂来改变油管柱在“月牙形”空间的相对位置,从而达到解阻、解卡和解除电缆缠绕的目的。

b. SPA Ⅱ 型双转偏心油管头,如图 10.8 所示。该偏心油管头具有单转油管挂的全部功能,其特点是将其油管挂分解为不同心的两件,可实现油管在套管中的偏心变位和自身转动,从而更方便地解除电缆缠绕油管的事故。

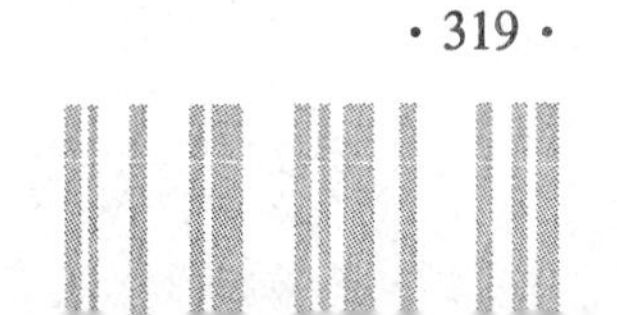

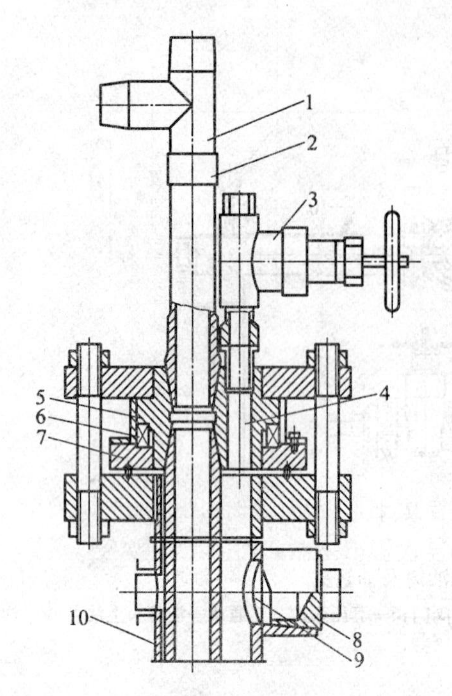

图 10.7　SPA 型单转偏心油管头结构图

1—三通;2—转动短节;3—防喷阀门;4—测试孔;5—偏心油管挂;6—平面球轴承;7—钢圈盖;8—解卡头;9—观察孔;10—套管短节

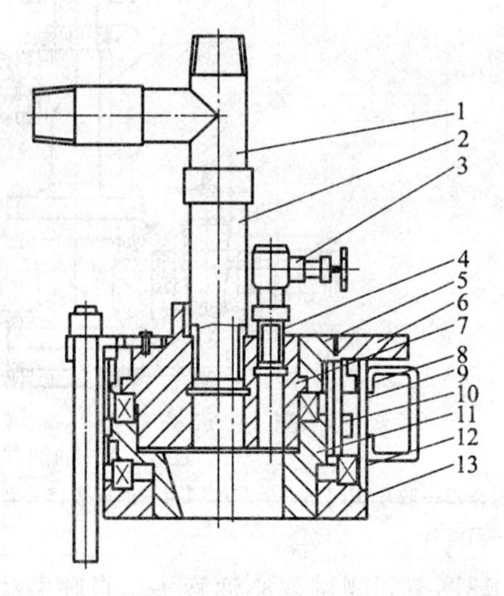

图 10.8　SPA Ⅱ型双转偏心油管头结构

1—三通;2—转动短节;3—阀门;4—短节;5—上盖;6—法兰盒;7—转动油管挂;8—轴承;9—外套;10—销;11—上轴承座;12—轴承;13—下轴承座

技术参数:公称压力为 14 MPa;试验压力为 14 MPa;测试仪直径为 25 mm;光杆防喷管装置直径为 90 mm; 法兰盘直径为 380 mm;钢圈槽直径为 21 mm;油管挂两端螺纹为 $2\frac{7}{8}$TBG; 测试孔直径为 34 mm;质量为 129 kg;油套中心距为 17 mm。

(2)电动潜油泵井采油树及油管头

电动潜油泵井采油树及油管头与常规自喷井的采油树及油管头大同小异,只是增加了能密封入井的电缆引出线和隔开油套环形空间的专用采油气井口控制设备。各厂家采用不同的方法来密封井口与电缆引出线。一般为穿膛式或侧开式两种。

穿膛式电动潜油泵井口结构如图 10.9 所示。

在进行井口安装时,首先将油管挂接在油管上,将电缆铠皮剥去,穿入防喷盒,然后向防喷盒中压入若干个单孔和三孔密封胶圈,最后装上防喷盒压盖并拧紧螺丝。将油管挂坐入油管头大四通锥体中,上法兰盘,拧紧法兰螺丝即完成井口安装过程。

侧开式电动潜油泵井口结构如图 10.10 所示。

在进行井口安装时,首先将侧门打开,然后将电缆铠皮剥去 0.5 m 长一段,将三根电缆分别压入橡胶密封垫的半圆孔中,关上侧门,拧紧螺丝,将油管挂坐入油管头中装开口法兰,上紧法兰螺丝即完成安装工作。

(3)水力活塞泵井采油树及油管头

由于国内水力活塞泵井大多采用开式动力循环系统,其采油树及油管头多是用自喷井采油树改装而成,如单管水力活塞泵采油树及油管头,结构如图10.11所示。有些是专用水力活塞泵采油树及油管头,其特点是一只特种阀就能实现单管水力活塞泵采油树及油管头的全部功能。

水力活塞泵(或射流泵)采油树及油管头的功能是:

①将动力液注入油管进行正循环,使水力活塞泵下入井中并运转,动力液与采出液混合采出。

②将动力液注入套管进行反循环,将水力活塞泵从井中起出。

③起下泵时,固定和捕捉水力活塞泵。

④关闭动力管线,拆卸泵时使油管泄压和排出油管中的气体。

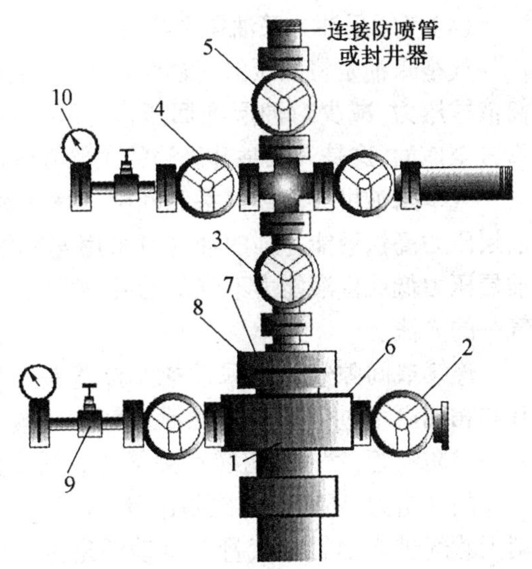

图10.9　带电缆穿透器的采油树及油管头

1—油管头;2—套管阀门;3—总阀门;4—生产阀门;5—清蜡阀门;6—油管挂;7—电缆穿越器;8—电缆;9—压力表阀;10—压力表

水力活塞泵闭式循环系统有两种形式:平行双管及同心双管。两者的特点是动力液及采出液各自成循环系统,互不混合。采用的采油树分别如图10.12、图10.13所示。

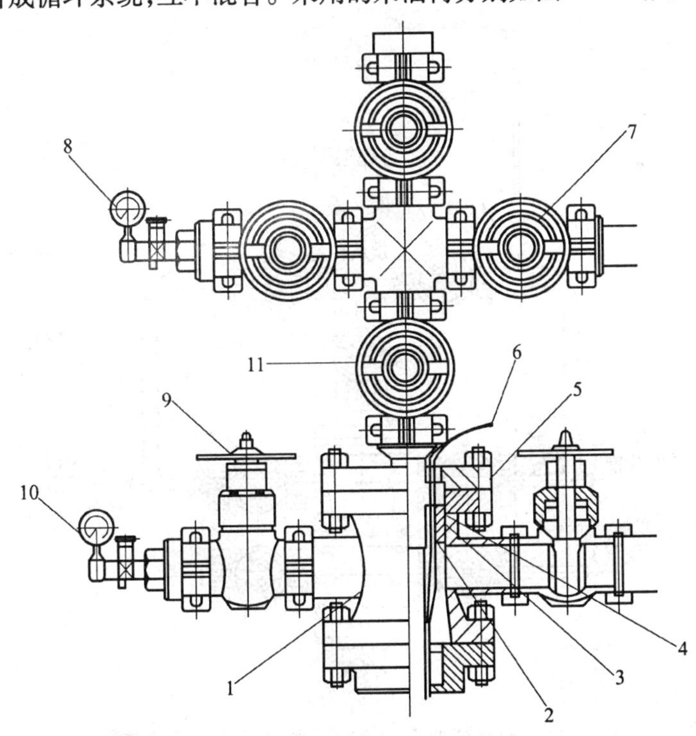

图10.10　侧开式电动潜油泵采油树及油管头

1—油管头;2—锥座;3—密封橡胶垫;4—油管挂;5—采油树底法兰;6—电缆;7—生产阀门;8—油压表;9—套管阀门;10—套压表;11—采油树总阀门

(4)气举采油井采油树及油管头

气举采油是将加压的天然气注入井内,降低井筒液柱压力,减少对油层的回压,以便将井下流体举升至地面,这是人工举升采油的主要方法之一。

气举采油可分连续气举和间隙气举两种方式。油层压力高供液能力强的油井可采用连续气举,若油层压力低或供液能力不强的油井,则可采用间隙气举的方法。

连续或间隙气举的采油树及油管头与注气井基本相同。不过间隙气举的活塞气举装置须要配备井口防喷管,管内装有缓冲弹簧吸收活塞上升至井口的冲击力,还有时间控制器,计算开关时间,控制天然气进入油管的气量并推动活塞上的液体上行,直至将油管内的流体排出井口。活塞气举采油树及油管头如图10.14所示。

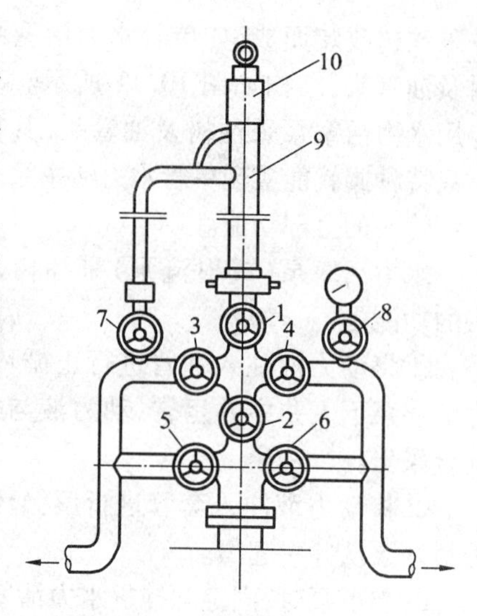

图10.11　开式水力活塞泵采油树及油管头

1—清蜡阀门;2—总阀门;3,4—生产阀门;5,6—套管阀门;7—防喷管放空阀门;8—压力表阀门;9—防喷管;10—捕捉器

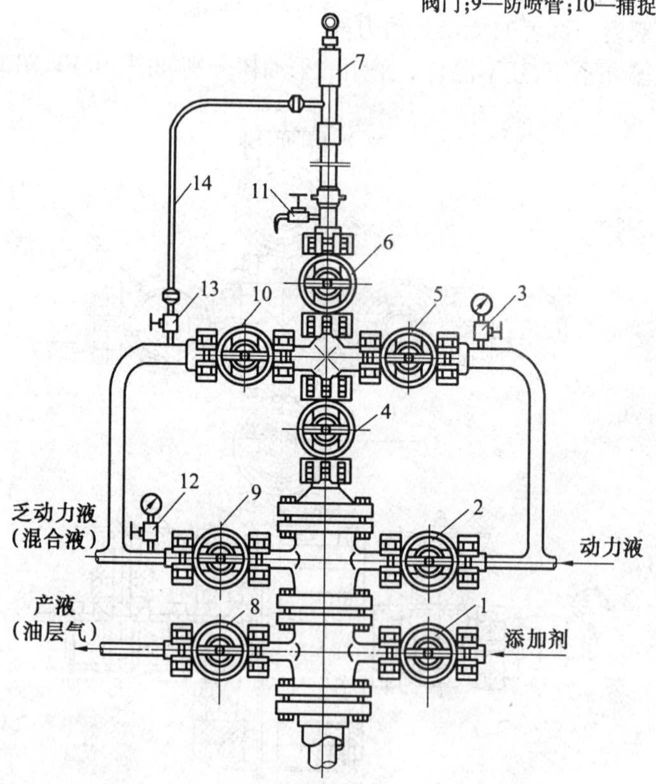

图10.12　水力活塞泵同心双管井口采油树及油管头

1,8—套管阀门;2,9—同心管阀门;4—总阀门;5,10—动力液阀门;6—清蜡阀门;7—捕捉器;11—泄压阀门;12—压力表阀门;13—回流阀门;14—防喷侧管

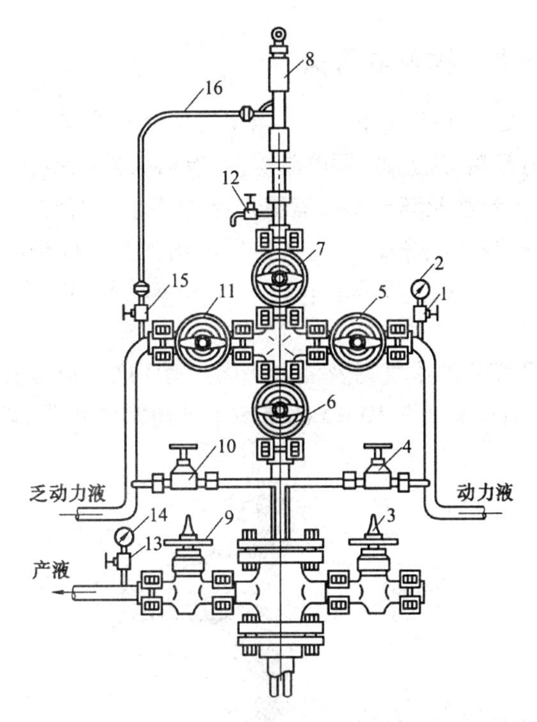

图10.13　水力活塞泵平行双管井口采油树及油管头

1,13—压力表阀门;2,14—压力表;3,9—套管阀门;4,10—动力液平衡阀门;5,11—动力液阀门;6—总阀门;7—清蜡阀门;8—捕捉器;12—泄压阀门;15—回流阀门;16—防喷阀门

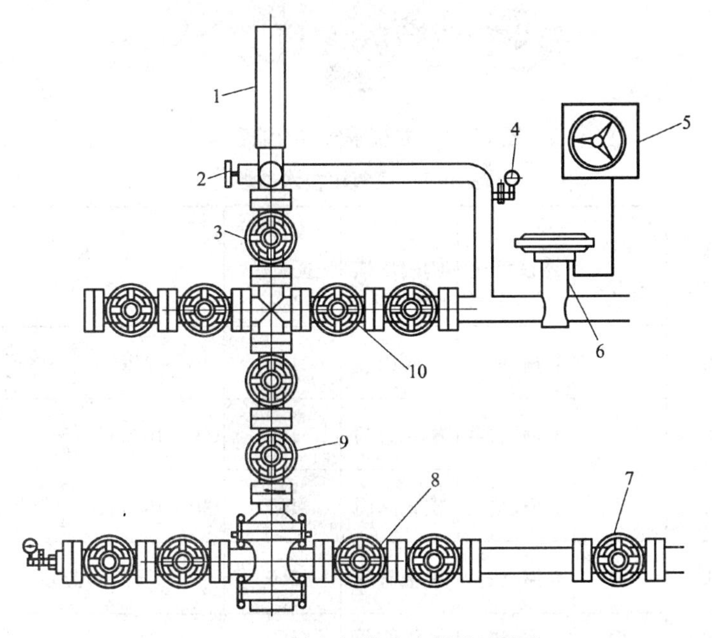

图10.14　活塞气举采油树及油管头

1—防喷管;2—手动捕捉器;3—清蜡阀门;4—油压表;5—时间控制器;6—薄膜气动阀门; 7—补气阀门;8—套管阀门;9—采油树总阀门;10—生产阀门

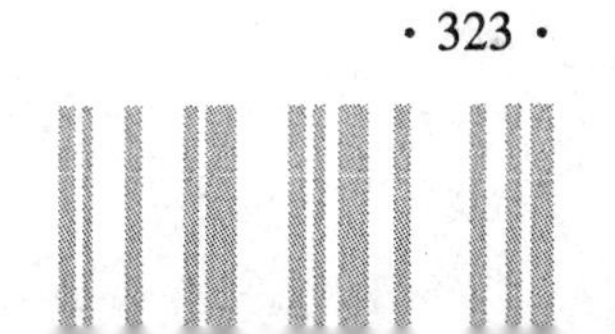

10.1.2 采气井采气树及油管头

采气树及油管头主要用于采气和注气。由于天然气气体相对密度低,气柱压力低,不论采气或注气井口压力都高,流速高,同时易渗漏,有时天然气中会有 H_2S、CO_2 等腐蚀性介质,因而对采气树的密封性及其材质要有更严格的要求。有时为了安全起见,油、套管均采用双阀门,对于一些高压超高压、气井的阀门采用优质钢材整体锻造而成。国外采气树压力系列已高达 30 000 psi, 25 000 psi, 20 000 psi(1 psi = 6.895 kPa),国内已生产15 000 psi 系列。

油气田上常用的采气井的采气树及油管头国产有 CQ-250 型采气井口、CQ-350 和 CQ-600 抗硫采气树及油管头。图 10.15 为抗硫采气树及油管头,表 10.2 为采气树技术参数表。

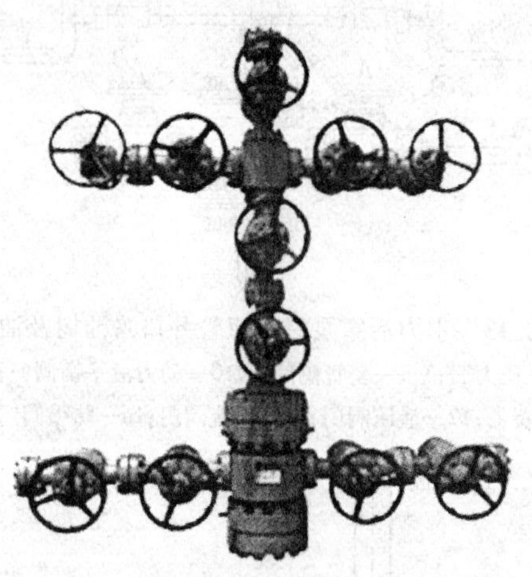

图 10.15 抗硫采气树及油管头

表 10.2 采气树技术参数

型号	强度试压/MPa	工作压力/MPa	连接形式	阀门形式	大四通垂直通径/mm	连接套管/mm(in)	连接油管/mm(in)
KQS25/65	50	25	卡箍、法兰	阀门	195	146 ~ 219($5\frac{3}{4}$ ~ $8\frac{5}{8}$)	73($2\frac{7}{8}$)
KQS35/65	70	35	卡箍、法兰	楔式阀门	160	146 ~ 168.3($5\frac{3}{4}$ ~ $6\frac{5}{8}$)	73($2\frac{7}{8}$)
KWS60/65	90	60	卡箍、法兰	楔式阀门	160	146 ~ 168.3($5\frac{3}{4}$ ~ $6\frac{5}{8}$)	73($2\frac{7}{8}$)
KQS70/65	105	70	卡箍、法兰	平板阀门	160	177.8(7)	73($2\frac{7}{8}$)
KQS40/67	80	40	卡箍、法兰	平板阀门	160	—	—
KQS105/65	157.5	105	卡箍、法兰	平板阀门	—	—	—

10.1.3　注水井采油树及油管头

1. 注水用采油树

国内陆上油田注水采油树多从自喷井口衍化组装，如图10.16所示。

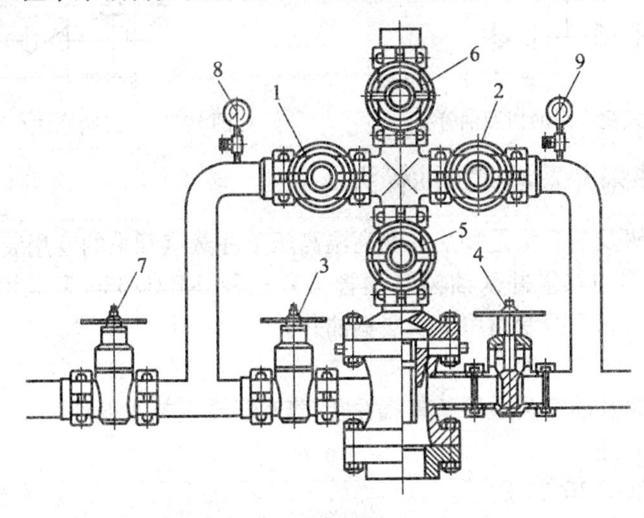

图10.16　注水井采油树及油管头

1—油管洗井阀门;2—油管注水阀门;3—套管洗井阀门;4—套管注水阀门;5—总阀门;6—测试阀门;7—回水阀门;8—压力表;9—注水压力表

注水井井口的主要功能：

①正注水。开油管注水阀门和总阀门。

②反注水。开套管注水阀门。

③正洗井。开油管注水阀门、总阀门、套管洗井阀门和回水阀门。

④反洗井。开套管注水阀门、总阀门、油管洗井阀门和回水阀门。

⑤注水测试。开测试阀门和总阀门。

2. 注水井采油树及油管头的安装形式

各油田对注水的要求不同，采油树安装形式也各异。大致从20世纪60年代以前的七阀式演变为目前的三阀式，如图10.17～图10.20所示。

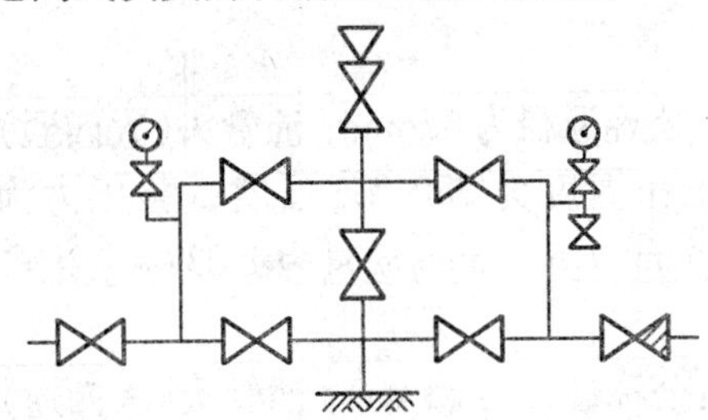

图10.17　七阀式注水采油树及油管头

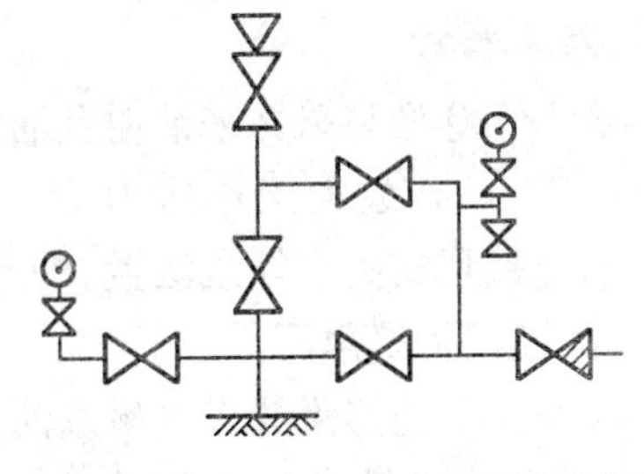

图10.18　五阀式注水采油树及油管头

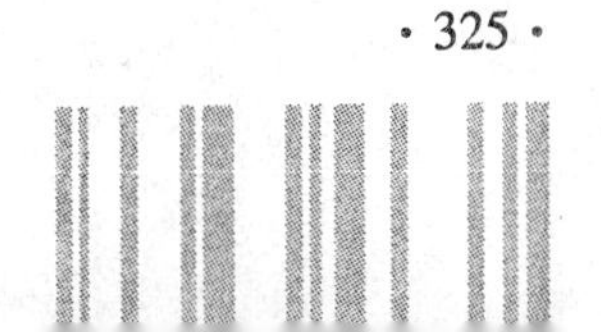

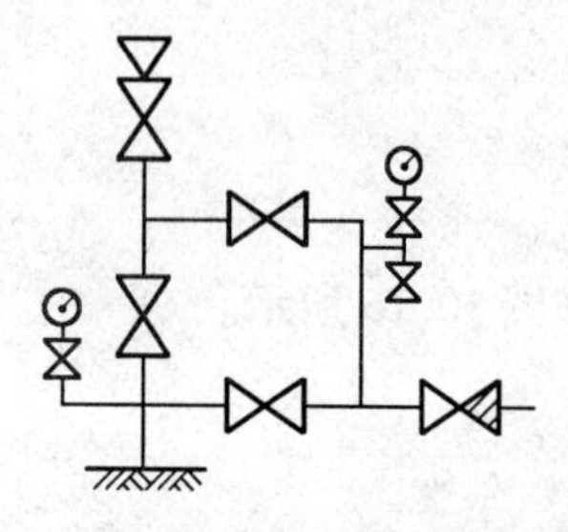

图 10.19　四阀式注水采油树及油管头

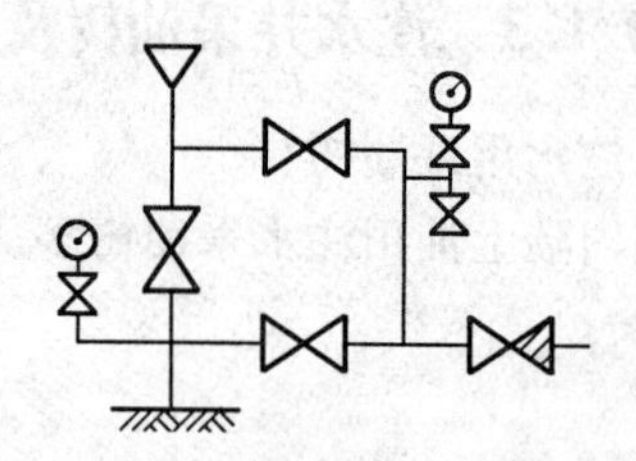

图 10.20　三阀式注水采油树及油管头

10.1.4　热采井采油树及油管头

热采井采油树及油管头是稠油井在高温高压下注蒸汽开采的专用装置。目前在我国稠油油田现场应用的热采井采油树及油管头有三种：KR21/380 型适用于各种稠油井；KR14/340 型和 14/335 型专门用于浅层稠油井。

1. 适用范围

热采井采油树及油管头适用于蒸汽吞吐、蒸汽驱动及热水循环。

2. 型号表示方法

其表示方法如图 10.21 所示。

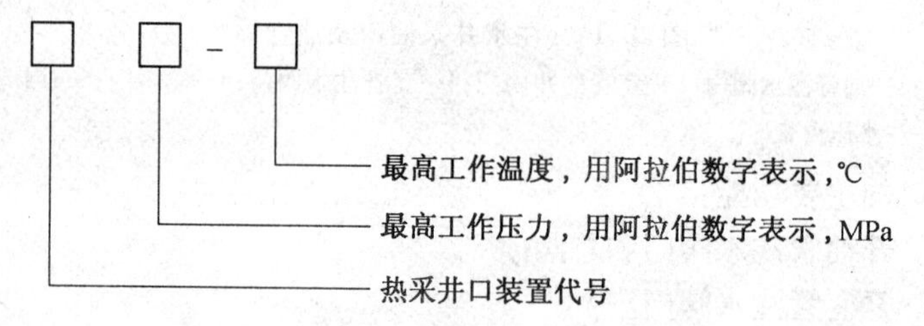

图 10.21　热采井采油树及油管头表示方法

示例：KR21-380 表示最高工作压力为 21 MPa，最高工作温度为 380 ℃的热采井口装置。

3. 结构形式

KR21/380 型结构形式如图 10.22 所示。

KR14/340 型结构形式如图 10.23 所示。

4. 基本参数

KR21/380 型热采井采油树及油管头基本参数：公称通径为 65 mm；油管头（大四通）通径为 170 mm；最大工作压力为 21 MPa；最高工作温度为 380 ℃；强度试验压力为 42 MPa；连接形式为卡箍或法兰；外形尺寸为 1 580 mm×1 577 mm；质量为 1 037 kg；生产厂为辽河油田机修总厂。

KR14/340 型热采井采油树及油管头基本参数：公称通径为 65 mm；油管头（大四通）通径为 170 mm；最大工作压力为 14 MPa；最高工作温度为 340 ℃；强度试验压力为 35 MPa；连接形式为卡箍或法兰；外形尺寸为 1 516 mm×1 100 mm；质量为 467 kg；生产厂为河南油田机修厂。

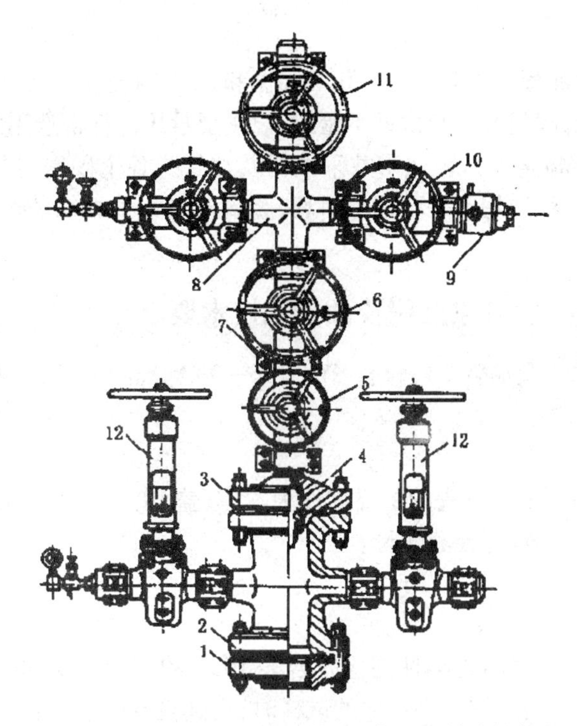

图10.22　RC21/380热采井采油树及油管头结构图

1—套管头上法兰;2—油管头;3—采油树底法兰;4—油管短节;5—阀门;6—总阀门;7—卡箍;8—小四通;9—节流器总成;10—生产阀门; 11—测试阀门;12—套管阀门

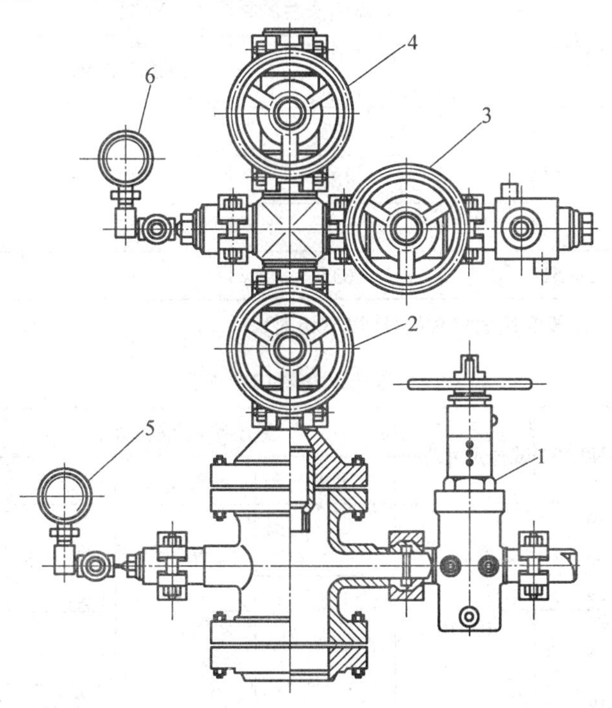

图10.23　KR14/340型热采井采油树及油管头装置示意图

1—套管阀门;2—总阀门;3—生产阀门;4—测试阀门;5,6—套管压力表

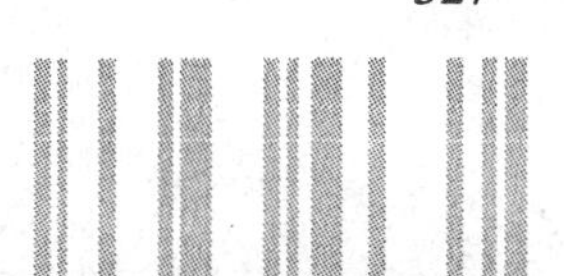

5. 要求

热采井采油树及油管头经常在约360 ℃高温和21 MPa压力下工作，一般金属易发生蠕变和强度下降现象，阀门开关几次即不密封，故主要承压部件都选用耐热不锈钢及耐热低合金钢，如ZG20CrMo等制成。热采井采油树及油管头各个硬密封处都采用双锥形钢圈密封，各个软密封一般选用石墨石棉填料环，金属丝与石棉编织的填料环，或柔性石墨密封填料等。

10.1.5 采油(气)井采油树及油管头技术要求

采油(气)井采油树及油管头应符合SYS5156—93标准的要求，并按照经规定程序批准的图样及技术文件制造。

1. 主要零件

采油(气)井采油树及油管头的主要零件为本体、盖、法兰、卡箍、阀杆、阀板、阀座、金属垫环、顶丝、悬挂器本体、螺栓和螺母。

2. 材料

(1)主要零件用金属材料

①本体、盖和法兰的材料力学性能应符合表10.3的规定。夏比V形缺口冲击要求应符合表10.4的规定，当采用较小尺寸的试样时，其试验值应乘以表10.5内相应的修正系数。PSL4规范级别的零件不允许用较小尺寸试样做冲击试验。选用材料应符合表10.6的规定，化学成分应符合表10.7和表10.8的规定。

表10.3 本体、盖和法兰的材料力学性能

材料代号	屈服强度σ_a /MPa	抗拉强度σ_b /MPa	伸长率δ_s/%	断面收缩率φ/%
36K	248	483	20	—
45K	310	483	17	32
60K	414	586	16	35
75K	517	635	16	35

注：表中的K是本标准规定用的材料代号(以下相同)。

表10.4 夏比V形缺口冲击要求

<table>
<tr><th rowspan="2">温度类别</th><th rowspan="2">试验温度/℃</th><th rowspan="2">试样尺寸/mm</th><th colspan="3">最小平均冲击功/J</th><th rowspan="2">最小侧膨胀 PSL4/mm</th></tr>
<tr><th>PSL1</th><th>PSL2</th><th>PSL3</th></tr>
<tr><td>K</td><td>−59</td><td rowspan="7">10×10</td><td rowspan="2">20.3</td><td rowspan="3">20.3</td><td rowspan="3">20.3</td><td rowspan="7">0.38</td></tr>
<tr><td>L</td><td>−46</td></tr>
<tr><td>P</td><td>−29</td><td rowspan="5">—</td></tr>
<tr><td>R</td><td rowspan="4">−18</td><td rowspan="4">—</td><td rowspan="4">—</td></tr>
<tr><td>S</td></tr>
<tr><td>T</td></tr>
<tr><td>U</td></tr>
</table>

表 10.5 式样修正系数

试样尺寸/mm	修正系数
10×7.5	0.833
10×5.0	0.667
10×2.5	0.333

表 10.6 冲击试验选用材料

<table>
<tr><th colspan="2" rowspan="2">零件名称</th><th colspan="6">额定工作压力/MPa</th></tr>
<tr><th>14</th><th>21</th><th>35</th><th>70</th><th>105</th><th>140</th></tr>
<tr><td colspan="2">本体和盖</td><td colspan="4">35K,45K,60K,75K</td><td>45K,60K,75K</td><td>60K,75K</td></tr>
<tr><td rowspan="3">端法兰</td><td>整体式法兰</td><td rowspan="2">60K</td><td rowspan="2">60K</td><td rowspan="2">60K</td><td>60K</td><td>75K</td><td>75K</td></tr>
<tr><td>螺旋式法兰</td><td>—</td><td rowspan="2">—</td><td rowspan="2">—</td></tr>
<tr><td>卡箍和毂</td><td>—</td><td>—</td><td>—</td><td>60K</td></tr>
<tr><td colspan="2">螺纹式采油(气)井井口装置</td><td>16K,45K,60K,75K</td><td colspan="5">—</td></tr>
<tr><td rowspan="3">单体法兰</td><td>焊颈式</td><td>45K</td><td>45K</td><td>45K</td><td rowspan="2">60K</td><td colspan="2" rowspan="2">75K</td></tr>
<tr><td>盲板式</td><td rowspan="2">60K</td><td rowspan="2">60K</td><td rowspan="2">60K</td></tr>
<tr><td>螺纹式</td><td>—</td><td colspan="2">—</td></tr>
</table>

表 10.7 冲击试验材料化学成分 %

<table>
<tr><th>合金元素</th><th>碳钢和低合金钢</th><th>马氏体不锈钢①</th><th>焊颈法兰用的 45K 材料②</th></tr>
<tr><td>碳</td><td>0.45 max</td><td>0.15 max</td><td>0.35 max</td></tr>
<tr><td>锰</td><td>1.80 max</td><td>1.00 max</td><td>1.05 max</td></tr>
<tr><td>硅</td><td>1.00 max</td><td>1.50 max</td><td>1.35 max</td></tr>
<tr><td>磷</td><td rowspan="2">见表 10.8</td><td rowspan="2">见表 10.8</td><td>0.05 max</td></tr>
<tr><td>硫</td><td>0.05 max</td></tr>
<tr><td>镍</td><td>1.00 max</td><td>4.50 max</td><td rowspan="4">—</td></tr>
<tr><td>铬</td><td>2.75 max</td><td>11.0 ~ 14.0 max</td></tr>
<tr><td>钼</td><td>1.50 max</td><td>1.00 max</td></tr>
<tr><td>钒</td><td>0.30 max</td><td>—</td></tr>
</table>

注:①非马氏体合金系是不需要符合本表规定的。

②碳的最大含量为 0.35%;当碳的含量每减少 0.01% 时,则锰可以在其最大含量 1.05% 这个基数上增加 0.06%,但锰的最大含量不允许超过 1.35%。

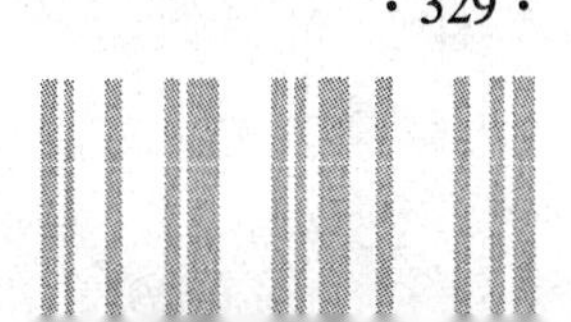

表 10.8 冲击试验材料化学成分 %

元素	PSL1-2	PSL3-4
磷	0.010 max	0.025 max
硫	0.010 max	0.25 max

②管挂本体、套管挂本体、阀杆、顶丝、阀板和阀座选用的材料应符合表 10.7 内有关材料的规定。

③金属垫环材料的硬度应符合表 10.9 的规定。

表 10.9 金属垫环材料的硬度要求

材料	最大布氏硬度/HB
碳钢或低合金钢	137
不锈钢	160

④不锈钢垫环槽堆焊的不锈钢厚度应不小于 3.2 mm，焊条材料应采用奥氏体不锈钢，焊后应进行热处理。

⑤采油(气)井井口装置用螺栓和螺母的材料应符合表 10.10 的规定。

⑥卡箍体和毂的材料和卡箍连接器的螺栓和螺母材料应符合 JB3970 的规定。

⑦本体、盖、法兰和卡箍的硬度。由碳钢、低合金钢和马氏体不锈钢制成的本体、盖、法兰和卡箍用于酸性环境工况时，其硬度应不大于 HRC22(HB237)。

(2)非金属密封材料

非金属密封件材料应能承受本体所承受的额定工作压力和工作湿度。此外，当主要零件需要抗腐蚀和抗硫化物应力开裂时，密封件材料也需要具有相应的抗腐蚀和抗硫化物应力开裂的能力。

表 10.10 采油(气)井井口装置用螺栓和螺母材料

材料		力学性能				硬度
		α/MPa	σ/MPa	δ/MPa%	ψ/%	
		≥				
螺栓	K—500	724	860	15	50	<HRC35
	低合金钢	724	860	15	50	—
		550	690	17	50	<HR237
螺母	碳钢	—				HB159-352
						HB159-237

10.1.6 油管头的统一要求

除上述各类井别的要求外，对油管头而言，其通性是：由于油管头安装于采油树和套管头之间，其上法兰平面为计算油补距和井深数据的基准面。

1. 油管头结构

油管头通常是一个两端带法长的大四通,它安装在套管头的上法兰上,用以悬挂油管柱、井密封油管柱和油层套管之间的环形空间。它由油管头四通及油管悬挂器组成。

油管头一般有两种类型:

①上下带法兰的装置。

②上带法兰和下带螺纹的装置(见图10.24和图10.25)。

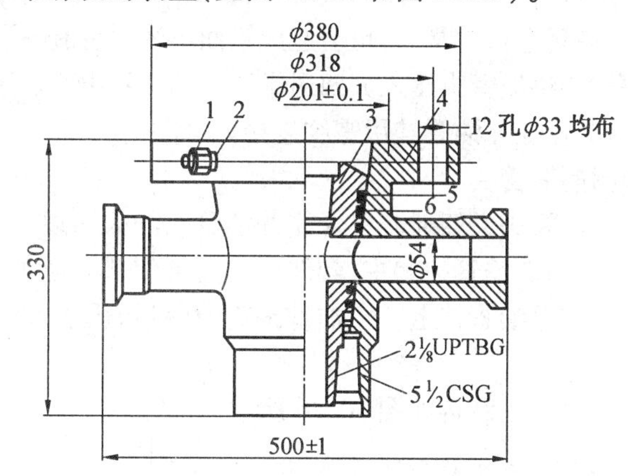

图10.24　锥面悬挂单法兰油管头

1—顶丝;2—压帽;3—分液悬挂器;4—油管头大四通;5—O形密封圈;6—紫铜圈

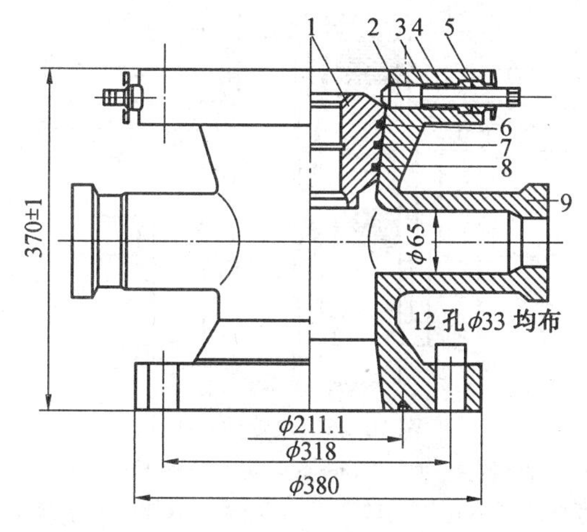

图10.25　锥面悬挂双法兰油管头

1—油管悬挂器;2—顶丝;3—垫圈;4—顶丝密封;5—压帽;6,8—紫铜圈;7—O形密封圈;9—油管头

2. 油管头的功能

①悬挂井内油管柱。

②密封油管和套管的环形空间。

③为下接套管头,上接采油树提供过渡。

④通过油管头四通体上的两个侧口(接套管阀门),完成套管注入及洗井等作业。

3. 油管悬挂器

油管悬挂器是支承油管柱并密封油管和套管之间环形空间的一种装置。它有两种密封方式,一是油管悬挂器(带金属或橡胶密封环)与油管连接利用油管重力坐入油管挂大四通锥体内而密封,这种方式因便于操作,换井口速度快,安全,故而是中深井、常规井所普遍使用的方式,另一种是采油树底法兰中有油管螺纹,与油管柱连接而密封,热采井口油管悬挂不能用锥体密封的方式。因注蒸汽时,油管受热伸长上顶,造成锥而不密封。一些高压油气井,生产时油管上顶力量大,也会造成锥面不密封;而压裂时,若不用油管保护器,因压裂时压力太高,会将油管头压入大四通锥体中而拔不出来。上述情况都不能用锥体密封的方法,只能将油管柱与油管挂用螺纹连接。

4. 平行双管采油树的油管头

平行双油管完井的油管头大四通同单管完井油管头的大四通基本相同,所不同的是油管挂,平行双油管挂是由总油管挂和主、副两个油管挂组成。总油管挂坐在大四通上,主油管挂和副油管挂坐在总油管挂上。主油管携有封隔器,用于开采下部油层。副油管开采上部油层。

平行双管采油树的油管头结构如图 10.26 所示。油管悬挂器结构如图 10.27 所示。

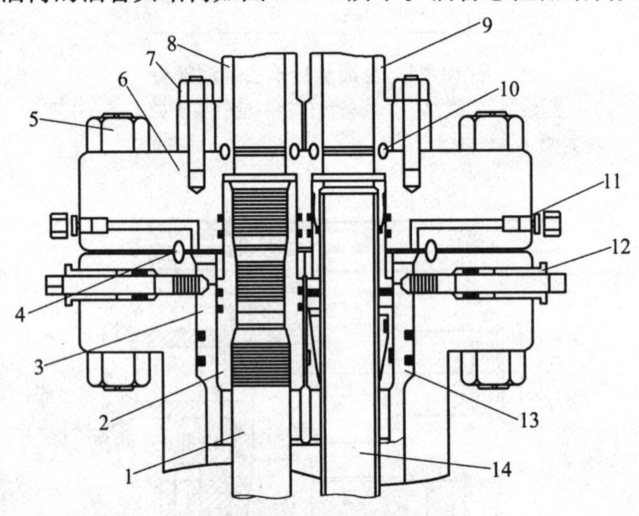

图 10.26 双管油管头

1—主油管;2—主油管挂;3—总油管挂;4—大钢圈;5—双头螺栓;6—油管头上法兰;7—螺栓;8—主采油树;9—副采油树;10—小钢圈;11—密封材料注入孔;12—锁紧螺丝;13—副油管挂;14—副油管

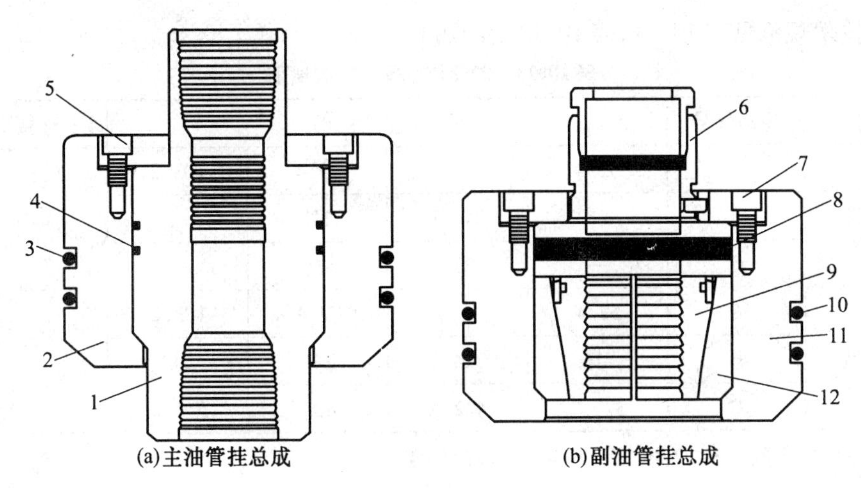

图10.27　油管悬挂器

1—主油管挂;2,11—总油管挂;3,10—总油管挂密封圈;4—主油管挂密封圈;5,7—锁紧螺丝;6—短节密封器;8—副油管密封器;9—卡瓦;12—卡瓦座

10.2　井口装置常用部件

10.2.1　井口阀门

井口所用阀门有平行板阀门和斜楔阀门。连接方式分为螺纹式、法兰式和卡箍式三种。①斜楔式阀门实物如图10.28所示,平行板阀门结构如图10.29所示。

图10.28　斜楔式阀门

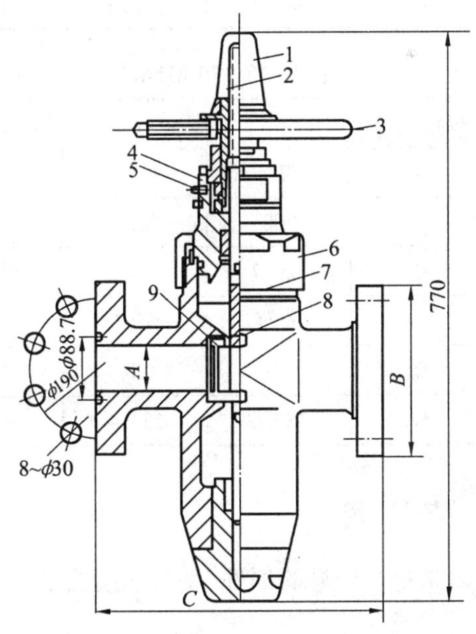

图10.29　平行板阀门

1—护罩;2—阀杆;3—手轮;4—止推轴承;5—黄油嘴;6—阀盖;7—阀板;8—阀座;9—密封圈

②技术规范见表10.11、表10.12、表10.13。

表10.11　21 MPa阀门技术规范

类型	规格代号	尺寸或口径/mm				连接形式
斜楔型	A	52.4	65.1	79.4	103.2	卡箍法兰
	B	—	244.1	241	—	
	C	—	422.3	435	—	
平板型	A	52.4	65.1	79.4	103.2	
	B	216	244.1	241	292	
	C	371.5	422.3	435	511.2	

注：A—阀门通径；B—连接法兰直径；C—阀门长度。

表10.12　35 MPa阀门技术规范

类型	规格代号	尺寸或口径/mm				连接形式
斜楔形	A	52.4	65.1	79.4	103.2	法兰
	B	—	244.1	267	—	
	C	—	422.3	473.1	—	
平板型	A	52.4	65.1	79.4	103.2	
	B	216	244.1	267	311	
	C	371.5	422.3	473.1	549.3	

表10.13　70 MPa，105 MPa阀门技术规范

类型	规格代号	尺寸或口径/mm				连接形式
斜楔形	A	52.4	65.1	77.8	103.2	法兰
	B	200	232	270	316	
	C	520.7	565.2	619.1	669.9	
平板型	A	52.4	65.1	77.8	103.2	
	B	232	254	287	360	
	C	482.6	533.4	598.5	736.6	

10.2.2　节流阀

节流器是用来控制产量的部件，型号表示方法与井口阀相同，有固定式和可调式两种。连接形式有卡箍、法兰和螺纹等方式。

1.固定式节流器

固定式节流器用于油井（采油树）上，有加热式和非加热式两种。非加热式节流器如图10.30所示。

油嘴是节流元件，通过调换不同孔眼直径的油嘴，来控制油井的合理生产压差，油嘴的结构如图10.31所示，它是用高碳合金钢经热处理制成的。孔眼直径有2～20 mm多种，每相差0.5 mm为一等级，20 mm以上为特殊油嘴。

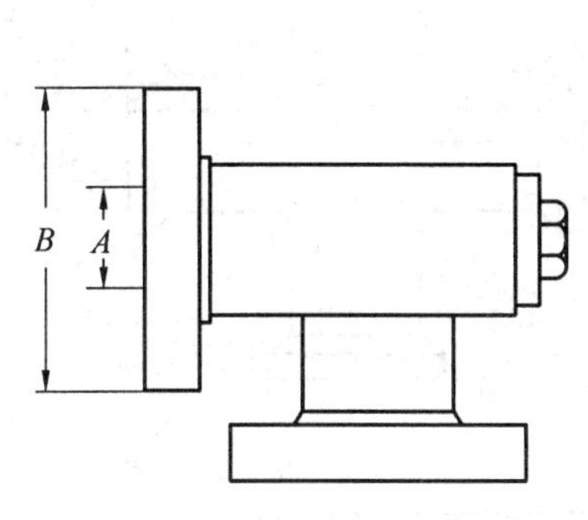

图10.30　非加热式节流器

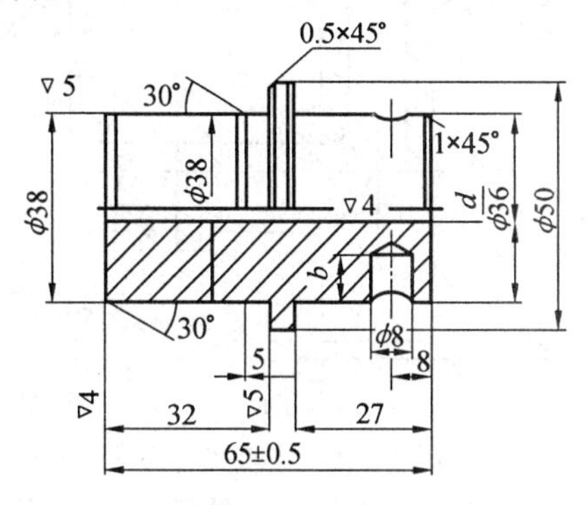

图10.31　油嘴

2. 可调式节流器

可调式节流器（针阀）一般用于气井（采气树）上，调节开关大小可控制流量。可调式节流器属针阀，其实物如图10.32所示，有手动和液动两种。

进出口端额定工作压力相同的节流阀，其端部连接的额定工作压力就是节流阀的额定工作压力。

进口端的额定工作压力高于出口端额定工作压力的节流阀，应将进口端和出口端的两个额定工作压力同时标出，如：进口端的额定工作压力×出口端的额定工作压力。

图10.32　KQ—700型针形阀（节流器）

10.2.3　三通和四通

三通和四通的结构如图10.33、图10.34、图10.35和图10.36所示（注：图10.33～图10.36是产品的一般结构形式，不是规定的结构形式）。

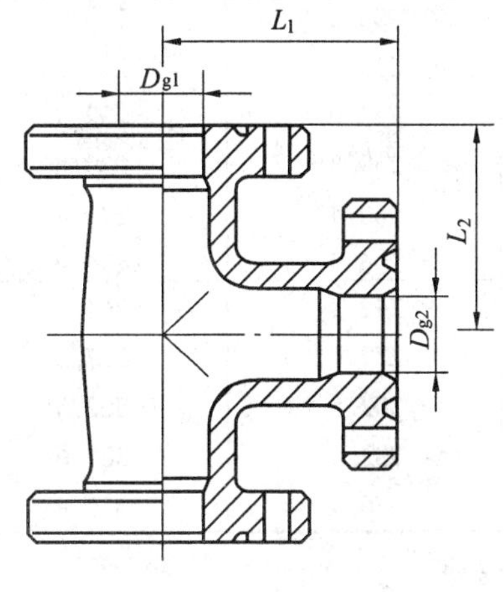

图10.33　法兰式三通

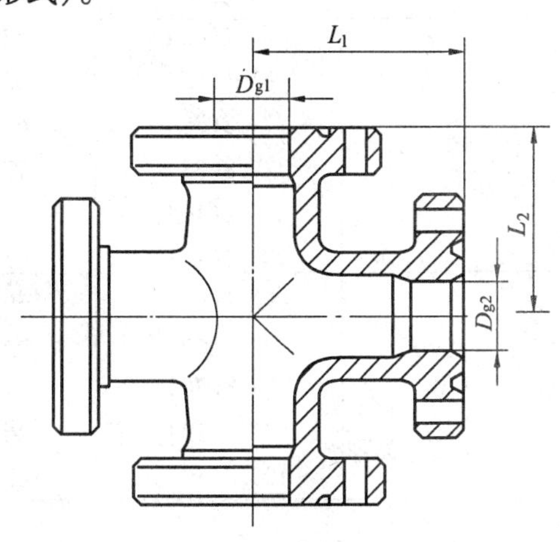

图10.34　法兰式四通

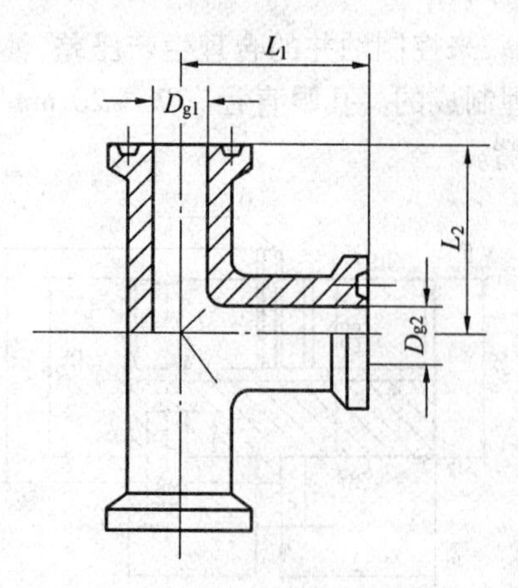

图 10.35　卡箍式三通

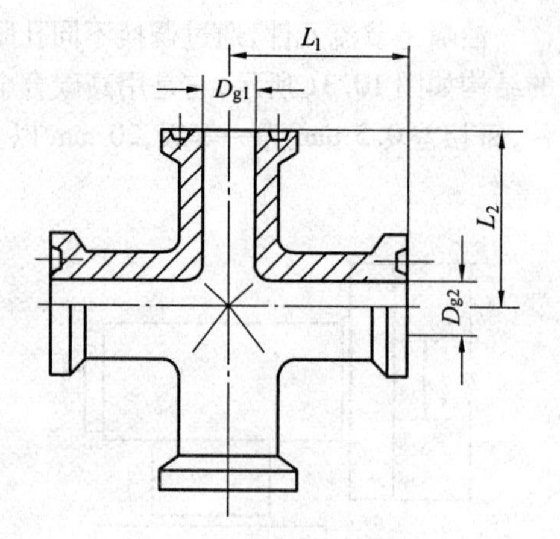

图 10.36　卡箍式四通

法兰式三通和四通的额定工作压力与公称通径应符合表 10.14 的规定。

卡箍式三通和四通的额定工作压力与公称通径应符合表 10.15 的规定。

表 10.14　法兰式三通和四通参数

额定工作压力/MPa	公称通径(通径代号)/mm		中心至主通径端面的距离 L_2 /mm(±0.8)	中心至旁通径端面的距离 L_1 /mm(±0.8)
	主通径 D_{g1}	旁通径 D_{g2}		
35	52.4(52)	52.4(52)	185.7	185.7
	65.1(65)	52.4(52)	189.0	200.2
	79.4(80)	79.4(80)	236.5	236.5
	103.2(103)	52.4(52)	210.7	244.4
	103.2(103)	103.2(103)	274.6	274.6
70	52.1(52)	46.0(46)	169.4	173.7
	65.1(65)	65.1(65)	198.9	198.9
	77.8(78)	77.8(78)	225.0	225.0
	103.2(103)	46.0(46)	198.4	235.0
	103.2(103)	103.2(103)	262.6	262.6
105	65.1(65)	52.4(52)	200.2	209.0
	65.1(65)	65.1(65)	215.9	215.9
	77.8(78)	65.1(65)	223.0	232.7
	77.8(78)	77.8(78)	239.8	239.8
	103.2(103)	77.8(78)	260.4	279.4
	103.2(103)	103.2(103)	296.9	296.9
140	65.1(65)	46.0(46)	242.8	261.1
	65.1(65)	65.1(65)	277.1	277.1
	77.8(78)	77.8(78)	302.5	302.5
	103.2(103)	46.0(46)	282.5	321.6
	103.2(103)	103.2(103)	376.9	376.9

表 10.15　卡箍式三通和四通参数

额定工作压力/MPa	公称通径(通径代号)/mm		中心至主通径端面的距离 L_2 /mm(±0.8)	中心至旁通径端面的距离 L_1 /mm(±0.8)
	主通径 D_{g1}	旁通径 D_{g2}		
14 21 35	65.1(65)	52.4(52)	183.4	205.5
	65.1(65)	65.1(65)	210.3	210.3
	79.4(80)	65.1(65)	215.1	234.1
	103.2(103)	65.1(65)	215.1	251.6
	103.2(103)	79.4(79)	238.9	256.4
70	65.1(65)	52.4(52)	215.0	234.1
	65.1(65)	65.1(65)	238.9	238.9
	77.8(79)	65.1(65)	238.9	256.3
	77.8(79)	77.8(79)	256.3	256.3
	103.2(103)	65.1(65)	254.0	300.7
	103.2(103)	77.8(79)	271.4	300.7

10.2.4　法兰用密封垫环及垫环槽

1. 适用范围

石油井口装置法兰用密封垫环及垫环槽。

2. 形式及尺寸

①按作用形式，密封垫环分为 R 型机械压紧式和 RX、BX 型压力自紧式两类。R 型密封垫环用于6B 型法兰连接，RX 型密封垫环用于 6B 型法兰连接和多管油管头扇形法兰连接，R 与 RX 型密封垫环在6B 型法兰连接中可以互换，BX 型密封垫环用于6BX 型法兰连接。

②R 型密封垫环有椭圆和八角形两种截面，按图 10.37 和表 10.16 制造；RX 和 BX 型密封垫环为八角形截面，分别按图 10.38、表 10.17 和图 10.39、表 10.18 制造。

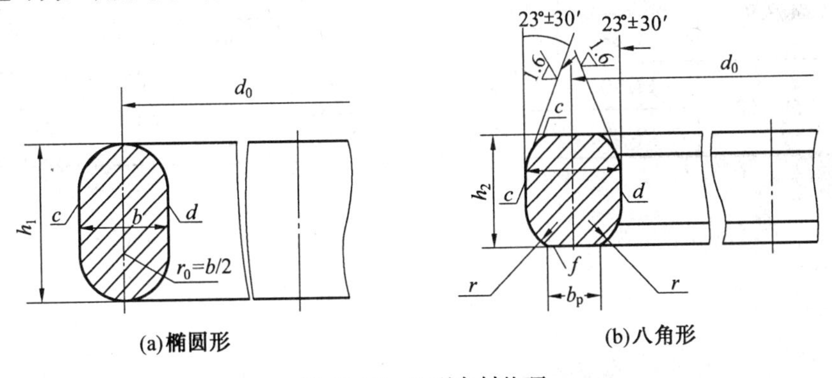

(a)椭圆形　　(b)八角形

图 10.37　R 型密封垫环

注：①垫环内、外圆柱面 d、c 的圆度公差均不低于 10 级。②八角形垫环端面 c、f 与内、外柱面 d、c 的垂直度公差不低于 10 级。

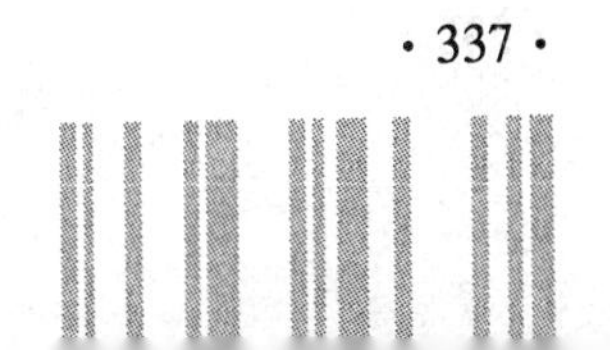

表 10.16　R 型密封垫环

mm

<table>
<tr><th rowspan="2">垫环号</th><th colspan="6">垫环基本尺寸</th><th rowspan="2">两法兰端面近似间距
c①</th></tr>
<tr><th>环中径
d_0
(±0.17)</th><th>环厚
b
(±0.2)</th><th>椭圆形环高
h_1
(±0.4)</th><th>八角形环高
h_2
(±0.4)</th><th>八角形平面宽度
b_p(±0.4)</th><th>八角形环圆角半径
r(±0.4)</th></tr>
<tr><td>R23</td><td>82.55</td><td rowspan="11">11.11</td><td rowspan="11">17.2</td><td rowspan="11">16.0</td><td rowspan="11">7.75</td><td rowspan="21">1.5</td><td rowspan="11">4.8</td></tr>
<tr><td>R24</td><td>95.25</td></tr>
<tr><td>R26</td><td>101.60</td></tr>
<tr><td>R27</td><td>107.95</td></tr>
<tr><td>R31</td><td>123.83</td></tr>
<tr><td>R35</td><td>136.53</td></tr>
<tr><td>R37</td><td>149.23</td></tr>
<tr><td>R39</td><td>161.93</td></tr>
<tr><td>R44</td><td>193.68</td></tr>
<tr><td>R41</td><td>180.98</td></tr>
<tr><td>R45</td><td rowspan="2">211.14</td></tr>
<tr><td>R46</td><td>12.7</td><td>19.0</td><td>17.5</td><td>8.66</td><td>3.3</td></tr>
<tr><td>R49</td><td rowspan="2">269.88</td><td>11.11</td><td>17.5</td><td>16.0</td><td>7.75</td><td>4.8</td></tr>
<tr><td>R50</td><td>15.88</td><td>22.4</td><td>20.6</td><td>10.49</td><td>4.1</td></tr>
<tr><td>R53</td><td rowspan="2">323.85</td><td>11.11</td><td>17.5</td><td>16.0</td><td>7.75</td><td>4.8</td></tr>
<tr><td>R54</td><td>15.88</td><td>22.4</td><td>20.6</td><td>10.49</td><td>4.1</td></tr>
<tr><td>R57</td><td>381.00</td><td rowspan="2">11.11</td><td rowspan="2">17.5</td><td rowspan="2">16.0</td><td rowspan="2">7.75</td><td rowspan="2">4.8</td></tr>
<tr><td>R65</td><td rowspan="2">469.90</td></tr>
<tr><td>R66</td><td>15.88</td><td>22.4</td><td>20.6</td><td>10.49</td><td>4.1</td></tr>
<tr><td>R73</td><td rowspan="2">584.20</td><td>12.70</td><td>19.0</td><td>17.5</td><td>8.66</td><td>3.3</td></tr>
<tr><td>R74</td><td>19.05</td><td>25.4</td><td>23.9</td><td>12.32</td><td>4.8</td></tr>
</table>

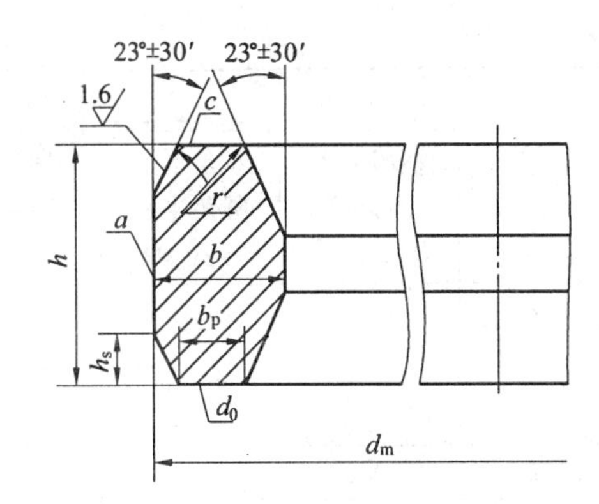

图 10.38　RX 型密封垫环

注:①环圆角半径 r 是环高 h 的 8% ~12%。②每个垫环在其中径上有一压力通孔 D_k。③垫环外圆柱面 a 的圆度公差不低于 10 级。④垫环端面 c、d 与外圆柱面 a 的垂直公差不低于 10 级。

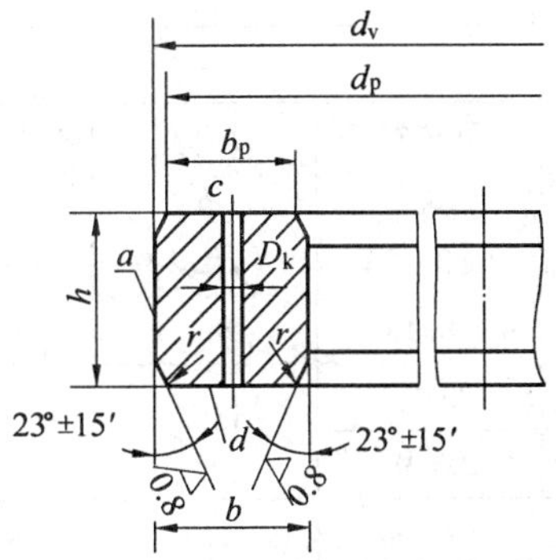

图 10.39　BX 型密封垫环

注:①垫环外圆柱 a 的圆度公差不低于 10 级。②垫环端面 c、d 与外圆柱面 a 的垂直度公差不低于 10 级。

3. 技术要求

①密封垫环材料应符合表 10.19 的规定。

②08 或 10 号钢用做采油井井口装置密封垫环时,垫环表面应镀 0.005 ~0.013 mm 厚的镉或镉钛合金。

③密封垫环不应重复使用。

10.2.5　法兰连接螺母

法兰连接螺母的公称尺寸和允差应符合图 10.40 中标定。

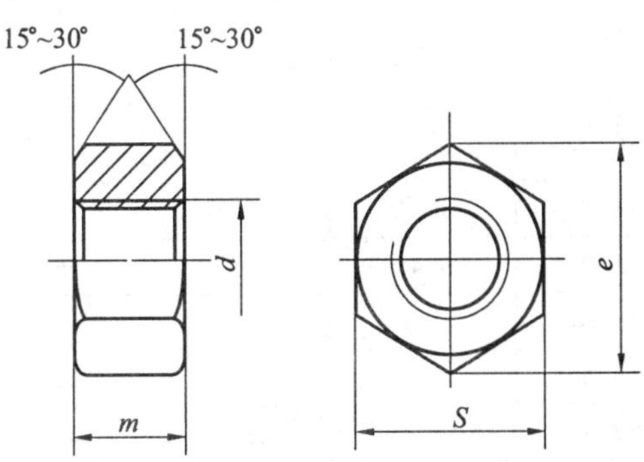

图 10.40　法兰连接螺母的公称尺寸和允差图

表 10.17 RX 型密封垫环 mm

垫环号	垫环基本尺寸						两法兰端面近似间距 c[①]
	环中径 d_0 (±0.17)	环厚 b (±0.2)	椭圆形环高 h_1 (±0.4)	八角形环高 h_2 (±0.4)	八角形平面宽度 b_p(±0.4)	八角形环圆角半径 r(±0.4)	
RX20	76.20	8.7	4.62	3.2	19.0	1.5	
RX23	93.27	11.9	6.45	4.2	25.4		11.9
RX24	105.97						
RX25	109.54	8.7	4.62	3.2	19.0		9.7
RX26	111.92	11.9	6.45	4.2	25.4		11.9
RX27	118.27						
RX31	134.54						
RX35	147.24						
RX37	159.94						
RX39	172.62						
RX41	191.69						
RX44	204.39						
RX45	221.85						
RX46	222.25	13.5	6.68	4.8	28.6		
RX49	280.59	11.9	6.45	4.2	25.4		
RX50	183.37	16.7	8.51	5.3	31.8		
RX53	334.57	11.9	6.45	4.2	25.4		
RX54	337.34	16.7	8.51	5.3	31.8		
RX57	391.72	11.9	6.45	4.2	25.4		
RX65	480.62						
RX66	483.39	16.7	8.51	5.3	31.8		
RX69	544.12	11.9	6.45	4.2	25.4		
RX70	559.07	19.8	10.34	6.9	41.3	2.3	18.3
RX73	596.11	13.5	6.68	5.3	31.8	1.5	15.0
RX74	600.87	19.8	10.34	6.9	41.3	2.3	18.3
RX201	51.45	5.7	3.20	1.4	11.3	0.5	
RX205	62.31	5.6	3.05	1.8	11.1		
RX210	97.63	9.5	5.4	3.1	19.0	0.8	
RX215	140.89	11.9	5.3	4.2	25.4	1.5	

注:①c 值为该密封垫环装入 6B 型法兰垫环槽内,用双头螺栓连接好后,两法兰端面间的近似距离。

表10.18　BX型密封环

<table>
<tr><th rowspan="3">垫环号</th><th rowspan="3">法兰公称通径 D/mm(代号)</th><th colspan="6">垫环基本尺寸/mm</th></tr>
<tr><th>环外径 d_v</th><th>环高 h</th><th>环总宽 b</th><th>平面外径 d_p</th><th>平面宽 b_p</th><th rowspan="2">孔径 D_k</th></tr>
<tr><th>(0~1.50)</th><th>(+0.200)</th><th>(+0.200)</th><th>(±0.05)</th><th>(+0.150)</th></tr>
<tr><td>BX151</td><td>46.0(1 $\frac{13}{16}$)</td><td>76.40</td><td>9.6</td><td>9.6</td><td>75.03</td><td>8.26</td><td rowspan="5">1.5</td></tr>
<tr><td>BX152</td><td>52.4(2 $\frac{1}{6}$)</td><td>84.68</td><td>10.2</td><td>10.2</td><td>83.24</td><td>8.79</td></tr>
<tr><td>BX153</td><td>65.1(2 $\frac{9}{16}$)</td><td>100.94</td><td>11.4</td><td>11.4</td><td>99.31</td><td>9.78</td></tr>
<tr><td>BX154</td><td>77.8(3 $\frac{1}{16}$)</td><td>116.84</td><td>12.4</td><td>12.4</td><td>115.09</td><td>10.64</td></tr>
<tr><td>BX155</td><td>103.2(4 $\frac{1}{16}$)</td><td>147.96</td><td>14.2</td><td>14.2</td><td>145.95</td><td>12.22</td></tr>
<tr><td>BX156</td><td>179.4(7 $\frac{1}{16}$)</td><td>237.92</td><td>18.6</td><td>18.6</td><td>235.28</td><td>15.98</td><td rowspan="5">3.0</td></tr>
<tr><td>BX157</td><td>228.6(9)</td><td>294.46</td><td>21.0</td><td>21.0</td><td>291.49</td><td>18.01</td></tr>
<tr><td>BX158</td><td>279.4(11)</td><td>352.04</td><td>23.1</td><td>23.1</td><td>348.77</td><td>19.86</td></tr>
<tr><td>BX159</td><td rowspan="2">346.0(13 $\frac{5}{8}$)</td><td>426.72</td><td>25.7</td><td>25.7</td><td>423.09</td><td>22.07</td></tr>
<tr><td>BX160</td><td>402.59</td><td>23.8</td><td>13.7</td><td>399.21</td><td>10.36</td></tr>
<tr><td>BX162</td><td>425.4(16 $\frac{3}{4}$)</td><td>475.49</td><td>11.2</td><td>14.2</td><td>473.48</td><td>12.24</td><td>1.5</td></tr>
<tr><td>BX163</td><td rowspan="2">476.2(18 $\frac{3}{4}$)</td><td>556.16</td><td rowspan="2">30.1</td><td>17.4</td><td>551.89</td><td>13.11</td><td rowspan="4">3.0</td></tr>
<tr><td>BX164</td><td>570.56</td><td>24.6</td><td>566.29</td><td>20.32</td></tr>
<tr><td>BX165</td><td rowspan="2">539.8(21 $\frac{3}{4}$)</td><td>624.71</td><td rowspan="2">32.0</td><td>18.5</td><td>620.19</td><td>13.97</td></tr>
<tr><td>BX166</td><td>640.03</td><td>26.1</td><td>635.51</td><td>21.62</td></tr>
<tr><td>BX167</td><td rowspan="2">679.4(26 $\frac{3}{4}$)</td><td>759.36</td><td rowspan="2">35.9</td><td>13.1</td><td>754.28</td><td>8.03</td><td rowspan="4">3.0</td></tr>
<tr><td>BX168</td><td>765.25</td><td>16.1</td><td>760.17</td><td>10.97</td></tr>
<tr><td>BX169</td><td>130.2(5 $\frac{1}{3}$)</td><td>173.52</td><td>15.8</td><td>12.9</td><td>171.27</td><td>10.69</td></tr>
<tr><td>BX303</td><td>762.0(30)</td><td>8 575</td><td>37.9</td><td>17.4</td><td>847.37</td><td>11.61</td></tr>
</table>

表10.19　密封垫环材料

钢号	硬度/HB
08,10	≤137
0 C_r18 N_i9	≤160

参 考 文 献

[1] 陈平. 钻井与完井工程[M]. 北京:石油工业出版社,2005.
[2] 陈庭根,管志川. 钻井工程理论与技术[M]. 东营:石油大学出版社,2000.
[3] 万仁溥. 现代完井工程[M]. 北京:石油工业出版社,2008.
[4] 陈涛平. 石油工程[M]. 北京:石油工业出版社,2000.
[5] 王建学,万建仓,沈慧. 钻井工程[M]. 北京:石油工业出版社,2008.
[6] 姜仁. 井控技术 [M]. 东营:石油大学出版社,1990.
[7] 孙振纯,夏月泉,徐明辉. 井控技术[M]. 北京:石油工业出版社,1997.
[8] 朗兆新. 油藏工程基础[M]. 东营:石油大学出版社,1991.
[9] 黎文清,李世安. 油气田开发地质基础[M]. 北京:石油工业出版社,1993.